全国建筑企业施工员（土建综合工长）岗位培训教材

水暖电基本知识

刘金言　胡　杰　编

中国建筑工业出版社

图书在版编目(CIP)数据

水暖电基本知识/刘金言,胡杰编. —北京:中国建筑工业出版
社,1998
全国建筑企业施工员(土建综合工长)岗位培训教材
ISBN 978-7-112-03375-1

Ⅰ. 水… Ⅱ. ①刘… ②胡… Ⅲ. 房屋建设设备-工程施工-
基本知识-技术培训-教材 Ⅳ. TU8

中国版本图书馆 CIP 数据核字(97)第 21674 号

本书共分十七章,介绍水、暖、空调及电气工程施工中的基本常识,及专业施工知识。重点介绍各系统的设置原理、施工程序及配合要点,既可满足土建施工员应掌握的一般专业知识,又可供专业施工员更系统地掌握本专业的技能。本书力求通俗易懂,适应不同知识层次的需求,尽量符合施工现场的实际情况。本书还重点介绍在施工中各专业配合施工的要点及其重要性,以提高建筑产品质量、消除通病为目的。

本书可作为建筑施工员岗位培训教材,还可供有关工程技术人员学习参考。

全国建筑企业施工员(土建综合工长)岗位培训教材

水暖电基本知识

刘金言 胡 杰 编

*

中国建筑工业出版社出版、发行(北京西郊百万庄)

各地新华书店、建筑书店经销

北京富生印刷厂印刷

*

开本:787×1092 毫米 1/16 印张:22½ 字数:545 千字
1998 年 1 月第一版 2016 年 8 月第十八次印刷

定价:**31.00** 元

ISBN 978-7-112-03375-1
(14927)

出 版 说 明

　　1987 年由城乡建设环境保护部建筑业管理局、城乡建设刊授大学组织编审,1987 年由中国建筑工业出版社出版的基层施工技术员(土建综合工长)岗位培训教材自出版以来,在建筑施工企业基层管理人员资格性岗位培训中,发挥了重要作用,为提高基层施工管理人员的素质作出了突出的贡献。但也存在一定的不足,特别是这套教材出版以来的九年中,我国经济建设发生了重大变化,科学技术日新月异。原来的教材已不适应建筑施工企业基层管理人员岗位培训的需要,也不符合 1987 年以来颁布的新法规、新标准、新规范,为此我司决定对基层施工技术员岗位培训教材进行修订或重新编写,并对教学计划和教学大纲进行了调整。

　　经修订或重新编写的这套教材,定名为全国建筑企业施工员(土建综合工长)岗位培训教材。它是根据经审定的大纲在总结前一套教材经验的基础上吸收广大读者、教师、工程技术人员在使用中的建议和意见,按照科学性、先进性、实用性、针对性、适当超前性和注重技能培训的原则,进行修订和编写的。部分教材作了较大的调整。

　　本套教材由三个部分组成,对于专业性、针对性强的课程,采用重新编写和修订出版的教材;一部分教材是指定教材,选用已经出版的中专或其他培训教材;对于通用性强的基础课程由各培训单位自行选用。

　　本套教材由建设部人事教育劳动司组织。在编写、出版过程中,各有关单位为保证教材质量和按期出版,作出了努力,谨向这些单位致以谢意。

　　希望各地在使用过程中提出宝贵意见,以便不断提高建筑企业施工员岗位培训教材的质量。

建设部人事教育劳动司

1997 年 6 月

目　录

第一章　给排水、采暖专业基本常识及常用材料

第一节　基　础　知　识

一、基本常识

为了更好地了解水暖专业的内容及施工，首先应掌握一些有关的物理概念及其计量单位。

（一）工程大气压、表压力、绝对压力及真空度

工程大气压：我们生活在地球上，地球表面包围着大气，因受地球引力的作用大气对在其中的一切物体均产生压力，这个压力称为大气压力。大气压力又是随着地球的纬度、标高、温度的不同而变化的。经测定在纬度 45°处的海平面上全年平均大气压力为760mmHg（毫米水银柱），这个值在国际上被确定为 1atm（一个标准大气压力）。

根据换算 1atm 相当于 10.333mH_2O（米水柱），而在工程中为了计算方便确定 1atm 相当于 10mH_2O。工程中常说的"压力"实际上往往是指压强而言。

法定计量单位工程大气压以帕斯卡表示，符号 Pa。

$$1at（工程大气压）= 10^5Pa = 0.1MPa（兆帕）$$

表压力、绝对压力、真空度、实际上是根据不同的计算基准来表示流体的压强。

绝对压力是从无任何气体存在的绝对真空为零点开始计算压强值；表压力又称相对压力，是以当地大气压力作为零值开始计算的压强值。当某个容器内气体的绝对压力小于当地大气压时，我们称容器内处于真空状态，即负压力。

在工程中真空状态被广泛应用，例如离心式水泵、注水器等，其工作原理都是靠真空的状态工作的。离心水泵靠高速旋转的叶轮造成的水泵吸入口的真空而把水吸上并压出，注水器则是靠蒸汽高速通过注水器的喷嘴而在注水器的吸水口处造成负压而将水补入锅炉内。

真空值的大小以真空度表示：

$$真空度 = \frac{负压值}{大气压} \times 100\%$$

负压值越大表示真空度越大。

（二）流体的物理特性

1. 流动性

流体指液体和气体而言，液体无固定的形状，但有固定的体积；而气体则无固定的形状及体积。流体之间内聚力很小，因此易于流动。工程中利用流体的流动性进行输送及排放。

2．压缩性

流体在密闭状态下，随着压强的增加体积减小而密度增加的性质称为流体的**压缩性**。液体的压缩性很小，可忽略不计，也就是说液体随着压强的增加，体积几乎是不变的。而气体则相反，因此气体视为可压缩的。

3．粘滞性

流体在管道内流动时，在某一断面处的各质点的流速是不相同的。实验证明靠近管壁的流速为零，而越靠近管中心流速越大。由于各层流的流速不等，各点层流之间产生相对运动，在相邻的流层之间产生了阻碍相对运动的内摩擦阻力，称为粘滞力。流体具有粘滞力的性质称为粘滞性。沾滞性对流体本身的运动产生很大的影响。流体在流动时必须克服这种阻挠运动的粘滞力，因而要消耗一定的能量。流体的粘滞性与流体的性质、温度有关。

4．热胀性

流体随着温度的升高，密度减小而体积增大的这种性质称流体的热胀性。只有液体中的水从 0℃ 加热到 4℃ 时体积不但不增大反而缩小，而大于 4℃ 后其体积随温度的增加而增大。

气体的密度、体积随着压强及温度的变化均发生较大的变化。虽然液体比气体的热胀性小，但在工程中水的热胀性是不可忽略的。

（三）流量、流速与过流断面

1．流量

流体在一定的时间内通过管道的某一断面的容积或重量称为流量。当用容积表示时其单位为升/秒（L/s）或米³/时（m³/h）；当用重量表示时其单位为千克/秒（kg/s）或吨/时（t/h）。

流量在工程中以 Q（或 q）表示。

2．流速

流体在管道内流动时，在一定时间内所流过的距离称为流速，单位为米/秒（m/s），以 v 表示。实际上，流体在通过某一过流断面时，在断面上的各点流速由于流体的粘滞性而不相同，因此实际工程应用中取一平均流速作为计算流速，流速分布见图 1-1。

3．过流断面

指垂直于流体流动方向的流体所通过的断面积，单位为平方米（m²）或平方厘米（cm²），以 S 表示。

流量与过流断面及流速成正比，三者关系以公式表示为：

$$Q = S \cdot v$$

式中，Q 为容积流量。如以重量流量表示时，则

$$G = \rho . Q = \rho \cdot S \cdot v$$

式中，G 为重量流量；ρ 为流体的密度，单位为千克/立方米。

（四）阻力损失

流体在管道内流动时会产生两种性质的阻力损失，一是沿程阻力损失；一是局部阻力损失。我们从图 1-2 中可以分析两种阻力是如何产生的。

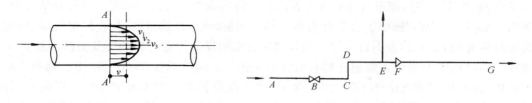

图 1-1　流速分布图　　　　　　　　图 1-2　水流管段图

由于流体的粘滞性,使在过流断面的流速不等而产生流体层之间的相对运动,并产生摩擦阻力。这种阻力阻挠流体在管内流动。要想使管内的流体从 A 点流到 G 点,必需要克服途经管段的摩擦阻力,而且消耗掉一部分能量。我们称这种能量损失为沿程阻力损失。而流体在从 A 点流至 G 点的同时,还会在流经 B 点(阀门),C、D 点(弯头),E 点(三通),F 点(变径)时产生流动边界条件的突然改变。改变流体流动方向、突然变化管径及节流,均会造成流体分子之间的碰撞而在局部形成杂乱无章的小涡流(乱流),这又要损失一部分能量。我们称这种能量损失为局部阻力损失。流体在管道内所消耗的总能量,即两部分阻力损失之和,可由水泵、风机提供。同时,这些能量损失之和也是选择水泵、风机的水力计算依据。

（五）热、热量、热量单位

在日常生活和工业生产中,往往需要改变物体的温度。要想使某物体(固体或液体)温度升高就必需给它加热。在采暖系统中热媒温度的升高就是靠锅炉产生的蒸汽或热水得到的,而锅炉产生的热水或蒸汽又是利用煤或油经过燃烧过程释放出热量而得到的。我们把传递热的多少称为热量。热量与被加热的物体性质、加热时间长短、物体的质量大小有关。

热量的单位是焦耳(J)。以前惯用的非法定计量单位以卡(cal)或千卡(kcal)表示。两者之间单位换算关系为:

$$1cal = 4.1868J$$

在实际工程中常使用单位换算:

$$4.1868J/s = 1cal/s$$
$$1J/s = 0.239cal/s = 1W(瓦)$$
$$1W = 0.239 \times 10^{-3}kcal/s = 0.86kcal/h(千卡/时)$$
$$1kcal/h = 1.163W$$
$$1kW(千瓦) = 860kcal/h$$
$$1MW(兆瓦) = 860000kcal/h$$

（六）热量传播的方式及其在采暖工程中的应用

热量的传播实际上是比较复杂的过程。传热一般是由几种传热方式组合而成,而基本传热方式可分为热传导、热对流及热辐射三种形式。

1. 热传导

热量从物体的一部分传到另一部分称为热传导。热传导与物体的导热能力有关,不同的物体差异很大,因此每种物体的导热能力以导热系数(λ)表示。

导热系数的物理意义是在单位时间内沿着导热方向通过每米厚度的物体温度降低 1℃时,每平方米面积的平壁所通过的热量,导热系数单位是瓦/(米·开)[W/(m·K)]。

热传导在采暖工程中经常遇到,例如冬季室外的冷空气通过房屋的外围护结构层传递

3

到室内,采暖系统的热媒通过散热器的表面传导将热量传给房间。一般金属传导能力很强。钢的 λ 值为 58.2W/(m·K),我们称为良导体。相反,许多建筑材料、静止的空气层、轻质多孔的材料 λ 值很小,称为不良导体。例如建筑常用的屋面保温材料加气及泡沫混凝土 λ 值为 0.23W/(m·K);聚苯乙烯泡沫塑料密度为 50kg/m³ 时 λ 为 0.037W/(m·K);膨胀珍珠岩 λ 为 0.058~0.07W/(m·K)等。屋面保温、墙体保温都是采用不良导体作为保温材料的;而双层玻璃窗是利用两层玻璃之间密闭的空气层作为隔绝冷热的;中空玻璃、幕墙的推广及应用减少了高层建筑的冷、热损失。

2. 热对流

凡通过介质(指液体、气体)的流动来传递热量的方式称为热对流。因为热量传播往往是二种或三种方式同时存在,所以像散热器除去有热传导,同时还存在热对流及热辐射。散热器加热了周围的空气,使其温度升高密度减小向上流动,冷空气迅速下降补充,从而形成冷热空气的循环,即靠空气的流动使房间温度升高。

3. 热辐射

它不同于前二种传热方式,它是靠热射线(即不同波长的电磁波)将热量直接由物体向外传射的,它不需固体或流体作中间媒介。采暖系统中车间采暖常常采用的辐射板,就是靠热辐射传热的设备。

二、专业基本知识

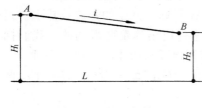

图 1-3　管道坡度

(一)管道的坡度及表示方法

在给排水、采暖管道的设计及施工中,坡度是保证系统工作的重要因素。采暖系统的空气排除,排水管排放污水等均是靠管道的坡度来排除空气及产生重力差的。

坡度:计算管段两端高差与该管段长度比称为坡度,以"i"表示。

由图 1-3 可知:

$$i = \frac{H_1 - H_2}{L} \times 100\%$$

式中　H_1——起点标高;

　　　H_2——末端标高;

　　　L——A 点至 B 点水平投影距离。

坡度必须画出坡向,坡向用箭头表示,箭头指向为低点方向。图 1-3 中箭头指向 B 点,B 点为低点。坡度以百分号(%)或千分号(‰)表示。

(二)管道标高及表示方法

管道标高有两种表示方法:相对标高及绝对标高。

1. 绝对标高

是指将某区的平均海平面视为零值,其他地区的标高以它作基准推算,即高出或低于的数值称为绝对标高。如华北地区将天津大沽口平均海平面视为零值,而某地区的某处地面经测量比它高出 39m,那么此地区地面的绝对标高为 39.00m。

2．相对标高

将引导过来的地面绝对标高作为本地区的零值，比此地面高出或低于的数值称为相对标高。并规定凡高出零值的在数值前面以"＋"号表示，低于零值则用"－"号表示，工程中"＋"可以省略，而零值以±0.00表示。

（三）饱和蒸汽、过热蒸汽

1．饱和蒸汽

当水汽化为蒸汽时，有两种方法即蒸发与沸腾。在常温下液面经常有些水分子克服表面张力进入空间变成蒸汽分子，此汽化过程称为蒸发。而在密闭容器中，液面的蒸汽分子不能散发到容器以外的空间去，就会有部分重新返回液面而变成了水分子。但在蒸发的过程中汽化的多而返回的少。随着液面上空间的蒸汽分子浓度的逐渐增加，相应返回液面的分子数也逐渐增多。在出现同一时间内飞出液面的分子数与返回液面分子数相等时，就达到了平衡状态，此时蒸汽分子浓度达到最高值称为饱和状态。处在饱和状态下的蒸汽称为饱和蒸汽。占据空间的饱和蒸汽中有一定数量的蒸汽分子，也就具有一定的压力，此压力称为饱和汽压。与饱和气压相对应的温度称为饱和温度。这种饱和蒸汽是水与汽同时存在的，又称湿饱和蒸汽。它不适用在蒸汽采暖系统中，因经过管道散热易产生大量的凝结水。

2．过热蒸汽

过热蒸汽是让湿饱和蒸汽中的水全部汽化变成干饱和蒸汽，这时蒸汽温度仍为沸点温度，对干饱和蒸汽再继续加热，使蒸汽温度升高，并超过沸点，此时的蒸汽称为过热蒸汽。而蒸汽的饱和压力也随着温度的升高而加大。水蒸气的饱和温度与压力对应关系见表1-1。

饱和水蒸气压力与温度表　　　　　　　　　　　表 1-1

绝对压力（MPa）	0.1	0.12	0.14	0.16	0.18	0.2	0.25	0.30	0.35	0.40
饱和温度（℃）	99.6	104.8	109.3	113.3	116.9	120.2	127.4	133.5	138.9	143.6

第二节　常用的管材种类及规格

一、水、煤气输送管及镀锌钢管

水、煤气输送管又称焊接钢管，俗称黑铁管。焊接钢管经过镀锌处理后，称为镀锌钢管俗称白铁管。这两种钢管常用于输送低压流体，在给排水及采暖工程中经常使用，适合输送水、热水、低压蒸汽、煤气等介质。因为水、煤气管为有缝管，所以使用压力最好不超过1MPa，输送介质的温度不超过130℃。

水、煤气管及镀锌管的表示符号为 DN，而管径均以公称直径表示。根据管壁厚度可分为普通管及加厚管，并可以加工成管螺纹以便丝扣连接，同时具有良好的可焊性能。

常用规格可参照表1-2。

二、无缝钢管

无缝钢管具有承受高压及高温的能力，随着壁厚增加承受压力及温度的能力也增加，用于输送高压蒸汽、高温热水、易燃易爆及高压流体等介质，可分热轧及冷拔两种管。无缝钢

公称直径		外 径	普 通 管		加 厚 管	
(mm)	(in)	(mm)	壁 厚 (mm)	理论重量 (kg/m)	壁 厚 (mm)	理论重量 (kg/m)
6	⅛	10.00	2.00	0.39	2.50	0.46
8	¼	13.50	2.25	0.62	2.75	0.73
10	⅜	17.00	2.25	0.82	2.75	0.97
15	½	21.25	2.75	1.25	3.25	1.44
20	¾	26.75	2.75	1.63	3.50	2.01
25	1	33.50	3.25	2.42	4.00	2.91
32	1¼	42.25	3.25	3.13	4.00	3.77
40	1½	48.00	3.50	3.84	4.25	4.58
50	2	60.00	3.50	4.88	4.50	6.16
70	2½	75.50	3.75	6.64	4.50	7.88
80	3	88.50	4.00	8.34	4.75	9.81
100	4	114.00	4.00	10.85	5.00	13.44
125	5	140.00	4.50	15.04	5.50	18.24
150	6	165.00	4.50	17.81	5.50	21.63

注：1. 镀锌钢管比不镀锌管约重 3%～6%。

2. 焊接钢管长度 4～12m/根；镀锌管 4～9m/根。

管标注以外径×壁厚表示，符号 $\phi \times \delta$。还可加入少量元素制成锅炉钢管，应用在工艺管道中，主要规格及参数可参照有关资料。

三、铸铁管

铸铁管根据用途可分为给水铸铁管及排水铸铁管；根据接口方式有承插铸铁管及柔性接口铸铁管。给水铸铁管又可根据承压不同而分高压、中压及低压铸铁管。

1. 给水铸铁管

给水铸铁管具有较高的承压能力及耐腐蚀性，可以根据输送介质的压力选择不同的压力级别，高压管工作压力为 1.0MPa；中压管为 0.75MPa；低压管为 0.45MPa。给水铸铁管直径在 350mm 以下，管长为 5m；直径为 400～1000mm，管长为 6m。铸铁管管径以公称直径表示。

2. 排水铸铁管

成分与给水铸铁管不同,因此承压能力差,质脆。但能耐腐蚀,适用于室内的污水管道。直管长度(有效长度)1.5m。常用形式为承插口铸铁管。近年来高层建筑中有采用柔性接口的排水铸铁管,它主要由带有特制法兰的直管、密封胶圈及压兰和连接螺栓组成。柔性接口铸铁管根据密封胶圈的断面形状不同可分 A 型及 RK 型,图 1-4 为 A 型柔性接口;图 1-5 为 RK 型柔性接口。

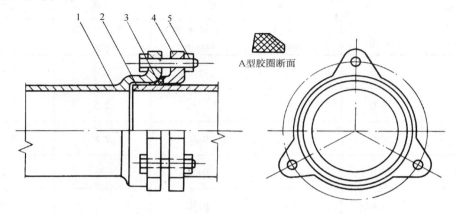

图 1-4 A 型柔性接口安装图
1—承口;2—插口;3—密封胶圈;4—法兰压盖;5—螺栓

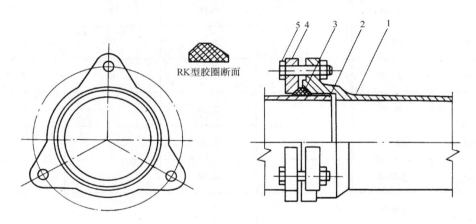

图 1-5 RK 型柔性接口安装图
1—承口;2—插口;3—密封胶圈;4—法兰压盖;5—螺栓

四、混凝土管

混凝土管为非金属管,主要用于室外排水管道,规格以内径表示,常用的有直口及企口管,规格及各参数请参照有关资料。

五、硬质聚氯乙烯管

硬质聚氯乙烯管即塑料管,适合输送含酸、碱的介质,具有一定的机械强度,质轻(密度仅为钢管的1/5),管内壁光滑,流动阻力小,易于加工。但塑料管耐冲击力差,易老化,耐高温能力差,塑料管的线膨胀系数比钢管大6～7倍,因此在室外露天安装时应考虑外界温度及介质的温度,补偿器的数量应满足管材伸缩量的要求。塑料管规格见表1-3,根据使用压力分为轻型管及重型管。轻型管的使用压力小于或等于0.6MPa,重型管使用压力小于或等于1MPa。

硬 质 聚 氯 乙 烯 管 规 格

表 1-3

公 称 直 径 (mm)	外 径 (mm)	轻 型 管		重 型 管	
		壁 厚 (mm)	近 似 重 量 (kg/m)	壁 厚 (mm)	近 似 重 量 (kg/m)
8	12.5	—	—	2.25	0.10
10	15.0	—	—	2.5	0.14
15	20.0	2	0.16	2.5	0.19
20	25.0	2	0.20	3	0.29
25	32.0	3	0.38	4	0.49
32	40.0	3.5	0.56	5	0.77
40	51.0	4	0.88	6	1.19
50	65.0	4.5	1.17	7	1.74
65	76.0	5	1.56	8	2.34
80	90.0	6	2.20	—	—
100	114.0	7	3.30	—	—
125	140.0	8	4.54	—	—
150	166.0	8	5.60	—	—
200	218.0	10	7.50		

第三节　阀门及其表示方法

一、阀门及其表示方法

水暖管道常用的阀门种类很多并起着不同的作用,为了区分各种阀门的性质、类别、驱动形式、结构形式、连接方法、密封圈和衬里材料、使用的公称压力及阀体的材料,把以上的阀门特性以六个单元符号按下列顺序排列:

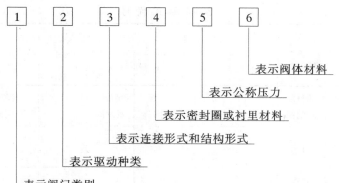

第一单元:阀门类别见表1-4。

阀门类别及代号　　　　　　　　　　表1-4

阀门类别	代　号	阀门类别	代　号
闸　阀	Z	安全阀	A
截止阀	J	减压阀	Y
节流阀	L	蝶　阀	D
球　阀	Q	疏水器	S
止回阀	H	旋塞阀	X

第二单元:驱动种类代号,用一位阿拉伯数字表示,见表1-5。

驱动种类代号　　　　　　　　　　表1-5

驱动种类	代　号	驱动种类	代　号
蜗轮传动	3	液压驱动	7
正齿轮传动	4	电磁驱动	8
伞齿轮传动	5	电动机驱动	9
气动驱动	6		

注:对于手轮、手柄、扳手直接驱动的阀门,省略本单元。

第三单元:连接形式和结构形式,用两位阿拉伯数字表示,见表1-6、表1-7。

连接形式代号　　　　　　　　　　表1-6

连接形式	代　号	连接形式	代　号
内螺纹	1	法　兰	4
外螺纹	2	杠杆式安全阀法兰	5
双弹簧安全阀法兰	3	焊　接	6

阀门类别	代号									
	1	2	3	4	5	6	7	8	9	0
闸 阀	明杆单闸阀	明杆双闸阀		明杆平行双闸阀	暗杆单闸阀	暗杆双闸阀		暗杆平行双闸阀		
截 止 阀	直通式	角式		单瓣旋启式						
止 回 阀	直通升降式	立式升降式								
疏 水 器	浮球式		浮桶式		钟形浮子式			脉冲式	热动力式	
减 压 阀	外弹簧薄膜式		活塞式	波纹管式						
弹簧安全阀	微启式	全启式								

第四单元:密封圈或衬里材料代号,用汉语拼音表示。

铜:T;不锈钢:H;橡胶:X;塑料:S。

第五单元:用公称压力的数值直接表示,并用"-"与第四单元隔开。

第六单元:表示阀体的材料。对工作压力≤1.6MPa的灰铸铁阀门及≥2.5MPa的碳钢阀门可省略本单元。

二、阀门型号表示举例

例如某阀门型号标注为Z44T-10,将它划分成六个单元,并查表可知该阀门为明杆平行式闸板法兰阀门,铜密封圈,公称压力为1MPa,因为是手轮直接驱动,所以第二单元省略了。

某阀门型号为J11T-16,代表直通式丝扣截止阀,铜密封圈,公称压力1.6MPa,手轮驱动。

三、各种阀门的性能及用途

1. 截止阀

截止阀是在给排水及采暖系统中采用最广泛的一种阀门,结构简单,密封性能好,维修方便,开启阻力稍大。适用于给水、热水、蒸汽管道系统上,起着调节或开启关闭流体的控制作用。安装有方向性,应按箭头(阀体上)指示的方向安装,不得装反。截止阀分内螺纹及法兰两种连接方式。

2. 闸阀

闸阀即闸板阀,其阻力小,开启、关闭力小,介质可从任一方向流动,但结构较为复杂,同口径的阀门比截止阀阀体略大,明杆闸阀占据净空高度较大,密封面(闸板两侧)易擦伤而造成关闭不严。适用于给水及热水采暖系统,室外给水管网大多采用闸板阀,大口径的多用电机驱动。闸阀分螺纹及法兰连接。

3. 减压阀

减压阀的原理是使介质通过收缩的过流断面而产生节流,节流损失会使介质的压力减低,从而通过减压成为所需要的低压介质。减压阀一般有弹簧式、活塞式及波纹管式,可根据各种类型减压阀的调压范围进行选择及调整。热水、蒸汽管道常用减压阀调整介质压力以满足用户的要求。

4. 止回阀

又称逆止阀、单向阀,是使介质只能从一侧方向通过的阀门,具有严格的方向性,主要作用是防止管道内的介质倒流。如在锅炉给水管道上、水泵出口管上均应设置止回阀,防止由于锅炉压力升高或停泵造成出口压力降低,而使炉内水倒流回来。常用止回阀有升降式及旋启式,升降式垂直瓣止回阀应安装在垂直管道上;而升降式水平瓣止回阀和旋启式止回阀宜安装在水平管道上,阀体均标有方向箭头,不允许装反。止回阀常用于给水系统中。

5. 安全阀

是一种自动排泄装置,当密闭容器内的压力超过了所规定的工作压力时,安全阀即自动开启,排放容器内的介质(水或蒸汽、压缩空气等),降低容器或管道内的压力,因而起到对设备及管道的保护作用。安全阀常用的有杠杆式及弹簧式,安全阀安装前应调整定压,要求认真调试,调整后应铅封不允许随意拆封。选择安全阀时应与所规定的工作压力范围相适应。

6. 疏水器

用在蒸汽系统中的一种阻汽设备,主要作用是阻止蒸汽通过,并能顺利地排除凝结水。蒸汽在管道内流动,不断产生凝结水,尤其通过散热设备后产生大量凝结水。凝结水中夹带部分蒸汽,如直接流回凝结水池或排放会降低热效率,并出现水击现象。疏水器可以阻汽排水,提高系统的蒸汽利用率,是保证系统正常工作的重要设备。

7. 旋塞阀

旋塞阀是一种结构简单、开启及关闭迅速、阻力较小的阀门、用手柄操纵。当手柄与阀体成平行状态则为全启位置,当手柄与阀体垂直时则为全闭位置,因此不宜当做调节阀使用。

8. 蝶阀

蝶阀是一种体积小、构造简单的阀门,常用于给水管道上,有手柄式及蜗轮传动式。使用时阀体不易漏水,但密闭性较差不易关闭严密。

思 考 题

1-1 压强在工程中的意义是什么?写出压强法定单位及与习惯用法"kg/cm^2"的换算关系。

1-2 简单描述流体的物理特性。

1-3 写出流量、流速与管道过流断面之间的关系。

1-4 请列举减少管道阻力损失的措施。

1-5 写出法定热量单位与习惯使用单位"kcal/h"的换算关系。

第二章 室 内 给 排 水

第一节 室 内 给 水

室内给水的划分界限,根据现场施工的习惯做法,是以建筑物的外墙为界,给水管道通过引入管进入建筑物起,即为室内给水。而室内给水的任务是把具有一定压力及足够量的水输送到各用水点及设备,并能保证生产设备、消防设备的水压及水量要求。

室内给水系统基本是由以下几个部分组成:

(1) 引入管:穿越建筑物外墙或基础进入建筑物内的管段称为引入管。

(2) 室内管网:由地下管道、立管、水平干管、支管等组成。

(3) 配水点:水龙头、消火栓、用水设备等。

(4) 其他设备:根据建筑物的性质、高度、消防等级而设置的加压稳压设备、高位水箱及贮水池等。

(5) 给水附件:阀门、消防系统的各种阀类等。

室内给水系统基本上是由以上部分组成的,而对不同的建筑物由于性质不同、要求不同,而使室内给水系统简单或比较复杂。

一、室内给水系统分类

室内给水系统根据用途可分为室内生活给水系统、消防给水系统及生产给水系统。

(一) 生活给水系统

包括饮用水及卫生设备冲洗用水。除某些建筑物设置中水系统外,一般饮用水与洗涤水合用一个系统,这样对水质应有严格的要求,尤其当设有贮水池、水箱等取水及供水设备时,在施工中应符合国家颁布的《生活饮用水卫生标准》(GB 5749—85)的要求,采用合理的洁具洗冲方式避免水的污染,并严格保证管道的严密性,防止其他管道及周围环境的污染。

(二) 消防给水系统

消防给水系统包括消火栓给水系统、自动喷洒消防系统、水幕消防系统及其他类型消防系统。

1. 消防给水系统设置的必要性

建筑设计规范中规定以下建筑物应设室内消防系统:厂房、车库、超过 800 个座位的影剧院及礼堂、体育馆;体积超过 $5000m^3$ 的车站、码头、机场建筑物及展览馆、商场、门诊及病房楼;教学楼、办公楼、图书馆;超过 6 层的塔楼住宅;底层设置商业网点的住宅楼;国家文物保护单位及木结构的古建筑;其他性质的超过 5 层的公共、民用建筑等。消防给水不但能使火灾在小范围内扑灭,而且能通过报警系统使人们迅速通过安全通道疏散,给人们安全疏散赢得时间。

2. 消火栓系统

主要由管道及消火栓箱组成。消火栓箱内有水枪、水龙带及消火栓(带有球形阀的龙头),消火栓口径有 50mm、65mm 两种。平时消火栓系统通过稳压设备保持着一定的水压,一旦发生火灾立即打碎箱门上的玻璃,打开消火栓,水即可通过水龙带及水枪喷射。消火栓可明装,也可暗装,消火栓有单出口及双出口两种,并可带自救式转盘装置,箱内设有报警按钮。

管网根据建筑物的高度可直接由室外接入,高层建筑可根据情况分区供水并设加压稳压设备,保证最高层的消火栓水压要求。

消火栓系统如图 2-1 所示。

3．自动喷洒消防系统

自动喷洒系统是火灾发生时布置在房间顶棚下面或吊顶上的喷洒头自动喷水,同时发出报警信号的消防系统。

自动喷洒消防系统主要由火灾报警阀、阀门、止回阀、喷洒头及管道组成,对高层建筑需设置加压、稳压设备。

自动喷洒管道系统如图 2-2 所示。喷洒头安装在吊顶上时,应配合土建吊顶平面布置、高度及吊顶做法。在设置喷头的房间内,喷头距墙面应不大于

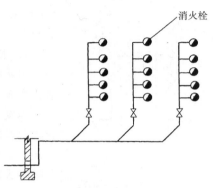

图 2-1　室内消火栓系统

1.8m;喷头之间距离应不大于 3.6m,并按设计要求选择喷头的动作温度。当选用玻璃泡式自动喷洒头时,平时玻璃泡顶住喷头内的阀片,使水不能流出。当发生火灾时,室温升高使玻璃泡内所充的易挥发液体蒸发而体积膨胀,膨胀到一定程度时玻璃泡即破碎,阀片被管内的水顶开,使水沿着喷头下部的齿形挡水板向四周水平喷射。喷头之间的距离应保证覆盖面积。喷头布置如图 2-3 所示,当室内采用的吊顶为铝合金龙骨矿棉板时,为了布置方便美观,采用矿棉板(或其他材料的板)以选择 600mm×600mm 的规格为宜,可以尽量使喷头布置在板的中心位置。安装喷头时,应把挡水板及热敏元件露出吊顶以外。当吊顶高度超过80cm,且有风道布置时应考虑有向上及向下喷水的双层喷头。

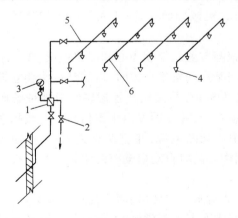

图 2-2　自动喷洒系统
1—火灾报警阀;2—泄水阀;3—压力表;4—喷洒头;5—喷淋干管;6—喷淋支管

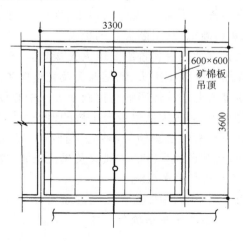

图 2-3　喷头在吊顶上布置图

自动喷洒系统中的火灾报警阀(图2-4)，应安装在该系统的总立管上。当连接在此系统上的喷头不喷水时，阀片靠自重封闭入口。当喷头喷水时，水即顶开阀片而进行连续供水，此时在旁通管中也因阀片的开启而流出水来，把它与水力警铃接通，由于水力的作用使其发出报警铃声。所以，火灾报警阀是在系统的喷头喷水动作的同时发出火警讯号的。

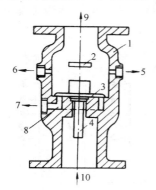

图2-4　火灾报警阀

1—外壳；2—挡板；3—阀片；4—导向杆；5—泄水管口；6—接压力表；7—接警铃；8—环形槽；9—接喷洒系统；10—接消防水管

自动喷洒消防系统适用于一般的高层建筑、公共建筑、火灾危险性大的建筑及重要建筑，对于不宜用水灭火的建筑，如某些车间、化学品仓库、档案馆(室)、计算机房等，可采用其他类型的消防系统。

4. 水幕系统

水幕系统是将水通过喷头喷洒成幕布状以隔绝火源的一种消防系统。

当发生火灾时，可通过布置在车间通道处或公共建筑中设有舞台等处的喷淋管或喷头，喷出似水帘状的水幕，将火源隔离在某一范围内，避免火势扩大。在高层建筑中可配合防火卷帘分隔防火区。

消防水幕常用于工厂车间(完成不同工序而共用车间)、易燃车间的通道。

5. 其他类型消防系统

不适于用水来灭火的建筑，可使用特殊的消防系统，常用的有以下几种类型：

(1) 泡沫消防。

(2) 二氧化碳及卤代烷灭火(1301灭火系统)。二氧化碳灭火装置主要是以喷出的二氧化碳来隔绝氧气并降温，以达到灭火目的。而卤代烷装置是由钢瓶、输送管道及喷头组成，喷出的气体可控制燃烧的连锁反应，它与二氧化碳装置都具有灭火后不留污染痕迹的特点。

6. 消防自动报警装置

在建筑物中对具有危险性较大或公共娱乐场所及重要房间，除设置消防水系统外，还应设置自动报警系统，并配合通风工程中的正压送风、机械排烟系统，使人们尽快地疏散至安全处，并切断电源，阻断火势的扩大。

火灾自动报警装置主要由火灾探测器、自动报警装置及控制中心和线路组成。

探测器有温感探头、烟感探头及光电探头。当某房间发生火灾时，烟温感探头会立即把信号通过弱电系统传回消防控制中心。中心设有主机柜，并预先把各楼层编成地址编码再输入电脑内，而火灾信号返至主机的地址编码联动台上，并立即发出报警信号。一般每楼层都设置一至两个报警信号(铃)。与此同时控制中心切断电源，并启动有关灭火、排烟等系统，切断空调送风系统的进风阀及风机电源，控制中心同时自动启动喷淋主泵进行灭火。

(三) 生产用水系统

当工厂、车间由于生产工艺的需要，用水量大或对水压有要求，而生活用水量又较小时，可将生产、生活用水系统合并为一个供水系统。当需要不间断供水时，应设置双路环形供水方式。

二、室内给水系统给水方式

室内给水系统的给水方式的选择，通常取决于建筑物的性质、高度、配水点布置情况，并

14

根据所需用水的压力、流量、水质要求及室外管网流量及水压情况而决定采用何种供水方式。根据以上诸多情况,应进行方案比较选择出合理而经济的给水方式。

室内常用的给水方式有:

(一)简单的基本给水方式(图 2-5)

这种供水系统适用低层或单层建筑物及对室外的水压、水量变化要求不太严格的建筑。

(二)设置水箱的给水系统

这种系统是在第一种供水方式基础上,在建筑物的最高处设置一水箱。当一天之内,外网的水压、水量在大部分时间内能满足要求,或室内有需要较稳定水压的用水设备,多采用这种供水方式。在系统的引入管上应设置逆止阀。

(三)设置水箱及水泵的给水系统

是在设置水箱的给水方式上,在引入管处增设水泵装置,进行系统加压的给水系统。当用水量较大,但室外管网的水压又经常处于不能满足要求时多采用这种给水方式。图 2-6 中加压水泵是靠装在水箱上的水位自动控制而开启或关闭,水泵可不必处于经常运转状态。当水位低于自动控制的低位继电器时,水泵电机接通电源开始运转,水补至高位继电器触点时,则切断水泵电机电源而停运。随用随补,可减少水箱的容积,比较经济实用。但水泵开启一般以每小时开启 6 次为宜,不宜开启过于频繁。

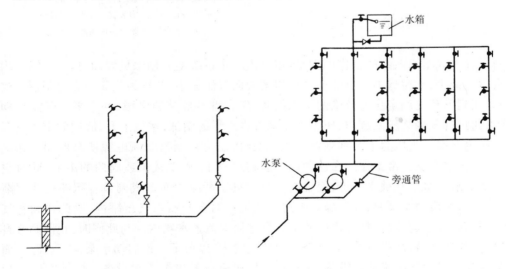

图 2-5 简单给水系统　　　　　图 2-6 设水箱水泵给水系统

(四)分区、分压给水系统

在高层建筑中,这种供水方式广泛使用。当外管网的水压只能满足低层供水要求,而其他楼层用水则靠蓄水池(箱)、加压水泵及高位水箱来完成时,考虑到整个建筑用水若全靠高位水箱供水则会使底层的管道及用水设备要承受很大的静水压力,因此常采用分区、分压的供水方式。低层用水由外管网直供,而高层靠高位水箱供水,将系统分成了低压区及高压区,在高、低压系统管道之间用设有控制阀门的立管连通,在低压区供水有困难时,可由高压区供水(图 2-7)。

(五)气压给水系统

15

当外管网水压不足,而室内要求系统具有供水恒定压力时,气压给水系统是最经济且供水稳定的理想供水方式。这种供水方式是采用气压罐给水设备,即利用密闭气压罐内的空气被压缩性能来调节水量及水压的一种供水系统。适用于生活给水、消防给水、锅炉定压补水等系统。图 2-8 为自动补气式的给水系统,主要由气压水罐、补气罐、补水泵(稳压泵)、压力控制器及电磁阀等组成。

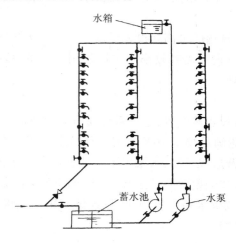

图 2-7 简单的分区分压给水系统

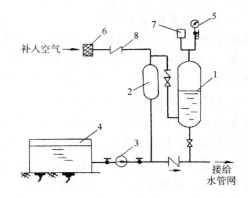

图 2-8 自动补气式气压罐给水系统
1—气压水罐;2—补气罐;3—补水稳压泵;
4—贮水池(箱);5—压力表;6—空气过滤器;
7—压力控制器;8—止回阀

自动补气式给水系统的工作原理是:当室内给水系统随着用水量增加时,气压罐 1 内的水量会逐渐减少,此时罐内原有的空气体积增大而气压减小,此压力是靠压力控制器 7 控制着,当减小到已预先调定压力范围的下限值时,压力继电器接通电源,补水泵 3 开始启动运转,将水通过补气罐 2 压入罐内,压力罐 1 随着进水量的增加,水位上升,罐内的空气逐渐被压缩而压力升高。当压力上升到规定值的上限时,压力控制器切断电源使泵停运。如此循环往复,使供水系统正常工作。在这种循环运转过程中,由于接头或阀门的渗漏,同时空气也部分地溶解在水中并被水带走,使罐内的空气量逐渐减少而造成调节容积的范围逐渐减少,因此在每次启动水泵时,补气罐 2 内的空气也同时会被压入气压罐内,以此达到补气的作用。当水泵停止运转后,补气罐内的水靠位差而回流入水箱内。与此同时,止回阀 8 自动打开,外界的空气通过空气过滤器 6 补充到补气罐内,以备下一次启动水泵使用。除上面介绍的自动补气式的气压罐给水设备,还有靠空压机进行补气等给水设备。目前在中小型的给水系统上广泛使用气压罐给水方式。设备由厂家组装成定型产品,安装方便,使用时应进行调试。

(六)高层建筑消防的重要性及消防给水方式

1. 高层建筑消防的重要性

在高层建筑中,设有较多的电梯井、采光井、垃圾道、管道竖井,并且多为贯穿每个楼层。一旦某处发生火灾,临近火源的这些井道会由于抽力的作用很快使火势扩大,使人员疏散困难、通道堵塞,使消防人员很难及时进入火场灭火而造成极严重的后果。因此,对高层建筑必需设置完善合理的消防系统,保证发生火情时,能及时扑救及封锁火道,以最短的时间控制火势。

目前,我国城市高层建筑发展极为迅速,随着工业建筑、公共建筑、住宅建筑大量建成,城市人口猛增,对大中城市来说,原有的城市基础设施中的供水管网远远满足不了要求,普遍存在着供水压力不足。供水压力不足常常表现为临时性和经常性两种情况,较差的地区自来水的供水压力只在 0.1~0.2MPa 左右,这样的供水压力无法满足高层建筑的消防给水要求,因此必须在建筑物内解决消防水的加压问题,才能保证高层建筑的消防系统正常工作。

2. 高层建筑消防给水加压的方式

(1)室外自来水管网提高供水压力:即在室外管网上增设加压站,这种方法实际在实施中会很困难,应与城市的基础设施建设统筹安排。又因高层建筑比较分散,因此采用在建筑物自身增设给水局部加压设备更为经济、实用。

(2)水泵加压装置:对生活、生产用水,为了避免室外管网压力下降,不允许把水泵的吸水管直接接在外管网上,若需加压必需将外网水引入水池(水箱)进行断流,然后再把水泵吸入管接在水池上,通过水泵加压送入系统内。但对消火栓给水系统,则允许将消防水泵的吸水管直接接在外管网上,水泵的出水管接到消防给水系统的总管上。采用这种加压装置的室内消防给水系统,为了保持消火栓的最低压力,加压水泵常年处于运行状态,这就对水泵的质量要求高,而且经常性的维修量大。

(3)高位水箱、消防水泵给水加压系统:它是由设在建筑物最高层(水箱间)的高位水箱及消防水泵、管道、阀门等组成的(图 2-9)。一般可把生活用水箱与消防用水箱合并成一个高位水箱,但水箱按《建筑设计防火规范》(GBJ 16—87)规定应能贮存 10min 以上的消防水量。这种水箱称为生活消防水箱。水箱上部为生活用水容积,因此生活用水的出水管应接在水箱中部的消防贮水量水位线上,并设置止回阀;而水箱下部为消防用水容积,所以消防用的出水管接在水箱的下部,并设置止回阀。图 2-9 中贮水池、生活水泵、消防水泵可设置在建筑物的地下层内。但高位水箱的水位必需满足消防贮水量的要求。这种给水系统的特点是安装简便,高位水箱内贮有一定的水量给人以安全感。而不足的是在该系统上所连接的各层消火栓的水压平时是靠屋顶的高位水箱的静水压力维持,这样越接近高位水箱的楼层静水压力越小,当不足 15mH$_2$O 的静水压力时,就保证不了水枪具有 10m 充实水柱的要求,此时一旦发生火灾要使用水枪时,必需先启动消防加压泵方可形成高压供水。消火栓内设置消防水泵启动按钮,任何一个消火栓只要启动按钮即可启动水泵。这种系统只能作为一种临时高压消防给水系统。另外,高位水箱设置会给建筑结构带来不便。为了降低用水量及降低高位水箱对最低层房间用水点的静水压力,一般 1~3 层或根据室外管网的供水压力直接接入外管网。每个消防给水系统应设有一通往室外的水泵结合器(快速接头),主要是在发生火灾时消防水车的水泵在室外迅速与室内消防系统连接供水。连接的管道上应设置阀门及逆止阀、安全阀,防止室内管网倒流或消防水车水泵压力过高时破坏室内管网的设备或管道。水泵结合器可设置在室外小井内,也可设置在外墙的墙体内,平时应加保护门进行围护。

(4)气压消防给水设备:工作原理与气压给水系统相同,但所选择气压水罐贮存的消防用水量应满足防火规范的要求及规定,可以取代高位水箱,这种给水系统既能满足消防的要求,又可以避免高位水箱消防水泵给水系统的缺陷,在高层建筑中被广泛采用。图 2-10 为自动补气或气压消防给水系统的原理图。平时罐内维持并稳定在消防给水最高允许工作压力值上,如因系统管道渗漏或罐内空气有部分溶于水中使罐内压力下降时,可由罐上的压力

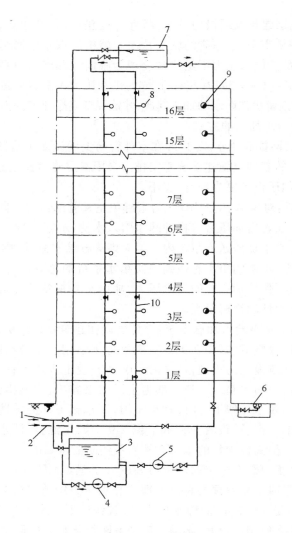

图 2-9　高位水箱、消防水泵给水加压系统图

1—生活给水管；2—消防给水管；3—贮水池；4—生活给水泵；5—消火栓给水管；
6—水泵接合器；7—高位水箱；8—生活用水点；9—消火栓；10—低压区与
高压区立管连通管

控制器 5 接通稳压泵 7 电源进行小流量的补水升压。

当发生火灾时，开始启用消防灭火设备。此时消防管网的用水量增大(开始时是使用罐内的贮水)，系统压力发生变化。此时管网的压力控制器 4 发出信号接通主消防泵电源，并立即投入运行，满足消防用水量及工作压力的需要。而稳压泵是起着经常保持消防给水管网所需压力的作用，即平时不启动主消防泵以减少主泵的磨损，还可节约能源。

当采用高位水箱(与生活用水共用)消防加压泵的给水系统不能满足最不利点消火栓或自动喷洒设备的水压要求时，可采用气压给水设备增压。

三、给水系统常用的管材、管件及阀门

(一) 管材

生活、消防用水一般采用镀锌钢管，当管径超过 $DN100\sim DN150$ 且丝扣连接有困难时，可采用焊接钢管。对水质要求严格时，可采用焊接管预组装的方法，适当的位置采用法兰盘连接，然后拆下，镀锌后再次安装。

对埋地管道多采用承插给水铸铁管，接口采用石棉水泥或膨胀水泥接口。石棉水泥配制比例及材料要求：水泥标号不低于 400 号，石棉宜用 4 级或 5 级；配合比（重量比）为石棉 30%，水泥 70%，水 10%～12%（占干石棉水泥的总重量）。

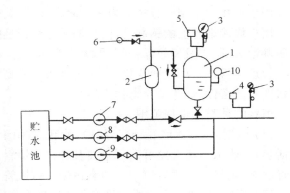

图 2-10　自动补气式气压消防给水原理图
1—压力水罐；2—补气罐；3—压力表；4—启动主消防泵用的压力控制器；5—启动稳压泵用的压力控制器；6—空气过滤器；7—稳压泵；8—主消防泵；9—备用泵；10—液位控制器

膨胀水泥接口材料主要是膨胀水泥和中砂。膨胀水泥宜用石膏矾土膨胀水泥或硅酸盐膨胀水泥。出厂超过 3 个月者，应经试验鉴定后再使用。砂应是经水洗洁净的中砂，最大粒径不大于 1.2mm，含泥量不超过 2%，配合比宜采用膨胀水泥∶中砂∶水＝1∶1∶0.3，当气温较高或风力较大时，用水量可稍增加，但不宜超过 0.35。拌合时应均匀，外观颜色一致，一次拌合量应在 0.5h 内用完为宜。

（二）管件

钢管(焊接钢管及镀锌钢管)在安装时常用的管件材质为可锻铸铁，常用的管件有：

1．三通

起着对输送的流体分流或合流作用，分等径及异径两种形式，规格一般与钢管配套使用。等径三通用公称直径表示，例如 $DN20$、$DN25$、$DN40$ 三通即表示三通的三个口径均为 20mm、25mm、40mm；异径三通也以公称直径表示，例如 $DN25\times20$；$DN32\times25$ 三通等。

2．弯头

常用的有 90°和 45°两种，有等径弯头及异径弯头，主要起着改变流体方向的作用。

3．四通

分等径及异径两种形式，均以公称直径表示，例如等径四通可表示为 $DN20$、$DN32$、$DN40$ 四通，异径四通可表示为 $DN40\times25$、$DN25\times20$ 四通。

4．活接头（油任）

活接头可便于管道安装及拆卸，规格及表示方法与管道的表示相同。

5．管箍

用于连接管道的管件，两端均为内螺纹，分同径及异径两种，以公称直径表示，例如 $DN25$、$DN32\times25$ 管箍。

6．丝堵

用于封堵管道，常用在泄水管道上。

7．补心

用于管道变径，以公称直径表示，例如 $DN20\times15$、$DN32\times25$ 补心。

8．对丝

用于连接两个相同管径的内螺纹管件或阀门,规格与表示方法与管子表示相同。

用于焊接钢管上的钢制管件,一般采用焊接连接。另外,主要钢制管件还有不同角度的钢压制弯头、同心及偏心异径管(即大小头)等。

管道与管件采用丝扣连接时,在内螺纹与外螺纹之间应缠绕一些填充物以加强接头处的强度及严密性,这些填充物称为填料。

填料的种类及适用范围。

(1)麻制品:有亚麻、线麻(青麻)、油麻,适用于介质温度低于100℃的输送管道。给水、生活热水、热水采暖管道可采用铅油及麻作为填料。油麻是用线麻编成麻辫,在配好的石油沥青溶液内浸泡,凉晒后使用。油麻适用于铸铁管(承插)接口。

(2)石棉绳:适用于介质温度高于100℃的蒸汽管道的丝扣接口。

(3)聚四氟乙烯带:适用于严密性要求高的煤气管道。

(三)阀门

给水管道系统常用阀门有截止阀、闸阀、止回阀、蝶阀、旋塞阀、浮球阀等。如为法兰连接时多采用橡胶垫片或石棉橡胶垫片。阀门在安装前,必须做水压试验,发现渗漏需要研磨密封面或更换压兰垫料,合格后方可使用。阀门安装时应注意有方向性要求的不得装反。

(四)接卫生洁具配件

包括使用在各种卫生洁具及用水点的水龙头、水嘴等内容。根据配水点不同的用途及建筑物内卫生间要求的档次可分为普通水龙头(铸铁、铜、不锈钢材质)、皮带水龙头(供实验室用或其他冲洗用水)、洁具的角阀等,另外还包括有冷热水嘴、混合水嘴、三联水嘴、淋浴喷头、肘式开关水龙头、脚踏式开关给水龙头等。目前常用的高级洁具种类很多,并有配套的给水配件。这些配套的给水配件制作精美、式样新颖,一般与高级装修相配套安装。

(五)用水计量设备—水表

计量用户用水量时,均需安装水表。一般把水表设置在室外,但有些建筑是将水表安装在引入管上,而在民用住宅建筑每户均设置水表。常用的水表有旋翼(叶轮)湿式水表及大口径水平螺翼式水表。安装水表时,在表前应保证有大于管径8~10倍的直管段。

四、室内给水系统施工与土建工程施工的配合及要求

(一)对建筑物设有地下设备层的给水设施及设备基础施工

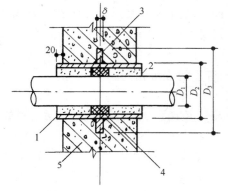

图 2-11　穿池壁防水套管
1—套管;2—水泥砂浆或沥青玛琋脂;
3—止水环;4—油麻;5—池壁

1．贮水池施工

高层建筑在设计时,为了考虑消防用水的要求,需要设置相当大体积的贮水池,以供给消防系统用水量的需求。这种贮水池常常采用钢筋混凝土水池,因此在施工中应注意:水池的几何尺寸要准确,池内壁应光滑平整,抗渗混凝土强度等级要准确,严禁出现蜂窝麻面及烂根,池外壁应做防水层,内壁抹防水砂浆。近年来,随着建材业的发展,出现了许多新型材料,例如在池内壁可刷瓷性涂料,既可方便清洗水池又避免苔藓及细菌滋生。

水池施工时,凡穿池壁的管道必须加带止水环的钢套管(又称防水套管),做法如图2-11所示。防水套管尺寸可参照表 2-1。套管的标高、位置应严格按图施工,套管最好与临近的钢筋固定,防止浇注混凝土时移位。

给水管道防水套管尺寸表(mm)　　　　　表 2-1

套管　尺寸　D_1	50	80	100	125	150	200	250	300
套管外径 D_2	114	140	165	191	216	267	325	377
止水环直径 D_3	274	320	345	371	406	457	525	577
止水环厚度 δ	5	5	5	5	5	8	8	8

2．给水管道穿越建筑物的基础

这时应按施工图预留洞口,基础施工前应与专业施工人员核对洞口的位置及标高,施工时需认真的检查是否符合图纸要求,因为这在施工中常被忽略而造成重新剔砸洞口。一般洞口尺寸是给水管管径的 2～3 倍,但洞口不宜小于 300mm×300mm。当给水管道穿越建筑物的伸缩缝时,应预埋套管。套管与管道之间应做柔性接口(橡胶圈填料)。管道穿地下室的混凝土隔墙应预留洞口,并核对标高及位置。管道施工完毕可采用豆石混凝土填平捣实,不超过结构墙体面。

管道穿越混凝土楼板(现浇)需预先留洞,不宜随做随砸。管道安装完毕洞口补灰时,楼板底面应做吊模,拆模后与楼板结构面和底齐,不允许用水泥砂浆或用碎砖石填充后灌砂浆的方法补洞,建议由土建施工人员完成补洞工序。

3．地下设备层的给水设备基础施工

地下设备层内的给水设备一般包括有生活给水泵、消防水泵(消火栓、自动喷淋系统)、气压罐稳压设备、各种用途的水箱、水处理设备等,这些给水系统的设备一般都安装在混凝土的基座上,而对基础要求有两种形式:一是普通基础,一是有减震要求的基础。

普通基础适用于无减震要求的水泵、水箱、气压罐装置等设备。施工时应核实基础的水平位置及基础面标高、预留二次灌浆孔的位置等是否与施工图或产品样本符合。尤其是已预留在水池池壁上的水泵吸水口的套管位置与标高,是否与水泵的吸水管口同在一条直线位置上的问题,是影响管道能否顺利配管的关键。图 2-12 中如水泵基础中心线与水泵中心线(即吸水管中心)不在同一位置时,会造成以下几种情况:

(1)管道施工需做来回弯以弥补基础的偏差,但要看偏差量大小、偏移方向及设计管径大小而定,造成配管困难,影响泵房布局及美观。

(2)当偏差量不大,可移动水泵的中心位置,这样可能造成基础受力不匀,二次灌浆孔剔砸。

(3)基础偏差量过大,检修通道已不能满足规范要求时,则基础返工重新浇注。

对水泵基础有减振要求时,应根据减振器的规格、型号(由设计选定)选择减振平衡板。减振板为钢筋混凝土的预制板,应根据设计图纸预制(参照图 6-19 的减振基础示意图)。

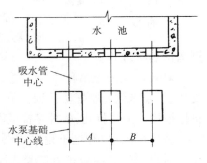

图 2-12　水泵基础与水池平面位置示意图

设备基础施工时混凝土的标号需符合设计要求,设备安装完毕(含配管施工完),基础应抹水泥砂浆面层,要求抹光压实。

4.地下设备层内,管道敷设较集中,数量多,并且管道交叉较多,管道安装形式多为沿柱体、沿墙或顶棚下布置,较多地采用多管共架敷设,因此要求在施工时预埋钢构件,以保证管道支架固定用,预埋件的标高位置应与专业施工人员核对后施工,并采取防移位的措施。

(二)建筑物±0.00以上给水管道系统施工及对土建施工要求

1.给水管道根据各种系统性质及要求,施工时可分明装敷设及暗装敷设

(1)明装管道:即管道敷设暴露在室内、走廊、顶棚下或地面上,具有安装、维修、管理方便等优点,但有时会破坏房间的美观。为避免夏季给水管道表面产生凝结水,必须做防结露保温处理。一般在民用住宅、工厂车间或在地下设备层内多采用明装敷设。因为明装管道没有任何的隐蔽性,因而对管道施工时支架的安装、管道的排列、焊接质量、管道的水平度及垂直度要求更为严格。而明装管道安装时往往会给装修工程带来不利因素,例如对墙面的破坏、污染等情况屡见不鲜。当土建结构施工卫生间时每层的隔断墙应尽量保持在同一垂直面上,避免管道每层距墙尺寸差异过大超出规范规定。图2-13中由于每层隔断墙施工误差造成立管距墙尺寸不等,甚至为了保持管道的垂直度,而使隔墙占据了管道的位置。

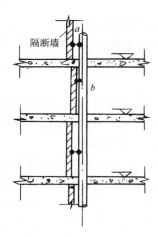

图2-13 卫生间隔断墙
错位示意图

(2)暗装管道:即将管道设置在管井、墙体内、吊顶里,不影响室内的装修布置,使房间美观、卫生。管道可通过管井垂直布置,减少多根管道穿楼板造成补洞不严密而渗漏的缺陷。但暗装管维修管理有困难,一旦出现渗漏水现象会造成墙面、顶棚污染。暗装管适用于高层建筑、大型公共建筑、高级装修的房间或建筑物、要求环境条件较高的车间及其他建筑。

暗装管中垂直管道敷设在由土建封闭的管井内。管井砌筑时应保证平面几何尺寸,每楼层应设检修门。立管如设置阀门时,阀门位置应尽量靠近检修门,以便于维修及操作。高层建筑考虑到防火要求,管井每层之间应做混凝土隔断板,不允许管井一通到顶。

管井应待管道安装、试压、刷油、保温等工序完成后,方可施工。

对暗设在墙体内的管道应在结构施工中,将已刷油或防腐的管预先安装好,并做局部试压,然后做墙体砌筑。不宜在墙体上剔沟槽后再埋管。

对敷设在顶棚吊顶内的管道,应提前安装。对暗装的生活给水管要做防结露保温,管道支架、吊架需预先刷好防锈漆。采用吊架安装时,可采用两种方法与楼板固定。图2-14(a)是将楼板用冲击钻打孔,吊杆穿楼板固定;图2-14(b)是采用膨胀螺栓将吊杆固定在楼板上。

装修施工吊顶时,不论采用哪种龙骨做法,均不允许将龙骨吊杆固定在管道的吊架上。

对自动喷洒消防系统的喷头布置,应符合防火规范的要求,必须与吊顶的做法及其他专业的设备(灯具、送回风口、烟温感探头等)布置配合好。在管道密集的走廊及房间内应做好交叉施工的程序,做到有主有次、有先有后的合理施工。

暗装的消火栓需保证墙体留洞的位置及标高,洞口尺寸应符合设计要求。

22

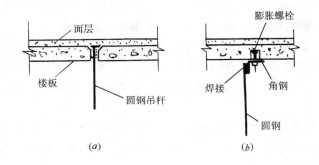

图 2-14　吊杆与楼板固定做法

对吊顶内的给水管道或其他专业的管道、电缆、风道、弱电线路等需全部安装完毕,并完成试压、保温等程序后方可封板。

2．沿墙体及柱体敷设管道支架做法

(1)砖墙时:可采用图 2-15(a)做法,将支架直接埋入墙内,埋入深度应不小于墙厚的2/3,支架安装应水平、牢固,洞口最好采用豆石混凝土浇注,并与结构层平,不宜凸出。

(2)混凝土墙或柱时:可采用图 2-15(b)、(c)做法。(b)做法是打膨胀螺栓,螺栓的直径应根据支架的大小、受力状况选择;(c)做法即在墙体和柱子结构施工时,将预埋件固定好,预埋钢构件应核对位置及标高并采取固定施放防止移位。以上介绍的是几种常用的做法。

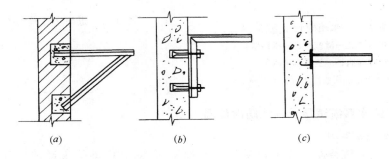

图 2-15　支架做法

给水管管卡主要有 U 形卡及扁钢卡。U 形卡多用在水平或垂直管的支托架上,而吊支架或垂直管上多使用扁钢管卡。管卡的作用主要是将管道固定在支架或吊杆上。对较小的水平管可采用钩钉固定,多排水平、垂直管敷设的支架可参照有关施工图册,支架间距应符合施工规范规定。

(三)给水箱

给水箱在高层建筑中一般设置在屋顶的水箱间内,又称高位水箱。

水箱可分圆形和矩形两种形状。高位水箱根据制作材质不同而分有钢板水箱、玻璃钢水箱及钢制拼装水箱。当考虑生活消防共用水箱时,水箱的体积比较大,钢制拼装水箱可减少制作及安装就位的困难。拼装水箱是由不同规格的小块方形钢板冲压成型(带有连接边框),并进行双面热镀锌后,运至现场组装而成,底面组装在混凝土的条形基础上,水箱六面体全部组装,板块之间有密封条密封。水箱尺寸、开洞位置、标高可提供给厂家,生产厂家将进出口或水箱其他接管处接出短管及法兰以便于施工现场安装。

如为整体水箱应预先加工制作好,配合结构施工在屋顶水箱间封顶之前,使水箱就位。

水箱接管主要有进水管、出水管、溢流管、排污管及水位控制装置(图2-16)。

进水管:进水管上应连接不少于两个浮球阀,并在每个浮球阀前应设置阀门,以便更换修理。

出水管:在高位水箱只供生活用水时,可与进水管共用,如图2-17所示。当生活用水与消防用水共用水箱时,消防用水及生活用水出水管应分别接出,如图2-16所示。无论哪种方式均要在出水管上安装止回阀。

溢流管上不允许安装阀门,溢流水与排污水接入附近的排水地漏。

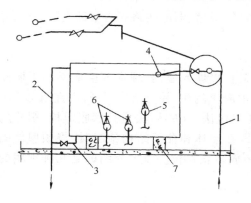

图2-16　水箱配管示意图
1—进水管;2—溢流管;3—排污管;
4—浮球阀;5—生活水出水管;
6—消防系统用水出水管;7—基础

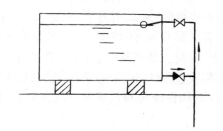

图2-17　进出水管共用图示

五、室内给水系统试压及刷油防腐保温

(一)给水管道试压

对小型给水系统待施工完毕可进行一次性试压,对大中型给水系统宜分段、分系统试压。可根据施工图中生活水、消防水等系统及每个系统所带的管道进行分别试压。

图2-18为某一给水系统试压管道连接示意图。试压前应将临时给水管及排水设备准备好,打压泵需设在该系统的最低部位,而在系统的最高点安装临时排气管及排气阀。打压前将水先灌满整个系统,并将空气排净,此时应检查管道有无渗漏,并打开试压泵进行升压。升压过程应检查系统情况,升压应缓慢。待升至工作压力时,进行稳压,逐个检查管口、管件、阀门的丝扣、焊口、法兰等处有否渗漏,压力表是否稳定。然后升至试验压力并稳压

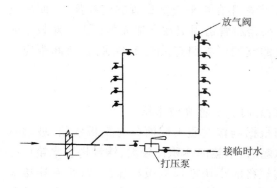

图2-18　给水系统试压图示

10min,无压降或压降在允许范围之内即为试压合格。

冬季管道试压完毕要及时排净管内的水,防止冻坏管道。

（二）管道刷油、防腐、保温

1．刷油、防腐

对明装给水管中镀锌管刷两遍银粉,焊接管应刷两遍防锈漆及面漆（一般刷调合漆）。当暗装管在墙内、埋地敷设时,刷两遍沥青漆或其他材质的防腐涂料。

2．保温

敷设在不采暖房间的管道应做保温,保温材料可采用聚氯乙烯泡沫管壳、玻璃棉管壳等。

生活给水管穿越居室或卫生条件要求较高的房间,为防止夏季管道结露,需做防结露处理,一般采用玻璃棉管壳或塑料软泡沫作防结露材料,外包玻璃布或塑料布。

六、室内临时给水系统

1．概念

临时给水系统是为满足在施工全过程中施工用水、消防用水的要求而辅设的管道,对于建筑面积超过 1 万 m^2 的大型或高层建筑应考虑较完整的临时用水系统。

由于建筑面积较大,施工工期长、场地窄小,材料堆放在室内而使发生火灾的机率加大,防火措施不是靠简单地放置一些局部的灭火器就能解决问题,因此临时用水系统应在施工准备中给予重视,所以临时水即主要解决临时消防用水。

2．消防用水系统的组成

消防用水系统主要由管道、消火栓及必要的用水龙头和阀门组成。

每个楼层应根据具体情况设置消火栓箱,设置的重点位置是施工人员的常用通道、主要楼梯间、电气焊集中使用区、易燃品临时库区（油漆、稀释剂、棉纱、装修木料等）、临时电闸箱等,尤其是建筑物进入装修阶段,施工人员多而集中的地区。消火栓箱可临时固定在墙或柱子上。在寒冷地区临时水管道应保温,防止冻坏管道。考虑到消防要求临时水总管管径不应小于 $DN100$。

对进入现场的施工人员需做好防火教育,掌握消火栓使用方法及灭火知识,电气焊施工应持有有关部门发放的用火许可证,对临时用水管道应经常检查有无漏水失水地方,应经常检查阀门启闭和管道通畅情况。

第二节　室　内　排　水

一、室内排水的任务及特点

室内排水系统的作用就是将生活污水、工厂中生产废水或采用内排的雨水通过排水设备、管道排至室外系统管道内。

排水管道是无压力管道,排水的动力是靠高差而形成的重力作用。

污水管道排放的特点:

（1）污水中杂质及固体颗粒含量多。

（2）污水管道会产生有味的气体,必需设置臭气排放设备。

（3）工业排放的废水多为有腐蚀性、毒性及污染环境的有害废水。

（4）雨水及污水管道均存在瞬间出现排水量高峰的情况。

（5）排水管为了保证排放顺利,水在管内为不满管流动,同时考虑高峰排水量的排放,因此管径较大,同时应具有足够大的坡度。

（6）排水管道及管件的材质应内壁光滑,以减少流动阻力及滞留污物,管材应具有耐腐蚀性。

（7）管道接口应严密,防止污染水源或建筑物的墙、地面。尤其对输送含有有害物质污水的管道,应防止中毒事故发生。

二、室内排水系统的分类及组成

1．分类

主要根据排放污水的性质而分：

（1）生活污水系统：主要排放人们日常用于洗涤、冲洗的污水及粪便污水。

（2）生产废水系统：主要排放生产过程中产生的成分复杂的污水。根据工艺的性质,污水中可能含有酸碱或有害的物质,也可能含油污或有毒物质,所以对生产废水应有严格的排放标准。

（3）雨水系统：主要是排除屋面的雨水及雪水。

以上三种系统可以采用合流制或分流制。对于无污染、无有害物质的生产污水,且排放量不大,可以与生活污水合流一个系统排放。雨水系统一般应单独排放,更不宜与生活污水合流,避免加大室外管道对生活污水的处理量,或因降雨、降雪量骤增,排放不及而造成污水倒灌。对有污染及毒害的生产废水一定要单独排放,并应进行处理。

2．污水系统的组成

室内污水系统主要由卫生洁具、洁具排水管、横管、立管、排出管、透气管及疏通、水封设备、辅助透气管组成(图2-19)。

（1）卫生洁具：具有不同功能的容纳污水的器具。如大便器、小便器、洗脸盆、家具盆、浴盆、化验盆、洗涤盆、拖布池等。

（2）器具排水管：器具与排水横管的连接管,包括管道及各种起着水封作用的存水弯、地漏、排水盒(三用)等。

（3）横管：对各卫生洁具的排水管连接在横管上,并接至立管内。水平横管应具有一定的坡度。横管是污水系统的易堵塞管段。

（4）立管：它是连接各楼层的水平横管的垂直管道,并通过立管将污水排出室外。

（5）排出管：将污水从立管排至室外

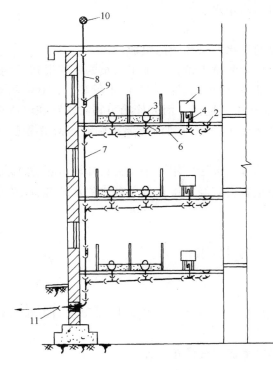

图2-19 室内排水系统示意图

1—拖布池；2—地漏；3—大便器；4—存水弯；
5—洁具排水管；6—横管；7—立管；8—透气管；
9—立管检查口；10—透气帽；11—排出管

靠建筑物的第一个检查井之间的管段,排出管需穿越建筑物的基础。

(6)清扫疏通设备:设置在横管上的有地面清扫口及横管清扫口;设置在立管上的称为立管检查口,立管检查口一般每隔一楼层设置一个。

(7)排气设备:主要有透气管、透气帽及辅助透气管。透气管的作用是使室内及室外的污水管中的臭气或有害气体排入大气中去。因透气管伸出屋面与大气相通,使排水系统内接近大气压力而保证卫生洁具的水封设备不被破坏。对多层建筑的生活污水系统,所带的卫生洁具又不多时,可直接将立管做出屋面作为透气管用。高层建筑中或横管所带洁具超过 6 个大便器时,因考虑排水立管及横管内的空气平衡,保证水封作用而设置辅助透气管。图 2-20 为辅助透气管的连接方法。

辅助透气管包括横管及立管,在中间楼层部分可每隔两层将透气立管与排水立管连通。

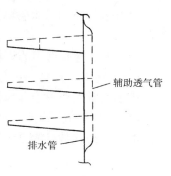

图 2-20　辅助透气管连接方法

透气管排出屋顶的高度,根据屋面结构的性质,一般应高出屋面 0.7m 以上,并应超出本地区的最大积雪高度;对上人屋面应高出屋面 2m,并采取固定措施。

透气管顶部需安装透气帽(铅丝球),可防止雨雪杂物进入立管,也可防止鸟类作巢而堵塞透气管。

三、室内雨水系统

室内雨水系统又称内雨落水系统,主要任务是收集屋面的雨水或雪水并通过立管将其排出室外,与室外的雨水或污水管网连接,主要由屋面的排水口、雨水立管及排出管组成。

雨水管的管材一般埋地部分可采用焊接钢管或给水铸铁管,立管可采用焊接钢管。在高层建筑中,雨水管一般敷设在管井内,并在每根立管的末端设置金属波纹管作为缓冲。在管井内的立管应做好防腐防锈,排出管穿越基础应做刚性套管,并保证设计的坡度。

屋顶施工时应保证屋面坡度坡向雨水口。屋面设置多个雨水口应划分屋面排水区,不能出现排水死角。屋顶防水施工时,严禁将水泥砂浆或防水涂料、沥青倒入或抹进雨水排水口内(做屋面防水时应先堵好排水口)。

四、生产废水及污水系统

(1)不含有害物及有毒物质的污水:对在生产工艺中的冷却用水等不含有害物的污水,可直接排放或收集后再使用。施工时与生活污水管道可合并为一个系统。

(2)对在生产过程中,生产废水中含有油脂的污水,必须设置隔油设备,除油后方可排入室外管网。直接排出室外进入外管网会使易挥发的油类在检查井聚集,当达到一定浓度时容易爆燃而产生严重的事故。

(3)对含酸、碱或有害物质、有毒物质的生产废水需进行必要的厂内水处理,直接排放会严重影响农田作物,甚至污染河流、湖泊而造成环境的污染及对人类的危害。

(4)对医院、传染病专科医院或实验科研部门排放的污水,含有大量病菌者,应在排入外管网之前对污水进行化粪、过滤、加药消毒处理。

(5)对肉类加工厂、食品加工或大型食堂、饭店、餐厅等含有大量食用油脂的污水管道,一定经隔油池处理后方可排入外管网,以防止油脂附着在排水管壁上,影响室外管道污水的通畅,甚至堵塞管道。

（6）对在生产运行中产生大量高温的污水,需要降温后排放。如锅炉房中锅炉的排污,应设置排污降温池,经降温后进入管网。

对有害物质的污水管除管材能满足污水的性质要求,最重要的是要求接口严密,不允许渗漏。

五、排水管道常用的管材及施工

（一）常用的管材

排水管常用管材有排水铸铁管（承插接口及法兰柔性接口）、塑料管、耐酸陶瓷管等。

（二）常用铸铁管件

常用铸铁管件见表 2-2。

承插铸铁管件及图例　　　　　　　　表 2-2

管件名称	图 例	管件名称	图 例	管件名称	图 例	管件名称	图 例
45°弯头		T形三通		正四通		P形存水弯	
90°弯头		TY形三通		管箍		S形存水弯（丝扣）	
Y形三通		斜四通		检查口		S形存水弯	

表 2-2 中的三通及四通有等径及异径之分。具体管件尺寸可参考有关材料手册。

（三）各类管材施工工艺

1. 排水铸铁管

铸铁管施工时,首先应根据图纸将直管及管件组装。先从排水横管组对,要求管件甩头尺寸准确。承插管组装时,接口可采用水泥拌水,填料采用油麻。接口前应清理承口内、插口外的污物或小铁瘤,然后用喷灯将管口上的沥清烤掉,并用钢丝刷清理干净。填料应打实,填料一般以占承口长度的 1/3 为宜,水泥接口应随填随打,不宜一次填满。振捣水泥工具称打口器或称扁铲,捣至水泥表面返浆比承口边缘凹入 1~2mm 为宜。组对好的管段应置放安全地区,防止人蹬踩,接口处可用湿草袋敷盖进行养生。

铸铁管安装时水平横管一定要保证规范规定的坡度（参见表 2-3）。

水平横管的固定吊架间距不允许超过 2m。当横管管段较长时,应设置清通设备,地面清扫口距墙面不得小于 200mm,水平清扫口距墙不得小于 400mm。

立管安装应保证垂直度要求,在最底及最高的楼层必需设置检查口,其他每隔两层设置一个检查口并朝室内侧 45°安装。如建筑物层高≤4m 时,每层安装一个立管固定管卡。为了防止立管的最底部,即向室外排出管的弯头处,因承受立管的荷载过大,使立管下沉而破坏管道,宜在弯头处设置支墩,以承受管重量、水冲击力及发生意外管道堵塞而积存在立管内污水重量。

排水管道最小坡度和标准坡度 表 2-3

管 径 （mm）	生 活 污 水		工 业 废 水 （最小坡度）	
	标准坡度	最小坡度	生产废水	生产污水
50	0.035	0.025	0.020	0.030
75	0.025	0.015	0.015	0.020
100	0.020	0.012	0.008	0.012
125	0.015	0.010	0.006	0.010
150	0.010	0.007	0.005	0.006
200	0.008	0.005	0.004	0.004

穿出屋面的透气管需做好屋面防水,而对埋地的排水管道,应保证沟槽基底经夯实后再铺设管道。回填土应保证在管顶 0.3m 以上,采用三七灰土分层填并夯实,与原地面回填土层的密实度一致,防止回填土层下沉而破坏管道及地面面层。排水管尽量不穿越伸缩缝和沉降缝,如必须穿越应设置柔性钢套管。

柔性接口铸铁管安装时,密封胶圈应平正地推进槽口内,压盖与法兰盘螺栓要均匀受力地连接一起,并应尽量调直,因这种排水管的管件是与直管配套使用的,管件的尺寸是符合国标规定的。表 2-4 为柔性接口管件的种类及图式。

柔性接口铸铁管件及图例 表 2-4

管件名称	图 例	管件名称	图 例	管件名称	图 例	管件名称	图 例
45°弯头	⌐	P形存水弯		Y形三通		斜四通	
90°弯头		S形存水弯		TY形三通		正四通	
套袖		立管检查口		T形三通		弯曲管	

排水铸铁管的规格(含柔性接口铸铁管)有公称直径 50mm、75mm、100mm、150mm、200mm 几种规格。

铸铁管道施工完毕需进行闭水试验,做闭水试验时,应按立管系统逐根、逐层进行,闭水时,管材、管口应无渗漏,并且与土建施工的防水地面做闭水试验分开进行。闭水高度应符合规范要求,合格后需对接卫生洁具的甩口管道封堵严密,等待下道工序——洁具安装及连接的施工。

2. 塑料管

常用在生产污废水系统。

(1)塑料管的连接:塑料管连接方法有焊接、承插接、法兰连接、松套法兰连接及丝扣连接。

焊接工艺:塑料管焊接主要是采用一套能产生高温空气的设备将塑料焊条及被连接的管口熔在一起。设备主要由空气压缩机、空气过滤器、电源、变压器和塑料焊炬组成(图2-21)。工作原理:将空压机的压缩空气通过过滤罐将油或水清除,然后进入分汽设备内,供多套焊枪使用。将压缩空气通过软管(橡胶管)接入塑料焊枪的空气入口,再将通过调压器的电源线接入焊枪的电阻丝的接线口。电阻丝产生的热量将空气加热并吹出250℃左右的高温空气熔化焊条与焊件。操作工人可根据焊件的壁厚来调节空气的压力及电阻丝的温度,所以应随时调正调压器的电压,并控制焊枪风的开关,以温度及空气流速适宜为施焊的质量保证措施。

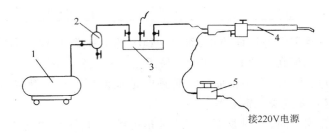

接220V电源

图 2-21　塑料焊设备连接图
1—空压机;2—空气过滤器;3—分汽缸;4—塑料焊炬;5—调压器

焊条的直径也应根据管材壁厚适当选择。

承插连接工艺:主要是利用塑料管在150℃左右的温度即可软化变形的特性,加工出承口。施工现场可用简易胎具加工出管承口。胎具的直径以比塑料管的外径大0.3～0.6mm为宜。加工时需将被加工端加热,加热方法可采用甘油浴热及电加热或高压蒸汽加热箱等设备。当管端加热至140℃以上时,可迅速将胎具插入塑料管内,插入的深度可参照表2-5,并用水冷却后退出胎具,承口即制成。

承　口　深　度										表 2-5
公称直径	25	32	40	50	65	80	100	125	150	200	环口间隙 (mm)
承口深度 (mm)	40	45	50	60	70	80	100	125	150	200	0.15～0.30

承口制作完毕,在连接管之前应对被连接的承插口用丙酮擦拭干净,然后用细砂纸打毛,将承插口上涂刷一层粘接剂(过氯乙烯清漆),涂时应均匀不宜过厚,稍停即可连接。连接时要求管子平直地插至承口的底部(图2-22)。如管道输送的介质有特殊要求时,可在承口端用塑料焊接焊住。

使用承插式连接施工简便,节省能源,降低施工费用,而且能保证质量。

对于直接采用已在工厂生产的带承口的管,则可采用粘接剂粘接,但对管材应进行测量,避免造成间隙过大或插不进去的情况。

法兰及活套法兰连接:法兰一般采用平焊法兰连接,而活套法兰是将塑料管管端翻边,把法兰套在管上,然后将法兰连在一起(图2-23),翻边可采用模具热压,也可在管端焊塑料挡环。

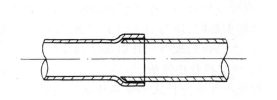

图2-22 塑料管承插连接示意图　　图2-23 活套法兰连接图

（2）塑料管施工:当塑料管采用明装时,因本身刚性差又易随温度升高而变形,因此管道支架的间距应满足规范要求。

3．耐酸陶瓷管

适于输送含腐蚀性的生产废水,一般埋地敷设,而地面明装管则用塑料管。陶瓷管为非金属管,接口一般采用油麻作填料,沥青玛琋脂等材料作接口,因本身质脆,所以施工中应注意回填时不宜使用电动夯具,宜采用木夯分层夯实,土中不允许夹带砖石碎块。

六、卫生洁具及安装

（一）卫生洁具的分类

根据用途及功能不同,洁具可分为以下几类:

用于人们大小便收集器具:有大便器、小便器、大便槽及小便槽。

用于盥洗、洗涤:有洗脸盆、家具盆、化验盆、污水池、盥洗槽、洗米、洗菜池等。

用于沐浴:有浴盆、淋浴器等。

1．大便器

陶瓷制品的有蹲式大便器(配套高位、低位冲洗水箱)、坐式大便器。根据排水口的位置分下出水和后出水的(配套高位、低位冲洗水箱)。有些公共场所设置大便槽,采用水箱集中冲洗。蹲式大便器采用延时冲洗阀时应有空气隔断装置。

大便器的形状、规格及颜色种类非常多,近年来进口或合资企业生产的大便器多为豪华型,用于高级装修的建筑物内,因此安装要求位置准确、连接严密、外观漂亮,与高级装修和谐,水箱、便器干净无污染,开关灵活。

而卫生间的楼面施工时,一定待选定型号与规格后,设计根据产品样本留洞,避免因洁具更换改型而施工仍按原图留洞,造成卫生间的现浇板重新剔洞,使楼板呈筛孔状影响和降低楼板的强度。尤其有二次装修设计的工程,应特别注意与结构施工的协调与配合。

蹲式大便器施工时,一定与土建施工配合。稳大便器时下面预先铺好水泥焦渣层,在大便器周围适量地铺些白灰膏,待大便器稳平稳实后,将大便器的出水口插入已甩出洞口边的承口内,此时应用水平尺找平找正,接口处填入油灰并抹平(图2-24)。如多个大便器安装,应在一直线位置上布置。

大便器安装完毕,即可将给水管接至大便器的进水口。先将胶皮碗的大头套在大便器的进水口上,小头套在给水管上,用14号铜丝分别捆扎两道,拧扣要错开90°。在胶皮碗处用围填塞黄沙,便于更换且如有渗漏可被沙层吸收。将全部安装完毕的大便器的出水口堵

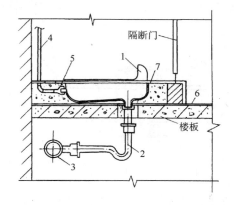

图 2-24 蹲式大便器安装与土建做法
1—大便器;2—存水弯;3—横管;4—给水管;
5—胶皮碗;6—防水层;7—白灰膏

住,防止土建在施工面层时掉入灰块。

土建施工地面面层时,面层应在大便器边缘下 0.5cm 为宜,在采用花岗岩或通体砖、瓷砖的面层时,应在胶皮碗处留一小块活板,便于取下维修。

水箱安装时,应与墙面固定牢靠,低位水箱应靠墙安装,水箱内的配件应开启灵活,启闭严密。

2. 小便器及小便槽

陶瓷小便器分挂式小便器及立式小便器。

挂式小便器有普通斗式及角式,立式则为落地安装。根据冲洗方式及管道安装的方式有给水管明装及暗装;冲洗有采用普通冲洗角阀、自动冲洗阀等。采用暗装水管时,应配合土建墙体施工并预埋做好防腐的管道,甩头要准确。

小便槽在砌筑时,应注意施工图或图集标注的槽底坡度,必须坡向排水口。做便槽防水层时应连续包至墙面上不低于 1.2m 处。设有小便槽的墙体不宜采用轻质材料。

3. 洗脸盆

目前施工中洗脸盆的形状、规格等品种繁多。用于普通的卫生间或住宅使用的陶瓷洗脸盆多采用托架安装,规格也不统一。但对安装的高度有规范明确规定,盆边缘距地面 0.8m,儿童洗脸盆为 0.5m。配合高级装修的公共卫生间、高级宾馆等高级建筑多采用台面式洗脸盆及柱式脸盆。台面式脸盆施工时,大理石台板开洞前应先作样板(木制),脸盆预装合适后再开洞,冷热水管、污水管采用暗装(图 2-25)。安装接入混合水嘴的进水管应垂直平正,冷热水管上的八字门应在同一标高,盆边与板之间打玻璃胶。安装完毕待通水后应检查排水栓是否严密,溢水槽是否通畅。柱式脸盆因全部冷、热水及污水管均为暗装,因此要求接头严密,安装平稳,柱腿与地面接触良好。

水嘴(水龙头)是组成脸盆的给水设备,可有多种形式及规格,一般与脸盆配套使用。

主要有冷、热单水嘴及混合水嘴,水嘴开关有手动开关(含旋转、按钮等)、肘式开关、脚踏开关等。

4. 浴盆及淋浴设备

常用的浴盆是铸铁搪瓷盆,其他还有玻璃钢、陶瓷等浴盆,豪华型的按摩浴缸可配有多个喷嘴从不同的角度喷射水流及气泡,起到按摩肌肤等保健作用。

浴盆安装在支墩上时,盆底距地面高度约 150mm,稳盆应保持盆底有 2% 的坡度并坡向浴盆排水口。如做浴盆的立面及平面装饰板时,应在立面的适当位置留有检查孔,便于检修及更换阀门。

淋浴设备:有简易的由冷水管、热水管及淋浴喷头组装的淋浴器;有整套成品的淋浴器;有喷头可升

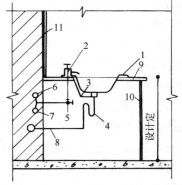

图 2-25 台面式洗脸盆安装图
1—洗脸盆;2—冷热水嘴;3—脸盆溢水槽;
4—存水弯;5—八字门;6—热水管;7—冷
水管;8—污水管;9—大理石台板;
10—装饰门;11—镜子

降的豪华型淋浴器等。

（二）卫生洁具及管道安装对土建施工要求

（1）穿越楼板的管洞口,应与专业人员复核洁具的位置及甩口尺寸后再施工。

（2）暗装在吊顶内的给水管及排水横管、存水弯等应做防结露保温,再施工吊顶。

（3）卫生间的防水层在管道穿楼板处,应将防水卷材包裹管周,如采用防水涂料时管周刷两道涂料为宜。

（4）地面施工时,严格按规定的坡度坡向地漏,管道施工时,为了能掌握管道甩口或地漏的标高,应由土建弹出五零线。

（5）土建施工抹灰、防水、墙面层时,严禁将灰水或杂物倒入管口及地漏内。

（6）对已施工完毕的卫生洁具应做好成品保护工作,补修墙地面时严禁蹬踩和污染洁具。

（7）对厨房内的砌筑池,应与专业施工配合。地面排水采用地沟时,沟底应保证有足够的坡度坡向地漏处。洗池应待管道安装完毕后再贴瓷砖面层。

七、室内给排水工程识图

1．室内给排水施工图中常用图例

在给排水施工图中,一般都按《建筑制图标准》和《机械制图标准》,分别列出"卫生设备图例"和"管道图例",对一些原图例设计单位也可制订补充图例。常用图例参照表2-6。

给排水施工图常用图例 表2-6

名　称	图　例	名　称	图　例
给水管	 —————·——	电动阀	
热水管	 —————··——	浮球阀	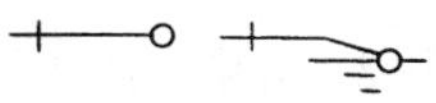
污水管	 —————	消防报警阀	
雨水管	 — — — —	消防喷头	
闸　阀		室内消火栓	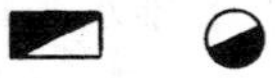
截止阀		地　漏	
止回阀		清扫口	

名　称	图　例	名　称	图　例
安全阀	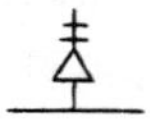	洗脸盆	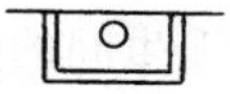
活接头	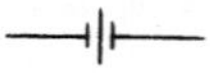	家具盆	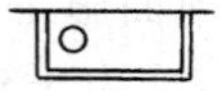
压力表	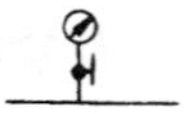	拖布池	
温度计	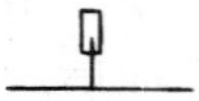	蹲便器	
泄　水	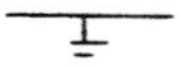	坐便器	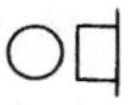
检查孔		挂式小便斗	
水　嘴		水泵接合器	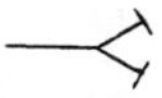
淋浴喷头		旋塞阀	

2．给排水施工图内容

（1）图纸目录。

（2）施工图说明书：简介包括的系统内容及必要的数据；材料的材质；管道连接方式；阀门型号；保温或防结露做法；卫生洁具的规格及型号或生产厂家；试压要求及验收标准，或有某些特殊要求需要说明；消火栓安装方式等。

（3）给排水设备明细表：列出给水、排水设备（给水泵、排水泵、气压给水装置、各类水箱等）的型号、规格及数量或生产厂家。

（4）给排水平面图：主要表明建筑物每层的给水（含生活给水、消火栓或自动喷淋系统）及排水（含生活、生产污水及雨水系统）管道及卫生洁具或用水设备的平面布置，管道走向及与建筑平面尺寸的相对关系，平面图中标注管道的管径，给水引入口位置及系统编号，污水及雨水排出口位置及系统编号，系统立管编号。

（5）给排水系统图（透视图）：系统图是在平面图的基础上，将管道在立体空间的布置表示出来。在平面图上无法表示的多根管道的立体交叉的标高、走向、坡度及地下管道埋设的深度，在系统图内可清楚地表示出来；卫生洁具，用水设备及给排水设备与管道的连接方法及标高，立管上的阀门、压力表等安装的位置均表示在系统图上。在系统图上标注出与平面图相对应的各给水、排水系统的编号,总管的入口及出口标高,管道的管径。系统图是组成给排水施工图的重要图纸之一,对多层建筑或高层建筑更能清楚地表示出全部系统设置情况,同时能反应出建筑物的层高或地面的标高。

(6)节点大样图:当较复杂的卫生间、多组合不同的卫生间、给水泵房、排水泵房、气压给水设备、水箱间等设备的平面布置不能清楚的表达时,可辅以局部放大比例的大样图来表示。对局部放大的平面图还可用多个剖面图来补充其立体的布置。

(7)补充的院标图可附图纸后面,作为施工参照的依据。

思 考 题

2-1 高层建筑消防的重要性是什么?

2-2 土建在施工地下混凝土消防水池中,与给排水专业施工配合的有关事项是什么?

2-3 试述给水管道穿越建筑物的基础、墙体及楼板的正确做法。

2-4 给水设备基础施工中应注意哪些事项?

2-5 建筑物、小区、厂区在施工前,应如何布置临时给水管道,如何做好在施工中的消防措施?

2-6 为什么室内污水管道设置透气管?

2-7 当建筑物设内排雨水系统时,屋面施工应如何与雨水斗配合安装?

2-8 埋地排水铸铁管在施工时应注意哪些事项?

2-9 请详细叙述在施工卫生间时,土建工程如何与给排水管道、卫生洁具施工配合,及其施工程序。

第三章　庭院给排水

庭院给排水的范围是指从临近的市政给水管网接进小区或厂区以内的给水管道,和小区或厂区排至红线外附近的市政污水、雨水管网的管道。

第一节　庭院给水

一、给水管道的敷设形式

根据供水小区或厂区内建筑群或车间用水量、用水的重要性、连续性、对水压要求等可布置成树枝状管网及环状管网。不论哪种敷设方式,均应将供水干管尽量靠近重要及用水量大的用户。

1. 树枝状管网

如图 3-1 中管网的布置,通向各建筑物的管道呈枝叉形状,管网上某一处管道出现损坏断裂跑水,则会影响它以后的管道供水,这种供水方式不够安全,但管网布置简捷,管径随用水量的变化由大变小,减少初投资费用,适用于小区域或多层住宅小区等生活给水。

2. 环状管网

如图 3-2 中将主干管首尾连在一起形成环状,管道某处出现损坏时不影响其他区域的供水,因此这种布置供水较安全,但主环路的管径较大,管道因成环状布置要比支状布置较长,一般适用于工厂供水或重要的用水区域(医院等)不允许间断水源的建筑群。

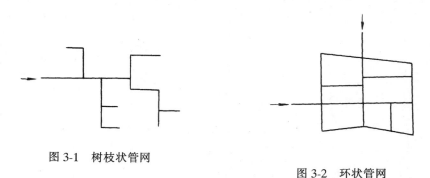

图 3-1　树枝状管网

图 3-2　环状管网

二、给水管网系统的组成

庭院给水系统主要由进入小区主水表井以后的管道、阀门井、进建筑物之前的小表井、排气泄水井、室外消火栓等组成。

1. 给水管管材

主要采用给水铸铁管,它具有较高的机械强度及承受较高的压力,耐腐蚀,能保证输送的水质,适合埋地敷设。给水铸铁管主要是承插式接口,规格为 $DN75 \sim DN1000$,小于

DN75 的给水管可以采用钢管或镀锌钢管。

给水承插式铸铁管的接口方式有石棉水泥口、膨胀水泥接口,较大口径的管接口可采用橡胶圈接口,橡胶圈的断面形状有圆形和梯形等形式。

给水铸铁管埋地敷设时,应做防腐处理,要求水质严格的供水系统,管内壁应在工厂内做好衬里,防腐可采用刷沥青漆或有特殊要求时刷两道热沥青。

2.给水管件

给水铸铁管件具有与铸铁管同等材质及承压能力并与管材或法兰阀门配套的管件,主要有各种不同管径的十字管及丁字管(三承、三盘、四承、四盘的十字管;双承双盘、三承三盘、双承单盘、单承双盘的丁字管);45°、90°弯头;乙字管;消火栓专用管等多种规格。

3.阀门井

控制或检修管网时,在必要的部位设置阀门井,阀门设置在砖砌的井室内称阀门井,根据阀门的规格型号及数量,阀门井分圆形和矩形,单个阀门多采用圆形井,多个阀门可采用矩形井。井盖采用统一规格并有标记的铸铁井盖,在无地面重荷载的地方采用轻型井盖,在主要道路上或经常有重型车辆通过的地方应采用铸铁重型井盖。

4.水表井及排气泄水井

水表井与阀门井施工时基本区别不大,只是在人行道下且无地下水的水表井,井底做卵石垫层即可,而处于道路下且地下水位较高的水表井应做混凝土垫层,并做集水坑。水表管道连接参照图3-3,图中均为单路供水,在更换水表时可允许短时间断水,如用水不允许间断时,应做旁通管,水表多采用水平螺翼式。

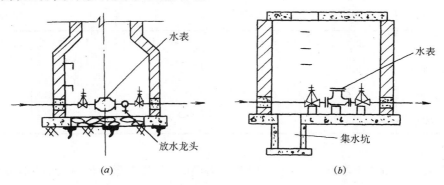

图 3-3　水表井接管图示

(a)无地下水及人行道下(DN15～DN40);(b)无旁通的矩形井(DN50～DN400)

当管网敷设时,由于地下管网交叉或地形变化较大管道随地形变坡或返弯时,应在管道变坡的高位点设双筒排气阀,避免气塞产生的水击,在管网的最低点设置泄水阀,维修时排放水及泥目。泄水井中设有集水坑可安装临时抽水设备将水排到附近的污水检查井内,不允许通过管道直接排入污水井,主要是防止检查井阻塞,污水沿排水管倒流回至泄水井内,污染给水水质,也可在泄水井旁做一渗井排水。

5.室外消火栓

主要作用是在厂区或生活区、商业区、居民住宅小区等内的建筑物,一旦发生火灾时,能及时接通消防设备灭火,或配合消防车取水灭火用。一般布置在区域内道路边,交通方便通畅的位置。

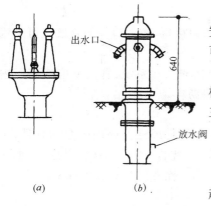

室外消火栓分地上式和地下式两种,地下式消火栓安装在地下井内,适合温度较寒冷地区,在较温和的地区可采用地上式安装。

图 3-4(a)是地下式消火栓;图 3-4(b)是地上式消火栓。一般地下式消火栓有两个出水口,地上式消火栓有三个出水口。

图 3-4 室外消火栓
(a)地下式;(b)地上式

三、室外给水管道施工

1. 对管道敷设要求

给水管道应与污水管道平面间距不小于 3m,管道穿越主道路时,需保证敷土层或加套管,给水管埋设深度应在冰冻线以下(指本地区的冰冻线)。

2. 开挖管沟

开挖管沟可采用人工开挖和机械开挖。当与其平行敷设的其他性质的管道,根数较多又埋设深度相近时,也可采用机械大开挖的方法。一般对管径较小的单根管道多采用人工开挖。挖沟槽时,应根据管径、材质、土壤性质、埋设深度,确定放坡系数后再决定开沟的宽度。沟底工作面宽度可参照表 3-1,放坡可参照表 3-2。

沟 底 操 作 面 宽 度		表 3-1
管 径 (mm)	每 侧 工 作 面 宽 度(m)	
	金 属 管	非 金 属 管
200～500	0.3	0.4
600～1000	0.4	0.5
1100～1500	0.6	0.6
1600～2000	0.8	0.8

开 沟 槽 坡 度		表 3-2
土 壤 类 别	槽邦坡度(高:宽)	
	沟深＜3m	沟深 3～5m
砂 土	1:0.75	1:1.00
亚砂土	1:0.50	1.0.67
亚粘土	1:0.33	1:0.50
粘 土	1:0.25	1:0.33
干黄土	1:0.20	1:0.25

当在天然湿度的土壤开沟,地下水位低于沟底时,可开直形沟槽,但沟深不得超过下列数值:即砂土和砂砾土 1m;亚砂土和亚粘土 1.25m;粘土 1.5m。较深的管沟可分层开挖,以每层 2m 为宜。

【例】 假设给水管径为 600mm 的铸铁管,埋深 2.5m,本地区土壤为亚粘土,计算管沟断面(图 3-5)。

【解】 根据表 3-1 确定每侧工作面的宽度为 0.4m,放坡系数根据表 3-2 确定为 1:0.33,则

$$a = 2.5 \times 0.33 = 0.825(m)$$

最后确定 $A = 1.4m$;$B = 1.4 + (0.825 \times 2) = 3.05(m)$

人工挖沟时,土堆放应考虑下管方案,如采用机械下管时土方可向沟两侧堆放,人工下管时应单侧堆放,但其距沟边留有不小于 1m 的距离,余土应及时运走,防止土方堆积过高造成塌方。机械挖沟时,应留出人工清土 30cm 的余量,防止超挖现象。对地下水位高于沟

底的管沟,应采取降水措施,不得带水施工。

3．管道铺设

对给水铸铁管采用单根下管,焊接钢管根据下管方式可在沟上连接,但管径较小的钢管不宜连接根数过多。人工下管多采用压绳法下管,在管子的两端各套上一根大绳,并将压在管下的大绳一端固定住,上半部的另一端用手拉住,也可用撬棍别住,两端操作者同时慢慢松绳,将管放入沟内。下管之前应测量沟底标高是否符合设计要求并定出中心桩。给水铸铁管应注意水流方向,不可把承插口方向颠倒,即承口应迎着水流方向安装。

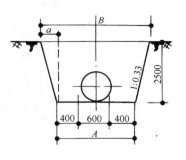

图 3-5　管沟开挖例题

下管还可采用倒链、三角架的方法,管子预先放置在沟的上方(与沟长平行),管下由横放的枕木支撑,将三角架支在沟上,支腿在管沟两侧,并挂好倒链,将管栓好吊起同时撤掉管下支撑的枕木或木方,通过倒链将管放入沟内。当采用吊车下管时,应注意管沟上方有无高压线或其他障碍物。排管应准确,弯头、三通或阀门留出的位置经调管后应符合图纸要求。

4．调管接口

根据管中心桩调直管道,承插铸铁管的插口插入承口的深度及四周间隙应符合规范要求,钢管在调直时,应注意对口的间隙及管坡口角度及钝边的高度符合规定。在接口时,为了施工方便应将管口处挖出工作坑,铸铁管接口后可用湿泥或湿草袋覆盖进行养生。

钢管施焊应先打底层,然后罩面层,面层焊缝宽度均匀,焊纹走向平直,不允许出现焊瘤、咬边、夹渣、气孔及裂纹,焊条材质应与母材一致。

5．铸铁管挡墩施工

给水承插铸铁管在施工时,一般在弯头处、三通的支管顶端或管道末端堵头处,往往由于管内水压力的作用或土壤条件差等因素,使在这些部位产生一个将管道向外推的力。这个推力可导致管接口松动甚至脱开的情况,因此对管径大于 350mm 的管道,应设置混凝土挡墩来抵消向外的推力。挡墩可根据敷设的周围条件分有外侧向支墩及全包支墩。支墩的尺寸、形状、混凝土强度等级按照施工图施工。挡墩应紧靠在坚实的原土层上。在松软的土壤中敷设,根据管径、试验压力由设计者确定是否加设支墩。

6．管道试压

给水管道试压时,管长不宜超过 1000m,图 3-6 为试压管段的试压设备及管道连接图示。

试压堵板采用钢板制作,堵板套入承口及插口时,应留有不小于 1.5～2cm 的接口间隙。管段末端的千斤顶应顶放在堵板中心位置上,不得有偏移。千斤顶的后背支撑应根据试压管段的具体情况,必须有原土或沟侧支撑固定,不允许在试压时产生纵向位移。

临时水的进水管应在堵板 3 的下部,排气放风管应在堵板 4 的上部。

堵板的厚度应根据试验压力计算选择,也可参照表 3-3 选择,最好验算一下强度。为了防止堵板受压后变形,应在堵板外侧面加横向及竖向的加强肋筋。

试压程序:

(1)将试压管段按图 3-6 所示把试压设备及管道连接好,并接通水源及试压泵的电源,挖好排水槽及集水坑。

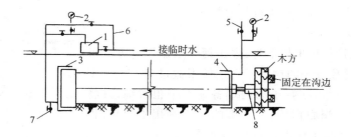

图 3-6　给水铸铁管打压图示

1—打压泵；2—压力表；3—承口堵板；4—插口堵板；

5—排气管；6—旁通管；7—泄水管；8—千斤顶

试压堵板厚度选择表　　　　　　　　　　　　　　　　表 3-3

管径(mm)	≤125	150～300	350～400	500～700
堵板厚度(mm)	不小于管壁	不小于 8	不小于 11～14	不小于 15～21

（2）压力表需预先经校验且规格应在试验压力的 1.5～2 倍范围之内，例如试验压力为 1MPa 时，选择压力表的范围值应为 0～1.6MPa。

（3）打开进水阀（即旁通阀）向管内灌水，灌水时应打开排气阀，当水灌满后关闭旁通阀及排气阀。

（4）浸泡 24h，使其接口部位的石棉水泥或膨胀水泥强度增加。

（5）检查灌水后的接口处或铸铁管本身有无漏或渗水情况；检查千斤顶支撑有无松动情况（千斤顶的规格应进行计算并留出安全余量）。确认没问题后，即可进行升压。升压应缓慢，每次以升压 0.2MPa 为宜。升压过程应沿途检查各部位的情况，出现渗漏严重时应停止升压，进行处理。

（6）升压至工作压力时应停泵检查，然后继续升压至试验压力，停泵稳压并检查。一般 10min 内压降不超过 0.05MPa 即为合格。

（7）填写试验记录并有检查人员签字，即可以放水，拆除打压设备及管道，放水时应备好抽水泵及时排水至沟外。

在严寒地区施工时，应尽量避开冬季试压，如情况不允许时，可经有关部门同意作气压试验，但应做好试压方案及安全措施，严防出现人身事故。

7. 回填土

管道试压完毕，应及时进行回填土，严禁晾沟。回填时土中不得有碎砖、石头及冻土硬块。回填方法是管顶上 50cm 范围之内采用人工填土，并从沟槽两侧同时回填，采用人工夯实。然后根据覆土层的厚度分层夯填，每层以 30cm 为宜。如在道路下或设计要求可用三七或二八灰土夯填。覆土达 1.5m 以上时，可采用机械碾压。

四、给水管道防腐

埋地敷设的给水管道的防腐蚀是很重要的。尤其是金属管道，它的防腐蚀能力差，当遇水或与潮湿的土壤接触时，除潮湿的土壤对金属表面产生的腐蚀作用，还会受到杂散电流对金属表面产生电化学作用使管道遭到破坏,尤其在工厂区更为严重。

（一）给水铸铁管防腐做法

因为铸铁管本身有较好的防腐蚀性能,一般在管子出厂前用沥青进行处理后运至施工现场,所以不必再做防腐处理。但对出产时间较长,沥青保护层脱落或局部破坏者,施工时应进行补刷热沥青。

（二）钢管防腐做法

1. 除锈

防腐的好坏决定于基底处理质量。除锈可采用人工除锈、机械除锈、化学除锈等几种方法。

人工除锈:适于少量管材且锈蚀不严重,只是表面有浮锈的管子。除锈工具有钢丝刷、砂纸及棉纱破布等,应见到金属光泽。

机械除锈:可采用带钢丝刷的管道除锈机和机械喷砂除锈机进行除锈,对大批量的管子除锈可提高工作效率。

化学除锈:主要是采用酸洗的方法,它可以有效地清除金属管内外表面的氧化物。

酸洗除锈的程序:

（1）制作两个溶液槽,一个为酸洗槽;一个为中和槽,操作人员应穿防腐蚀的工作服,戴好胶皮手套及防护眼镜,准备好足量的约50℃的温水。

（2）酸洗液配制:先将温水倒入酸液槽内,然后依次加入酸液及缓蚀剂。如采用盐酸时,可参照如下比例配制:

工业盐酸用量8%～10%（即100kg的水中放8～10kg的盐酸）;缓蚀剂可根据产品说明书加入。加入盐酸时应尽量缓慢,并搅拌均匀。严禁将水往盐酸液中兑入,以防止飞溅伤人。

（3）酸洗:将管子放入槽内浸泡,数量以不溢出酸液为宜并经常翻动,一般浸泡约10～15min即可取出管子,用水进行冲洗,然后放入中和槽。

（4）中和:又称钝化,中和液可参照以下配方制作:

氢氧化钠:磷酸三钠:水＝2%:3%:95%。

或氢氧化钠:水＝5%～10%:95%～90%。

经过钝化的管子内外壁上形成一层保护膜,防止金属表面再次受到氧化腐蚀。中和后再用清水将管冲洗并晾晒或吹干待用。

2. 防腐

除完锈的管应立即进行防腐处理,一般常在管外做绝缘防腐,绝缘防腐即采用防腐涂料及包裹材料与土壤完全隔绝。

涂料可采用沥青（熬制的石油热沥青）和环氧煤沥青漆。环氧煤沥青漆操作简单,不污染环境,目前多采用这种涂料。

包裹材料一般采用玻璃布（粗纹）。

防腐层的做法可根据地下土壤腐蚀的情况而分成三个等级:即普通级、加强级和特加强级。采用哪种等级由设计决定,具体做法见表3-4。

管道内壁防腐一般采用在加工厂内涂刷水泥砂浆防腐层。

防腐层层次	普 通 级	加 强 级	特加强级
1	沥青底漆	沥青底漆	沥青底漆
2	防腐涂层	防腐涂层	防腐涂层
3	玻璃布	玻璃布	玻璃布
4		涂层	涂层
5		玻璃布	玻璃布
6			涂层
7			玻璃布
总厚度(mm)	3	6	9

第二节　庭院排水

庭院排水管网主要包括有生活污水系统、雨水系统和生产废水系统,根据从建筑物排出水的水质、水量情况可采用雨污水合流制或各系统分流制,另外还应考虑城市市政管网设施情况。

一、排水系统的组成

1. 庭院排水的任务

主要是将工厂区或生活小区、建筑群红线以内的生活污水或雨水、生产污废水、经过化粪池、废水处理或消毒等处理后的水,排至小区以外的城市排水管网中。

2. 排水系统的组成

主要由排水管道及管道系统上的附属构筑物所组成。附属构筑物主要包括有检查井、化粪池、跌水井、隔油井、雨水口等。

二、排水管道管材及接口方式

室外排水管主要是靠重力流,因此一般情况管内不承受内压,但因为是埋地敷设,必须考虑管材具有承受外部荷载的能力。管材内壁应光滑,耐含杂质或颗粒的污水冲刷及腐蚀。排水管材应满足以上几项要求,常用的管材有:

1. 混凝土管

混凝土管是在雨污水管道中最常用的管材,一般管径超过400mm的多采用钢筋混凝土管,管径较小的雨污水系统采用混凝土管。

混凝土管的管口形式有平口管、带企口管及承插口管(图3-7),最常用的是前两种形式的管。因为管口形式不同接口的方法也有所区别。平口管接口多采用钢丝网抹带接口方法,接口程序:水泥砂浆灌缝──→管接口处凿毛,清理干净──→刷水泥浆──→第一道水泥砂浆抹带──→包扎钢丝网片──→抹第二道水泥砂浆管带,抹实压光(图3-8)。

企口管接口一般采用水泥砂浆接口抹带即可。

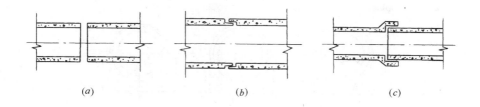

(a) (b) (c)

图 3-7　混凝土管口形式
（a）平口管；（b）企口管；（c）承插式管

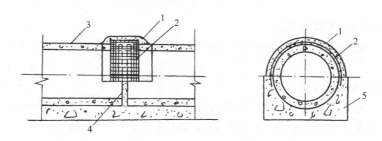

图 3-8　平口管钢丝网抹带做法
1—水泥砂浆抹带；2—10mm×10mm 钢丝网；3—管；
4—水泥砂浆灌缝；5—管基

承插式接口可用麻作承口填料，然后做水泥砂浆或石棉水泥接口。

混凝土管接口完毕，应覆盖湿草袋进行养生，并保持草袋的湿度。

2．缸瓦管

缸瓦管（带釉面）为承插式接口，一般输送酸碱或带腐蚀性的废污水。缸瓦管承压能力低，质脆且易产生裂纹或损坏，施工时，应逐根进行检查并敲击。接口材料常用的有沥青砂浆、硫磺水泥等。

三、排水管道基础

铺设混凝土管时应在管道的下半部设置基础及管座，主要是使管子对土壤压力均匀分布，减少土壤对管子的反作用力，加强管道的整体性，防止由外部荷载或土壤内部压力不均而破坏管道。

排水管道基础由管基及管座（又称护旁）组成的。

基础根据土壤性质、地下水情况可分枕基及带基（通基），枕基是设在管接口下部的支墩，这种枕基一般在雨水管道上常用。

带形基础就是沿管道长度设置的连续条带形混凝土基础，基础的宽度可根据管座的形式而定。

管座：它是连接管子与基础并用来保护管子不受外部荷载及土壤变化而遭到破坏的一种特殊基础。根据管座的包管夹角可分为 90°、135°及 180°三种常用的形式（图 3-9）。实际施工中管基与管座是连在一起浇注的。

当管道埋设很浅，且上部荷载很大，或埋设很深，管顶土壤静压力很大时，管道容易被破坏，应采取将管子全包起来进行加固的方法。

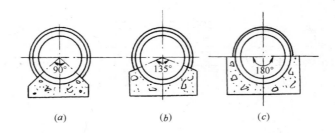

图 3-9　管道基础形式

(a)90°管基；(b)135°管基；(c)180°管基

四、排水系统中附属构筑物

排水系统中的附属构筑物是重要的组成部分,在排水系统中各起着不同的作用。

1.检查井

检查井的作用及设置的位置:

(1)定期维修及清理疏通管道,在直管段处每隔 40～50m 设置一检查井。

(2)在直管段起连接管道作用;在转弯改变水流方向时设置检查井。

(3)管道汇流处,可起着三通、四通的作用。

(4)管道变径处、变坡度时,应设置检查井。

因为污水管道极易阻塞,无法像输送其他介质的管道有相应的弯头、三通等管件替代,只有设置检查井来完成以上的管件及连接的功能。

检查井一般为圆形的砖砌构筑物,它由井基础、井筒及井盖组成(图 3-10)。井内与管子衔接处需做流水槽,流水槽应光滑,转弯或交汇处应有较大的弯曲半径,汇流井的交汇角不得小于 90°(图 3-11)。

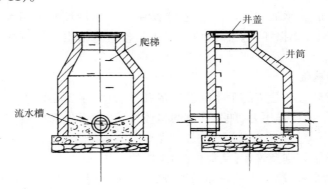

图 3-10　检查井结构图

当管道变径时,在检查井内应尽量做到管顶平,以保证排水的安全性。图 3-12 中当管顶平时,D_2 管内的水位高于 D_1 管内的水位。由于管内充满度的限制,在一般情况下,D_1 管水位不会高于 D_2 管水位,管径小的 D_2 管可顺利的将水排入大管中去,不会出现倒灌现象。

井盖采用铸铁铸造的,分井盖座及井盖,设在道路上的检查井应采用重型井盖,一般行

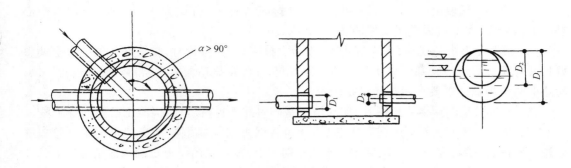

图 3-11　汇流井流水槽形式　　　　　图 3-12　管道变径在井内做法

人道上可采用轻型井盖,井盖上铸有统一标记,便于维修时辨认。

2．跌水井

跌水井主要当跌落水头超过 1m 时采用。管道由于地形高差相差较大,或支线接入埋设较深的主干线时出现较大的跌落水头。跌水井一般为砖砌井,砌筑时应按标准图册选型施工。

3．化粪池

小区内的带有粪便的污水是不允许直接排入市政污水管网中去的,必须经过化粪池处理后,方可排出。

化粪池的作用及化粪过程:化粪池是由污水池和污泥池两部分组成,当粪便污水流入污泥池后,粪便经过沉淀、发酵腐化过程并沉积在污泥池的底部,而不含粪便的污水流入污水池内,然后通过污水管道排入系统中。

化粪池的容积是根据用户的性质、使用卫生设备的人数、清掏的周期及用水标准等因素而确定的。化粪池的构造如图 3-13。化粪池一般常用的有矩形和圆形两种,从结构上可有砖砌和混凝土浇注的。化粪池体积较大,施工时应做好开挖方案并保护好周围管道,进出水方向应按图施工不可颠倒。

4．雨水口

雨水口作用就是收集小区雨水并排至雨水系统内。雨水口主要包括雨水箅子、连接雨水检查井的窨井及连接管组成(图 3-14)。

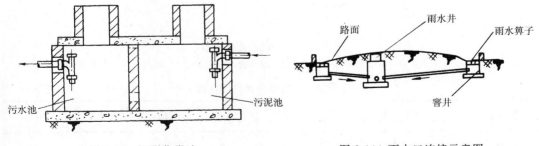

图 3-13　矩形化粪池　　　　　　　图 3-14　雨水口连接示意图

五、排水管道施工应注意事项

(1)检查管材是否有裂纹或缺损。

（2）管沟沟底坡度应找好，采用机械挖土时，应留有 30cm 的人工清土层，钉出管中心桩，如沟槽土质不好应做挡板支撑防止塌方。

（3）混凝土基础施工时，先支好边模，模板支撑应牢固，排管时，应根据井位中心桩调整好尺寸并调直。浇注管基时应从管子的两侧下灰，并注意振动棒尽量插到管底部进行振捣，管座的角度根据图纸要求随打随抹并压光。

（4）插入管道的两侧钢丝网片，应在浇注基础时插入，待接口时混凝土已达初凝阶段。

（5）抹带时应压实抹光并进行养生，由于浇注管基时振捣混凝土会使水泥浆从管口缝处进入管内，待接口完毕应及时用麻袋球挂在钢丝上，穿入管内将返出的水泥浆拖平。

（6）管基需进行养生，砌筑管道上的检查井等各类构筑物，要求检查井内壁抹灰时（地下水位较高的情况）应抹平压光，井外壁应勾缝。

（7）雨水口施工时，应配合道路施工安装雨水箅子。化粪池挖土方时，要及时将余土外运，防止堆积过高造成塌方。

六、排水管道闭水试验

闭水试验主要是测试被试验管段的接口或管材密闭情况。在排放一般污水的系统可抽段进行，在排放有害物质的工业废污水系统应逐段进行，雨水系统可不做闭水试验。

闭水试验一般是在试验段的管内充满水，24h 后进行渗水量测定，为了测试管段的严密性，在干燥土壤中其充水试验水头应高出该管段上游检查井的管顶以上 4m 处测试其渗水量。方法如图 3-15 所示。因为混凝土管本身可吸收部分水分，为了更准确测试可预先充水浸泡，待管与管口吸水饱和后再进行测试。充灌水时如发现有严重渗漏处应进行修补，试验时可在水箱上做出标记以便进行计算渗漏量。

对非金属管的允许渗水量可参照表 3-5 中的要求。

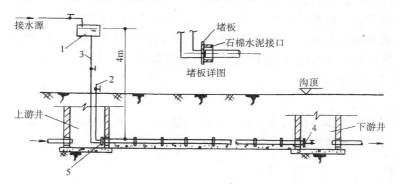

图 3-15 闭水试验连管图示
1—试验水箱；2—排气管；3—进水管；4—排水管；5—堵板

1000m 长管道一昼夜内允许渗水量（m³）   表 3-5

管径(mm)	≤150	200	250	300	400	500	600
混凝土管	7.0	20	24	28	32	36	40
缸瓦管	7.0	12	15	18	21	23	23

闭水试验合格后,及时排水。冬季施工时,闭水试验需采取防冻措施,严寒地区应避免冬施季节,以保证施工质量。

回填土要求管顶上50cm采用人工回填,回填土应过筛,道路下敷设的管沟宜采用灰土夯填,填土应每隔30~50cm填一层,夯填时需注意不要扰动管道。

七、室外管沟降水

在施工室外给排水管道时,往往会遇到施工区域内地下水位高于管道埋设深度且土质较差,或出现流砂情况,管沟无法施工。为了保证施工能处于干作业,保证施工的质量及进度,必须进行降水。

根据地下土壤的组成类别、水位及水量和管道埋设深度等情况,降水可采用明沟排水、轻型井点降水、深井泵降水等几种常用的降水措施。

管沟降水的特点是降水区域的宽度远远小于降水区域的长度,而建筑物的基础降水区域的宽度与长度相差不大,所以管沟降水适用明沟排水和轻型井点降水方法。

1．明沟降水

适用于地下土质为粘土或亚粘土层结构,这种土质的稳定性较好。即在沟槽的一侧或两侧挖排水沟及集水井,将地下水由明沟汇集至集水井内,然后用水泵抽出排走(图3-16)。明沟的沟底以低于管沟底30~40cm为宜,集水井的间距可根据地下水量情况而定。

明沟排水在地下水量不大且没有流砂的情况比较适用,即经济又易施工管理。

2．轻型井点降水

轻型井点降水就是在含水层或滞水层处钻井,将带有滤水孔眼的井管下到孔井内,将水抽吸上来以降低地下水位。每个井管在地下形成一漏斗形的降水曲线(图3-17),井管设计间距合理,使形成的降水曲线在管沟的下面,管沟的沟底处于降水后的地下水位线以上,在完成降水过程中应保持这个水位至施工完毕。轻型井管是指采用直径较小的管作为井管抽水,一般多采用DN50的镀锌钢管。

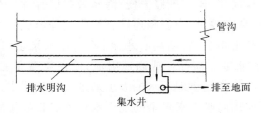

图3-16　明沟排水平面示意图

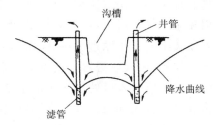

图3-17　井管降水曲线图

轻型井点降水对地下水位较高、水量较大、土质多为粉土、亚砂土或砂土的管沟较为适用,对出现流砂的管沟也可达到较好的效果。

轻型井点降水设备主要由带滤水管的井管、特制橡胶连接管、连通管及抽真空设备组成。

(1)井管:井管由管及滤管组成,管长一般5~6m,最大不超过7m。滤管部分一般2m,滤管顶部应低于沟槽底(图3-18),不应小于1.5m。滤管先钻孔(孔径约3~4mm,外壁可绑扎尼龙窗纱及棕皮作为过滤层,滤管末端加丝堵,管与滤管连接采用管箍,接口处应严密。井管应下到井孔内,井孔多采用钻孔机成型,井径约25~30cm为宜,井孔深度可比井管全长再深 1m 左右为宜。安装井管时应垂直,距井孔四周间隙需均匀,并将洁净的粗砂滤料填入井孔四周,严禁将砂投入井管内,填至距井管顶部不足 1.5～2m 处即可。在钻临近的井孔时,钻出的泥浆可将该井孔四周淤填,称为封井。轻型井管的布置间距一般为 1.5m 左右,如迎地下水流动侧可加密井距。

井管安装前,需将软胶管绑扎好。

(2) 连通管:所有的井管依次连接在同一管道上,这个管道称为连通管(图 3-19)。通过胶管将井管连接在连通管上,以便通过抽真空设备将水抽吸并排走。管径可根据地下水的水量及连接井管的数量而定,一般多采用 $DN100～DN150$ 的钢管制作。

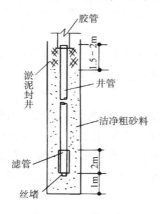

图 3-18 井管构造图

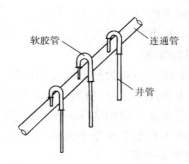

图 3-19 连通管连接示意图

(3)抽真空设备:主要的作用是将地下水抽吸上来并排出。一般可采用真空泵组成的抽吸设备或射流泵组两种抽吸方法。

现场降水多采用射流泵组抽水,它具有制作简单、操作维修方便、降水效果好等优点。

射流泵组主要由水箱、离心水泵、射流器及真空表、压力表和连接管路阀门等组成。

射流泵组的工作原理见图 3-20。将水箱先充满水,启动离心水泵,使它在水泵出口产生高压工作水,进入射流器的喷嘴 5。高压工作水通过喷嘴形成高速射流,使在喷嘴周围产生负压。在负压吸入口处与连通管连接,靠负压的作用将地下水抽吸出来进入射流器内,与工作水混合后流入水箱,一部分可供水泵循环使用而吸上来多余的地下水从溢流管处排出。水泵可设置两台,以备检修时用。

射流泵组降水的管道连接见图 3-21 所示,当管道埋设较深时,可采用二次降水,即一次降水深度不够,将土方挖去一部分,再次打井降水。通常情况下,每组射流泵可连接 40 个左右井管,如地下水量大或较少时可酌情处理。

一般地下水位下降到槽底以下 0.5～0.8m,即可开槽挖管沟,在地下作业施工中,不得停止抽水以保证干作业施工。

轻型井点降水时,可在每组射流泵所带的井管中适当留出 1～2 个观测井(不与连通管相接),以便观测地下水下降的情况。井点降水应为连续地昼夜不停地运行,禁止中间无故停泵。地下水需考虑排放措施,可通过蓄水箱及排水泵将水排至下水道内。

3.深井泵降水

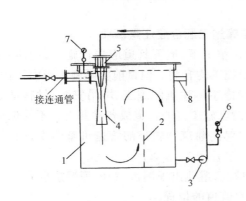

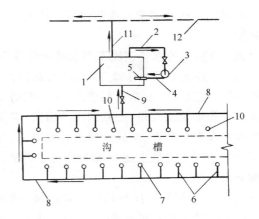

图 3-20　射流泵工作原理图
1—水箱;2—隔板;3—离心泵;4—射流器;
5—喷嘴;6—压力表;7—真空表;
8—溢流管

图 3-21　射流泵降水管道连接平面示意图
1—水箱;2—进水管;3—离心水泵;4—送水管;
5—射流泵;6—特制胶管;7—井管;8—连通管;
9—回水管;10—观测井;11—溢流管;12—排水管

适用于地下水位较高、水量较大、基础较深、占地面积大的建筑物或构筑物及地下建筑物的降水,土质多为砂土或砾石。降水的漏斗曲线区域大,覆盖地下水范围也大,一般管沟降水不宜用这种降水方法。

八、庭院给排水系统施工图

庭院给排水施工图内容:说明书、平面图、管道纵断面图、节点图。一般情况给水与污水、雨水等系统不分开表示,但在复杂的工厂管网中给水及排水为两套施工图。

1．说明书

说明管材材质、接口做法、防腐要求、各类井的井径及做法、参照的施工图册名称、试验压力等。

2．平面图

小区或厂区内各建筑物的平面位置、外形轮廓、道路的坐标等,这些可作为给排水管道布置的依据。各种给水、排水管道的平面位置、坐标,与建筑物的相对尺寸,管道走向;各种管道之间的距离及管径,管段长度;各种井类、化粪池等平面位置及编号,进出口的标高;给水管管中心标高等均表示在平面图上。根据室外竖向布置图,标注出各类井的井盖标高、雨水口标高等。

总之,平面图包括的内容很多,若厂区较大,居住区内分隔成多个小区,则可有分区平面图,重要的是能清楚地表达设计意图,并能准确施工。

3．管道纵断面图

一般在地下管道复杂又种类较多(如动力、通讯电缆沟,煤气管道、热力管网、厂区内的工艺管道等),纵横交叉频繁,或旧区内原敷设管道较多的情况下,应增加管道纵断面图。

纵断面图就是在对照平面图的基础上,沿着管道的纵向剖切开,将自然地面、设计地面、各种性质的管道交叉穿行的标高及给排水管道标高和坡度,均通过图与下设的表格表示出来。这给施工带来极大的便利,不论开挖沟槽或安排施工方案时,不会出现破坏性事故。

4．大样节点图

在平面图中管道交叉或敷设较多较集中的地方,由于受到图纸比例的限制,可补充节点大样图。

九、庭院给排水管道施工与土建竖向及道路等施工配合应注意事项

(1)有建筑群的小区或工厂区内,在条件允许情况下,地下管道应先行施工,这样缩短工期、减少交叉施工及重复的土方工程、现场文明施工均有利。但目前实际施工当中往往由于施工单位的施工安排、图纸到位的情况、主要考虑主体建筑的施工、塔吊安装、材料堆放、临时设施布置等因素,造成管道无法先施工。而对已施工完的管道或各种井类又不易保护,所以一般情况是先地上而后地下的施工顺序。但对离建筑物较远的管道可整体安排施工,并做好保护措施。

(2)管沟开挖时,应查清地下障碍物分布的情况,避免出现漏水、触电等严重事故。

(3)临时给水管网布置时,应避开正式给排水管道的位置。

(4)应核对室外竖向平面布置的道路路面及铺砌人行道或广场地面标高与管道上的各种井类的井盖标高是否相符,坡度是否坡向各雨水口。

(5)对已施工完的各类性质的井,应盖好井盖,防止室外竖向施工挖填土时掉入土块或泥砂而造成堵塞或破坏井筒、井圈、井盖。

思 考 题

3-1 庭院给水管网布置形式及特点是什么?

3-2 试述室外消火栓的作用及其安装位置。

3-3 分别叙述检查井、化粪池的作用。在砌筑或混凝土浇注时应注意哪些事项?

3-4 管沟降水与建筑物基础降水的区别是什么?

3-5 试述轻型井点降水的降水原理及降水的程序。

第四章　室内采暖及热水供应

第一节　室　内　采　暖

一、建筑物的热损失及对建筑物的保暖要求

1. 建筑物的热损失及其包括的项目

每栋建筑物不但能提供人们一个良好的居住条件,而在较寒冷地区还应满足冬季提供室内一个温暖舒适的环境。

在冬季建筑物内的热量会从围护结构层传导出去,而室外的冷空气又会从建筑物的门、窗渗透进来,因此为了保持室内一定温度,在设置采暖系统的同时,还应尽量减少建筑物的热损失。

房屋的热损失包括两部分:基本热损失(基本耗热量)和附加热损失(附加耗热量)。

建筑物的外墙、外门、外窗、屋面、地面的热损失称基本耗热量;而由于建筑物的朝向、高度、门窗缝隙的渗透、风力、外门的开启等因素所引起的热损失称附加耗热量。因此,在寒冷地区外墙的厚度、屋面的保温效果、门窗传热情况及严密性,均可影响损耗热量的大小。在围护结构的传热过程中,实际上是随着外界温度条件的变化为不稳定传热,但为了便于计算其耗热量,一般视为稳定传热过程。

2. 在保证建筑物使用功能的前提下,应尽量采用较为合理的设计以减少能源的消耗。

因此,对建筑物的保暖应尽量考虑以下几项要求:

(1) 建筑物应设置在避开主导风向处,主要房间应有较充足的日照,又要考虑夏季的隔热及避开阳光直射的措施。

(2) 外墙及屋面的热阻应做到表面不能产生结露现象。

(3) 建筑物的沉降伸缩缝处,应做好保温处理,窗墙比不宜过大,门窗应采用隔热并严密的材料及做法,经常开启的外门需做防风措施(如门斗或双层外门,热风幕等)。

(4) 改变外墙或屋面的习惯做法,采用新型材料降低热损失。

近年来,对全现浇混凝土结构的建筑物、高层建筑物及多层民用住宅建筑,多采用外墙复合保温材料,既减轻荷载又降低外墙的传热。

图 4-1 中为两种常用的内保温复合外墙做法。铝合金窗及中空玻璃在高层建筑中,既保证了外窗的严密性,又由双层的玻璃中夹有静止的空气层而降低了传热损失。

二、室内采暖系统分类

(1) 以热媒的性质不同可分为热水采暖系统及蒸汽采暖系统。

(2) 以热媒的温度和压力可分为低温低压热水采暖、高温高压热水采暖。低压蒸汽采暖和高压蒸汽采暖。

(3) 以热媒的循环动力而分,有自然循环热水采暖及机械循环热水采暖系统。

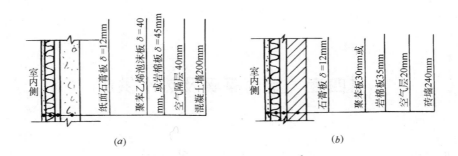

图 4-1 复合保温外墙做法

(a)传热系数 $K=0.78W/(m^2 \cdot K)$;(b)传热系数 $K=0.76W/(m^2 \cdot K)$

（4）从系统的布置形式,热水采暖可分同程及异程系统。

（5）从管路的布置可分有单管及双管系统。

（6）供回水干管的供回水方式上可分为上供下回式、上供上回式、下供下回式、中分式等。单管系统有顺序式及水平串联式的布置形式。表 4-1 中介绍几种常见的采暖图示。

常见采暖系统图示   表 4-1

名　　称	图　示	名　　称	图　示
双管上供下回式 （蒸汽、热水）		单管水平串联 式热水系统	
双管上供上回式 （热水）		双管中分式 （热水）	
双管下供下回式 （热水）		同程式	
单管垂直顺序式 热水系统		异程式	

三、热水采暖系统

（一）热水采暖优缺点

采用热水作为热媒的优点:

（1）因供水温度较低,卫生条件较好,室温因连续供暖比较稳定,人不会感到特别干燥及不舒适。

（2）可根据室外温度变化,在锅炉房内集中调节供水温度。

（3）因热媒温度较低,热损失较少,耗煤量可比蒸汽采暖少 20%～30%。

（4）因管道系统内充满水,空气的氧化锈蚀较小,系统使用的寿命较长。

（5）热惰性较大,充满管道及散热器内的热水即使在停炉后,也是逐渐的散发热量,室内不会有骤冷或骤热的感觉。

缺点：

（1）在停炉时,系统内的静水压力较大,在层数较多的建筑物内,底层的散热器易发生超压现象。

（2）因热媒温度低,为达到设计室温,需多设置散热器,水流量较大而水流速需在限定界线之内,所以选择的管径较大,使得初投资费用增多。

（3）消耗电能较大。采用机械循环的热水采暖系统是靠循环水泵作为动力,又因循环水量大,使水泵电机的功率增大。

热水采暖系统一般用于办公、居住、公共建筑的采暖。

（二）自然循环系统

自然循环系统是靠供回水的温差而产生的密度差作为动力的,又称重力循环系统（图4-2）。

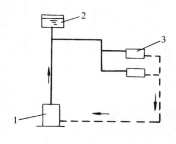

图 4-2　自然循环热水系统
1—锅炉;2—膨胀水箱;3—散热器

其工作原理是当系统充满水后,水在锅炉中被加热,温度上升,此时水的密度减小,而水向上流动至散热器内并散热,散热后的水温降低,密度增加,使系统内部压力不平衡,促使水在系统内流动并不断地循环。

为加大重力差,可使散热器与锅炉的垂直距离加大。自然循环系统的作用半径不宜超过 40m,为了减少管路系统的阻力损失,管径选择不宜过小,尽量少拐弯。只适用于小型建筑的采暖或家庭取暖。

（三）机械循环系统

靠循环水泵为动力,使热水在系统内散热后,返回锅炉内继续加热。机械循环系统主要是由热水锅炉、循环水泵、补水系统、膨胀水箱、散热设备、排气装置及连接管道和附属的配件阀类等组成（图4-3）。其中锅炉、水泵等设备是设置在锅炉房内。

机械循环系统广泛应用于各种类型建筑物的采暖中。热源可由小区或厂区内的锅炉房供应,也可由集中供热厂提供。对多层或高层建筑均可以采用机械循环系统。

（四）室内热水采暖系统排气设备

在热水采暖系统中,水中含有一定量的空气,而系统在运行过程中,会逐渐汇集成为气泡,如系统中气泡含量过多就会集中在管道的较高部位并堵塞管道,形成气塞,致使水无法通过。为了保持系统正常运行,必须让空气集中到某一高位处,通过排气装置把它排出去。当干管水平安装时（图4-4a）,空气会被赶至管的末端,而接自末端附近的立管就没有水通过,造成系统无法正常运行。干管设有坡度（逆坡）时（图4-4b）,可在最高点设排气装置,则系统维持正常运行。

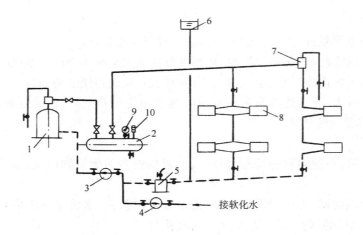

图 4-3　机械循环热水采暖系统

1—锅炉；2—分水器；3—循环水泵；4—补水泵；5—除污器；6—膨胀水箱；7—集气罐；8—散热器；9—压力表；10—温度计

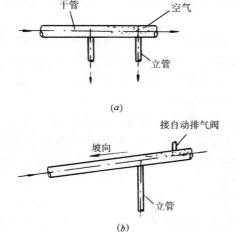

(a)

(b)

图 4-4　供水干管敷设图示

(a)干管水平安装；(b)干管设有坡度

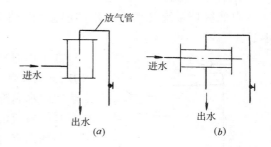

(a)　　　　　(b)

图 4-5　集气罐

(a)立式；(b)卧式

一般供水干管逆坡敷设（即水流方向与坡度方向相反），回水干管顺坡敷设（即水流方向与坡向一致），坡度应保证在 3‰以上，不宜小于 2‰。

常用的排气设备有集气罐、自动排气罐、自动排气阀。

1. 集气罐

根据干管与顶棚的间距或安装空间，可分立式集气罐和卧式集气罐（图 4-5）。

集气罐的工作原理：当水在管道中流动时，水流速度大于气泡浮升速度，此时水中的空气是随着水一起流动的。当流至集气罐内时，因罐径的突然增大（一般罐的直径是干管管径的 1.5～2 倍），水流速度减慢，此时气泡浮升速度大于水流速，气泡就从水中分离出来并聚集在罐的顶部。顶部安有放气管及放气阀，将空气排出，直至流出水来为止。

集气罐在排除干管空气的同时，回水管的空气、立支管及散热器内的空气，也会通过各立管浮升到系统最高点。

集气罐的放气阀应安装在方便操作的位置，放气管要引至附近有排水设施处，距地面不

54

宜过高,防止烫伤人。

集气罐具有制作简单、安装方便、运行安全可靠等优点,但需人操作。

在系统初运行时,从回水干管向系统灌水时,此时随着水的注入,系统内的空气会集中到系统的最高位置并从集气罐排出,这对初运是很重要的。

集气罐尺寸可根据供水干管的直径分几种型号,制作时宜采用无缝钢管。参见暖卫图册施工。

2．自动排气罐、自动排气阀

是一种能起到自动集气及排气的设备,可直接安装在系统最高处。自动排气阀大多采用浮球式的启闭方式,即当排气时浮球靠其自重下移,打开了排气口,当排气完毕水进入时,将浮球升起上移,并将排气口自动关闭。

自动排气阀可使系统内的空气随有随排,对间歇供暖并经常停运循环泵的系统非常方便。设置在装修吊顶内的自动排气阀,为防止排气失灵而发生跑水现象,可在排气阀下侧设一接水盘,然后接出管道至附近的排水设备。

(五)低温热水采暖系统的定压设备——膨胀水箱

1．组成

膨胀水箱主要由开式水箱及连接在水箱上的膨胀管、循环管、溢流排污管、补水管及水位控制装置等组成(图4-6)。

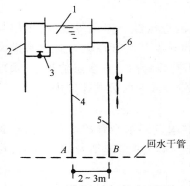

图 4-6　膨胀水箱连管图
1—膨胀水箱;2—溢流管;3—排污管;
4—膨胀管;5—循环管;6—补水管

2．膨胀水箱的作用

(1)在密闭的热水采暖系统中,水不断地被加热而温度升高,体积增大,当增多出的水在系统内容纳不了时,就会使系统中的压力升高而导致管道或采暖设备超压,而膨胀出的水可通过膨胀管流入水箱内。

(2)因膨胀水箱安装在本小区或厂区内最高建筑物的屋顶上,并与大气相通,将膨胀管连接在靠近锅炉房的回水总管上,这样会使区域内所有建筑物中的采暖系统压力高于大气压力,系统内的热水不会被汽化,因此膨胀水箱起着定压作用,膨胀管与回水总管的连接点称为定压点。

(3)因处于系统的最高外,且有膨胀管与系统相通,有利用排除系统内的空气。

(4)起着控制系统水位的作用,主要通过水位控制讯号判定系统是否缺水,讯号接至锅炉房内。

膨胀管上不允许设置阀门,以利于随水温变化水自由胀缩。冬季膨胀水箱设置在非采暖的水箱间内,应设循环管并连接在回水总管上,但与膨胀管应有2~3m的距离,在图4-6中的 A 点与 B 点有一压差,使水箱内的水形成一个小环路,以维持水箱水不冻,除此在非采暖的房间安装时,还应进行保温。

膨胀水箱有圆形和方形两种形式,可分成不同的型号、制作及安装可参照国标图册施工,水箱可安装在砖或混凝土的基础上。

(六)常见的热水采暖系统布置及供水方式的特点(参照表4-1的图示)

1．上供下回双管系统

因为采用的是双管,进入到每组散热器的水温基本相等,易于调节,供热安全可靠。回水干管可设在建筑物的一层地面上或地沟内。管材消耗较大,适用于采暖标准要求较高、各楼层房间室温要求波动不大的建筑物内,供水干管在系统的最高点上,应设置排气装置。

2．上供上回双管系统

即供水与回水干管均设在建筑物最顶层的顶棚下或顶棚内。一般在地面回水有困难又无地沟的情况下,考虑顶棚回水。在供、回水干管的高点上均设排气装置。回水立管的末端应加放水丝堵,以备检修放水用。

3．下供下回双管系统

即供水与回水干管,均设置在建筑物的地沟内。具有避免干管横穿房间的优点。而最顶层的散热器会成为系统的最高点。系统中的空气易集中在散热器内,所以在建筑物的顶层布置的散热器(每组)上应安装手动放风阀,系统初运行时应在每组散热器排除空气,安装位置见图4-7。

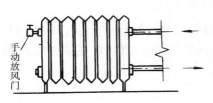

图4-7　散热器放风门安装

4．单管垂直顺序式系统

单管垂直顺序式采暖的方式可按上供下回布置,但立管是依照楼层的顺序从顶层散热器进入,经散热后的回水,作为下一楼层散热器的供水,依照顺序直至最底层散热器后,流入回水干管中。

这种方式节省钢材,便于施工,组装简便、伸缩自由,但因进出散热器温降较大,顶层与底层散热器散热不均匀,造成顶层房间过热等垂直水力失调现象。尽管在设计时已考虑温度的因素,但在调节上仍有困难。一般通向散热器的支管不安装阀门。在多层建筑中,顶部的一或二层的立管作成闭合管。这种供暖方式多用于民用住宅或一些公共建筑内。

5．同程系统及异程系统

在热水采暖系统中,不论是哪一种供水方式均可根据供水及回水干管的水流方向布置成为同程及异程系统(图4-8)。当供水干管与回水干管的走向与热媒流动方向一致时,称为同程系统;反之,为异程系统。

同程系统中,各环路的阻力容易平衡,系统的起始端及末端散热器的散热效果比较理想,不会造成过热或不热的现象。但有时为了布置同程系统,而增加回水干管长度,增加共架安装的困难。而异程系统的管道简短,易共架敷设,但有时各环路阻力不易平衡而产生短路现象,引起始端散热器过热及末端不热的现象。

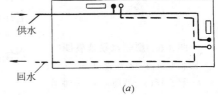

(a)

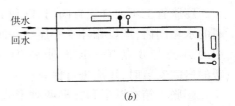

(b)

图4-8　采暖系统布置方式
(a)同程系统;(b)异程系统

四、高温高压热水采暖系统

(一)高温热水采暖系统的特点

当采用高于100℃的水作为采暖系统的热媒时被称为高温热水采暖。

我们知道,在大气压力的作用下,水在100℃时达到沸点并开始汽化,要想得到超过100℃以上的热水,就必须在密闭的系统内加压,水才能不汽化。也就是在系统运行中,任何一点的压力必须超过供水温度下的汽化压力,这样才能维持系统管网的正常运行。不同温度的水和压力的对照见表4-2。

水温与压力对照表　　　　　　　　　　　　　　　　　表 4-2

温度(℃)	0~90	100	110	120	130	140	150	160
压力(MPa)	0.1	0.103	0.146	0.202	0.275	0.368	0.485	0.630

高温水采暖系统中,一旦管网的水发生汽化即会阻断水循环,并产生严重水击破坏系统的管道或散热器及其他管件和阀门。

高温水采暖的热媒温度高,热效率高,可节约管材及散热器的用量,是一种高效的采暖系统。但因系统内压力高,管道伸缩量大,系统易漏水,应尽量采用焊接,散热器应能承受高压。适用于工厂车间采暖,不宜用于民用建筑,但可用高温水进行换热成为二次水(低温水)采暖。

(二)高温水采暖系统的定压方法

1.水柱静压加压法

是采用高位膨胀水箱加压的方法。

高位膨胀水箱高度的确定(图4-9):

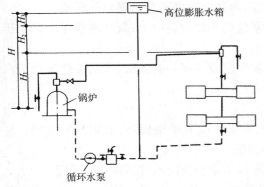

图4-9　高位膨胀水箱定压

$$H = H_1 + H_2 + H_3 \qquad (m)$$

式中　H——系统的设计压力,m;

　　　H_1——锅炉中心与系统最高位置的垂直高度,m;

　　　H_2——保证系统最高点不被汽化的压力,m;

　　　H_3——安全系数,一般取 3～5mH$_2$O。

膨胀水箱设置的位置较高,在实际中有时满足不了所需的条件。但这种定压方法安全可靠、压力稳定、结构简单。

2.补给水泵定压法

主要通过补给水泵来维持系统内的压力。补给水泵通过接在回水总管上的电接点压力表控制,当系统压力低于电接点压力表整定值下限时,触点接通并与水泵电机连锁,补水泵启动,向系统加压补水;当系统升至预定的压力值时,电接点压力表动作切断水泵电源。并配合安全阀,超压时安全阀动作泄压。

这种定压方法在高温水采暖系统经常采用,因电接点压力表触点开关频繁动作易造成失灵,应经常检查其触点开关的接触及灵敏度。

除以上定压方法,还有蒸汽定压、氮气定压等方法。

五、蒸汽采暖系统

蒸汽采暖系统可分低压采暖及高压采暖系统。低压蒸汽系统起点压力≤0.07MPa;高压蒸汽系统起点压力>0.07MPa。

（一）蒸汽采暖系统的组成

蒸汽采暖系统主要由蒸汽锅炉、分汽缸、疏水设备、凝结水系统及连接管道、散热器等组成（图4-10）。其中蒸汽锅炉、分汽缸、凝结水箱等均设置在锅炉房内。

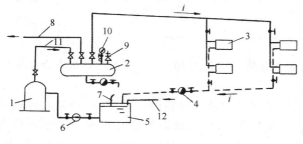

图 4-10　蒸汽采暖系统流程图

1—蒸汽锅炉;2—分汽缸;3—散热器;4—疏水器;5—凝结水箱;
6—凝结水泵;7—放汽管;8—紧急放空管;9—安全阀;10—压力表;11—蒸汽母管;12—软化水管

蒸汽采暖的流程:当蒸汽通过蒸汽母管(多台蒸汽锅炉出口的连接干管称母管)进入分汽缸,然后分配到各分支系统。输送的动力是靠蒸汽本身的压力,通过外管网进入建筑物内,在室内采暖系统放热冷凝后,进入疏水设备排出凝结水。利用疏水器后的余压,凝结水回到凝结水箱内,并可补入锅炉。

（二）蒸汽采暖的优缺点

优点:

（1）热媒温度高,热效率比热水采暖高,管径选择时,蒸汽允许流速较高,所以节省管材及散热器的数量。

（2）由于蒸汽密度比水小,用于高层建筑采暖,底层散热器不会出现超压现象。

（3）节省电能,蒸汽是靠自身的压力输送到系统的采暖设备中,而凝结水靠疏水器余压回到水箱内,节省了输送介质的设备投资。

（4）在人们逗留时间较为集中的建筑物内,如剧院或一些公共场所、车间等处采用蒸汽采暖升温较快,可以实行间歇供热。

缺点:

（1）管道及散热器表面温度高,灰尘聚积后,容易产生升华现象,污染室内的空气。易烫伤人,室内空气干燥,不适于住宅、办公等民用建筑。

（2）室温随供暖的间歇波动较大,对要求室温较恒定的房间不宜采用蒸汽采暖。

（3）热损失大,系统受热应力影响,易漏汽或损坏管件及阀门,锅炉运行的排污、疏水器的漏气、凝结水回收率低等无效热损失较大。

（三）蒸汽采暖管道的布置方式

蒸汽采暖多采用上供双管式,另外还有下供等方式。

蒸汽采暖中蒸汽干管安装时,为了更好地排除蒸汽管道中的沿途凝结水,应顺坡敷设,即低头走,坡度不应小于3‰,以避免水击现象。凝结水干管应顺坡敷设,最好有5‰以上的坡度。立管连接时,应从干管的上部接出(图4-11),避免水平干管中的凝结水通过立支管进入散热器内,影响散热效果。

（四）蒸汽采暖系统中疏水设备的作用及种类

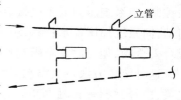

图 4-11　蒸汽采暖立管安装方式

蒸汽采暖系统的疏水器又称阻汽具,疏水器工作的好坏,会直接影响到系统能否正常运行。

1. 疏水设备的作用

当蒸汽沿着管道输送时,温度会逐渐降低,随着蒸汽温度下降,少量蒸汽会变成凝结水,并随蒸汽一起流动。当蒸汽进入散热器放热后变成凝结水,若液化不完全,使管道内呈汽水两相流动,则极易产生水击,因此必须在适当的位置安装疏水器,疏水器的作用就是阻隔蒸汽、排出凝结水。

疏水器一般设置在以下部位:

(1) 低压蒸汽采暖系统的散热器出口处。

(2) 蒸汽管道敷设较长时,需设置沿途排凝结水的疏水设备,以保证蒸汽的质量。

(3) 系统出口的凝结水干管上。

2. 疏水器的种类及安装

(1) 低压蒸汽疏水器:又称回水盒,安装在低压蒸汽采暖系统中的每组散热器的出口处。

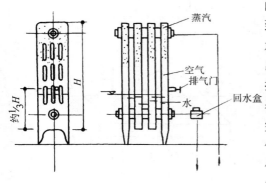

当蒸汽进入散热器后,由于原系统中存有大量的空气,因蒸汽比空气轻而聚集在散热器的上部,空气在下部,使得蒸汽不能完全进入到散热器内,而此时上部的蒸汽又会变成凝结水而沉集在散热器的底部(图 4-12),使散热器出现不热现象,因此必须将空气及凝结水排除掉才能使散热器正常工作。这就需要在散热器的出口处安装疏水器进行阻汽排水,同时在空气聚集位置安装自动或手动排气阀进行排气,从而保证散热器正常工作。自动或手动排气阀的位置一般选在距散热器底部 1/3 处安装。

图 4-12　低压蒸汽系统散热器连接

回水盒根据凝结水管与散热器的连接方式可分直角式及直通式两种形式。主要是靠内部的热敏元件的膨胀与收缩来阻汽排水。热敏元件是一带有波纹状的金属薄膜盒,下部带有锥形阀针,盒内装有酒精等易挥发液体。当蒸汽通过时,盒内酒精挥发使波纹状盒膨胀,带动阀针下移阻断出路,当薄膜盒外充满凝结水时,金属薄膜盒收缩,阀针提起使凝结水排出(图 4-13)。

(2) 适用于不同蒸汽压力范围的疏水器种类很多,常见的有热动力式、浮桶式、脉冲式、钟形浮子式、吊桶式疏水器等。其中,热动力式较为普通使用。

在实际工程中使用时,疏水器与阀门、管道等组成疏水器组(图 4-14)。

疏水器的启动工作程序:当系统开始运行时,将冲洗阀打开,对管道内的污物泥沙利用蒸汽的压力进行吹扫冲洗。冲洗干净后,关闭冲洗阀,打开疏水器前后阀门进入正常工作。过滤器可进行清除污物以保证疏水器正常工作。当需检查疏水器工作情况时,可打开泄水阀,观察泄水管,当发现泄水管排出大量的蒸汽时,可判断疏水器失灵,需关闭阀门,打开旁通管阀门,以便修理或更换。

（五）蒸汽采暖系统的减压设备种类

当管网输送的高压蒸汽进入建筑物时,进行减压使之成为低压蒸汽的设备,称为减压阀。

常用的减压阀有活塞式、薄膜式等,活塞式减压阀具有调压范围较大(可根据设计选择调压范围),工作稳定可靠等优点,较为普遍使用。减压阀工作时,与管道、阀门、安全阀、压力表、过滤器等组成减压阀组(图4-15)。

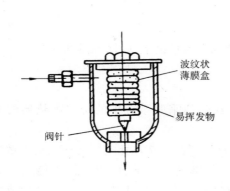

图 4-13　回水盒构造

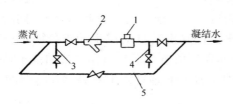

图 4-14　热动力式疏水器组

1—疏水器;2—过滤器;3—冲洗管;4—泄水管;
5—旁通管

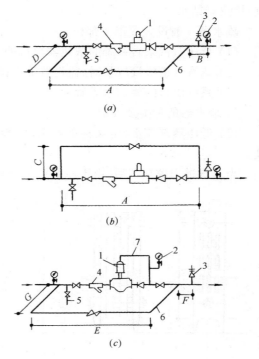

图 4-15　减压阀安装

(a)活塞式减压阀水平旁通安装;(b)活塞式减压
阀立式旁通安装;(c)薄膜式减压阀安装

1—减压阀;2—压力表;3—安全阀;4—过滤器;
5—泄水管;6—旁通管;7—均压管

减压阀安装时,阀体应垂直安装在水平管道上,高压侧的管道管径与减压阀公称直径相等,而低压侧的管径应比减压阀直径大两号。减压阀有严格的方向性,不得装反。薄膜式减压阀的均压管应与低压侧的管道连接,安装尺寸可参照表4-3。

（六）高压凝结水系统

当凝结水中带有二次蒸发汽的汽水乳状体时称为高压凝结水。由凝结水箱、凝结水泵、二次蒸发器、管道等组成高压凝结水系统。

高压凝结水系统可分为开式系统及闭式系统两种形式。

1. 开式系统

公称直径	A	B	C	D	E	F	G
25	1100	400	350	200	1350	250	200
32	1100	400	350	200	1350	250	200
40	1300	500	400	250	1500	300	250
50	1400	500	450	250	1600	300	250
65	1400	500	500	300	1650	350	300
80	1500	550	650	350	1750	350	350
100	1600	550	750	400	1850	400	400
125	1800	600	800	450	—	—	—
150	2000	650	850	500	—	—	—

即蒸汽通过散热器放热后,凝结水靠疏水器余压流入凝结水箱内,然后再通过凝结水泵补入锅炉,水箱顶部设排气管与大气相通。这种系统在二次蒸发汽量较少而又无法回收利用时,通过排气管将二次蒸发汽放掉。而高压凝水在途中不断地汽化,造成凝结水管中汽水流动,易发生水击。另外,在凝结水系统中,如凝水压力相差较大的支路合流时,压力的不均衡会使低压支路的凝水回流不畅而不能正常工作。因此,设计时要经计算平衡后选择凝结水管径。

2. 闭式系统

为了保证室外凝结水管中不带蒸汽,可将高温凝结水接入二次蒸发箱,将蒸汽水乳状体的凝结水的蒸汽部分分离出来,从水面以上引出,供给低压采暖设备。而从二次蒸发箱出来的凝结水仍有可能二次汽化,因此可以安装一多级水封阻汽装置。多级水封制作简单,主要由若干段大管套小管制成,靠阻汽降温来减少含汽量。闭式系统流程如图 4-16 所示。

闭式系统可以充分利用二次蒸发汽,并减少疏水器漏汽、凝水管压力升高,水击等弊病也可避免。

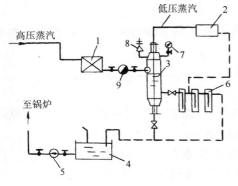

图 4-16 高压凝结水闭式系统图
1—用汽设备;2—散热器;3—二次蒸发器;4—凝结水箱;5—凝结水泵;6—多级水封;7—压力表;8—安全阀;9—疏水器

(七)蒸汽采暖施工中应注意事项

(1)蒸汽采暖系统中主要是如何顺利地排除系统中的凝水及空气,在蒸汽管道上可在一定的位置处设置疏水器以排除沿途凝水(图 4-17)。

(2)当凝结水管需过门口时,应做过门地沟。为避免凝结水管内水量增大,影响空气的排除,一般在门的上部设一空气绕行管(图 4-18)。

(3)蒸汽干管在变径时,应采用偏心变径管连接(即偏心大小头),为了顺利排除沿途凝结水,应

61

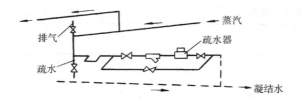

图 4-17 蒸汽管道中途疏水器做法

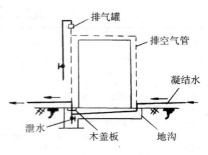

图 4-18 凝结水过门口做法

采用管底平。而凝结水管变径可做同心变径管(图4-19)。

(4) 蒸汽采暖系统中,因热媒温度高,引起管道的伸长,当间歇供热时又会因管道迅速冷却而收缩,这会导致管道的焊口或管件由于受到热应力的作用造成严重的渗漏,因此在必要部位应设置伸缩器进行补偿。室内采暖管道可利用建筑平面中的柱子或拐角处自然补偿伸缩量,还可以利用水平干管分支路时作旁流弯来改善受力状况(图4-20)。

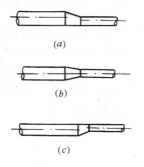

图 4-19 变径做法

(a)蒸汽干管变径管底平;(b)
凝结水管变径;(c)热水采暖
供水干管变径管顶平

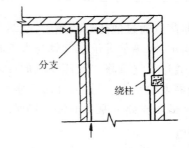

图 4-20 自然补偿做法

(5) 当系统进行初运时,应先开启疏水器的旁通管道进行预热清洗,确保疏水设备的正常运行。

六、采暖系统所用管材、管件、阀门及采暖设备

(一) 管材、管件及阀门

因采暖系统的管道是输送一定温度及压力的热媒,所以要求管材应具有一定的机械强度及耐高温、高压的性能,一般多采用焊接钢管及无缝钢管。

管径小于等于 32mm 时多采用丝扣连接,管径大于或等于 50mm 时焊接。

管件有弯头、三通等,管件中有碳钢及可锻铸铁材质,规格与管材配套使用。

热水采暖系统多采用闸阀,蒸汽系统宜采用截止阀。阀门公称直径小于等于 32mm 时可采用丝扣阀门,大于或等于 50mm 时采用法兰阀门。阀门安装前应进行水压试验,合格后方可安装。

(二) 采暖设备——散热器

散热器应具有一定的机械强度及承压能力,并具有传热效率高、外形光滑美观、易于清扫、单位散热表面积大等性能。

散热器的种类很多,从材质上可分为铸铁及钢制两大类。

1. 铸铁散热器

有长翼型散热器(大60型、小60型);圆翼型散热器;柱型(四柱、五柱及M132型)散热器。常用铸铁散热器的外形尺寸见图4-21。

长翼型:每片长度为280mm的叫大60型;长度为200mm的叫小60型;高度均为595mm。

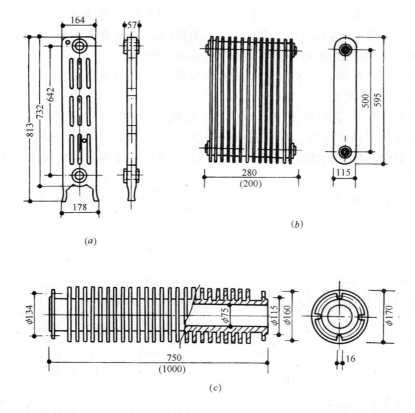

图 4-21 铸铁散热器外形尺寸

(a)铸铁四柱;(b)长翼型(括号内尺寸为小60型);(c)圆翼型

圆翼型:圆管外带有散热翼片,每根长度为1m,圆管内径有50mm及75mm两种规格,法兰接口,一般串成几根使用。

翼型散热器具有耐腐蚀、散热面积大等优点。但易积灰,不易清扫、外形不美观,因是铸造成整片(根)且散热面积大,不易调整所设计需要的散热面积。适用于灰尘较少的工业厂房车间或需采暖的仓库等。

柱形散热器:柱形散热器是浇注的单片,每片可含有几个中空的立柱并上下端连通,可采用对丝将所需的片数组对在一起。柱形散热器可根据每片的立柱数分五柱、四柱、二柱(即M132型)型。其中,四柱又有813型、760型、500型等不同的高度类型。

柱形散热器根据安装方法不同有带足片及中片之分,如散热器落地安装应根据片数的多少配置带足片,如散热器挂装则可选用不带足的中间片即可。

铸铁散热器承压较差,一般使用不应超过 0.4MPa。为了适应高层建筑使用,采用高稀铸铁散热器,即在灰口铸铁中加入稀土元素提高其承压能力,工作压力可提高到 0.8MPa,试验压力可到 1.2MPa。

柱形散热器具有外形较美观、光滑、不易积灰、易组合所需要的散热面积等优点,民用建筑及其他建筑中广泛使用。

2.钢制散热器

钢制散热器大部分是用薄钢板冲压而成的,它具有外形光滑美观、可作装饰艺术品使用、耐高压、重量轻、占地面积小等优点。但不耐腐蚀,易出现穿孔现象,对水质要求较高,使用寿命比铸铁散热器短,多用于高层建筑中的采暖系统。

常用的钢制散热器有闭式钢串片、折边对流钢串片、钢柱散热器、板式散热器、壁板式散热器、扁管散热器等类型。

(1)闭式钢串片:它由钢管、封头及串片等组成(图 4-22)。

闭式钢串片根据串片断面尺寸有 300mm×80mm;240mm×100mm;150mm×80mm,几种规格。其中,150mm×80mm 和 240mm×100mm 的可单排安装或双排安装。双排安装按管见图 4-23。

钢串片的长度分别有 0.4m、0.5m、0.6m、0.7m、0.8m、0.9m、1.0m、1.1m、1.2m、1.3m、1.4m 等多种规格。

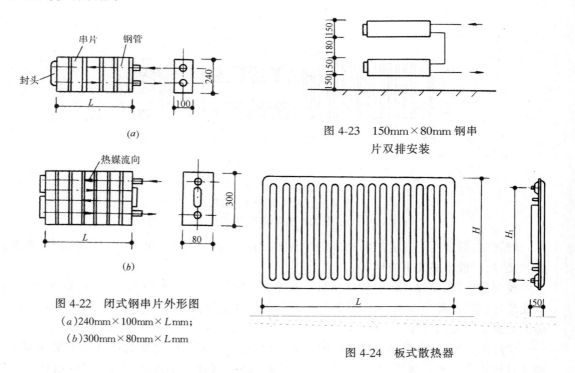

图 4-23 150mm×80mm 钢串片双排安装

图 4-22 闭式钢串片外形图
(a)240mm×100mm×Lmm;
(b)300mm×80mm×Lmm

图 4-24 板式散热器

(2)板式散热器:由钢板冲压成有单面水道槽和双面水道槽的散热板。板后有四个水口接头,可根据情况任意选择连接方式,封堵其他两个连接口。板式散热器可根据需要有不同颜色的彩板,板的规格可参照表 4-4 及图 4-24。

板式散热器规格表　　　　　　表 4-4

名　　称	规　格　尺　寸　(mm)				
H	380	480	580	680	980
H_1	300	400	500	600	900
L	400～1800(间隔 200)				

(3)钢制柱型散热器:由多个单片连成散热器组出厂,运到现场即可施工。外形见图 4-25,规格参照表 4-5。

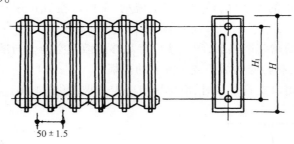

图 4-25　钢制柱型散热器

钢制柱型散热器规格　　　　　　表 4-5

名　　称	单　位	规　　　　格										
H	mm	400			600			700			1000	
H_1	mm	300			500			600			900	
B	mm	120	140	160	120	140	160	120	140	160	120	160	200
组合片数	片/组	3～26										

(4)光管型散热器:光管型散热器是用钢管焊制而成,构造简单,可由施工单位自行制作。表面光滑,制作简便,但耗钢材量大,如用于热水采暖时水容量大,一般用于工业厂房或临时采暖系统使用,多采用高压蒸汽作为热媒。

光管的排数、管径由设计选定。可分为排管型及回形管型(图 4-26)。

光排管散热器采用蒸汽作热源时,蒸汽管与凝结水宜异侧连接。

排管型又称为 A 型;回形管型称为 B 型。

光管散热器要求焊接外观美观,焊缝均匀,无夹渣咬肉。

(三)散热器安装要求

(1)需组装的散热器片在组装前应检查有无缺损或铸造砂眼,然后再进行组装。铸铁四柱、五柱、M132 型组装应平整。组装完毕需逐组进行水压试验,合格后方可进行安装。

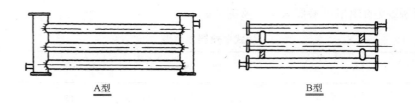

图 4-26　光排管散热器

（2）土建粗装修前应预埋勾、卡子或专用托架，同一房间内的散热器高度应相同，散热器垂直度、水平度、距墙距离应符合验收规范。

（3）散热器宜布置在外墙窗下位置，因散热器的传热过程很复杂，而其中的热对流、热辐射是同时存在的。当散热器布置在外窗下时（图 4-27），室外冷风渗透进室内，散热器所散发的热量加热了周围的冷空气，热空气向上流动，室内冷空气迅速补充形成循环，人处于暖流区而感到舒适。

（4）对带有壁龛的暗装散热器，暖气罩应有足够的散热空间及与散热器的间距，以保证散热效果，暖气罩应留有检修的活门或可拆装的面板。

（5）散热器与进出口支管连接时，应保证有一定的坡度（图 4-28）。

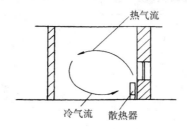

图 4-27　散热器布置

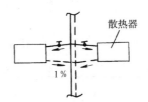

图 4-28　散热器支管连接图

（6）散热器不宜布置在外门附近或门斗内以防止冻裂。楼梯间的散热器应尽量布置在底层及建筑物下半部的各楼层上。

七、热风及辐射采暖系统

1．热风采暖

采用蒸汽或热水为热媒，通过暖风机设备将室内空气加热，以达到采暖目的，称为热风采暖。

暖风机主要由轴流风机、空气加热器组成。热媒通过空气加热器内的盘管及盘管上的翼片散热，轴流风机将室内空气通过加热器散热进行热交换，并将热空气送出，不断地循环以达到采暖要求。

一般适用于允许空气再循环的工业厂房、车间采暖，或有大量局部排风的厂房，可兼作补风用，也可用于局部分散的采暖区域。

热风采暖管道施工一般与热水采暖、蒸汽采暖系统要求相同，暖风机大多安装在厂房的墙或柱子上。

2．辐射采暖系统

辐射采暖是利用以辐射热为主要传热方式的辐射板作为采暖设备的一种采暖方式。

辐射板构造,将多根 DN15 或 DN20 的钢管焊制成排管形状,嵌入冲压成型的薄钢板槽内,其半圆形槽与钢排管外径弧度相等,将排管用 U 形卡子固定在钢板上,板面及排管刷无光防锈漆,板后填入保温材料并用铁皮封闭(图4-29)。

辐射板种类及型式很多,可将单块状辐射板串联(多块)一起成为带状辐射板,根据设计选型施工单位自行制作。

制作要点及工作原理:当热媒通过钢排管时,钢管表面温度较高,很快就把热量通过管表面传给与其紧密贴附接触的薄钢板,使钢板表面具有较高温度而形成一辐射面,并产生大量的辐射热而加热室内的空气。

在加工制作时,钢板应平整光滑,不允许出现凸出或凹陷,排管应与辐射板的管槽紧密接触,不留空隙。

辐射板面应刷辐射率较高的面漆,如无光防锈漆、灰漆等,封闭板应涂刷辐射率较低的漆料(如银粉等)以减少热辐射损失。

辐射板安装可有几种形式:水平安装、倾斜安装及垂直安装(图4-30)。

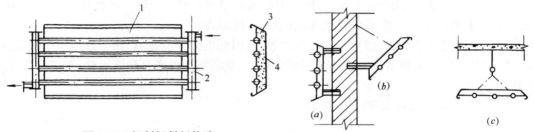

图 4-29 钢制辐射板构造
1—辐射面板;2—排管;3—保温材料;4—封闭板

图 4-30 辐射板安装形式
(a)垂直安装;(b)倾斜安装;(c)水平安装

水平安装:安装在采暖区的上部,热量向下辐射,安装较为困难。

倾斜安装:板面斜下方向安装,与垂直面夹角不同、高度不同,其辐射区范围也不同。多安装在墙上、柱上或柱间的位置。

垂直安装:辐射面成垂直状,适合较低的建筑或允许较低位置安装。

辐射板安装的高度一般由设计定,还可参照《供暖通风设计手册》中有关规定。

当辐射板水平安装时,应使板有一定的坡度,对于热水系统能排除空气,对蒸汽系统能有利凝结水的排除。适用于空间及跨度大的厂房。

八、采暖管道支架的种类及安装要求

采暖管道的安装是靠支架支撑并固定的,根据支架在管路中起的作用可分活动支架、固定支架及导向支架等类型,不同支架其结构形式也不同。

(一) 活动支架

室内采暖系统的活动支架要承受管子、热媒、保温材料及管件或阀件等全部荷载,活动支架除了承担以上的基本荷载外,还可允许管道在支架上自由滑动。

活动支架的种类很多:有滑动支架、滚动支架、弹簧支吊架、吊架等。

室内采暖系统常用的多为滑动支架及吊架。

1. 滑动支架

有以下几种类型：

(1) 管子直接在型钢支架上滑动,U形管卡控制管子横向位移,管卡一侧不安装螺栓固定(图4-31a)。

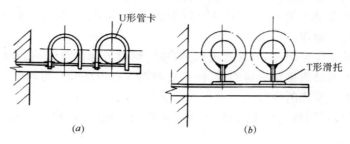

图4-31　滑动支架
(a)U形管卡安装;(b)T形滑托安装

(2) 管子下部焊有滑托(支托、支座),滑托可在型钢支架上滑动。滑托根据管径大小可分T形滑托(图4-31b)、弧形板型、曲面槽型等滑托形式。

因为采暖管道多沿墙、沿柱或在地沟内敷设,因此支架安装在墙、柱上或地沟壁等位置,支架埋设的方法可根据结构的性质采取预留孔洞、预埋钢构件或打膨胀螺栓、射钉枪等方式安装。

图4-32中介绍几种支架固定的方法。

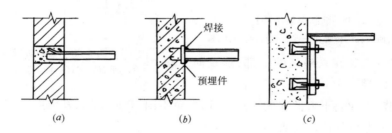

图4-32　支架固定方法
(a)预留孔洞;(b)预埋件;(c)膨胀螺栓

墙体留洞时孔洞尺寸应按规定施工,孔洞中心或洞底标高应准确,安装前需将洞内清理干净,用水浇透,放入型钢支架并找平找正,调好标高,然后填塞细石混凝土捣实抹平,不突出结构面即可。

预埋件适用在混凝土墙或柱上安装的支架,结构施工时应注意做好预埋件的位置、标高的核对工作。预埋件应平整并与附近钢筋固定,防止浇注混凝土时移位,预埋件板面与结构面平。

采用射钉枪及膨胀螺栓固定时,需考虑承受力是否符合要求,禁止随意确定螺栓直径,以防止支架脱落事故。

滑动支架根据管径、保温情况、同架敷设的根数确定型钢的种类及型号,应按标准图册选定制作。

2．吊架

在非沿墙、柱敷设的管道，可采用吊架安装，吊架大多固定在顶棚上、梁底部，固定多采用膨胀螺栓、楼板钻孔穿吊杆或梁底设预埋件等方式。

管卡采用扁钢制作，吊杆采用圆钢，可加花篮螺丝调整吊杆长度，安装方法见图4-34。

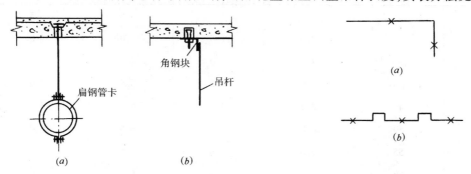

图 4-33　吊架安装
（a）穿楼板固定；（b）膨胀螺栓固定

图 4-34　固定支架位置
（a）管道拐弯时；（b）管道绕柱时

吊架安装时，应弹好中心线以保证管道的平直。如为双管敷设时，可将型钢支架固定在楼板上，吊架安装在型钢上。穿楼板安装时可采用冲击钻钻孔，不宜人工砸洞。

（二）固定支架

主要是承受管道因受热膨胀后所产生的水平推力，固定支架设置在补偿器的两侧，目的是均匀分配补偿器间的管道膨胀量。当采暖管道全部采用滑动支架时，管道可沿直线方向无限量膨胀或收缩，使三通或弯头部位的接口受到损伤。当设置补偿器时，需将补偿器所补偿管段的两端固定不动，即可保证固定支架中间的管段膨胀量得以补偿。因此，固定支架要承受很大的水平推力。设在室内的采暖管道根据室内平面布置的拐弯或绕柱都可以当作自然补偿器使用，可不需单独设置补偿器，但在较大的厂房则根据情况而定，因此只在自然补偿的拐弯或多个绕柱敷设的管道适当位置设置固定支架即可(图4-34)。

固定支架一般在室内的较小口径的管道上可将U形管卡两边螺栓拧紧，使管道在该点不能产生位移，也可采用角钢块将管道与支架焊住等方法。

（三）管道支架的间距要求

在每两个支架之间由于管子、热媒、保温材料等重量的作用，会使管道产生下垂(图4-36)，弯曲下垂的距离称挠度，以 f 表示。支架距离越大，f 值越大。当 f 值达到一定程度时会造成管道的破坏，支架距离太近又会增加投资的费用，因此应合理地选择支架的间距，并使 f 值在允许范围之内。支架间距可参照表4-6选择。

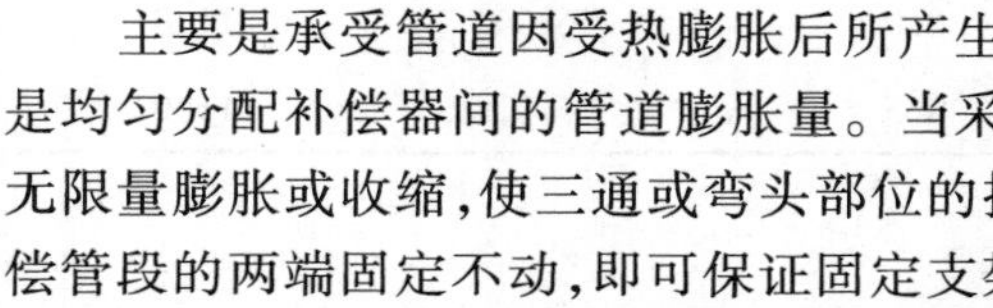

图 4-35　支架之间管道受力变形图示

（四）立管支架

立管管卡可分单管管卡及双管管卡(图4-36)，采用扁钢制作。

安装立管管卡时，应考虑墙面面层的做法以保证立管中心距墙面距离。

立管管卡要求每楼层不少于一个，当建筑物层高超过5m时，应设置两个管卡。

管径(mm)	方形补偿器固定支架最大间距(m)	活动支架最大间距(m)			
		保　温		不保温	
		架　空	地　沟	架　空	地　沟
15		1.5	1.5	3.5	3.5
20		2.0	1.5	4.0	4.0
25	30	2.5	2.0	4.5	4.5
32	35	3.0	2.5	5.5	5.0
40	45	3.5	2.5	6.0	5.5
50	50	4.0	3.0	6.5	6.0
65	55	5.0	3.5	8.5	6.5
80	60	5.0	4.0	8.5	7.0
100	65	6.5	4.5	11.0	7.5
125	70	7.5	5.5	12.0	8.0
150	80	7.5	5.5	12.0	8.0
200	90	10.0	7.0	14.0	10.0
250	100	12.0	8.0	16.0	11.0
300	115	12.0	8.5	16.0	11.0

（五）管道支架安装应注意事项

（1）支架埋设深度应符合图册或规范要求,型钢必需按图册规定选择,不允许以小代大,焊接要平整牢固。

（2）安装支架时,需考虑采暖管道的坡度,并使每个支架受力均匀,不允许有部分支架悬空而造成管道成波浪形状。

（3）管道的焊缝不允许在应力集中的支架上,应错开 50～200mm 以上的距离。

（4）当采用吊架和滑动支架时,安装中应考虑管道受热膨胀后的位移,要求吊架的吊杆有一倾斜角度,其倾斜方向与管道膨胀方向相反(图 4-37)。当采用滑动支架时,为了保证

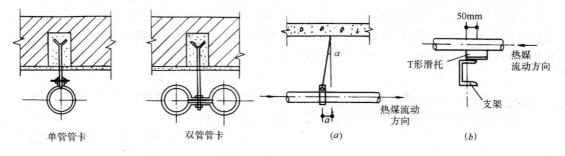

单管管卡　　　　双管管卡　　　　（a）　　　　　（b）

图 4-36　单、双管管卡

图 4-37　支架滑托安装位移图
（a）吊架安装；（b）T形滑托安装

管道膨胀后滑托在型钢支架上,安装滑托时,应向热媒流动方向的相反处移动约 5cm 并与管道固定(采用花焊)。

(5) 管道支架不允许在土建或其他专业施工时,作为搭设脚手架的支撑或被操作人员蹬踩。

(6) 型钢支架应在土建抹灰前安装好,然后再安装管道,并需刷好防锈漆。

九、采暖管道保温及刷油

1. 管道保温

凡敷设在地沟内及明装的采暖总立管应做保温。保温材料有泡沫珍珠岩、岩棉瓦块、超细玻璃棉管壳等。保温前管道应除锈刷防锈漆,地沟内的管道保温层外做防潮层。

保温瓦的厚度及具体做法由设计选定。

2. 刷油

散热器应除锈刷二道银粉,管道支架刷防锈漆。对供、回水管、蒸汽、凝结水管一律刷银粉二道(含干管、立支管)。

十、室内采暖系统试压、通暖及调试

1. 系统试压

当采暖系统安装完毕需进行系统试压,包括管道、散热器及阀门等,其中散热设备应进行单体试压后再进行系统试压。试压程序:

(1) 首先应检查系统上阀门开启的情况,同时打开集气装置或自动排气阀前的控制阀;蒸汽系统应在蒸汽干管的最高点安装临时排气阀。

(2) 暂不与外网连接,在回水总干管上接好试压泵及临时给水和排水管道,安装已校验过的压力表。

(3) 从回水干管向系统内注水,边注边进行排气,对下供下回的热水系统,顶层的散热器应逐组进行排气,水注满后关闭排气阀,并检查有无渗漏处。

(4) 接通试压泵开始升压,最好采用手压泵,升压过程应缓慢,升至工作压力后应停泵检查接口处、阀门或散热器等有无渗漏现象,然后再继续升压至试验压力。对普通铸铁散热器系统不宜超过 0.6MPa,稳压 10min,观察系统无渗漏,压力表压降不超过 0.05MPa,即为合格。

(5) 排掉系统内的水。在试压前对施工中被污染较重的管道应进行冲洗,也可试压完毕将系统进行冲洗干净。尤其冬季施工中,一定将水排净(立管丝堵放水),避免冻坏管道及散热器,拆除临时管道,与外网连接等待通暖。

2. 热水采暖系统通暖程序及调试

通暖的原则:对系统较大或环路较多的可按设计分区域或各分支管段进行通暖。

(1) 确认供热外管网运行正常后,打开回水总阀门向系统注入热水。当系统集气设备排空见水后,说明系统已满。关闭排气阀门并打开供水总阀,使系统参与外网循环,再次检查带负荷运转管道等处有无渗漏。当在冬季通暖时,应先将阀门开启小些,进水不宜过快,以防止管道骤热,使管口或散热器等接口处损坏。对已通暖的系统并正常运转后,可对系统各处的散热器进行逐组检查有无不热或只少数片热的情况,并应查找原因进行更换或修理。

(2) 调试:调试的目的是使各采暖房间的温度均匀,满足设计要求的温度。

开始调试时,可进行粗调,即检查各支路及各支路上的各环路的散热器有无不热或过热及管道末端不热的现象。对单管顺序式采暖系统,如发现顶层散热器过热、底层温度低时,应调节顶层进入散热器的阀门、减少进入顶层散热器的流量,这样可加大闭合管向下输送的水量,改善底层温度低的情况。当异程布置的系统,出现短路供水时,应调节阀门开启度,减少系统不平衡的现象。

为了保证室内温度的恒定,可对供给热源的锅炉房或换热站进行集中调节,以取得较为满意的效果。

集中调节可采用以下几种方法:

1) 质调节:即根据室外温度的变化,从锅炉房来调节供水温度,以最经济的供暖温度满足室温要求。

2) 量调节:即改变管网的循环水量,可把全部供暖期分为几个阶段,即室外温度较低时可开启全部的循环水泵,当室外温度较高时,可减少开启循环水泵的数量,以减少放热量来满足室温的要求。量调节可与质调节综合选择。

3) 间歇调节:指当室外温度升高时,不去改变供水流量及温度,而是减少每日供暖的时间,一般适用室外温度较高的供暖初期和末期。目前,有些供暖区采用的间歇供热,即不管室外温度如何变化,一律实行每日只供若干小时即停止供暖。这种间歇供热不属集中调节的范畴。

实行集中调节应选择经济合理的方案,主要目的是要保证供暖质量,同时需要提高操作管理人员的素质及技术水平。

集中调节还可满足各种不同性质建筑物对室温的要求,如办公与民用混合的建筑群,可控制在锅炉房内分水器的支路阀门,晚间可关小或关闭对办公楼供热的阀门。

在进行调节时,宜绘制供水温度曲线图。

3. 蒸汽采暖系统通暖程序

蒸汽采暖系统通暖时,首先逐渐打开蒸汽入口阀门,使蒸汽逐渐进入系统进行暖管,防止管道因蒸汽过快进入而骤热造成伸缩不利或空气来不及排出而形成的水击现象,此时可打开系统内所有的疏水设备的旁通阀,使蒸汽很快凝结成水从旁通管排入凝结水系统,并排出。然后逐渐开大蒸汽阀门进入正常通汽,当检查系统排气及管道无异常,可关闭旁通阀使疏水器正常工作,使系统进入正常运行阶段。

当高压蒸汽设置减压阀时,应调整经减压阀后的压力是否满足设计要求。

发现系统散热器不热或上部热、下部不热等情况,应检查排空气系统及疏水器工作是否正常,凝结水是否排出顺利通畅。

因为蒸汽温度不易调节,因此室温变化较大,一般采用间歇供暖方式,只适合工业厂房或要求迅速提高室温的建筑,对民用建筑不适合采用蒸汽采暖系统。

十一、室内采暖系统施工中应注意事项

(1) 采暖立管穿楼板时,需加钢套管、水平管道穿隔墙时应加钢套管或铁皮套管(图4-38)。

(2) 散热器需在土建墙面及地面施工完毕后安装,散热器以在窗下居中布置为宜,接入散热器的水平支管作乙字弯时,椭圆度应符合规范要求。

(3) 吊顶内的采暖管道应待试压合格后,方可进行吊顶。

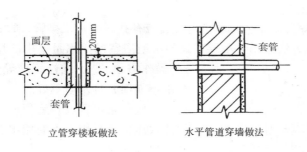

立管穿楼板做法　　　　　水平管道穿墙做法

图 4-38　采暖管穿楼板、穿墙做法

（4）敷设在室内地沟内的管道，要待试压、保温完毕再扣盖板。扣板前应清理沟内杂物或积水，施工中禁止蹬踩保温层，地沟应留出检查孔的位置。盖板要及时，避免长期暴露地沟。板缝需勾抹密实，防止施工用水漏入沟中。

（5）管道及散热器刷银粉面漆时，应保护好墙面及地面，防止污染。如墙面施工在散热器安装之后，应保护好管道及散热器。

（6）严禁利用采暖管道悬吊重物，或以散热器作支架蹬踩。

（7）对设计变更或施工遗漏的孔洞（墙或楼板上），在剔砸时应注意不要伤害主筋。如洞口较大，需切割钢筋时，需与设计者或主管土建施工人员商议后再施工。

（8）在试压及通暖时，应做好通暖方案，禁止盲目通暖而造成跑冒滴漏现象。

第二节　热　水　供　应

一、概述

在厂矿、企业、宾馆、公共浴室及医院或一些公共建筑、公寓住宅等建筑中设置热水供应系统，以供给人们生活中使用。作为洗涤、洗浴等用的热水供应系统已成为人们日常生活中不可缺少的公用设施。

二、热水供应系统形式

目前，在城市中供应热水的方式很多，有由换热设备、管道、水泵等组成的大型供热水管网系统，也有多种形式小型换热设备而组成局部或单体、群体建筑的供水系统；有靠电能或煤、油等作为热源动力的，也有靠天然资源（太阳能）转换为热能的，总之形式繁多。主要可分为以下几种形式：

（1）集中热水供应系统：通过锅炉房的热源将水集中加热，然后供应需用热水的一栋或多栋建筑物。适用于医院或宾馆及厂区等用水点。

（2）区域热水供应系统：可以从有热水供应的外网直接接入生活小区或较大的建筑群用水，也可从集中供热厂供给的热源，在区域内设立换热站来加热水，供应本区域用户使用。

（3）对于较分散、用水量较小可以在用水点附近设置小型的加热设备。

一般通过交换器出来的热水温度大约在 65～70℃ 左右，水温需要较低时，可采用冷水混合的方法，或用冷热水混合水嘴等方法达到所需的洗浴温度。

三、热水加热的方法

根据加热的方式不同可分为直接加热和间接加热两种形式。

（一）热媒直接加热

热媒主要采用蒸汽,被加热的水箱内安装带有孔眼的蒸汽排管,通入蒸汽即可将水加热(图4-39)。这种加热方法多用于单层建筑的小型浴室或用水量集中的用户,它具有加热迅速、操作方便、易于维修管理等优点,但噪音大、凝结水不能回收且水质不好。

一般水箱可置放在屋顶或高位支架上,利用水的静水压力满足用水点的用水要求(需满足用水设备出口的自由水头)。

水箱的体积可根据用水量选定、水箱需进行保温。

（二）热媒间接加热

热媒可采用蒸汽或热水间接加热,即热媒与被加热的水不直接接触,而是通过换热设备将水间接加热。常用的加热设备有卧式容积式加热器、螺旋板式换热器、快速水加热器及板式换热器。

1. 容积式加热器

这种加热器为一密闭的卧式容器,内有加热盘管(图4-40)。

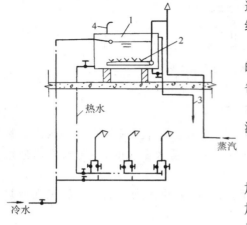

图4-39 直接加热水图示

1—水箱;2—花孔排管;3—溢流排污管;4—排气管

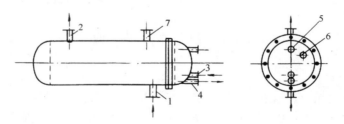

图4-40 容积式加热器

1—冷水进口;2—热水出口;3—热媒进口(蒸汽);4—凝结水出口;5—温度计接口;6—压力表接口;7—安全阀接口

优点:加热器与水箱合为一体,省去水箱,水质不被污染。但热效率较低,造价较高,占地面积大。一般可安装在建筑物内的地下室,供水靠热水循环泵为动力。

2. 快速加热器

一般为水-水换热形式。快速加热器是由外管壳及管壳内单根或多根小管组成,管束内通入被加热的冷水,管束外通入热媒(图4-41)。

快速水加热器热效率较高,但需设置贮水箱。用于小型热水供应系统。

3. 板式换热器

它是用金属薄板(一般采用钢板或不锈钢板)冲压成带有一定规则的波纹沟槽的单板,然后将单片组装成所需的多片组,在每两片相邻板片的边缘用丁腈橡胶等材料作密封垫片,形成流槽通道(图4-42)。板上开有流体的进出口,使两种介质在各自的流槽内流动进行热交换。因通道波纹形状复杂,流体虽是低速进入,但在沟道内也会形成湍流,提高了热交换

74

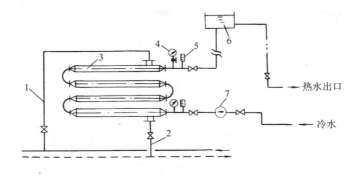

图 4-41　快速水加热器系统图

1—热网供水管(一次水);2—热网回水;3—水-水加热器;4—压力表;

5—温度计;6—水箱;7—水泵

效率,沟道多而增加了换热面积,是一种高效率的换热设备。

板式换热器是由金属波纹板、固定板、活动夹板、夹板螺栓等组成(图 4-43)。

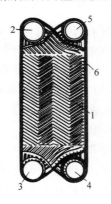

图 4-42　不锈钢波纹板单片构造

1—波纹板片;2—热媒进口;3—热媒出口;

4—冷水进口;5—热水出口;6—密封垫片

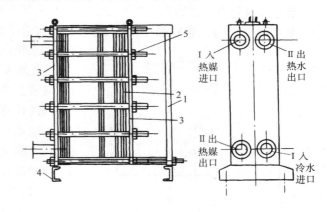

图 4-43　板式换热器组装图

1—导柱支承;2—板片;3—活动和固定夹板;

4—支架;5—夹紧螺栓

板式换热器有传热效率高、占地面积小、热损失小、结构简单、易于拆装、连接简单等优点,并可定期清洗或更换板片,近年来被广泛使用,产品规格很多,可根据设计选择。

四、热水供应系统管道布置

热水供应系统可根据用户使用的特点及其用水量、供水时间等而分成开式热水供应系统及循环式热水供应系统。循环式系统又可根据用户要求的供水质量分为全循环式及局部循环式系统。

1.开式热水供应系统

即热水管接至用水点,不设置回水管。主要用于在一天内供应热水时间较短而且集中的用户,例如工厂企业中的公共浴室等。这种系统简单,可以采用直接或间接加热的方法,然后再集中供应热水,图 4-44 为简单的开式热水供应系统图。

75

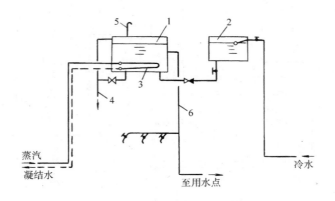

图 4-44　小型开式热水供应系统

1—热水箱；2—冷水箱；3—加热盘管；4—溢流排污管；

5—透气管；6—热水管

2．循环式热水供应系统

根据热水管道布置的形式有下行上给式及上行下给式布置。

图 4-45 为下行上给式循环式热水供应系统，为了保证配水压力的稳定，一般采用由高

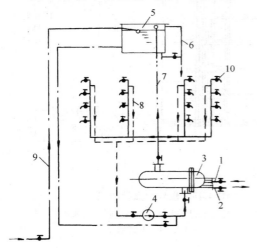

位水箱供给加热器冷水。因系统用水不均衡，在用水量少或停止用热水时，管道内的热水会滞留并变冷，再次用水时会低于规定的水温，因此设置热水回水管网，使热水通过循环水泵不断循环以保证水温要求。

而全循环系统即热水系统中干管支管处均相应设置回水管，当只保证干管系统设置回水管，支管不设置时称局部循环系统。

下行上给式的回水循环管应低于热水立管最顶端用水点约 50cm，避免回水立管顶端形成气塞影响热水循环，以保证系统内空气从

图 4-45　下行上给、热水供应系统

1—热媒入口；2—热媒出口；3—加热器；4—循环水泵；

5—水箱；6—溢流排污管；7—热水管；8—热水循环管；

9—冷水管；10—用水点

顶部的用水点排出。

　　图 4-46 为上行下给式热水供应系统，因主干管在建筑物顶层敷设，需保证水平干管敷设有不小于 3‰ 的坡度，系统最高点设自动排气阀，回水管接在供水立管末端即可。

　　高层建筑热水供应系统考虑系统静压过

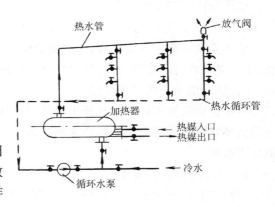

图 4-46　上行下给热水供应系统

大,宜采用按楼层分区供水方式。

五、太阳能热水器

太阳能热水器是利用太阳能转换成热能把水加热的装置。太阳能是取之不尽,用之不竭的能源,人们为了更好地接收太阳的能量,制造出多种类型的接收器,如池式、袋式、筒式、管板式等。

太阳能热水器具有构造简单、维修方便、运行安全、节省能源、减少环境污染及运行费用低等优点。但它受气候、地理位置及季节限制,有些地区有部分时间不能运行。当用水量较大时,初投资费用较大,布置也较为困难。因此,太阳能热水器适用于燃料供应困难或日照时间较长的地区。

接收器中常用的管板式太阳能热水器使用较为广泛,有些地区有定型产品供用户选择。

1. 管板式太阳能热水器的组成及工作原理

管板式太阳能热水器主要由集热器、贮热水箱及连接的管路系统组成。

集热器的构造见图4-47。集热器主要由集热管、集热吸收板、玻璃罩板、保温层及外框组成。

太阳能热水器工作原理见图4-48。当太阳光束通过置放有一定倾斜角度的集热器的玻璃板面,太阳的热能很快就被涂有黑色漆料的集热管和集热板所吸收,在密闭的集热器内形成一个高温空气层,集热管内的水被逐渐加热升温。随着水温不断的升高,密度减小,水就沿着上升循环管流至水箱内,而水箱下部的水,温度较低,密度大,就通过下降循环管流到集热器的下部被继续加热升温。水在集管内不断被加热循环,直至达到使用水温。

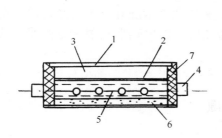

图 4-47　管板式集热器构造
1—罩板(透明);2—玻璃板;
3—空气层;4—集管;5—吸热板;
6—保温材料;7—外框

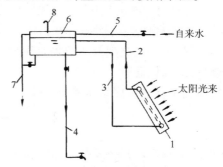

图 4-48　管板式太阳能热水器系统
1—管板式集热器;2—上升循环管;3—下降循环管;4—热水管;5—给水管;6—贮热水箱;7—溢流排污管;8—透气管

2. 对太阳能热水器安装要求

(1) 集热器安装方位的最佳布置是接收板朝向正南,如实际安装有困难也可偏东或偏西15°角安装。

(2) 热水器一般设置在水平屋顶上,其倾斜角度(与地面的夹角):仅夏季使用可比当地纬度少10°左右即可。

(3) 安装在屋面时,应考虑由于设备重量、水的重量加大楼板的荷载,同时应考虑风的影响。

安装应牢固,维修上屋面时应注意不要破坏防水层。

（4）水箱及循环管需做保温。

六、其他种形式的小型热水器

1. 电热水器

某些建筑物内只需局部的少量的热水供应时,可采用电热水器。

主要是通过在容器内的电阻丝通电来加热冷水,电阻丝设在绝缘材料内,并装有自动控温或能切断与接通电源的装置。安装简单、灵活、无污染。

可适合安装在小型企业或工厂又无法解决热源的医务室及小型理发室,或供较少人员的洗浴用水,型号可根据不同水容量进行选择,安装及使用时应严格按产品说明书操作,避免出现触电或电控失灵的事故。

2. 小型的燃煤或燃气的热水炉

很多地区市场上供应的开水及热水两用炉,适合于一些不能全年供热源的单位使用,供水量不大,可根据使用人数选择炉体型号。

七、热水供应系统施工中应注意事项

（1）当建筑物内设有热水供应系统时,经常是与给水管道同时敷设至用水点,因此在施工中,应按规范规定施工。当冷热水管水平安装时,热水管应在冷水管的上方;当冷热水管垂直安装时,热水管应在冷水管的左侧布置。

（2）热水干管在管道井内敷设时应保温。热水管多采用镀锌钢管,丝和连接,大口径管可用焊接钢管。

（3）当使用生产废汽作为热媒时,只能采用间接加热方法,热媒管道不允许渗漏。

（4）安装大型容积式加热器时,需做好基础或支架,并配合土建施工吊装就位。安装太阳能热水器时,管道支架及集热器支架应在屋面施工时安装预埋件,穿楼板的热水管及水平管穿墙时,应加钢套管。

其他施工要求参照给水管道施工。

思 考 题

4-1 什么叫房屋的基本热损失及附加热损失?

4-2 如何减小房屋的热损失?

4-3 列举你所知道的复合保温墙的做法?

4-4 试述热水采暖系统的优缺点及适用范围。

4-5 为什么热水采暖系统管道施工时,供回水干管及支管敷设坡度是系统能否正常运行的关键?

4-6 蒸汽采暖系统的优缺点及适用范围是什么?

4-7 试述疏水器的作用及安装的部位。疏水器的启动程序是什么?

4-8 散热器的种类及其适用范围是什么?

4-9 采暖管道支吊架与楼板、墙、柱的固定方法是什么?

4-10 热水采暖系统通暖的程序及调试方法是什么?

4-11 蒸汽采暖系统通汽的程序及应注意的事项是什么?

4-12 采暖系统施工中应注意哪些事项?

4-13 什么叫热水供应系统?主要有哪几种方式?

第五章 室外采暖管道

室外采暖管道是将热源从市政热力管网上接进厂区或生活小区及建筑群内,通过管道接至建筑物的热力入口处;或从本区域内设置的锅炉房将热源接至每栋建筑物的热力入口处。

室外管道主要由输送管、各种热力井、热力入口、补偿器及疏水设备等组成。

第一节 室外管网敷设方式

根据室外的自然条件,建筑物的平面布置及场地情况,室外采暖管道敷设可分为地下管沟敷设、架空敷设及直接埋地敷设几种方式。

一、管沟敷设

即管道在沟内安装,不占地上面积,配合室外竖向布置,但投资费用大,维修不方便。

管沟又根据用户的重要程度、地理位置、地下状况及投资的费用情况,可分为通行地沟、半通行地沟及不通行地沟。

1. 通行地沟

即检修人员可在沟内自由通行(图 5-1)。地沟的宽度 A 及沟墙的厚度需根据设计选定。通行地沟一般设置在重要地段、重要用户、管道数量多的情况,维修方便;但一次性投资高,多设置在主干线管径较大、数量较多的管段。因管沟埋设较深,与其他专业的管道交叉机率大,施工困难。

2. 半通行地沟

一般地沟的净空不小于 1.4m,检修通道的宽度 0.6m(图 5-2a)。适合数量不太多的主干管或支线,可在地沟内检查维修。

3. 不通行地沟

见图 5-2(b),管道数量少、容易布置,适合管网支线的管道。在阀门、疏水设备等需操作的地方可设置检修井,检修井处地沟断面局部增大,不通行地沟在条件允许时,应尽量采用。可节省投资、占地下空间少、施工简单。地沟顶上应保证有 0.3~0.5m 的覆土层。

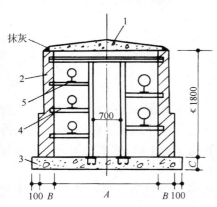

图 5-1 通行地沟结构

1—沟盖板;2—沟墙;3—混凝土沟底板;4—型钢支架;5—滑托

4. 管沟施工

管沟的布置是依据管网的走向布置及管道坡度而设置的。

管沟的沟墙多采用砖砌,沟壁厚度应根据埋设深度、沟的宽度而定。

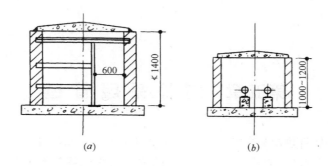

图 5-2　地沟结构
（a）半通行地沟；（b）不通行地沟

　　碎石垫层、混凝土垫层（沟底）需根据地下水位情况，由设计确定混凝土的强度等级及垫层厚度。施工垫层时应有与管道敷设相同的坡度及坡向。管沟在拐弯或设有方形伸缩器时，应加混凝土过梁（图 5-3），以便铺设沟盖板。当管沟内同时敷设有蒸汽及热水管道时，可根据地形情况自行设置坡度，以便排除运行当中排气放水的需要，一般在管沟变坡时设置集水坑，将坑内的水通过管道与沟外的集水井连接，当集水井水多时，用水泵抽出。

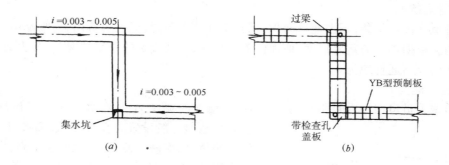

图 5-3　管沟平面示意图
（a）沟底坡度示意图；（b）沟盖板布置图

　　管沟上铺设的混凝土预制板，应根据地面荷载情况分普通型及加重型。沟盖板之间、盖板与沟壁接触处需用水泥砂浆灌缝及抹角，防止地面水渗入沟内。如地下水位较高、暖沟外壁可用防水砂浆勾缝或做防水涂料，以保持沟内干燥。管沟在施工中，管道支架应配合预埋及固定。

　　对横穿管沟的电缆应加套管，对横穿管沟的其他类性质的管道与电缆应满足规范中与采暖管道的最小距离，在施工中需采取保护及安全措施。

　　二、埋地敷设

　　即管道直接埋在土壤中，可减少大量的土方及沟槽的砌筑，是最经济的敷设方式，减少了工种交叉又可缩短工期。但埋设的管道无法检修，不易发现管道的故障，同时对保温层有较高的要求，当管道通暖后产生的伸缩，使管外的保温层与土壤之间产生很大的摩擦力，造成管道受力而变形或保温层被破坏，因此对输送高压蒸汽的管道应特别注意。埋地敷设可用于地下水位低、土壤无腐蚀的区域，管道保温层外应做好防潮层的处理。挖沟时，沟底要进行夯实并放坡，防止管道下沉而影响系统正常运行。对管材的选择、焊口的质量、保温的效果均要求较高。

三、架空敷设

采暖管道敷设在地面以上的支架上,或设在建筑物的外墙及围墙的支架上称为架空敷设。

架空敷设适用于地下管网密集,地面上又有多种其他介质的输送管道可与采暖管道共架敷设时,是较为经济的敷设方法。多用于工厂区的管道安装,避免与地下其他管道交叉,便于维修管理。对管道穿越主要道路时,需做高支架通过,管道热损失较大,保温面层易损坏。

为了便于检修,应在阀门等处布置一定数量的检修平台。

支架可根据其高度分为高支架、中支架、低支架及支墩。

1. 高支架

当管道穿越主要道路或跨越厂区铁路时,可设置高位支架,一般净空在 4m 以上,如道路较宽时,支架跨度大应考虑作桁架结构(图 5-4)。

高位支架一般由预制的钢筋混凝土柱及梁组成,基础采用杯型基础(图 5-5),当支架跨度较大时,为了考虑支架的稳定性及风荷载等情况可采用悬索结构。

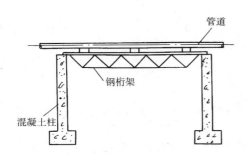

图 5-4 跨越公路桁架示意图

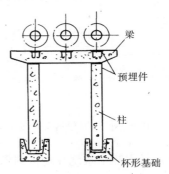

图 5-5 高位支架

混凝土预制柱安装前应检查编号是否与图纸符合,预埋件位置是否准确,管道安装必须待所施工管段支架施工完毕后(包括焊接、浇注杯口、校正等工序),方可进行。

2. 中支架

一般支架净高在 3m 左右,厂区较为普遍采用的支架,不影响车辆及人员的通过,其构造基本与高支架相似。

3. 低支架

支架净高在 0.8~1.5m 左右,车辆及人员无法通过,对室外空间占地影响较大,一般低支架多设置在不通行区内,低支架施工方便、造价低。

4. 地面支墩敷设

在厂区内的非通行区可采用经济实惠的地面混凝土支墩的安装方式(图 5-6)。支墩根据情况设定高度,一般在无积水区内高出地面 0.5m 即可,也可沿围墙边缘布置,尽量少占据

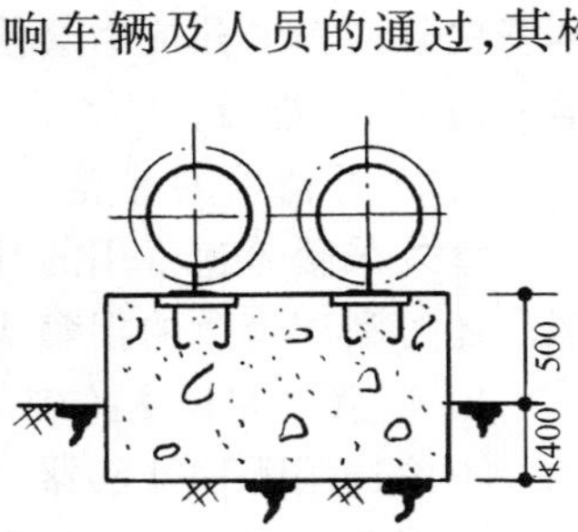

图 5-6 管墩敷设

使用面积。

支墩应保证埋入地面以下的深度,避免由于管道的推力作用使管墩移位。

第二节 室外采暖管道施工

一、室外热水采暖管道布置形式

根据室外建筑物平面位置及系统的大小可布置成同程系统及异程系统。

图5-7为同程热水采暖系统,适用于管道系统较大、较长,并要求供热质量较高的区域内。同程系统地下管沟敷设时会增加管沟的长度,占地下面积多,投资较大。

图5-8为异程热水采暖系统,布置管道简短,管沟投资较低,但系统较长时会出现末端不热或供热环路不平衡的现象。

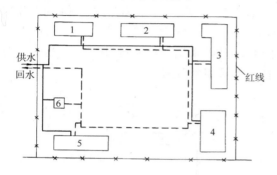 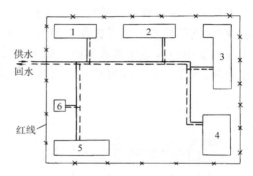

图5-7　供热小区内同程热水采暖管网布置　　　图5-8　供热小区异程热水采暖管网布置

同程及异程热水系统在地沟内敷设时,支架安装中,对同程系统供回水管道安装的坡向在同一支架上是相反方向,异程系统管道供回水管的坡度及坡向是一致的,便于施工。

二、室外采暖管道设置补偿器的必要性及补偿器种类

(一)设置补偿器的必要性

当管道内输送高温介质时(蒸汽或热水),管道受热而伸长。如任其管道自由伸缩,会使管子本身承受很大的热应力。为了减少热应力的影响,在管道适当长度的两端设置固定支架,在固定支架之间管道的热伸长量由补偿器弥补,并可减弱对固定支架的水平推力及管道本身的热应力。热应力会使管道产生变形甚至破坏管道、管件或焊缝,因此室外采暖管道每隔一段长度(指沿直线方向)需要设置一个补偿器。

(二)补偿器的种类

室外采暖管道常用的补偿器有:方形补偿器(又称方形胀力)、套筒补偿器及波纹补偿器等。还可利用管道的拐弯或返弯等处,来补偿管道伸缩,称自然补偿器。

1.管道热伸长量的确定

不论选用哪种补偿器,必须确定所需设置管段的热伸长量,方可选择补偿器的型号。

当管道在大气温度下安装时,管内高温热媒使管道沿其轴线方向产生膨胀,我们称为线性膨胀。管道的热伸长量与管材的材质、管段的长度、管道内热媒的温度及安装时的环境温度有关。

管道热伸长量(膨胀量)的计算公式:

$$\Delta l = \alpha l (t_2 - t_1) \qquad (mm)$$

式中 Δl——管道热伸长量,mm;

α——管材线膨胀系数,mm/(m·℃),不同材质 α 值不同参见表 5-1;

管材线膨胀系数   表 5-1

材质	$\alpha[mm/(m\cdot℃)]$	材质	$\alpha[mm/(m\cdot℃)]$
碳 素 钢	0.012	紫 铜	0.0164
铸 铁	0.0114	黄 铜	0.0134
中 铬 钢	0.0114	铝	0.024
不 锈 钢	0.0103	聚氯乙烯	0.08
镍 钢	0.0131	氯 乙 烯	0.01
奥氏体钢	0.017	玻 璃	0.005

l——管道计算长度,m;

t_2——热媒温度,℃;

t_1——管道安装时温度,取 -5℃计算,当管道室外架空敷设时,t_1 应取当地室外采暖计算温度。

2. 方形补偿器

它是由无缝钢管连续煨制而成的,常见的有三种类型:短臂型、等臂型及长臂型(图5-9)。

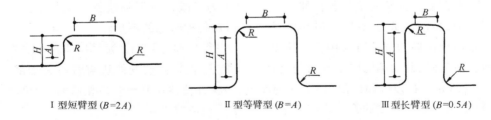

Ⅰ型短臂型($B=2A$)   Ⅱ型等臂型($B=A$)   Ⅲ型长臂型($B=0.5A$)

图 5-9 方形补偿器类型 $R=4D$

在实际施工中,对较大管径的管道煨制困难时可用压制钢弯头代替。

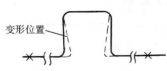

图 5-10 方形补偿器受
热应力变形位置

方形补偿器安装在两个固定支架中间位置上,使两固定支架中间管段由于热膨胀而产生对固定支架的推力,由补偿器的变形而弥补。图 5-10 中所示的虚线位置即变形的位置。

方形补偿器制作简单、安装方便、运行安全可靠,但占用面积或空间较大,方形补偿器可根据热伸长量参照表 5-2 选择类型及伸缩器的尺寸。

热伸长量 Δl(mm)	类型	管道公称直径 (mm)											
		20	25	32	40	50	65	80	100	125	150	200	250
30	I	450	520	570									
	II	530	580	630	670								
	III	600	760	820	850								
50	I	570	650	720	760	790	860	930	1000				
	II	690	750	830	870	880	910	930	1000				
	III	790	850	930	970	970	980	980					
75	I	680	790	860	920	950	1050	1100	1220	1380	1530	1800	
	II	830	930	1020	1070	1080	1150	1200	1300	1380	1530	1800	
	III	980	1060	1150	1220	1180	1220	1250	1350	1450	1600	—	
100	I	780	910	980	1050	1100	1200	1270	1400	1590	1730	2050	
	II	970	1070	1170	1240	1250	1330	1400	1530	1670	1830	2100	2300
	III	1140	1250	1360	1430	1450	1470	1500	1600	1750	1830	2100	
150	I	—	1100	1260	1270	1310	1400	1570	1730	1920	2120	2500	
	II		1330	1450	1540	1550	1660	1760	1920	2100	2280	2630	2800
	III		1560	1700	1800	1830	1870	1900	2050	2230	2400	2700	2900
200	I	—	1240	1370	1450	1510	1700	1830	2000	2240	2470	2840	—
	II		1540	1700	1800	1810	2000	2070	2250	2500	2700	3080	3200
	III		—	2000	2100	2100	2220	2300	2450	2670	2850	3200	3400
250	I	—	—	1530	1620	1700	1950	2050	2230	2520	2780	3160	—
	II			1900	2010	2040	2260	2340	2560	2800	3050	3500	3800
	III			—	2370	2500	2600	2800	3050	3300	3700	3800	

方形伸缩器选择表 表 5-2

方形补偿器在安装时应做预拉伸工序,目的是为了减少方形补偿器在运行中的变形及承受的应力,预拉伸量为 $\Delta l/2$。图 5-11 为补偿器在各种状态的图形。

补偿器预拉伸的方法可采用千斤顶或拉管器进行拉伸,图 5-12 为采用千斤顶预拉。在预拉前,先将补偿器两端的固定支架与管道固定焊好,在补偿器的两边直管段适当部位(一般在 2~2.5m 左右)对口时,留出 $\Delta l/4$ 的间隙,当将补偿器拉开至管口相碰时,即刻将口点焊位,找正找直后将两侧的管口焊接完毕,取下千斤顶或拉管器。

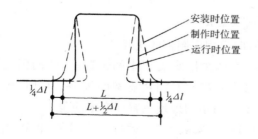

图 5-11 补偿器各种位置图

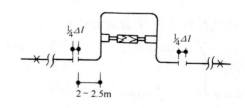

图 5-12 采用千斤顶预拉伸图示

拉管器拉伸是将其放置在需拉伸尺寸的管口上,通过螺栓将两管口拉齐,然后进行焊接的。

方形补偿器在制作中,除大口径采用弯头出现的焊口外,其他部位不宜有焊口。

3.套筒补偿器

是安装在管道上的一种补偿器,主要由内套筒、外壳、密封填料等组成(图 5-13)。

钢制套筒式补偿器可分单向和双向两种类型,补偿器的内套筒与管道连接,它可随着管道的伸缩在外壳内进行自由滑动,外壳与内套筒之间有密封环及填料,可保证即能轴向滑动又不能使管内介质漏出。

一般单向补偿器可成对安装,可用于工作压力不超过 1.6MPa 的蒸汽管道,为了保证补偿器与管道安装保持同一轴向中心上,补偿器附近宜安装导向支架,以保证套筒补偿器能正常运行,不宜使用在采用吊架安装的管道上。

套筒内填料多采用浸油石墨盘根,填料压兰螺栓松紧应适宜。套筒补偿器具有占地面积小,安装方便等优点,但在使用过程中易漏汽漏水,填料需经常更换,增加维修工作量。如设置在地沟内,应设检查井。

4.波纹补偿器

它是由不锈钢板压制而成多个波形的管状补偿器,可以吸收管道受热后产生的热位移,具有补偿量大、刚度小等优点,波纹补偿器类型较多,地沟敷设时多采用轴向型的补偿器(图5-14)。

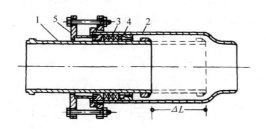

图 5-13 套筒式补偿器

1—内套筒;2—外壳;3—填料;4—填料支承环;5—填料压盖

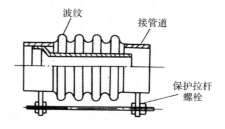

图 5-14 轴向内压型波纹补偿器

波纹补偿器安装时,严禁焊渣飞溅到波壳表面上,安装位置应接近一端的固定支架约4倍管道直径距离,另一端需连续安装第一、第二导向支架,保证轴向中心位置。

波纹补偿器可根据设计选型确定补偿器的类型及波数。

三、室外采暖管材、支架、热力入口及施工

1.对管材要求

室外采暖管道中对蒸汽管一般多采用无缝钢管,高温热水管道采用无缝钢管,普通热水管道采用焊接钢管。

弯头采用压制钢弯头,三通均采用管上开孔制作,开孔高度不宜小于 1/2 的管径。

2.对焊接要求

焊工应持受压容器合格证上岗施焊,施焊前需对焊接试件进行焊缝机械强度试验,对高温、高压的蒸汽或热水管道的焊缝还需对试件进行无损检验,对焊接缺陷及允许程度见表5-3。

管道焊缝缺陷及允许范围 表5-3

焊缝缺陷性质	允 许 程 度	修 正 方 法
焊缝尺寸不符标准	不允许	焊缝加强部分,如不足应补焊,如过高、过宽应修正
焊 瘤	严重者不允许	铲 除
焊缝或热影响区表面有裂纹	不允许	将焊口铲除,重新焊接
咬 肉	当深度大于0.5mm,连续长度大于25mm者,不允许	清理后补焊
焊缝表面弧坑,夹渣或气孔	不 允 许	铲除后补焊
管子中心线错开或弯折	超过规定的不允许	修 正

3. 管道支架施工

(1) 地沟敷设时,管道支架有活动支架及固定支架,活动支架有滑动、滚动、导向等支架,另外还有吊架。

滚动支架适用于要求减小管道轴向摩擦力时使用,一般无严格限制时多采用滑动支架。滑动支架常用的有 T 形滑托、曲面槽形、弧形板式等滑动支架(图 5-15)。

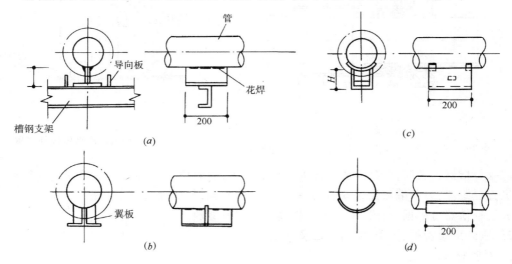

图 5-15 常见几种滑托形式

(a)T 形滑托(H=80;H=100);(b)带翼板 T 形滑托;
(c)曲面槽滑托(H=50;H=100);(d)弧形板滑托

其中,图 5-15(a)、(b)、(c)形式的滑动支座因管道被滑托支住,与支架的滑动面低于保温层,此支架前后的保温层不会被破坏,但管道架设位置较高。弧形板滑托直接与管接触,滑动面处不能保温,但管道安装位置可以低一些,而且构造简单,制作方便。

在暖气沟内常常使用吊支架,结构简单,摩擦力比起滑动支架小,但沿管道安装的各吊支架偏移幅度有差别,易引起管道扭斜。根据管道上的管件、阀门布置情况不能均匀安装吊支架的位置,避免管道弯曲变形。常见在地沟内安装吊支架的形式如图 5-16 所示。

凡采用吊支架安装的管道不得采用套筒补偿器及波纹补偿器,因管道扭曲后会使补偿器无法工作,多采用方形补偿器。

滚动支架不宜在地沟内使用,因地沟内潮湿会使滚珠锈蚀而失去滑动的作用。

当采暖管道只允许有轴向水平位移时,可安装导向支架(图 5-15a),在滑托两侧焊导向板即成为导向支架,一般安装在套筒或波纹补偿器的附近,防止有横向位移而影响补偿器的工作。

地沟内固定支架的做法见图 5-17,如将曲面槽滑动支架与底部的支承面焊住,也可以起到固定支架的作用,如管道轴向推力超过 5t 时可采用挡板式固定支架。

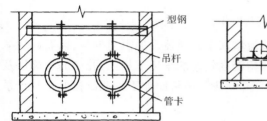
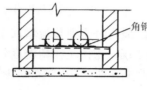
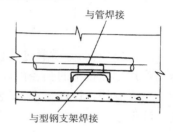

图 5-16　管道吊架　　　　　　　　　　　图 5-17　角钢固定支架

地沟内固定支架的支承可采用槽钢并与地沟的沟壁安装牢固,以保证满足固定支架的水平推力,槽钢型号需由设计确定,其他尺寸及角钢型号参考有关设计手册而定,不可随意施工。

固定支架及活动支架的允许间距,参见第四章中所列尺寸。

(2) 架空管道支架安装:架空管道的活动支架多采用滑动及滚动支架、滚柱支架。滚动支架结构较复杂,只是当热媒温度较高且管径较大时,为了减小对支承板的摩擦力时使用。

4. 热水采暖系统凡是在分支线阀门处,垂直返弯排气、泄水处(即变坡处),热力入口处均应设置检查井及操作平台(指架空安装)。蒸汽采暖系统在蒸汽管排除沿途凝结水的疏水器组处、排气泄水处、分支阀门处应设检查井及操作平台。

5. 热力入口做法

热力入口是室外采暖管道在进入每栋建筑物之前起着控制、调节、调压等作用的阀门组。

热力入口主要是由阀门、压力表、温度计、调压孔板、疏水器组等组成。

热力入口处可将地沟局部扩大加宽,以便操作。

热水采暖系统的热力入口做法见图 5-18。其中,循环管的作用是当室外采暖系统安装完毕,进行负荷运转时,应先在室外系统内进行循环运行。主要目的检测一下室外管

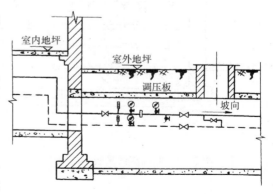

图 5-18　热水采暖系统热力入口

网运行是否正常,有无不热或通暖后渗漏情况,另外可将室外管道内经冲洗后仍存有的泥沙杂物通过锅炉房内的除污器进行一次过滤,避免进入室内阻塞小管径的支管或末端管道。

调压板一般用于大型的供暖系统中的高温高压热水,在热力入口处安装调压板进行减压。调压板由不锈钢或铝合金板加工制作而成的,调压板安装见图5-19。

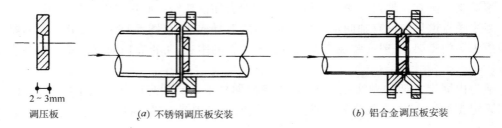

图5-19　调压板安装

工作原理:当介质通过孔板的圆孔时受到节流增加了介质流动的阻力损失,因而起到减压的作用。孔板中的孔径由设计确定,孔径应在精密度较高的车床上加工,孔径的精确度及加工精度应符合设计要求,安装时夹在两片法兰中间(法兰需特制加工),调压板要待整个系统冲洗干净后再安装。

每栋建筑物的入口调压板的孔径,决定于本建筑内的循环水量及阻力损失,因此孔径对每栋建筑物的热力入口所需均不相同,安装时应注意按设计要求加工及安装。

蒸汽采暖系统的热力入口见图5-20。蒸汽管道在与室内采暖系统连接处,应安装疏水器组,以保证进入室内系统蒸汽的质量(即含凝结水量少),并且是在室内系统与室外蒸汽管连接的最低点。高压蒸汽系统需在热力入口处加减压阀组。

6. 室外采暖管道的几种接管方法

(1) 变径时:蒸汽管应保证管底平,凝结水管同心变径,热水供(回)水管应管顶平。

(2) 接支管时:图5-21为热水及蒸汽系统接支管的做法。

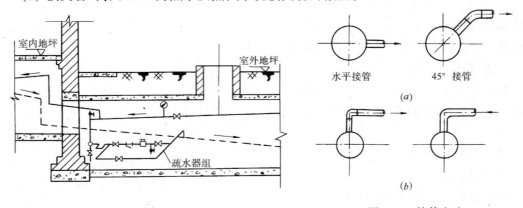

图5-20　低压蒸汽采暖系统热力入口

图5-21　接管方法
(a)热水采暖干管上接支管方法;
(b)蒸汽、凝结水干管上接支管方法

(3) 管道返弯时:热水系统高位管加排气阀、低位管点应加泄水阀;蒸汽系统低位管宜加疏水器组。

（4）在干管上接出分支四通时，可按图 5-22 中的接法施工，两支线接口宜错开 0.5m 以上的距离，避免由于系统压力不平衡而引起建筑物内采暖系统不能正常运行。

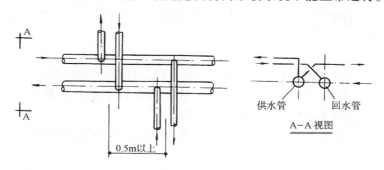

图 5-22　热水系统向两侧接管方法

7. 室外采暖管道安装要求

（1）蒸汽管应为顺坡敷设，坡度不小于 3‰；热水供水管为逆坡敷设，坡度 2‰～3‰；热水回水管及凝结水管均为顺坡，坡度分别为 3‰ 及 5‰。

（2）管道焊口不允许在支架的支撑面上，滑动支架的高度应根据保温层的厚度而定。

（3）方形补偿器安装时，长臂与短臂均应设置支架，滑动支架为了保证管道膨胀后，使滑托的中心与支承面中心重合，需将滑托向膨胀方向反向移动约 50mm 距离，避免滑托在管道膨胀时下炕（即掉下支承滑动面），使滑动支座无法工作。

（4）架空管道宜采用在地面连接成可允许吊装的长度，再吊至管支架上，预制时应准确安装好滑托，尺寸要准确，尽量减少高空作业。

（5）室外蒸汽采暖管道，由于系统管道长，一般每隔 50～60m 处安装排沿途凝结水的疏水器组。当系统刚开始启动时，管道温度低，会产生大量凝水，应先关闭通至疏水器的阀门，打开疏水排水阀（参照图 4-17）将水排除，再启动疏水器正常工作。

（6）管道施工时要求管中心偏差在 0.5mm/m 之内，管道不允许扭曲，尤其在使用套筒及波纹补偿器时，应保证与补偿器的轴向同心位置。

四、管道保温

为了减少热媒的热损失，室外采暖管道的保温极其重要。根据外网的运行经验，有良好的保温可减少热损失量占总热量的 4%～8% 左右，但保温材料的成本较高，为了节省投资及能源，保温工程的施工是极为重要的。

管道保温具有如下两种意义：一是减少热媒在输送中的热损失，另外可降低管道表面的温度，以免在运行中人员烫伤。

（一）管道保温材料种类

保温材料应具有良好的保温性能，一般导热系数 λ 不大于 $0.139W/(m \cdot ℃)$；质轻，即密度不应太大，一般不大于 $500kg/m^3$；还需具有一定的抗压强度；对金属表面无腐蚀性；吸潮率低及具有阻燃等性能。

常用的保温材料有：泡沫混凝土、矿渣棉、岩棉、玻璃棉、聚氨酯泡沫、珍珠岩、聚苯乙烯泡沫等，其中有无机材料及有机材料。

为了运输及安装方便，一般将保温材料加工成为管壳式预制的瓦块形式。

瓦块的弧度可根据各种管材的管径加工成两块或多块而组成的圆管壳。例如珍珠岩瓦、聚氨脂泡沫瓦，多属于硬性保温材料。

矿渣棉、岩棉、玻璃棉等软性材料可制作加工成管壳形式。

（二）保温做法

1.地沟内管道

（1）管壳材料施工做法：保温前管道应试压合格后补刷防锈漆，然后包扎保温管壳。包扎可采用粘合剂或镀锌铁丝绑扎，为了使保温材料保持干燥，包扎防潮绝缘层，一般采用油毡，防潮层外再包裹玻璃布并刷两道沥青漆防腐。

在施工时，管壳应与管道外壁贴实不留空隙，在弯头处需将管壳锯成瓦块状包扎，由瓦块组成虾米腰状。

（2）瓦块保温材料施工做法：管道刷防锈漆包扎硬质瓦块，瓦块纵向接缝应错开，包扎采用镀锌铁丝，瓦块纵横接缝处勾抹石棉水泥，然后包扎防潮层外裹玻璃布保护层，外刷沥青漆两遍。硬质保温材料运输堆放应注意防雨防潮，在较为干燥的地沟内，可在瓦块外抹石棉水泥保护壳，外壳要抹光压实，厚度20～25mm左右。

2.无沟敷设的管道保温可以采用整体浇灌及预制瓦块包扎等方法

在地下水位较低，土壤含水量较小的地区可采用保温材料与管道灌注在一起，一般采用泡沫混凝土，在浇注时管壁上应涂刷一层沥青，当通暖后沥青挥发后使管道与保温层之间形成间隙，使管道自由伸缩。泡沫混凝土应能承受土壤的压力。

采用预制瓦块保温时，保温材料要选择能承受土壤压力的材料，并包扎防潮及防腐层。

3.架空管道保温

架空管道的保温材料的性能及保温层的厚度应能将管道热损失减少到最小程度。在常年雨、雪较多的地区应考虑保温层外做镀锌铁皮或铝板的保护壳，避免雨雪灌入保温层内，保护壳接缝处需朝下。若包裹玻璃布保护层，则外刷调合漆两道。

（三）管道保温施工中应注意事项

（1）为了缩短施工工期，必须提前做保温施工时，应将焊缝全部留出一段未保温管段，待试压完毕后再补做保温。

（2）在地沟内的阀门、法兰、套筒及波纹补偿器等处不做保温；架空管道在寒冷地区应根据设计要求阀门等要做保温时，手轮等处需留出，不影响操作及功能。

（3）保温层的材质、厚度需根据设计要求决定，不可任意改变保温材料的材质及厚度，但保温层不宜超过极限厚度，避免由于保温层的表面积增大反而加大热损失。

五、室外采暖工程施工图内容

室外采暖管道施工图主要包括管道平面图、各种热力井等节点大样图、管沟剖面图及说明书等内容。

1.图纸说明书

介绍管道输送热媒的性质；工作压力、管道材质、减压阀、阀门、疏水器、调压孔板等规格及型号，补偿器的型号类型及预拉伸量，保温的做法及保温层的厚度。

2.管道平面图

当采用地沟敷设时，平面图的内容主要是建筑物的平面布置（含坐标及相对尺寸）及采暖管沟的走向，管沟的中心与建筑物的相对尺寸（或坐标），每栋建筑的热力入口位置，各类性质井的位置及编号,管沟的长度,管道在管沟内平面布置、根数、管道性质及管径(不论管道在管沟如何排列,其敷设的根数均在平面图中显示出来),补偿器的位置及与固定支架的距离,管道的绝对标高及坡度等。图 5-23 为室外采暖平面(局部)图示。

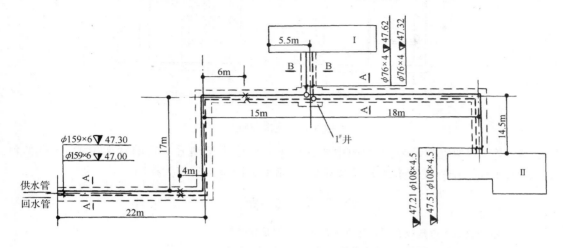

图 5-23　热水采暖管道平面图(局部示意)

3. 节点大样图

在多根管道交叉敷设,而平面图无法表示清楚时,可将各种性质的检查井(疏水器装置、排气泄水装置)及阀门井等,按平面图编号绘制大样详图。大样图即将局部做法放大比例的图示,例如 1 号阀门井详图做法如图 5-24。

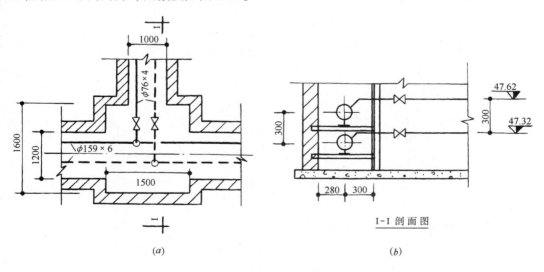

图 5-24　1 号阀门井大样图(示意)
(a)1 号井平面图;(b)1 号井Ⅰ-Ⅰ剖面图

4. 管沟剖面图

管沟剖面图主要是表示地沟的断面尺寸、管道在沟内敷设的方法、支架的做法、多根管道排列的顺序及间距。当地沟断面变化时应相应做出剖面图以表示出管道在沟内的相对位置,如图 5-25 中表示地沟的 A−A、B−B 剖面图示。

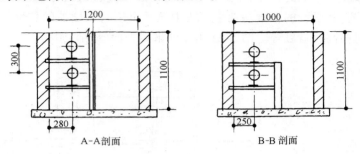

图 5-25　地沟剖面图

5. 当采用架空敷设时,平面图中要标注出与土建支架编号一致的管架位置、检修平台的位置,平面图中标注管道的管径及标高;管道交叉的节点需作大样图。

思 考 题

5-1　室外热力管道敷设有哪几种方法?适用范围是什么?

5-2　土建施工热力管沟时,应注意哪些事项?

5-3　热力管道架空敷设时,支架主要有哪几种方式?施工应注意哪些事项?

5-4　室外采暖管道为什么需设置补偿器?

5-5　补偿器的种类及其安装方法是什么?

5-6　管道施工中固定支架的作用是什么?简述几种安装的方法。

5-7　试述采暖管道保温的意义。

第六章　锅炉房施工

第一节　锅炉房施工对各专业要求

一、概述

锅炉安装及管道施工中为了减少环境污染及能源的浪费,在较大的供热区域或厂区一般多采用集中供热(电)厂,但目前我国城市建设中,一方面对新的生活、商业区进行集中开发建设,另一方面逐步改造原有的分散的居民区,因此还需设置较多的容量较小,供热面积不太大且分散的锅炉房作为过渡,为实现大型集中供热打下基础。而在锅炉房施工中,主要是锅炉安装及管道施工,因此从设计施工到运行管理的好坏,会直接影响到供热效果及用户的环境。我们必须正确了解施工的程序及施工中的要点,才能使锅炉房投入正常工作。

本章主要介绍中小型锅炉房施工。

二、锅炉安装工程对各专业的要求

1. 锅炉房位置的选择

锅炉房的位置应遵照以下原则来确定:

(1)在厂区或生活区,锅炉房应力求布置在靠近热负荷中心的位置,即在供热量较大的建筑物附近。这样可避免由于管道敷设过长引起压降及热损失过大而增加锅炉房内设备投资及能源的超耗。

(2)应设在本区域建筑物的下风向位置(指该地区冬季主导风向),避免区域内环境的污染(包括空气及煤、炉渣运输中的道路和大气污染)。可按第一项要求综合考虑合理位置。

(3)锅炉房的位置应有方便的交通通道,便于煤及炉渣的运输,并与本区的正门分开,有单独的通道与市政道路相接。

(4)宜设置在本区域自然地面较低处,有利于蒸汽采暖系统中凝结水的回收。

(5)与其他建筑物的距离,应符合国家规定的安全防火、环保、卫生等规范及标准要求。

(6)在条件允许的情况下,尽可能考虑小区或厂区的发展,使锅炉房的面积有锅炉增容的可能性。

2. 对土建结构要求

(1)要求结构的耐火等级符合1～3级标准要求。

(2)锅炉间应与辅助房间分开设置,锅炉间的净空需满足在锅炉检修平台以上有2m的净空距离(至屋面板或楼板)。

(3)锅炉间通向室外应不少于两个外门,并布置在建筑物的两个不同的侧面外墙上,安全通道门为朝向外的双开门,当生活间、泵房、水处理间等辅助房间与锅炉间相连通时,门需朝向锅炉间开启。

(4)不应设标高不同的台阶式地面,地面如设有排水沟槽必须加设排水箅子。

（5）锅炉操作间要设置有足够的采光面积的外窗。

（6）屋面尽量采用轻型屋面材料。

（7）吨位较大的锅炉房，当设置自动上煤及除渣系统时，土建需设置上煤平台及配合输送设备、除渣沟等土建结构施工。

（8）对水平砖烟道的砌筑要密实、光滑，并做耐火砖衬。

锅炉基础及辅属设备基础、烟囱基础的位置及尺寸要精确，对混凝土的强度等级、预留洞位置应按图纸或设备样本严格施工。

（9）锅炉宜在外墙未封闭之前吊装就位，如外墙砌筑完毕时，应留吊装洞。

3. 对动力、照明、仪表等专业要求

（1）锅炉房的动力及照明电缆，需配合土建墙体及地面垫层施工时，预埋通至锅炉设备及辅助设备的电缆管，要求甩管位置准确。

配电箱应配合墙体施工进行预埋及配管，电缆管施工需符合施工验收规范。

（2）为了保证设备的正常启动，应充分考虑如何降低启动电流，避免当设备启动运转时，造成启动电流过大而影响设备的正常运转。

（3）锅炉房内应设置防爆、防潮灯具，要求在操作间内有足够的照度，尤其在压力表、水位计等重要读数位置更要保证充足的照明，避免操作人员失误。

（4）控制开关台（盘）应设置在操作人员的视线范围之内处，即能随时监视锅炉及其他设备的运转情况。

（5）对监控运转的自动仪表，一般多采用电动仪表，对水位控制讯号、与水泵连锁讯号、蒸汽锅炉的水位报警装置、压力式温度计等均应进行检查或校验后再安装，并随时检查其灵敏度。

4. 对给排水专业要求

（1）锅炉操作间宜设置供清扫地面的排水地沟或地漏，管径不应小于 $DN150$。蒸汽锅炉在排污时，室外需设置排污降温池，经降温后再排入室外管网中。

（2）水处理间及泵房应设有足够大管径的排水设备及管道，给水管多采用明装敷设，对输送不同性质流体（如软化水、盐水等）的管道应涂有色标及不同颜色的油漆面层，避免操作失误。

（3）对水力除渣机等需水源的设备，应设置沉降池，经沉淀后的水再排出。煤场应设置洒水龙头（需进行保温防冻），避免卸煤时煤灰飞扬而污染环境。

（4）辅助房间中供值班人员洗浴用应设置配套的淋浴及卫生间，化验室应设置化验盆等给排水设施。

第二节 锅 炉 安 装

一、锅炉定义及其特点

我们指用于生产及生活采暖的锅炉为工业锅炉。锅炉是利用燃料燃烧后所释放出的热量与水进行热交换而产生出蒸汽及热水的设备。锅炉主要是由"锅"和"炉"两部分组成的。

"锅"是指特制的装有水并密闭的压力容器，容器上接有对流循环管束以增大其换热效率，它的作用是吸收燃料放出的热量，并传递给水。锅又可分为立式和卧式、单锅筒和双锅筒等类型。

"炉"是由炉排及烟道管束等组成,使燃料充分燃烧,让燃料放出的热量充分地与锅内水进行热交换,使水加热为热水及蒸汽。

将以上两部分组装在一起即可成为不同类型的锅炉,煤或油(柴油)均可作为锅炉的燃料。

因为锅炉的锅筒为密闭受压容器,并在高温高压下运行,因此具有一定的危险性,锅炉又必须是连续运转,一旦发生事故将会造成工厂停产或影响居民生活等严重后果,因此锅炉从制造到安装及运行都应具有严格的规范及制度,避免出现爆炸等严重事故。

二、锅炉类型及其表示方法

锅炉按热媒性质分有蒸汽及热水锅炉;按锅炉本体的结构形式分为组装锅炉及快装锅炉。一般供暖锅炉型号由三部分来表示的,各部分之间用横线连接。

$$Ⅰ-Ⅱ-Ⅲ$$

Ⅰ部分由三段组成:

第一段:表示锅炉本体形式,其代号用二个汉语拼音字母表示,见表6-1。

Ⅰ部分第一段本体形式代号   表6-1

火 管 锅 炉		水 管 锅 炉	
本 体 形 式	代 号	本 体 形 式	代 号
立式水管	LS	单锅筒立式	DL
		单锅筒纵置式	DZ
立式火管	LH	单锅筒横置式	DH
		双锅筒纵置式	SZ
卧式内燃	WN	双锅筒横置式	SH
		纵横锅筒式	ZH

如为快装锅炉表示方法例外,其中 KZ 表示快装纵锅筒;KH 表示快装横锅筒;KL 表示快装立锅筒。

第二段:表示燃烧方式,其代号为一个拼音字母,见表6-2。

Ⅰ部分第二段燃烧方式   表6-2

燃 烧 方 式	代 号	燃 烧 方 式	代 号
固定炉排	G	振动炉排	Z
活动手摇炉排	H	下饲式炉排	A
链条炉排	L	往复式炉排	W

第三段:表示锅炉蒸发量或产热量。

Ⅱ部分有二段组成,中间用斜线隔开。

第一段为用阿拉伯数字表示的额定工作压力。

第二段为用阿拉伯数字表示的过热蒸汽温度或供回水温度,如为饱和蒸汽则无第二段。

Ⅲ部分为燃料种类,见表6-3。

燃料种类	代　号	燃料种类	代　号
无 烟 煤	W	油	Y
贫　　煤	P	气	Q
烟　　煤	A	木　柴	M
褐　　煤	H	煤矸石	S

目前,锅炉型号中很少标注燃料的种类,一般有些地区多采用混合煤作为锅炉用煤。

例如某锅炉型号为 SZL4.2MW-0.69/95/70。代表该锅炉为双锅筒纵置式链条炉排,产热量为 4.2MW,额定工作压力为 0.69MPa,供回水温度为 95/70℃ 的热水锅炉。

再如某锅炉型号为 KZL-2-0.8 型,它代表该锅炉为快装纵锅筒链条炉排的蒸汽锅炉,蒸发量为 2t/h,额定工作压力为 0.8MPa。

三、锅炉本体的组成

锅炉本体主要由锅筒部分、对流管束水冷壁部分、烟火管部分、炉排及燃烧室部分、省煤器及空气预热器等组成。

将以上主要部分在工厂组装成为整体的结构称为快装锅炉。一般蒸发量小于或等于 6t/h 的锅炉宜用快装炉,便于运输及安装。

当蒸发量大于 6t/h 时,多采用多台快装炉式组装锅炉。组装锅炉即在施工现场对锅筒、水冷壁管、烟火管等进行下料、开孔、焊管、焊接等工序,并与土建等专业施工密切配合来完成基础、平台、结构梁柱等工序,施工难度大;技术要求高。由于胀管量大、精度高、要求操作人员的技术水平、焊接技术较高,同时施工工期较长。

四、锅炉的辅助设备

为配合锅炉的运转,锅炉需有辅助设备才能使锅炉正常工作,锅炉的辅助设备有上煤除渣系统、鼓引风机系统、消烟除尘系统等。

1. 上煤及除渣系统

锅炉上煤多采用机械上煤,对小型锅炉可采用小型卷扬机的上煤翻斗;多台锅炉可采用电动葫芦煤斗上煤;大型锅炉上煤则采用皮带运输机、斗式上煤机等设备。除渣系统中,对小吨位的锅炉可采用螺旋除渣机,大中型的锅炉多采用水力除渣及框链除渣机等设备。

2. 鼓引风系统

锅炉内燃料燃烧的必要条件是空气,鼓风机是使煤层充分燃烧时补充足够空气的设备。燃料燃烧时可产生热量很大的火焰及高温烟气,为了使烟气通过锅筒内的多回程烟管与锅筒内的水进行热交换,设置引风机可使烟气克服烟道、烟管、烟囱等阻力排入大气中。

为了使燃料燃烧充足,鼓引风量、风压选择应恰当,一般要求炉膛内保持有 20～30Pa 的负压值。鼓引风机多采用离心式风机,鼓风机可采用地下输送风道接至锅炉的风箱。

3. 消烟除尘系统

烟气排放时烟气温度大约为 200℃ 左右,并且含灰量很大,如直接排放到大气中会污染环境,必须经过除尘以后再排放。

除尘器的种类很多,一般多采用旋风除尘器、水力除尘器或水膜除尘等设备。

为了减少噪音,鼓、引风机应设置在封闭的房间内,并与锅炉操作间隔开,设置有通向鼓引风机间的内门。

五、锅炉安装工艺（指快装锅炉）

（1）锅炉安装前，应检查锅炉及辅助设备的基础尺寸、标高及相对位置，是否符合图纸及产品样本要求，同时在基础面上弹出锅炉中心线。

（2）检查有否由于在运输途中锅炉部件损坏，当发现有严重损伤应请厂家处理，锅炉就位前，应根据施工现场情况做好吊装方案（人工或机械就位），并准备就位时有足够量的垫铁。

（3）锅炉就位时，如为多台锅炉，不管吨位是否一致，应保持炉前侧对齐，并保证沿锅炉的纵向有前高后低的倾斜度，以便位于锅炉后端的排污管排污顺利，一般锅炉前端比后端高出 20mm。锅炉横向应保持水平，使炉排运行时不致跑偏，水平度不应超过 5mm。在锅炉找平、找正时，锅炉中心线应与基础中心线重合。

在找平时，可采用垫铁，为了使锅炉与基础接触及受力更好更均匀，一般垫铁沿锅炉纵向每隔 0.5～1m 放置一组垫铁，垫铁最好是平垫铁与斜垫铁配合使用，找平后应将垫铁间点焊住。

（4）如快装炉本身带有螺旋除渣机时，应将除渣机先放入基础坑内，然后将漏灰的接渣板连接在锅炉尾端的炉排底板下部，做好锥形渣斗与除渣机筒体连接。给水管应接入除渣斗内。安装时应注意除渣机的轴承底座与螺旋轴同心，调整安全离合器的弹簧并检查蜗杆转动是否灵活，螺旋板有无碰外壳情况等。

（5）锅炉本体安装完毕，应暂不与系统管道连接先进行锅炉单体试压，锅炉水压试验可参照表 6-4。如设计要求试验压力可按设计执行。

锅炉试验压力表 表 6-4

锅炉部位	锅炉工作压力 P（MPa）	试验压力（MPa）
锅炉本体	＜0.6	1.5P
锅炉本体	0.6～1.2	P+0.3
锅炉本体	＞1.2	1.25P

锅炉试压时，应保证在环境温度大于 5℃时进行，如低于 5℃时，需采取防冻措施。

根据环境温度，试压用水的温度应高于周围空气的露点温度，避免锅炉中的锅筒表面、水冷壁及前后管板表面产生结露而影响判断。

当达到试验压力时，应检查金属壁面上有无水珠或水雾，焊缝及管板胀口处有无渗漏时，当出现渗漏时，应泄压放水进行修补，渗漏严重宜请厂家处理。

当锅炉试压出现超压现象时，应请有关锅炉检验部门进行鉴定，并提出处理意见。

当试压均满足要求时则为合格，放净锅炉内的水，进行下道工序施工。

（6）当锅炉置放时间较长时，要对锅炉进行通球试验，通球直径可按表 6-5 选择。将加工好的钢球固定在细钢丝上，在锅筒内对与其连接的水冷壁管逐根进行通球试验，用此方法检测管内有无异物堵塞及通畅情况。

通球直径参考表 表 6-5

管子弯曲半径 R	$R \leqslant 3.5D_外$	$3.5D_外 > R \geqslant 1.8D_外$	$R < 1.8D_外$
试验球直径	$0.75D_内$	$0.7D_内$	$0.65D_内$

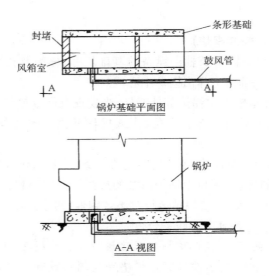

图 6-1 鼓风机风道连接图

表中 $D_外$ 表示管子的外径；$D_内$ 表示管子的内径。

六、锅炉辅助设备安装

(1) 鼓、引风机基础应核对图纸及有关样本型号、出风角度等无误时方可施工。

(2) 对省煤器、除尘器、水平烟道及烟囱等基础施工,应保证其相对位置、标高、二次灌浆孔准确。

(3) 引风机当采用皮带传动时,需做皮带防护罩。

(4) 鼓风机连接风道采用 1.5～2mm 厚的钢板制作,法兰(角钢)连接应严密,进入基础风箱时,应与土建施工密切配合以保证其风箱的严密性(图 6-1)。当风道接进基础后,在进行封闭时,应清理混凝土垫层的灰尘及杂物,将鼓风箱部位前后用砖堵住,要求砖缝严密不允许漏风,风口与基础的间隙应封闭抹灰。

(5) 接除尘器进出口及进出引风机的连接烟道,一般采用 3mm 厚的钢板制作,采用焊接,烟道安装时尽量少拐弯,少拐死角弯以减少烟气的阻力。为了调整引风量及降低引风机的启动电流,在引风机出口宜加调节阀。鼓、引风机的风烟道系统图见图 6-2。

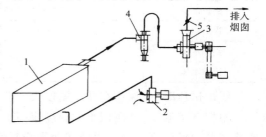

图 6-2 送风及排烟系统流程
1—锅炉;2—鼓风机;3—引风机;
4—除尘器;5—调节风阀

第三节 锅炉管道安装

一、热水锅炉管道系统

热水锅炉管道系统主要包括热水循环及补水系统、水处理设备管道系统两大部分。图 6-3 为小型热水锅炉管道系统的工艺流程。

（一）管道循环系统

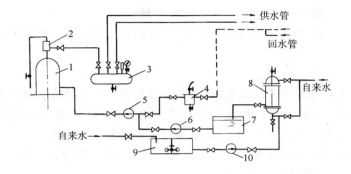

图 6-3　热水锅炉管道工艺流程

1—热水锅炉；2—集气罐；3—分水器；4—除污器；

5—循环水泵；6—补给水泵；7—软化水箱；

8—软化水罐；9—还原剂溶池(盐池)；10—盐水泵

主要由循环水泵、除污器、分水器、集气排气罐及连接的管路等组成。

1．循环水泵

它的作用是使充满水的供回水管道，通过水泵作为动力，将热水输送至各采暖用户，经散热设备放热后，将水抽回再送至锅炉内加热。所以循环水泵的水压(即扬程)需满足克服管道的沿程阻力损失及局部阻力损失，以及水在系统内不被汽化的压力。

循环水泵一般采用离心式水泵，为了满足循环水量的要求，可采用多台水泵并联形式，(图6-4a)。热水采暖系统中，因循环水量较大，往往靠单台水泵无法完成，因此需要多台水泵组合，同时应考虑备用水泵。根据水泵的特性曲线，得出如下近似结果，设第一台水泵流量及扬程为 Q_1 及 H_1，第二台水泵为 Q_2 及 H_2。

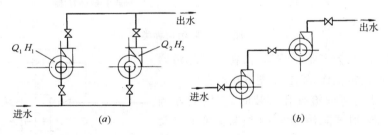

图 6-4　水泵连接形式

(a) 水泵并联；　　　(b) 水泵串联

当多台水泵的进水管及出水管分别连接在同一条管道上时，称为水泵的并联，此时的总流量设为 Q，总扬程设为 H，其关系如下式：

即
$$Q = Q_1 + Q_2$$
$$H = H_1 = H_2$$

从以上式中得出结果，即水泵并联其流量是二台或多台泵的总和，而扬程不变。

一般并联水泵宜采用相同形式，同时台数不宜过多。

图6-4(b)中当第一台泵的出口是第二台泵的进口时，我们称为水泵的串联，此时其 Q 与 H 关系如下式：

即
$$Q = Q_1 = Q_2$$

$$H = H_1 + H_2$$

即串联时,流量 Q 不变,但总扬程为两台水泵扬程之和。关于水泵的工作原理及类型,后面单独介绍。

2. 除污器

在热水采暖的回水总管上应设置除污器,主要目的防止系统在初运行时,管道内的杂物及泥沙进入锅炉内,阻塞水冷壁管,使水冷壁管因堵塞而形成局部过热现象,造成烧坏事故,这在实际锅炉运行时经常会发生的,因此必须设置炉外除污器设备。

除污器分为立式除污器及卧式除污器两种形式,卧式根据进出口的方向不同有直通式及直角式除污器,除污器构造见图6-5。

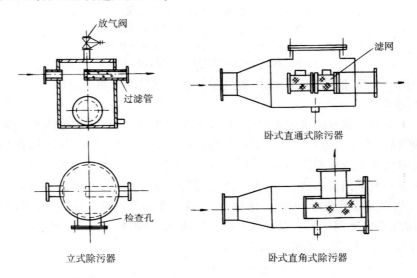

图 6-5 除污器种类

除污器安装时,为了不影响运行,在清理除污器时,可使旁通管正常工作,安装见图6-6示意。

立式除污器的清理检查孔安装时,应朝向外侧易于操作的方向,卧式除污器安装时,需保证上方及侧面有一定的空间以便打开法兰盲板盖清理过滤网。

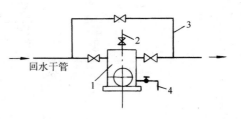

图 6-6 除污器安装图
1—除污器(立式);2—放风管;
3—旁通管;4—排水管

3. 分水器

主要起着对各独立的采暖分支系统的再分配及调节控制作用。分水器本身为受压容器,它主要是由无缝钢管及冲压封头焊制而成,根据分支的多少确定分水器的长度,根据循环水量等确定选择容器的直径,分水器接管间距需满足图6-7要求。

当分水器现场制作时,必须持有有关部门发放的压力容器制作、加工的证书,否则不允许自行加工制作,在两端的封头部位不允许开洞接管。

分水器一般靠墙安装,安装方法参照图6-8。距墙尺寸应保证保温层的施工及阀门的阀体操作间距。

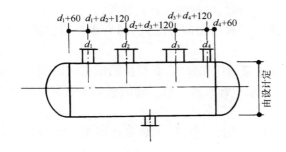

图 6-7 分水器接管尺寸

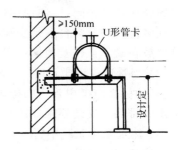

图 6-8 分水器安装

4. 锅炉集气罐

热水锅炉在出口位置需设置集气排气装置,在热水采暖系统中,水中含的空气及锅炉补水时夹带的空气都会带进锅炉内,锅炉本体一般又处于整个循环系统的低位处,如锅炉内集气太多时会产生水击现象,影响锅炉的安全运行,因此在锅炉的出口处宜设置集气罐。集气罐的构造及安装位置见图 6-9,排气管应引至地面附近排水点,管径不宜小于 $DN50$。

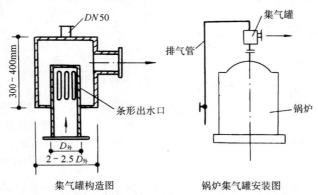

集气罐构造图　　　　　锅炉集气罐安装图

图 6-9 锅炉集气罐

(二)软化水处理系统

软化水处理系统主要包括软化水设备、软化水箱、还原系统及连接管路等组成,详见本章第四节介绍。

二、蒸汽锅炉管道系统

蒸汽锅炉的管道系统主要包括蒸汽输送、凝结水系统及软化水处理系统(与热水系统相同)。凝结水系统中包括疏水设备、凝结水箱、二次蒸发器、凝结水泵等。

三、锅炉房内热媒管道安装要求

(1)对管材要求:一般要求蒸汽系统采用无缝钢管;热水系统可采用焊接钢管;高温热水系统宜采用无缝钢管,管道连接一律采用焊接,焊工上岗需持有压力容器焊工合格证书。

(2)对管件及附件要求:弯头一律采用压制弯头,电焊连接。阀门根据设计要求选定型号,一般蒸汽系统宜采用截止阀,热水系统采用闸阀。法兰连接时垫料宜采用石棉橡胶垫,阀门安装前应进行试压。

逆止阀安装时,应注意安装方向及体位,并应检查密闭性,安装锅炉排污阀时,需由一控制阀串联快速排污阀,以便快速排污阀检修更换时,影响锅炉正常排污。

在多台锅炉及多台水泵安装时,要求进出口阀门在同一标高、同一水平或位置线上,手轮宜置放在易于操作及检修位置处。

(3)当管道沿墙敷设时,支架的形式及支架制作和安装,必须按图纸指定的施工图册施工,支架的标高应考虑管道的敷设坡度,对热水干管及蒸汽总干管的安装应有利系统空气及凝结水的排除。安装要求如图6-10所示。

(4)热水采暖系统中,供回水干管布置时,宜上下布置,供水管在回水干管的上方这有利于系统运行时排除空气。

(5)当热水系统运行时,如遇停电或故障,使循环水泵停止运转,此时水泵出口管的压力会突然降低,而循环管网(包括建筑物内系统和室外管网系统)中的水在惯性作用下,使回水管网的压力升高,并且冲击着水泵的叶轮及阀门,造成水击现象。因此,为防止因突然停泵而产生水击,在循环水泵的进水管与压出管之间安装一泄压管,安装方法见图6-11。

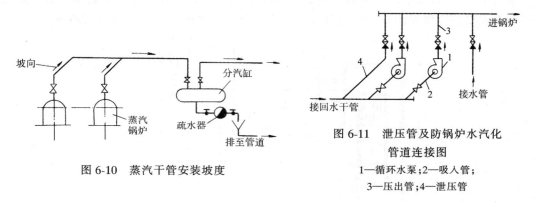

图6-10 蒸汽干管安装坡度

图6-11 泄压管及防锅炉水汽化
管道连接图
1—循环水泵;2—吸入管;
3—压出管;4—泄压管

泄压管的作用:当停泵后,水泵出口压力降低,回水管网靠水的惯性冲入泄压管(此时水泵的吸入口压力大于水泵出水口压力),顶开逆止阀进入压出管内,从而减少了对水泵叶轮、出口阀门及管道的冲击。泄压管上与逆止阀串联的闸阀应处于常开状态。

(6)热水系统中,循环水泵突然停泵,还会造成炉水的汽化,因为停泵而使系统压力下降,此时炉膛内的温度仍然较高,炉内的水温会继续升高,炉内的水压因水泵停运而下降。当下降至水汽化的压力时,炉水可能出现汽化现象。当炉水汽化时产生的气泡与水相遇而凝结消失,炉内四周的水会迅速填补并发出声响与震动,严重时会造成设备及管道损坏。

防止汽化的措施如图6-11所示,泵停止运行时,首先应打开自来水管进水阀、打开锅炉集气罐放气阀、关闭进出锅炉水管阀门,使自来水逐渐注入锅炉并排出,使炉水的温度及压力下降,使水不出现汽化。与此同时,还要采取停炉措施:打开炉门、关闭鼓引风机、清理燃烧的煤层使炉膛温度迅速下降。

(7)锅炉操作间,热媒管道应尽量采用支、吊架,避免采用落地支柱作管道支架。

(8)热媒管道试压时,应尽量避免冬施时期试压,如在寒冷季节试压需采取防冻措施,试压完毕需及时放水。

第四节 锅炉给水设备及水处理系统

一、锅炉给水设备

锅炉常用给水设备是各种类型的水泵,主要有单级或多级的离心式水泵、旋涡泵、蒸汽往复泵等。

（一）离心式水泵

1. 离心水泵的工作原理（图 6-12）

当离心水泵在未启动时,水泵的吸水管及泵壳内必须充满水,此时叶轮周围的水是静止的。当接通水泵电机电源,水泵的叶轮开始高速旋转,使水获得了很大的离心力。因为泵壳为一螺旋线体,过水断面由小逐渐增大,而高速的水流因其过水断面的逐渐增大而逐渐减慢。根据能量守衡定律,连续高速水流所具有的功能会逐渐转变为压能,并不断地增大。到达泵出口时,压能已达到最高并冲出出水口。

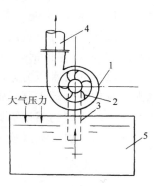

图 6-12 离心式水泵
工作原理
1—泵壳;2—水泵叶轮;
3—吸水管;4—压出水管;
5—水池

而当叶轮中心的水被离心力高速甩出时,在其吸入口处出现真空状态,此时水池的水在大气压力的作用下被吸入而进入泵壳,离心泵在不断地运转,水会不断地吸入和压出。

离心水泵体型轻便、效率较高、流量及扬程在一定范围内易于调节,在给水设备中用途最广,参数可选范围较大。

2. 离心式水泵的类型及规格

离心式水泵有单吸口及双吸口两种类型。常用的卧式单级离心泵有单吸口水泵,如 BA 型、IS 型、IR 型等。

BA 型水泵常用于锅炉的给水或热水循环系统。水泵型号代表的意义举例如下:

如 2BA-6A 型水泵。

其中 2——表示吸水口直径被 25 除后的数字(即该泵吸水口直径为 25×2＝50mm)。

BA——代表单吸、单级、悬臂式清水泵。

6——代表比转数被 10 除后的数值(即该泵的比转数为 60)。

A——表示该泵更换了不同外径的叶轮。

选择 BA 泵可参考有关的水泵样本。

IS 型水泵具有体积较小,流量范围较大的特点,一般流量在 5.5～400m³/h,扬程在 38～1250Pa 范围之内,常用于热水采暖系统的循环水泵及给水泵。选择 IS 水泵可参考水泵样本的规格尺寸。

多级离心泵:是由多个叶轮组成的离心式水泵,每个叶轮的外壳组合为整体,它具有高扬程的特性。

常用的型号有 DL 型单吸多级立式泵、D 型、DG 型、SSM-50 型等,还有 1½GC-5 型的锅炉给水泵。

旋涡泵:叶轮工作与离心泵叶轮工作相似,只是叶轮是经铣床加工成凹槽叶片的圆盘形状,本身具有体积小、输水量小但扬程高的特性,运转时叶轮易掉齿,效率较低,适用于锅炉给水。

3. 蒸汽往复泵

蒸汽泵是将蒸汽机和水泵两部分由活塞杆连为一体的一种给水设备。

蒸汽机部分是靠蒸汽为动力,使活塞在汽缸内做往复运动,通过连在活塞上的活塞杆使给水泵部分在水缸内的活塞也做往复运动。当给水泵活塞向左移动时,水缸内形成负压,水从吸入口被吸进,水缸内的水被活塞压缩并产生一定的压力而压出出水口。这样,活塞不断地进行往复运动,水便不断被压出。

蒸汽往复泵可供蒸汽锅炉上水用,可在停电后的一段时间内,利用锅炉内的蒸汽作动力向锅炉内补水,保证锅炉内不致因停电而缺水,避免发生事故。

蒸汽泵的出水压力大、效率较高,但体积较大,造价较高且出水量不均匀,一般在装有蒸汽锅炉时作为电动水泵的辅助设备,可设置两台,其中一台作为备用。

在一些小型的蒸汽锅炉中采用蒸汽注水器(又称射水器、水抽子)向锅炉注水。

注水器主要由蒸汽喷嘴、混合喷嘴、射水喷嘴、壳体及溢流阀等组成,见图6-13。

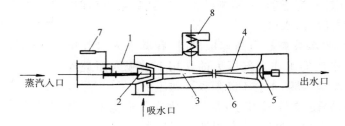

图6-13　注水器示意图

1—蒸汽喷嘴;2—进汽针形阀;3—混合水嘴;4—射水喷嘴;
5—止回阀;6—注水器外壳;7—针形阀手柄;8—溢流阀

注水器的工作原理:当蒸汽接入蒸汽喷嘴内,以高速喷出,使在喷嘴出口周围处形成真空区,设在真空区的吸水管将水吸入混合喷嘴中并与蒸汽混合,蒸汽冷凝并放出热量提高了水温。由于混合喷嘴的断面是逐渐缩小的,水在喷嘴内流速不断增加,并高速地进入射水喷嘴。而射水喷嘴的过水断面又是逐渐增大的,水在喷嘴内流速下降,并进行能量的转换,将因流速较大而所获的动能在射水喷嘴内转换成压能。压力上升,并超过锅筒内蒸汽压力,水即顶开注水器内的止回阀而注入炉中,完成注水的过程。

在注水器刚开始启动时,由于注水器进水管中存有空气,当蒸汽通入喷嘴后,最初带走的是空气。此时蒸汽不会被冷凝,蒸汽的体积也不会缩小,结果会使混合喷嘴和射水喷嘴之间产生一额外的压力。此压力会顶开溢流阀的弹簧,使空气、蒸汽及部分水一起排出。随着空气的排除,吸入的水量增加,蒸汽被急剧冷凝使蒸汽喷嘴周围产生负压,此时溢流阀会自动关闭,注水器开始正常工作。

注水器具有结构简单操作方便、占地小、省电等优点,但蒸汽消耗量大,给水量不易调节,要求给水温度不宜超过40℃,适合蒸发量在2t/h以下的蒸汽锅炉注水用。注水器安装距地面高度不宜超过1m,注水器安装见图6-14。

(二)离心水泵安装

离心水泵的连续运转,是因为能从水池(或水箱)中不断地吸水进入泵内,所以水泵启动

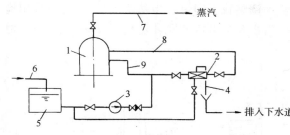

图 6-14　小型蒸汽锅炉注水器给水流程

1—蒸汽锅炉;2—注水器;3—补水泵;
4—溢流管;5—软化水箱;6—软化水管;
7—主蒸汽管;8—副蒸汽管;9—锅炉上水管

2．泵轴中心在吸水水面之上安装形式

如图 6-16 所示,泵轴中心高于水池(水箱)水面 H 值,当水泵停止运转时,吸水管的水

前最关键的是吸水管内必须充满水。为了不使停运水泵后造成抽空现象,水泵安装的位置应能保证水泵吸水管,不论水泵开启或停止均处于满水状态。

水泵安装时当泵轴中心位置在吸水水面之下,称为自灌式。另外一种是泵轴中心在吸水水面之上安装。

1．泵轴中心在吸水水面之下安装形式

如图 6-15 中表示,由于水面高出泵轴中心的位差 H,可使水泵吸水管一直处于满水状态。

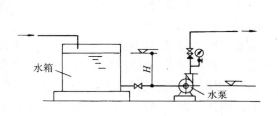

图 6-15　泵轴中心低于水池水面情况

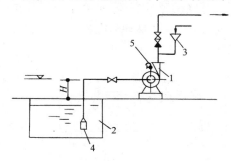

图 6-16　泵轴中心高于水池水面情况

1—水泵;2—水池;3—灌水口;
4—底阀;5—排气阀

会自动流回水池内,这时吸水管内进入大量空气,待再次启动水泵时,因吸水管存有空气而无法运行。所以需在吸水管的底部安装一逆止阀门(或称底阀),当停泵后,由于逆止阀的作用阻止吸水管中的水流入水池,使吸水管保持满水状态。但当系统初运行时,可在水泵出水管上安装一灌水口,将吸水管灌满水,而空气可通过泵体的排气管排出。此种布置形式要求底阀严密,管道接头不允许渗漏。

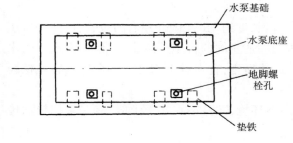

图 6-17　垫铁位置平面图

安装吸水管时,应根据水泵样本中规定的被允许提升的高度施工。

3．水泵安装及吸水、压出管施工要求

(1)水泵安装前应复核水泵基础尺寸,地脚螺栓预留孔的位置及水泵相对位置、基础面标高。水泵安装时,水泵中心线应与基础中心线对齐,就位后要找水平,找水平时宜采用平垫铁及斜垫铁配合垫在地脚螺栓的两侧(图 6-17)。

对中小型的整体水泵一般采用水平尺、垫铁调整找平即可。当基座找平后,还要采用检查测量等工具进行水泵与电机的同心度调整,当水泵与电机的联轴器出现如图6-18中的情况时,需进行调整。

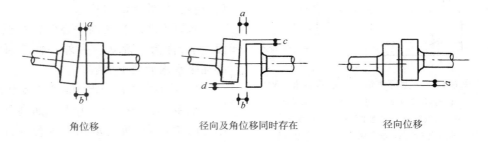

角位移   径向及角位移同时存在   径向位移

图6-18   水泵与电机联轴节同心度偏移情况

校验工具可采用千分表的方法及塞尺或钢板尺等。在找同心度时(水泵轴与电机轴),应松开联轴器的螺栓、水泵及电机与机座的连接螺栓,采用薄铜皮调整其联轴器的角位移及径向位移,使水泵轴和电机轴在一同心度允许范围之内,即可将螺栓重新固定好,进行下道工序。

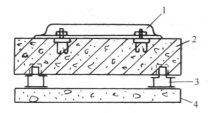

图6-19   水泵减振基础示意图
1—水泵底座;2—减振平衡板;
3—减振弹簧;4—水泵基础

当水泵需加减振装置时,其做法参考图6-19中加减振弹簧盒安装。减振弹簧盒应根据设计选型决定型号及安装数量,钢筋混凝土预制的减振平衡板可按选定的图纸预制加工。减振装置安装后,只允许承受水泵的重量,管道的支架应另行设置,不能将支架设置在减振板上。

水泵安装完毕,需进行盘车观察,轴承转动是否灵活,叶轮有无碰泵壳现象,电机有否扫膛。当确认机械部分无故障后,加好润滑油,更换盘根密封填料,接通电源,单机试运,试运合格才可连接水泵进出口管。

(2)水泵进水管与出水管安装要求:水泵吸入管安装要求,泵吸入管为了保证管中空气排除顺利,应逆坡安装,即坡向水池(箱)。为减少吸水管道的阻力损失,管道不宜过长并且少拐弯,在吸水管与泵口连接时应安装顶平的偏心异径管(图6-20)。

靠近水泵进口处应有长度为2～3倍管径的直管段,以保证流速及流量稳定,吸水管下面宜安装支墩或钢支架,避免水泵受力。

水泵出水管安装时,在水泵出口应安装一段长度约15～20cm左右的短管,以便安装压力表(图6-21)。出水管上应设置逆止阀及闸阀。逆止阀的作用是防止停泵后,出水管的水回流水泵冲击叶轮。为避免水泵振动造成管道的损害,宜在进出水管上加金属软管或橡胶软接头。

水泵出水管安装支架或吊架时,需考虑周围环境,尤其吊在楼板上时,有时会把振动传至上层房间的地面或空间,应采取减振措施。

(3)水泵运转:当水泵及其连接管道施工完毕,进入试运转时,需向水池或水箱充水,水泵吸入管灌水排气,打开进水管阀门,关闭水泵出水管阀门,盘车检查无异常后开始启动水

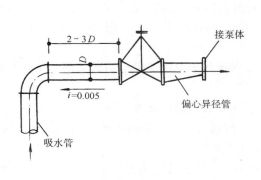

图 6-20 吸水管段安装图

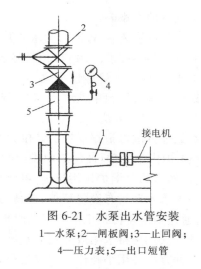

图 6-21 水泵出水管安装
1—水泵;2—闸板阀;3—止回阀;
4—压力表;5—出口短管

泵,此时逐渐打开出水口的阀门,使系统进入正常运转。检查电机轴承温升,水泵填料压盖滴水等情况是否在允许范围之内,检查水泵及电机有无异常声响,检查出水量是否正常(如为给水泵时可检查水池水位下降及用水点出水情况,如为循环水泵可检查系统满水情况),检测电机启动电流及运转电流,水泵振动是否在允许范围之内,以上均无异常时水泵即可投入正常运行。

二、水处理系统

1. 水处理概念

在蒸汽锅炉内,水不断地蒸发,为了保证锅炉能连续正常地运转,需不断地向炉内补水,热水锅炉也需要正常地补充一定量的水,而水质的好坏会直接影响锅炉的寿命,甚至会导致更严重的后果。影响水质的原因就是水垢。水垢是水中的杂质在炉内不断加热过程中浓缩的结果。水垢形成后会沉积在炉内的金属表面上,因为它是一种不良导体,炉内的高温会因水垢无法传递给水而造成金属表面过热烧坏。水垢的附着还会产生水冷壁管阻塞而减少过水断面,降低热效率(增加了煤耗量)等一系列严重问题,因此锅炉用水一定要经过处理后才能使用。

我国使用工业锅炉的范围极广,各地区的水质差异也很大,但不论是使用天然水还是地下水,为了延长锅炉寿命及安全运行均应进行水处理。

2. 水垢的成分

(1)天然水中含有许多杂质,除含有悬浮物(如细菌、藻类、泥沙类)、胶体物外还有溶解物。溶解物中主要是盐类(钙镁钠离子碳酸盐、硫酸盐、氯化物等)和气体及其他有机物。

(2)水的硬度:硬度是指水中含钙镁离子的总量,水的硬度一般指总硬度。

总硬度是由暂时硬度和永久硬度组成。

在水中含有一定量的碳酸盐类[碳酸氢钙 $Ca(HCO_3)_2$、碳酸氢镁 $Mg(HCO_3)_2$ 等],一经加热即可分解并沉淀,碳酸盐类从水中析出,我们称此为暂时硬度。

而水中还含有硫酸盐类($CaSO_4$、$MgSO_4$)及氯化物($CaCl_2$、$MgCl_2$)等,即使水沸腾也不能从水中析出,只有当水不断的蒸发,使它们超过了饱和极限时,才会沉淀出来,并在受热面上附着,而结成一层不易清除的沉淀物——水垢,我们称其为水的永久硬度,其含量的多少决定于硬度的大小。

(3) 水的酸碱度:各地区的水质其酸碱程度也不同,我们把含氢离子浓度的多少表示为水的酸碱性强弱程度。用 pH 值符号表示其水的酸碱度,当 pH＝7 时水呈中性;pH>7 呈为碱性水质;pH<7 为呈酸性水质。

锅炉用水最好为中性水质,对金属管道及锅筒既无腐蚀又不会引起金属的苛性脆化。

3. 水处理的方法

水处理方法可根据锅炉的吨位大小、水质情况分为炉内水处理及炉外水处理。

(1) 炉内水处理:即向炉内投药的方法,使药剂与水中结垢的物质发生反应而生成松散的水渣,然后通过锅炉排污排出,可减轻或防止水垢形成。

炉内水处理具有设备简单、操作方便、投资少、对水质适应范围较大,但对排污要求严格,需通过多次排污带走水渣但同时也带走较多的热量,热损失大,降低了锅炉热效率。因为这种方法只是将水垢成分变成水渣形式,防垢效果不很理想,不能达到无垢运行。

这种方法适用小吨位锅炉或运行时间较短的锅炉,一般情况较少使用这种处理方法,因为加药量的控制及水质的化验给管理及运行增加工作量及难度。

(2) 炉外水处理:把未处理的水在进入锅炉之前进行软化处理,彻底消除掉水中导致水垢的成分称为炉外水处理法。

从水中的杂质组成看,水中含的钙镁离子越多水的硬度越大,如果能采用一种含阳离子(钙镁离子均为阳离子)的物质与水进行化学反应,使钙镁离子置换出来,产生一种新的化合物,这种化合物将不会形成水垢,此时水的硬度会降低而变成所需要的水即软化水。

这种化学的置换反应称为离子交换反应,采用的置换剂内一般含有钠离子或氢离子。我们把这种含有钠或氢离子的物质称为离子交换剂。

交换剂种类很多,有天然沸石、合成沸石、磺化煤及合成树脂,在锅炉房内,锅炉所需软化水多采用合成树脂作为交换剂。

合成树脂是一种高分子化合物,属钠型交换剂,它的外形是带有黄棕色透明的球粒,粒径约 0.1～0.3mm,具有较强的交换能力。

(3) 采用钠离子树脂交换剂软化水的原理见下列的化学反应方程式:

$$2NaR + \begin{matrix} Ca(HCO_3)_2 \\ Mg(HCO_3)_2 \end{matrix} \longrightarrow \begin{matrix} CaR_2 \\ MgR_2 \end{matrix} + 2NaHCO_3$$

式中　　　　　　　　NaR——钠离子交换剂化合物的代号;

$Ca(HCO_3)_2$、$Mg(HCO_3)_2$——原水中的重碳酸盐(经加热后产生不溶于水的物质);

CaR_2、MgR_2——原水中经化学反应后生成新的化合物(加热后不会产生水垢的成分)。

从以上的化学反应方程式中看出能形成水垢的碳酸氢钙及碳酸氢镁经置换后变成另外新的化合物成分,这种化合物将不会导致水垢生成,可使水的硬度消除而变成软化水。由于生成物中有碳酸氢钠 $NaHCO_3$(俗称小苏打),因此采用钠离子交换剂作置换反应后,其水中的碱度不能降低,可采用加入硫酸等做中和处理。

水在不断地被软化过程中,其交换剂中的钠离子因不断地被置换出去,而逐渐减少,直至完全丧失,此时交换剂失效,水无法被软化,但又不可能频繁更换交换剂,所以在软化水的过程中采用使交换剂再恢复交换能力的方法,这种方法称为还原反应。也就是把交换剂中

失去的钠离子通过化学反应补充给交换剂。还原剂可采用食盐溶液(即 NaCl 溶液),还原反应的化学方程式如下:

$$\begin{matrix} CaR_2 \\ MgR_2 \end{matrix} + 2NaCl \longrightarrow 2NaR + \begin{matrix} CaCl_2 \\ MgCl_2 \end{matrix}$$

通过以上的化学反应方程式中看出通过与食盐溶液反应,交换剂又恢复了原来的成分,仍可继续软化水质了。

4. 炉外水处理设备组成及系统工艺流程

炉外水处理系统由交换器系统及还原剂系统组成。

交换器系统由交换罐、阀门及连接管道等组成。

还原剂系统由盐液池、盐液泵及连接管道等组成。

离子交换罐是交换剂进行软化处理的容器,根据进出水管的位置及交换运行程序,一般有顺流再生顺流软化型、逆流软化顺流再生型、顺流软化逆流再生型等几种类型。

顺流再生顺流软化方式即硬水及还原液从交换罐上部进入向下流动与交换剂进行反应。

逆流软化顺流再生方式即还原液自上而下流动,而硬水从下部进入与交换剂反应,软水从上部流出。

顺流软化逆流再生方式即还原液自下向上流动,而硬水从罐的上部向下流动,软水从罐体下部流出。

图 6-22 中为钠离子交换器水处理工艺流程,图中采用的是顺流软化逆流再生型的交换器。

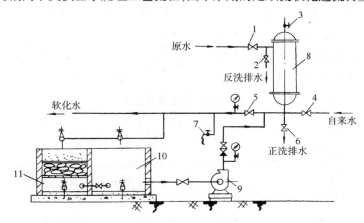

图 6-22　顺流软化逆流再生型水处理工艺流程
1—原水(自来水)进水阀;2—反洗排水阀;3—排气阀;4—反洗
进水阀;5—软水出水阀;6—正洗排水阀;7—化验水嘴;
8—交换罐;9—还原液泵;10—盐水池;11—溶盐池

一般软化过程分为四个阶段运行操作:

第一阶段——软化过程:打开阀门 1 及阀门 5,其他阀门关闭,接入被处理的原水,进水速度不宜过快,可使原水与交换剂充分反应,软化水接入软化水箱内。

第二阶段——反洗过程:在第一阶段运行时,应经常化验水质是否在允许值范围之内。当检查交换剂失效时,首先应进行反洗,其目的是为了松动一下交换剂及洗掉原水在交换剂中的杂质污物,为给第三阶段做准备。此时应打开阀门4及阀门2,其余阀门关闭,让自来水自下向上进行冲洗,并不断排出,冲洗时间约20min左右。

第三阶段——还原再生过程:打开阀门2,启动还原液泵,其余阀门关闭,还原液(盐溶液)与交换剂进行还原反应,使失效的交换剂获得更多的钠离子而恢复软化的效力,该阶段大约需30~90min左右。

第四阶段——正洗过程:在还原的过程中,化学反应结果会生成氯化钙、氯化镁等化合物,及还原液本身带有杂质及悬浮物,需通过冲洗将残留在交换剂中化合物及杂质冲洗并排出。此时打开阀门1及阀门6,其余阀门关闭,进行自上而下的冲洗,大约需20~30min,水流速不宜过大,同时检查排出的水是否清彻透明,无悬浮杂质即可完成整个软化水的全部操作过程。完成第四阶段即开始了第一阶段的软化过程运转。

5. 还原系统工艺要求

(1) 还原液的制作工艺:当采用钠离子树脂作为交换剂时,需NaCl(食盐)溶液作为还原剂,NaCl溶液制作简单、运行安全、费用低。

在中小型锅炉房内,只需用混凝土浇注的两个溶池即可。图6-23所示是简单的溶盐池及盐水池的结构。溶盐池中设有几道过滤层,食盐堆放于上逐渐溶化成一定浓度的盐液,通过连通管进入盐水贮存池内待用。在制作溶液时,应测试盐液的浓度,一般要求溶液的浓度宜在5%~6%左右,测试方法可采用比重计,即根据盐水的比重来测试其浓度。比重及浓度的对比表见表6-6。

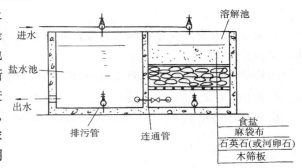

图6-23 溶盐、盐水池构造

盐液浓度与比重对比表 表6-6

比重	1.01450	1.02174	1.02899	1.03624	1.04366
浓度	2	3	4	5	6
比重	1.05108	1.05851	1.06593	1.07335	1.08097
浓度	7	8	9	10	11

盐水贮用量应根据交换器的容量设计选定。

还原液制作还可采用成品设备,常用的溶解器内有石英砂、卵石或河砂滤料,但只适用小型的软化水系统,盐液浓度不够稳定。

(2) 盐液输送泵:主要完成还原液的输送任务,因盐液对泵体及管道有腐蚀性,所以泵体材料多采用不锈钢或硬质聚氯乙烯塑料等。

盐液泵一般设计为一用一备,输送管道多与泵体相同材质即不锈钢或塑料管。

盐液池采用混凝土浇注时,应保证池体的严密性,池体内外均需抹水泥砂浆面层。

水处理系统的原水应采用干净的自来水作为水源,当采用江河湖水时,必须经过沉淀、过滤,严禁使用带有泥沙或大量悬浮物杂物的水作为水处理的水源。

6．水的除氧

对大型锅炉用水，除必要的软化水系统，还需设置除氧设备。因水中含有一定量的氧，当水中含氧量较高时，对锅炉及管道均有氧化腐蚀作用。除氧方法有钢屑除氧器、大气式热力除氧器等。在对锅炉用水水质要求不太严格的中小型锅炉房，一般可不设置除氧系统。

第五节　锅炉安全附件及锅炉烘煮炉、试运转

一、锅炉安全附件及仪表

锅炉为压力容器，必须保证安全运行，因此锅炉的安全附件及仪表安装非常重要，在锅炉运行中经常遇到多起锅炉爆炸事故，其中多为仪表及安全装置的失灵引起工人的操作失误而造成严重的后果。

（一）锅炉安全附件及仪表

主要有安全阀、压力表、水位计（含水位报警）等。

1．安全阀

安全阀主要安装在锅炉、分汽缸等处，主要的作用是保护锅炉等受压容器在预先规定的压力范围内运转。一旦超出所定的压力时，安全阀即开始动作，紧急排水或排汽，迅速降低炉内或系统内的压力，保证锅炉及其管道系统正常的工作及安全。

常用的安全阀有法兰单杠杆微启式安全阀及法兰弹簧微启式安全阀。安全阀安装前宜先进行定压调试，其安装在锅炉上的安全阀数量可根据锅炉吨位而定，对蒸发量 $>0.5t/h$、发热量 $>0.4MW$ 的锅炉至少应安装两个安全阀，两个安全阀开启压力的确定见表6-7。

当锅炉工作压力 $<1.3MPa$ 时安全阀定压表　表6-7

类　别	工作压力 P（MPa）
第一只安全阀	$P+0.02MPa$
第二只安全阀	$P+0.05MPa$

安全阀的调试：调试前首先应校验压力表的准确性，如蒸汽锅炉在运行时，安全阀调试定压，应注意锅炉上的所有阀门应关闭，锅炉水位保持在正常水位线与最低安全水位线之间，热水锅炉也应该安装安全阀，工作压力由设计确定。

为了确保锅炉的安全运行，安全阀的阀芯与阀座会因安全阀长时间不动作而粘住，必须定期对安全阀进行手动排气操作，每年需拆下进行整定校验 $1\sim2$ 次（应由有关部门确认的检测单位校验并出具证明）。

安全阀的泄水管安装时，不允许装设阀门，并保证有足够的泄水直径，泄水管通至安全处排放，避免紧急排放时烫伤人，管道尽量少拐弯，安全阀应垂直安装，安全阀与锅炉的安全阀接口法兰之间不允许安装阀门。

2．水位计及水位报警器

水位计是安装在蒸汽锅炉上的一种指示锅筒内水位的仪表。

在蒸汽锅炉的运行中，司炉人员通过水位计显示水位的刻度来判断炉内水量情况，锅炉内的水位既不能出现满水，更不能缺水。

当水位计的水位高于正常水位（即满水），蒸汽温度会突然下降，蒸汽管道即发生汽水冲击产生水击现象。而锅炉缺水时，水位在规定水位以下或经"叫水"仍不见水位时说明炉内严重缺水了，如处理不当会造成司炉工人急切向炉内加水而引起锅炉爆炸或严重烧损等事

故,因此水位计是保证锅炉正常运行的重要仪表。

水位计与锅筒连接的图示见图 6-24,锅筒的水位通过连通管显示在水位计上,常用的水位计有玻璃管式及玻璃板式,水位计应安装在锅筒两侧,以便互相校正及更换。

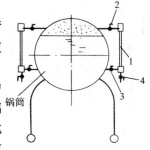

图 6-24 水位计安装位置
1—玻璃管;2—汽旋塞;
3—水旋塞;4—放水旋塞

锅炉在运行中,含有杂质或盐类的水或蒸汽会进入水位计中的连通管及玻璃管内,并附着在玻璃管内壁,时间长后会造成玻璃管模糊不清,汽、水连通管过水断面减小,甚至阻塞造成假水位,此时锅炉会处于危险状态运行,所以必须经常进行冲洗,一般每班应冲洗一次。当炉内缺水时,采用"叫水"的操作方法是先开启放水旋塞,关闭汽旋塞,使连接水部分的管得到冲洗,然后关闭放水旋塞,观察水是否进入水位计内,如此反复操作二三次,仍能见到水位时,说明为轻度缺水,当通过"叫水"仍见不到水位则表示炉内缺水严重,此时严禁向炉内马上补水,应立即停炉,迅速熄火降低温度,查找原因。

为了使司炉工人能更好地监视水位,可设置水位报警器,当锅炉出现满水或缺水时,警报器能及时发出紧急信号或铃声而采取处理措施。

3. 温度计

热水采暖系统中,测量热水出口、回水温度参数时,采用温度计来测试,向司炉人员提供供回水温,以便调整锅炉运行状态,使锅炉供回水温达到设计要求。

常用温度计有玻璃管式水银温度计及压力式温度计。

玻璃管式温度计是在玻璃管内充入水银,然后抽成真空,当插入被测介质中,温包内的水银受热膨胀,使玻璃管内液面升高,随着被测介质温度变化,水银液面升高或降低。玻璃管装入金属护套内,并标注刻度称为内标式玻璃管温度计。

温度计安装时可与管道垂直、与管中心夹角 90°、45°或 30°等多种位置安装,插入深度宜使温包部分在管中心位置。

压力式温度计,主要由感温包、毛细管及弹簧式压力表组成。毛细管套在金属软管内,感温包安装在被测试的接口附近,适用于远距离测量其介质的温度,在热水锅炉使用时,一般安装在热水出口处。金属软管不得靠近热表面区避免影响准确性,软管尽量少拐弯。能显示温度的压力表盘应置于操作人员易观察的位置,并应有足够的照明。

4. 压力表

锅炉上安装的压力表,可随时提供司炉人员监视锅炉的工作压力,是保证锅炉安全运行的重要仪表。除锅炉以外,在省煤器、分汽缸、分水器、热交换器及水泵出口等处均需安装压力表。

常用的压力表有弹簧管式压力表。压力表可根据锅炉或受压容器的工作压力大小而分为几个精度等级,见表 6-8,压力越大要求压力表的精度也越高。

压力表精度等级   表 6-8

锅炉或受压容器	<2.5MPa	>2.5MPa
压力表精度	≮2.5级	≮1.5级

在选择压力表的压力范围值时,一般为工作压力的 1.5~2 倍,例如锅炉工作压力为

0.6MPa时,选择压力表的范围值可为0~1MPa或0~1.6MPa均可。

安装在锅炉上的压力表的表盘直径宜在100~150mm,不宜过小。压力表安装方法见图6-25。压力表宜安装在便于观察及清洗的位置,表弯与压力表之间应安装旋塞阀,其中表弯可积存冷凝水,避免蒸汽进入压力表内使压力表表针稳定。在系统运行及安装前必须经过校验,校验后应加铅封。当压力表指针不能复零位、刻度不清、玻璃破碎时,使用者不许自行拆开修理,应更换新表。

图6-25 压力表安装
1—压力表;2—旋塞阀;3—表弯

二、锅炉自动控制机构

在锅炉房工艺系统中,为了更好地控制设备的安全合理运行,同时为司炉人员提供方便操作,设置有联锁装置和相对的控制线路。

水位的控制:在区域内的热水供暖系统,当采用膨胀水箱时,安装在水箱上的液位控制讯号传至锅炉房可提供给司炉人员随时掌握水箱内水位的变化情况,并能确定补水的时间及补水量,而水位电讯号又与补给水泵连锁,使补水泵达到自动启闭。当采用电接点压力表来控制系统压力时,也是需要预先调定压力值,通过电接点讯号与补水泵连锁而达到定压补水的目的。

三、锅炉的烘煮炉

锅炉安装及系统管道施工完毕,炉膛内的耐火衬里、水平砖烟道、砖砌烟囱均处于潮湿状态,必须通过烘烤将其逐渐烘干,使灰缝及耐火泥的强度增加。在烘煮炉时一般根据当地资源情况,可采用木材、干树枝及不带钉子的废旧木板皮等作为烘烤燃料。烘烤时应使炉内或烟道、烟囱的水分逐渐蒸发,避免大火急烘,使水分急剧蒸发而体积巨增,又水汽与烟气排除不及时而使着炉墙、烟道等由于内压过高而崩塌。

煮炉的目的是使锅炉在制造或运输中,附着在受热面内壁上的油污、铁锈或泥沙杂物等,经加入药剂将其清除掉,以保证锅炉正式运转时的安全,保证蒸汽及热水的质量。

锅炉烘煮炉是同时进行的,操作程序如下:

(1)烘煮炉前,必须是炉排、鼓引风机、除渣机等辅助设备单机试运合格;软化水系统、给水系统的设备安装完毕,方可进行。

(2)首先需关闭锅炉的主汽阀或热水出水的阀门、排污阀、蒸汽炉的副汽阀,打开进水阀向炉内注水,蒸汽炉时水位宜在水位计正常水位线上,热水炉应根据锅炉顶部人孔观察,在注水时应手动开启安全阀排除空气,水不宜上满。

(3)打开锅炉顶部的人孔盖,将药物溶解后一次性加入炉内,药剂多属碱性,用量可参照表6-9配方。

配　方　一　　　　　　　　　　　　　表6-9

药品名称	加药量（kg/m³水）	
	铁锈较少时	铁锈较严重
氢氧化钠(NaOH)	2~3	3~4
磷酸三钠(Na₃PO₄·12H₂O)	2~3	2~3

药 品 名 称	加 药 量　（kg/m³ 水）	
	铁锈较少	铁锈较严重
氢 氧 化 钠(NaOH)	2～3	3～4
碳 酸 钠(Na₂CO₃)	3～4.5	3～4.5

注:1. 加药量以炉筒内存水量计算,即每立方米水加入的药量。

　　2. 药物可用容器加入少量的水溶化再用。

（4）烘煮炉应连续进行,一般快装锅炉中较干燥烟道需 12～24h,烟道、烟囱潮湿度较大时可 24h 以上,在烘煮炉过程中不允许锅炉升压、沸腾,不准开动鼓引风机,采用人工操作,火势应从较弱逐渐加大。

（5）烘炉完毕,将安全阀复位、入孔盖封好,开始加少量的煤使炉膛升温,并间断地开启鼓引风机,使炉内升压至 0.4MPa 左右,开始连续煮炉约 12h。

（6）煮炉完毕即可停火,将炉压降至零位,炉水温度降至 70℃ 以下时即可排放炉水,待锅筒冷却后,接入自来水进行冲洗,边冲边排放,将煮炉中产生的沉淀物及锈水等全部冲洗干净,见炉水干净时即可关闭排污阀,注入软化水,待锅炉试运转。

四、锅炉试运转

1. 热水采暖系统

热水锅炉试运转应带负荷运转,首先需向系统内注水(包括锅炉、室外室内供回水管道、散热设备等),注水时应从回水干管开始,进入室内系统后应及时排除空气,当系统注满水后需检查管道有无渗漏处,阀门开启是否正确。当确认系统充水正常后即可准备点火运行,点火同时要启动循环水泵使系统进行循环。点火后当煤层已进入正常燃烧,逐渐开动炉排并先开启引风机再开鼓风机,调整鼓风量使炉膛内维持 20～30Pa 的负压值,升温升压不宜过快,运转初期需严格检查机械运转是否正常,给水设备的水压、水量及运转有无异常或能否达到设计要求的参数,检查所供热范围内管道有无渗漏,散热器工作情况等,连续运转 72h 均无异常,可请有关检验部门验收。

2. 蒸汽采暖系统

蒸汽锅炉注水应至最低水位线,升温升压不宜过快,升至工作压力的时间以约 3～4h 为宜,随时观察锅炉两侧的压力表。向外输送蒸汽时,要逐渐打开蒸汽主阀进行暖管,同时保证锅炉的工作压力。随时观察水位及时补水,补水应少补勤补,避免一次补水量过大而影响蒸汽压力。检查蒸汽及凝结水系统有无渗漏,疏水器工作状态,凝结水回收情况,无异常即可正式运转。

五、锅炉运行中,当发生以下情况应紧急停炉处理事故

1. 蒸汽锅炉

（1）当锅炉水位下降到水位计下限刻度以下后,通过"叫水"也未见水位时。

（2）当加大锅炉补水量,但水位仍继续下降时。

（3）给水系统失灵,无法向锅炉补水。

（4）水位计或安全阀失灵。无法保证锅炉安全运行时。

（5）当双侧排污阀失灵时。

（6）当锅炉内的锅筒或水冷壁管出现鼓包或破裂时。

（7）蒸汽锅炉在安全阀失灵情况下，锅炉出现超压事故时。

当出现以上情况者，应进行紧急停炉，此时关闭鼓引风机，迅速打开炉门，快速转动炉排，撤火降低炉膛温度。如超压时，应打开设在分汽缸上的紧急放空阀进行排空降压。炉内严重缺水时，禁忌惊慌以免操作失误，此时严禁向炉内补水，待降温后再行检查和处理。

2．热水锅炉

（1）炉水汽化：当锅炉出口的压力出现降低至水汽化压力，炉内的水开始汽化时。

（2）炉水温度急剧上升失去控制时。

（3）循环水泵出现故障（含备用泵）系统无法正常循环时。

（4）管道系统泄漏严重时。

（5）锅炉机械运转部分发生故障时。

停炉后应检查原因，进行修理或更换。

六、锅炉房验收

（1）土建工程验收：除本身结构验收应合格外，还应符合防火等级及与其他建筑物安全距离，大门开启方向、采光面积等应符合规范规定。

（2）锅炉安装及管道验收：安装前要执行锅炉报装程序，向本地区的检验部门、环保部门提供有关锅炉资料及设计图纸，并持有锅炉安装执照，报批后方可进行安装。

（3）应经当地环保部门检测烟气中烟灰含量，是否符合排放标准。

（4）锅炉安装完毕，应由锅炉检验部门验收，合格后方可投入运行。

思 考 题

6-1 简述锅炉房在设置位置上有何要求。

6-2 简述锅炉房建筑对结构工程、给排水工程、电气工程有何特殊要求。

6-3 锅炉本体主要由哪几部分组成的？

6-4 简述锅炉有哪些辅助设备及其作用。

6-5 何谓水泵的并联及串联？

6-6 离心式水泵根据吸水管的位置可分哪两种形式？论述其安装要求。

6-7 水泵减振基础的做法及安装要求是什么？

6-8 为什么锅炉用水需进行水处理，水处理不合格会给锅炉带来哪些危害？

6-9 何谓炉外水处理，中小型锅炉常用的水处理设备是什么？

6-10 什么是锅炉的三大安全附件？并叙述其作用。

6-11 锅炉烘煮炉的目的及其操作程序是什么？

6-13 试述蒸汽锅炉的通暖程序。

6-14 分别叙述蒸汽锅炉及热水锅炉，在何情况下采取紧急停炉措施。

第七章 通 风 工 程

第一节 通风的分类

一、通风的必要性

（1）人生活在自然界中不可缺少的是空气，而空气是维持生命的基本要素，房间内的通风主要是满足人们生命需氧要求。

（2）通风可使建筑物内的空气稀释，在人口聚集或较封闭的公共场所及房间，每个人呼出的二氧化碳及分泌物散发的气味，足以让人产生窒息的感觉，因此通风的目的是使房间内的空气得以流通稀释，减少有害气体的浓度。

（3）工业生产中往往会散发出各种粉尘、有害气体、余热、余湿等严重污染室内环境的物质，造成对人体危害及大气环境的污染。

其中工业粉尘是指在生产工艺过程中，机械粉碎或研磨产生的粉尘，在生产中经混合、筛分、包装等工序产生的粉尘，煤燃烧产生的粉尘及烟气，物质被加热产生的蒸汽又在空气中氧化或凝结成固体微粒等。而把以上这些有害的物质通过收集净化处理后，再排至室外，同时再送入新鲜空气稀释有害物质的浓度，改善工业生产中的车间、厂房的生产条件及保证劳动者的健康，减少职业病的发生。

二、通风的方法

通风工程包括送风与排风两部分内容，送风是将室外新鲜空气直接或经净化处理后送入室内，而排风则是把有害的物质直接或经处理后排出室外。

根据通风动力而分有自然通风和机械通风两种方法。

（一）自然通风

自然通风的两个重要因素，一是靠风力，一是靠室内外空气的温差（空气密度差），使空气形成热压而流动。

风力的产生：当室外风遇到建筑物等障碍物时，会产生能量的转换，即动压转变为静压，在该建筑物的迎风面会产生一个正压力，如图 7-1 所示，而建筑物的背面形成负压，对该建

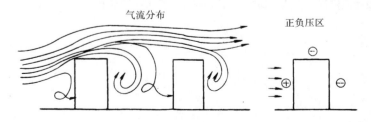

图 7-1 经过建筑物的气流分布示意图

筑物即产生了一个压力差,这个压力差会使空气通过建筑物的门、窗或门缝窗缝进入室内,然后通过负压面的门窗排出。正压面的开口处起进风作用,负压面的开口处起排风作用。

室内外温差形成热压:因室内空气温度较高,密度小并向上升,而室外较冷空气密度大会不断地补充进来,通过热压的作用空气不断从门或窗进来,从上部排出。

自然通风是在日常生活中最常见的通风方法,居室或办公室经常通过开启门窗进行通风换气,而在工业厂房、车间也经常采用设置高窗或天窗来达到换气的目的,还可以采用排风罩及风帽的方法进行局部的自然通风,见图7-2,自然通风是最经济有效的通风方法,可以节省能源、降低工程造价、无噪声污染、人的感觉自然舒适。

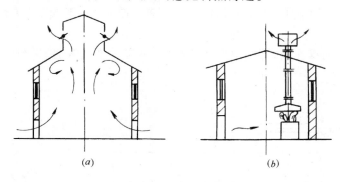

图 7-2　自然通风方法
(a)靠天窗通风；　(b)靠排风罩、风帽排风

（二）机械通风

主要是靠风机作为通风的动力,风机的高速运转产生的风压强迫室内的空气流动,以达到通风的目的。机械通风适用于某些粉尘、有害气体浓度较高的车间厂房,当采用自然通风不能得到满意效果时,通过机械强制通风能解决。

机械通风可根据有害物质分布的状况分为局部通风和全面通风。局部通风包括局部排风及局部送风、局部送排风系统；全面通风包括全面送风、全面排风及全面送排风系统。

1.局部排风系统

在工业厂房或一些车间、实验室的某固定位置,在生产或实验过程中产生有害物质,为了不使其扩散到其他部位而污染空气,多采用局部排风系统。

局部排风系统一般由排风罩、风管、净化设备、风机等组成(图7-3)。

当工艺设备在生产中产生有害物质、粉尘、有害气体、高热高湿时,可通过排风罩吸入风道,经处理后由风机将其排入室外大气中。

排风罩可根据设备的类型采用不同方式的排风罩,如框式排风罩、密闭式排风罩、吹吸式排风罩等,主要作用是使有害物质沿着罩体断面的变化,气流高速被吸入,并罩住范

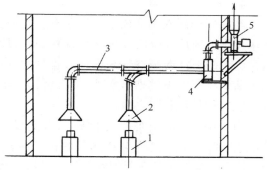

图 7-3　局部机械排风
1—设备；2—排风罩；3—排风道；
4—空气处理设备；5—离心式风机

围较大的面积使其不能扩散。

2．局部送风系统

在较大面积的厂房或车间内，有局部的生产工序产生高温等不利工人操作及健康时，采用局部送风系统，将室外的新鲜空气送入高温操作区，如炼钢车间、浇注车间等，以改善工作环境。

局部送风系统包括风机、风道及各种固定或活动式的风口。

局部送风还可采取独立式的送风机，如轴流风扇、喷雾风扇等形式。

3．局部送排风系统

即对局部产生有害物质的部位，既能送入新鲜风改善工作环境，又使有害物通过排风系统排出。

图 7-4 为食堂的操作间，烹饪中产生的高热、高湿及油烟等有害物质，会危害长期工作

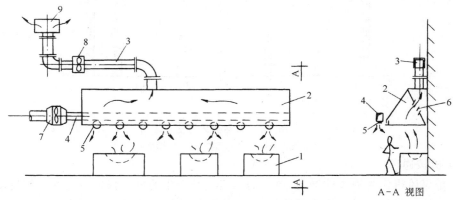

图 7-4　食堂操作间的局部送排风系统

1—炉灶；2—排烟罩；3—排风管道；4—送风管道；
5—送风口；6—排风口；7—送风机；8—排风机；9—风帽

操作人员的身体健康。可采用局部的送排风系统，即人员在操作时，可通过送风喷头送至工作区一定量的新鲜风，改善高温气体的危害，稀释有害物的浓度。而排风机将产生的油烟热气及时排出，使操作区内有一良好的工作环境。

4．全面排风系统

当采用局部通风系统无法控制有害物质的扩散时，可采用全面通风。全面通风又称稀释通风，即一方面送入足够量的清洁新鲜空气来稀释有害物的浓度，另一方面不断地将有害物质排出室外，使有害物的浓度在卫生标准规定的排放范围之内。

当采用单独的全面排风系统时，会造成室内处于负压状态，此时室外空气会从建筑物的门窗进入室内补充。图 7-5 为在污染区附近安装轴流风机使有害物直接排出的最简单的排风方法。

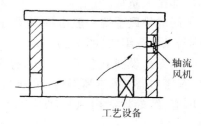

图 7-5　靠轴流风机的排风系统

图 7-6 是通过吸风口、风道、风机等将较大范围的有害物质排出室内。全面排风系统一定要合理地组织气流，使工作人员处于新鲜空气区内工作，吸风口的位置、标高与设备产生

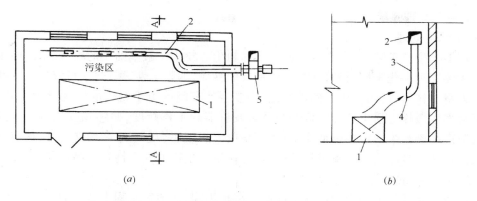

(a)　　　　　　　　　　　(b)

图 7-6　全面机械排风系统

（a）平面图；（b）A-A 剖面图

有害物的性质及部位有关,应尽量减少污染范围及扩散的速度。

5. 全面送风系统

当工艺要求需稀释有害物的浓度或需对进入室内空气进行处理时,例如加热、降温、过滤、加湿等,应考虑全面的送风系统,独立的送风系统会使室内形成正压,而室内空气则靠门、窗等处自然排出。送风系统组成基本与排风系统相同。

6. 全面送排风系统

室内既需全面送风稀释空气,又需全面排风时,可采用全面送排风系统,送排风系统的效果决定于是否能合理地组织气流分布,又称气流组织。

全面送排风的原则是:工作区不能受污染,应有合理的气流组织和足够的通风量。

图 7-7 中为气流组织方案布置图,其中方案Ⅰ中新鲜空气先送入工作区,然后通过污染

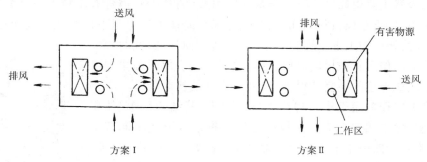

方案Ⅰ　　　　　　　　　　方案Ⅱ

图 7-7　气流组织方案

源后排至室外,保证了工作区的良好环境。而方案Ⅱ中新鲜空气经污染区再送到工作区,然后排出,使工作区的空气受到不同程度的污染,这种气流组织是不合理的。

第二节　通风工程的组成

通风工程由空气处理系统(包括空气的过滤、除尘等)、风机动力系统、空气输送风道系统及各种配件控制的阀类、风口、风帽等组成的。

一、空气处理系统

(一)除尘处理

在许多的生产工艺中,会产生不同性质的粉尘。粉尘一般呈细小的粉状微粒,除了保持原有的主要物理和化学性质外,还具有其特有的性质,即附着性、爆炸性、可湿性。这些特性不但对人身有伤害,还会有极大的破坏性,许多生产车间内由于粉尘的浓度过大,在一定的条件下会发生爆炸。粉尘还可降低产品质量及机器的工作精度,如感光胶片、集成电路、精密仪表等产品被粉尘沾污会降低质量,甚至报废。粉尘还会影响车间的能见度,所有含粉尘的空气需通过除尘净化的设备进行处理,才可保证其生产的安全性及产品质量。

(二)除尘器的种类及工作原理

除尘器主要是依据除尘的原理不同而类型也不同,在通风工程中常用的有重力沉降室、旋风除尘器、湿式除尘器等类型。

1. 重力沉降室

重力沉降室除尘的机理是通过重力使尘粒从气流中分离出来,当通过沉降室时,由于气体在管道内具有较高的流速,突然进入沉降室的大空间内,使空气流速迅速降低(图 7-8),此时气流中尘粒在重力的作用下慢慢地落入接灰池内。沉降室的尺寸由设计计算选定,需使尘粒沉降得充分,以达到净化的目的。

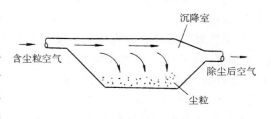

图 7-8　沉降室示意

2. 旋风除尘器

旋风除尘器主要由筒体、锥体、接灰斗等组成(图 7-9)。当含有尘粒的空气从除尘器的筒体切线进入,由于有风机作为动力,含尘空气在筒体内从上至下作螺旋形旋转运动,当到达锥体底部时,转向向上继续作旋转运动,旋转方向一致,此时尘粒在惯性离心力的作用下被甩向筒壁,落入接灰斗内。旋风除尘器实际的气流运动比上述的要复杂得多,以上叙述只是基本原理。

这种除尘器较多用于锅炉房内烟气的除尘,其结构简单、体积小、维修方便、除尘效率较高。旋风除尘器根据结构形式不同有多管除尘器、锥体弯曲呈水平牛角形的旋风除尘器等。

3. 湿式除尘器

湿式除尘器是利用尘粒的可湿性,使尘粒与液滴或液膜接触而分离出来。含尘气体在运动中遇到液滴时,尘粒的惯性运动速度不断降低(与液滴发生碰撞的结果)。尘粒与液滴发生碰撞越剧烈,除尘效果越好。

湿式除尘器优点是结构简单、造价低、占地面积小和除尘效率高,同时对有害气体可以达到净化作用,但对沉降下的污水处理较难,需设置水处理设备。

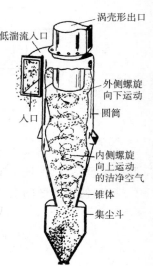

图 7-9　旋风除尘器构造

4. 过滤式除尘器

使带有灰尘的空气通过滤料使尘气分离,以达到清洁空气的目的。

滤料多采用纤维物、织物、滤纸、碎石、焦碳等。因为尘粒在滤料内被吸收,粘附在滤料内部很难清除,所以捕集到一定尘量时需更换滤料。采用滤纸或织物作滤料时不能过滤高温烟气。

空气过滤器是一种对空气进行除尘的净化设备,带粉尘的空气在空气过滤器内依靠筛滤、碰撞、滞留或静电等作用达到空气净化的目的。常用的空气过滤器有粗效过滤器、中效过滤器及高效(或亚高效)过滤器。

(1)粗效过滤器:一般制作成块状安装在支架上,滤料多为金属丝网、玻璃纤维、聚氨酯粗孔泡沫等。金属丝网等还可浸油使用,以提高过滤效率及防止锈蚀。滤料可做成板块式及自动卷绕等形式。一般可以作高效或中效过滤器前的预过滤用,因其滤尘量较高所以被广泛使用在初过滤部位。

(2)中效过滤器:主要滤料是玻璃纤维或由涤纶、丙纶、腈纶等原料做成的合成纤维,由于滤料厚度和过滤速度不同,除尘的效率较高,可做成抽屉式及袋式,抽屉式可便于清洗。

(3)高效过滤器:主要滤料是超细玻璃纤维等,滤料纤维可作成纸状,高效过滤器需采用低的空气流速通过过滤层,滤纸需多次折叠。

使用时必须在其前面设置粗、中效过滤器作保护。高效过滤器一般用在洁净或无菌式空调工程中。

二、风机动力系统

通风工程中常用的风机有离心式风机、轴流式风机、斜流风机等。

(一)离心式风机

离心式风机主要由外壳、叶轮及吸入口组成,外形构造见图7-10。

离心式风机的工作原理基本上与离心式水泵的原理相同。当电机带动风机叶轮高速旋转时,叶片间的气体可获得一离心力,使气体从叶片之间的开口处甩出。被甩出的气体碰到机壳,使机壳内的气体压力增高并从风机的出口排出。当气体被甩出后,叶轮中心部分压力降低,气体从吸入口通过叶轮前盘中心的孔口被吸入,叶轮的构造见图7-11。

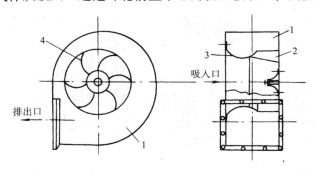

图 7-10　离心式风机
1—风机外壳;2—叶轮;3—吸入口;4—叶片

图 7-11　风机叶轮构造
1—叶轮前盘;2—叶轮后盘;
3—叶片

离心风机根据风压不同分为低压风机($H \leqslant 1\text{kPa}$)、中压风机($1\text{kPa} < H \leqslant 3\text{kPa}$)、高压风机($H > 3\text{kPa}$)三种类型,其中 H 代表风机的风压或称压头。

(二)离心式风机命名方法

1. 名称

根据离心式风机的用途,可冠以用途代号(汉字或汉语拼音的第一个字母),用途代号详见表7-1。

风机用途代号　　　　　　　　表7-1

用　　途	代　　号		用　　途	代　　号	
	汉　字	汉语拼音符号		汉　字	汉语拼音符号
一般通风换气用	通　风	T	防爆炸型	防　爆	B
排尘通风用	排　尘	C	耐腐蚀型	防　腐	F
冷却塔通风用	冷　却	LE	耐高温型	耐　温	W

2. 型号

由三个组组成的

$$\boxed{第一组}-\boxed{第二组}-\boxed{第三组}$$

第一组:代表风机压力系数乘以10后再按四舍五入进位,取一位数。

第二组:表示风机的比转数,化成整数值。

第三组:由两部分的数字表示,第一个数表示风机进口吸入的形式;第二个数为设计的顺序号,详见表7-2。

风机进口吸入形式代号　　　　　　　　表7-2

代　　号	0	1	2
风机进口吸入形式	双侧吸入	单侧吸入	二级串联吸入

3. 机号

叶轮的尺寸以分米(dm)计,尾数四舍五入,在前面加一"№"符号,例如叶轮直径为400mm则用"№4"表示。

4. 转动方式

风机与电机的连接传动方式见图7-12。

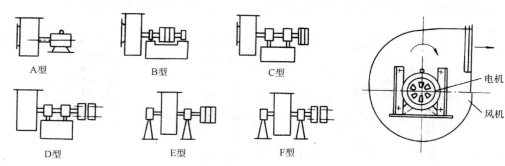

A型　　　B型　　　C型

D型　　　E型　　　F型

电机

风机

图7-12　风机传动方式

A型—与电机直联;B型—皮带传动,轴承座在皮带轮两侧;
C型—皮带传动;D型—联轴器传动;E型—轴承在风机两侧
的皮带传动;F型—轴承在风机两侧的联轴器传动

图7-13　观视风机
旋转方向图示

5. 旋转方向

是指叶轮旋转方向,代号见表7-3。

代　号	代　表　意　义
右	面对电机及主轴皮带轮位置看叶轮旋转方向为顺时针
左	面对电机及主轴皮带轮位置看叶轮旋转方向为逆时针

如图7-13所示,叶轮旋转方向为顺时针则以"右"表示。

6. 机壳出风口位置

根据出风口的位置及叶轮旋转方向用右(或左)及角度来表示(图7-14)。

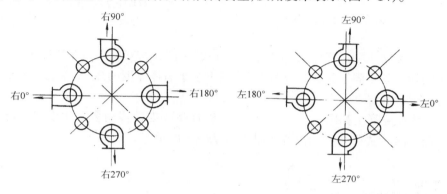

图7-14　出风口位置

出风口位置在现场安装时,可不变旋转方向而调整出风口的角度,例如右90°的风机出口可调整为右旋其他角度(右180°,右270°,右0°)。

离心风机命名举例:4-72-11№3.2A 右0°型号风机,它表示该风机压力系数为0.4;比转数为72;进风口为单侧吸入设计顺序为1;风机叶轮直径约为320mm(即3.2dm);风机为直联传动;叶轮旋转方向及出风口位置为右旋0°。

(三)轴流式风机

轴流风机的叶轮进出口的面积较大,即叶轮进口直径与出口直径之比近似为1,即近似相等,此时风机的比转数较大,而由离心风机的径向流出变成轴向流出,这种风机称为轴流式风机。风机叶片形状类似机翼型,构造见图7-15。轴流风机由于比转数较大,因此具有风量大而风压小的特点。

轴流风机的叶片有板型、机翼型等,大型轴流风机多为机翼型而且风叶片的角度是可调整的,改变叶片的角度即可改变流量及压头,例如冷却塔上使用的大型轴流风机。

(四)斜流式风机

斜流风机是一种介乎离心风机和轴流风机之间的一种风机,它具有比轴流风机风压大、比离心风机风量大、进出口方向一致等优点,构造见图7-16。

斜流风机适用于通风换气或风道的加压、送风及排风系统,也适用于局部送排风系统。

(五)贯流式风机

贯流式风机是一种风量小噪声低的小型风机。主要的特点是进气口开在机壳壳体上,而不像离心风机是开在机壳的侧板上。一般在空调工程中较多使用。

(六)通风机安装

1. 离心式风机安装

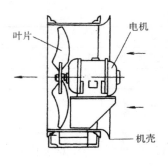

图 7-15 轴流式风机

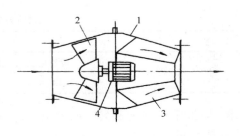

图 7-16 斜流式风机构造
1—风机壳;2—斜流叶片;
3—导流叶片;4—电机

（1）墙上安装：适用小型离心风机，传动方式为直联时，安装在墙体的做法见图 7-17。

要求型钢支架牢固平正，插入墙内部分应不小于墙体厚度的⅔，支架的电机螺栓孔应钻制，不允许汽焊割孔。

（2）安装在混凝土基础上：大中型离心风机直联或皮带传动多采用设置在混凝土基础上安装。图7-18 为皮带传动的离心风机安装基础平面示意。

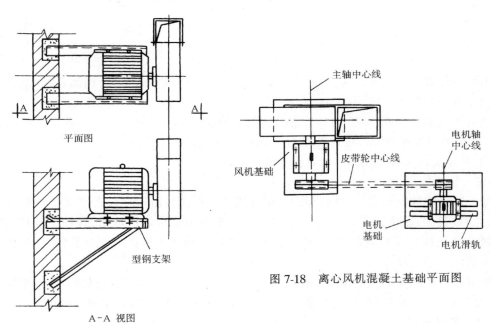

图 7-17 离心风机墙上安装图

图 7-18 离心风机混凝土基础平面图

在施工基础时，应与专业图纸复核基础的平面位置、标高及几何尺寸、预留洞位置，当确认无误时方可施工，标高不宜出现正误差。风机安装前应把风机主轴中心线、皮带轮中心线弹在基础面上，就位时需按中心线找正风机、电机的位置。

皮带轮找中心线时，可采用经加工的长靠尺板进行测量，配合线锤、方水平尺等测量工具。皮带的型号长度均要满足样本要求，皮带安装的松紧度应适中，如出现皮带过松或过紧可利用电机的滑轨调整电机的位置，皮带需加皮带防护罩。安装时应将全部的螺栓固定牢靠,安装完毕试运转时可测试电机与风机的转数,校验转数比是否符合设计及产品要求。

（3）离心风机的减振:当风机在室内或屋顶上安装时,由于运转产生振动较大而影响周围环境时,需进行减振处理。

风机减振方法多采用减振器。减振器是用弹簧制作而成的,减振器的构造见图7-19。

一般减振器安装在减振板下或制作的型钢支架下。减振板为预制的钢筋混凝土板,可使在板下面的多个减振弹簧受力均匀。图7-20为安装有减振板的风机减振装置,图中的减

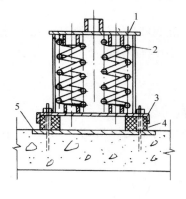

图 7-19　弹簧减振盒构造

1—弹簧盒上盖;2—弹簧;

3—下盖;4—橡胶垫块;5—预埋钢板

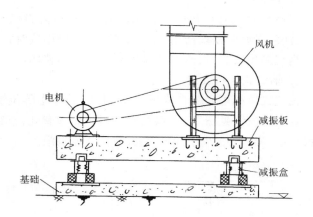

图 7-20　离心风机减振装置安装图

振板型号、减振器的数量规格均由设计选定,不可随意施工安装。同一台风机的减振器型号应一致,减振器不但能减少振动,同时可以降低设备的噪声。

（4）离心式风机的消声处理,当室内有需控制设备噪声要求时,除对风机进行减振处理,还应做消声隔声处理。风机多采用隔声罩,它是用多块隔声板拼成一罩体,只留出风机进出口位置及检修门,其他部位全部封闭。

风机消声罩(消音房)如图7-21所示,为了消除电机散热,在罩顶处设排气口及管式消声器。

消声罩的构造,主要是采用内吸外隔式的消声板制成的,消声板的构造见图7-22。

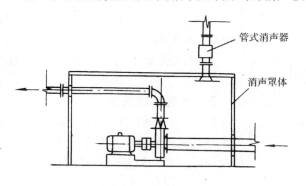

图 7-21　消声罩安装示意图

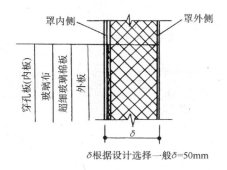

δ根据设计选择一般δ=50mm

图 7-22　隔声罩板的构造图

消声板可根据风机的类型、型号、风管进出口的位置等做出标准板块及异型板块,每块

125

板的四周均使用镀锌铁皮封闭,拼接方法可采用角钢或扁钢边框,用螺栓连接,见图7-23所示意。

穿孔板一般采用δ=0.8~1mm厚的镀锌钢板经冲孔而成,冲孔率应根据设计选定,要求孔边无毛刺,孔眼光滑、孔距均匀。

消声板的隔声原理,主要是风机的振动及风机运转产生的声波通过穿孔板、玻璃丝布逐渐被超细玻璃棉板的微小孔隙吸收,而外板(镀锌板制作)又起到阻止被未完全吸收的声音传出罩体外的作用。

消声罩对消除风机噪声效果较好,一般可降低噪声值30dB左右。消声罩在室外安装时,应注意做好防锈及防雨、排水等事项,板块连接时宜采用镀锌螺栓。

当在屋顶安装时,需注意保护防水层不被破坏。

2. 轴流式风机安装

轴流式风机可安装在墙洞内、墙体上、柱子上等位置。

墙洞内安装见图7-24,墙洞砌筑时可做圆碹孔,直径应与轴流风机的外壳相符,不宜过大或过小,出墙体外宜作45°弯头,防止气流倒灌。

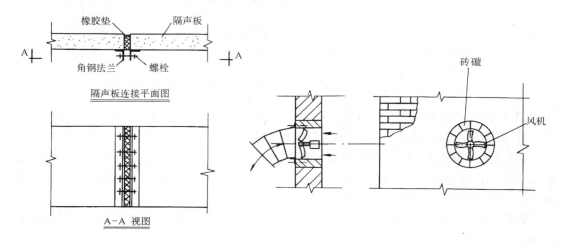

图 7-23　隔声板连接图　　　　　图 7-24　轴流风机墙洞安装

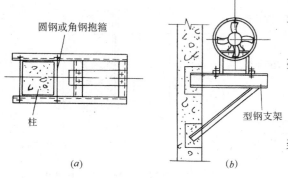

图 7-25　轴流风机安装

(a)混凝土柱上安装;(b)墙上安装

安装在墙上或柱子上时,支架要牢固平正,安装见图7-25。

斜流风机安装时一般采用支架或吊架。

三、风道输送系统

(一)风道材料选择的原则

(1)风道的材质应质轻,便于加工、安装及运输,便于各种阀门及配件的连接。

(2)必须符合防火要求。

(3)当输送含水分或有腐蚀性的气体时,管材应具有一定的防腐蚀性能。

（4）风道材料应平整光滑，内表面的粗糙度越小越好，可以减少气流的阻力。

（5）在要求环境噪声较严格的通风系统，风道材料宜避免使用金属制作，因金属材料易传导声音，同时设备的噪声会引起管壁共振，这种振动会以声波的形式向周围辐射。

（6）应具耐高温的功能及防静电性能，主要是避免气流中的自由电荷密集，产生灰尘附着等不良影响。

（二）风道材料种类

常用的有普通薄钢板、镀锌钢板、硬质聚氯乙烯板（塑料板）、铝合金板、不锈钢板、石棉水泥板等材料。

1. 薄钢板

包括普通钢板（黑铁皮）及镀锌钢板（白铁皮），具有良好的可加工性，可制作成圆形、矩形及各种管件，连接简单，安装方便，质轻并具有一定的机械强度及良好的防火性能，密封效能好。但薄钢板的保温性能差，运行时噪声较大，防静电差。

镀锌铁皮可有良好的耐腐蚀性能。

2. 塑料板

具有良好的耐腐蚀性，易于加工，但质脆不利于运输及堆放，不宜输送高温介质，制作时需专用的加工设备。

3. 石棉水泥板

具有良好的防火及耐高温性能，适合于与土建工程配合施工，严密性较差，但造价低，可作为垂直送排风风道用。

4. 铝合金、不锈钢板

具有较强的耐腐蚀性能，适用于强酸、碱性的气体，造价高不易加工，铝板适用于防爆系统，摩擦不易起火花。

（三）风道加工制作工艺

1. 薄钢板（黑白铁皮）加工

当作为一般通风使用，钢板厚度在 0.5~1.5mm 之内，当作除尘风道、排高温烟气道时宜采用 1.5~3mm 厚的钢板。根据钢板的厚度不同其拼接及接口的方式也不同，当钢板厚度 $\delta \leqslant 1.2$mm 时多采用咬口形式拼板或接口；当厚度 $\delta > 1.2$mm 时可采用焊接成形。

常用的咬口形式有单平咬口、单立咬口、转角咬口、联合角咬口及按扣式咬口。

单平咬口采用的较多，主要用于板材的拼接横或纵向缝，而单立咬口则适用于小口径的圆形风管的环向接口缝，经常使用在大小圆形管上的虾米腰弯头、来回弯的接口上。

加工矩形风道经常使用转角咬口，主要用于管道的纵向接缝或矩形弯头、三通的弯曲转角接缝。

当系统要求严密性较高时，宜采用按扣式咬口，这种咬口接合紧密、强度高、结构简单。以上几种咬口图形见图 7-26。

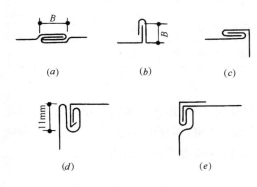

图 7-26　薄钢板拼板加工咬口形式
（a）单平咬口；（b）单立咬口；（c）转角咬口；
（d）按扣式咬口；（e）联合角咬口

咬口的宽度可根据板材的厚度,参照表7-4。

薄钢板风管咬口宽度　　　　　　　　表7-4

板 厚 (mm)	平咬口 B (mm)	立咬口 B (mm)	板 厚 (mm)	平咬口 B (mm)	立咬口 B (mm)
0.7以下	6～8	6～7	1.0～1.2	10～12	9～10
0.8	8～10	7～8			

各种咬口的加工方法可采用手工及机械加工两种方式。手工加工操作简便但劳动量大、噪声大,质量不稳定,手工敲打时会破坏金属板面及镀锌层。

机械咬口即采用多种形式的咬口机,可加工出各种不同形式的咬口,具有接口平整、宽度均匀、接口密实、生产效率高、劳动强度低、操作简便、无噪声污染且可在加工厂集中预制等优点。

当钢板厚度大于1.2mm时,机械或手工无法采用咬口方式时,则采用焊接进行拼缝接口,焊接可采用气焊或电焊。采用气焊焊接时应选择合适的焊炬和焊条,并掌握好焊接的温度和采取防止钢板变形的措施。在采用电焊时,焊条直径应与板材厚度匹配,焊缝宽度及高度不宜超过规范要求。

2. 塑料板风道加工

当采用塑料板作风道时,塑料的拼板接缝采用专用焊接设备进行塑料焊接。焊缝应根据板厚做出坡口,以保证焊缝的强度及管内壁光滑。板厚根据风管规格可参照表7-5选择。加工前应检查有无变形、伤痕或薄厚不均匀及离层情况,焊接时焊条的材质应与母材相同,焊条直径宜采用2～3mm。

硬质聚氯乙烯板风管厚度选择表(mm)　　　　　　　　表7-5

圆形管径	板材厚度	外径允许偏差	矩形风管长边	板材厚度	外边长允许偏差
100～320	3	-1	120～320	3	-1
360～630	4	-1	400～500	4	-1
700～1000	5	-2	630～800	5	-2
1120～2000	6	-2	1100～1250	6	-2
			1600～2000	8	-2

3. 砖、混凝土风道

在多层厂房车间垂直输送或在地下水平输送气体时,如采用砖砌或混凝土风道时,要求风道几何尺寸准确,砂浆饱满,随砌随抹灰,并内壁光滑严密,混凝土风道浇注时应保证内壁光滑密实,不允许出现蜂窝麻面,断面准确规则,严禁漏风或水渗入风道内。

4. 铝合金板及不锈钢板加工

因板材强度高,切割时可采用等离子切割设备,拼接采用焊接,铝合金板及不锈钢板均可采用氩弧焊焊接,薄板焊接时,应先用点焊或花焊,然后再通焊,以保证板的平整度,焊缝应均匀、平直、美观,铝板和不锈钢板制作风道选择板厚可参照表7-6。

铝 合 金 板		不 锈 钢 板	
圆管直径或矩形管长边尺寸	板 厚	圆管直径或矩形管长边尺寸	板 厚
100～320	1.0	100～500	0.5
360～630	1.5	560～1120	0.75
700～2000	2.0	1250～2000	1.0

5．钢板风道加工的设备与工具

最广泛使用的薄钢板风道的加工应实行工厂化、定型化、标准化、机械化,以提高制作效率及保证风道的加工质量,还可提高设备的利用率。

常用的加工设备有:剪板机、折方机、卷圆机、台式或手提式弧形剪板机、法兰煨弯机、各种类型的咬口机、压线机等。

常用的小型电动工具有:砂轮机、小型切割机、台钻、手枪钻、电锤冲击钻等。

手动工具有:拉铆枪、卷尺、钢板尺、圆规、墨斗、线坠、手锤、硬木拍板、铁道轨、冲子等。

6．常见的几种风道连接方式

风道连接可分为法兰连接及无法兰连接两种形式。

(1)法兰连接:主要用于风管之间或风管与配件、阀类等的连接,因板材的规格所限,所以直管段(即中间无配件及阀类连接)部分的法兰还可起到加强作用。

在铁皮风管中,常用的法兰是用扁钢或角钢制作而成的,圆形风管的法兰制作可用人工热煨制及法兰机冷煨制成型。

圆形风管法兰材料规格见表 7-7。

圆形风管法兰材料规格(mm)　　　表 7-7

圆形风管直径	法兰材料规格		圆形风管直径	法兰材料规格	
	扁 钢	角 钢		扁 钢	角 钢
＜280	－25×4		530～1250		∟30×4
300～500		∟25×3	1320～2000		∟40×4

矩形法兰是由四根角钢组对焊接而成,制作矩形法兰可作胎具。胎具尺寸应准确,这样做出同规格的矩形法兰几何尺寸及孔距均相等,在安装时有利于互换性。法兰构造见图 7-27。制作时要求在钢平台上组对,以保证其平正,对角线误差不允许超过 2mm(只允许正误差)。矩形风管法兰材料规格可按表 7-8 选择。

风道与法兰固定方法见图 7-28。一般多采用翻边铆接,如板厚大于 1.5mm 则可采用沿风

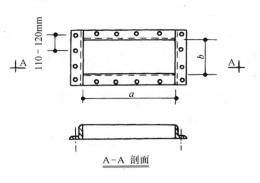

图 7-27　矩形法兰加工图

管的周边将法兰焊接上。

矩形风管法兰材料规格(mm)　　　　　　　　表 7-8

矩形风管长边尺寸	法兰材料规格	矩形风管长边尺寸	法兰材料规格
≤630	∟25×3	1600～2000	∟40×4
800～1250	∟30×4		

（2）无法兰连接：即管道之间连接不采用法兰而是采用如抱箍、插条等方法。

图 7-29 中为两种采用插条的连接方法，一般可在矩形风道使用。

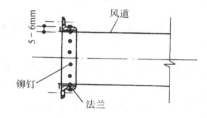

图 7-28　风道与法兰固定图示

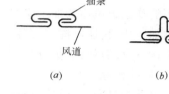

图 7-29　插条连接
(a)平插条；(b)立插条

在使用插条连接时，为了保证接口处严密，需采用密封胶带粘贴。插条连接不宜使用在经常拆卸的部位。制作插条的宽度应均匀，风道翻边的插条间隙应均匀平整。

抱箍式连接是将每段直管的两端轧出鼓筋并做成一端大，另一端略小的管口，将圆形管的小端插入大端内，再做一特制抱箍将其固定，并将抱箍上的螺栓拧紧。这种方法要求特制抱箍尺寸精确，鼓筋弧度与管端的鼓筋弧度一致。

采用法兰连接时，法兰连接处应加垫料，对输送温度较低的空气或一般送排风系统可采用橡胶板或闭孔海棉橡胶板；当输送高温烟气时可用石棉橡胶板；输送含酸、碱性气体时可采用耐酸橡胶板等材料作为垫料。

角钢法兰连接风管的做法见图 7-30。

（四）风管配件

风道的配件与直管段的风管组成风道系统，通风系统中主要的管配件有三通、弯头、变径管、天圆地方、来回弯等。制作时需在平台上放出展开图大样，然后下料拼接。为了减少气体在管道内的阻力，在弯头、三通等处的弯曲部分宜有足够的弯曲半径，一般为 1～1.5 倍的管径。管配件图示见图 7-31。加工时应按实测的尺寸进行加工制作。

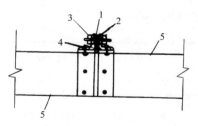

图 7-30　风道角钢法兰连接
1—胶垫；2—法兰；3—连接螺栓；
4—铆钉；5—风道

四、阀门、风口及辅助通风配件

1. 阀门

通风工程中控制风量、调节风量、防火切断等多采用各种不同作用的阀门，详见空调工程介绍，本节不多叙述。

风口主要是起分配风量及组织气流的作用，可分送风口及排风口等，具体内容详见空调工程。

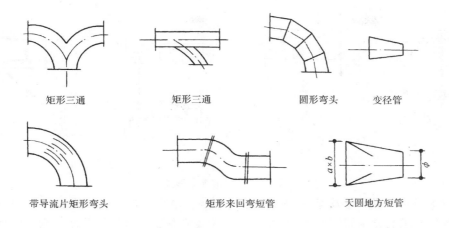

图 7-31　风道管配件常见几种图示

2. 通风工程中辅助配件

主要有各种类型风帽。

风帽在自然排风、机械排风系统中经常使用,安装在室外,是通风系统的末端设备,主要的作用是可以防止雨雪直接灌入系统风管内,同时可以适应由于风向的变化而影响排风效果,并保证气体排出口处形成负压而使气体顺利排出。风帽就是利用室外风力在风帽处形成负压而加强排风能力的一种辅助设备。

风帽常用的有伞形风帽、锥形风帽、筒形风帽等类型,构造见图 7-32。

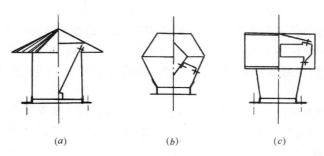

图 7-32　风帽种类外形图
(a)伞形风帽;(b)锥形风帽;(c)筒形风帽

伞形风帽适用于一般的机械通风系统;锥形风帽适用于除尘或非腐蚀性但有毒的通风系统;筒形风帽适用于自然通风系统。

五、风道支架

风道支架:风道支架多采用沿墙、沿柱敷设的托架及吊架,其支架形式见图 7-33。

圆形风管多采用扁钢管卡吊架安装,对直径较大的圆形风管可采用扁钢管卡两侧做双吊杆,以保证其稳固性。吊杆采用圆钢,圆钢规格应根据有关施工图集规定选择。矩形风管多采用双吊杆吊架及墙、柱上安装型钢支架,矩形风道可置放于角钢托架上。

吊架可穿楼板固定、膨胀螺栓固定、预埋件焊接固定。

矩形风道采用的圆钢吊杆,角钢横担均应按有关图集选定,集中加工不得任意改变圆钢的规格。

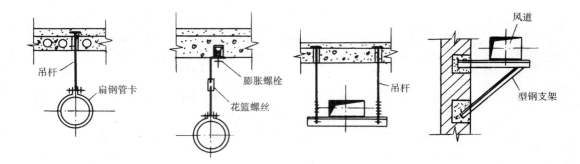

图 7-33　风道支架形式

风道支架是承受风道及保温层的重量,也需承受输送气体时的动荷载,因此在施工中应按有关图集要求的支架间距安装,不得与土建或其他专业管道支架共用。施工时应保证管中心位置、支架间距,支架应牢固平整。

支架安装前应刷两遍防锈漆。

六、风道的防腐及保温

1. 风道防腐

当风道内输送带有腐蚀性气体时,除管道材质应具有防腐性能,还可在内壁做防腐涂层或喷涂防腐防磨损的保护层,当风道内输送高温、高湿的气体时,最好管内壁做防锈蚀处理。

防锈处理可刷防锈漆及磷化底漆,管道不需保温,且空气湿度较大的车间,管道外壁也需做防腐蚀处理。

2. 风道保温

当风道输送低温气体或温度较高的气体时,均需做防结露及保温处理。

在夏季当输送的气体温度低于周围环境的空气露点温度时,管道外壁会产生结露现象,凝结水滴会污染吊顶、地面或墙面,因此需做防结露保温处理。多用于夏季的集中空调送风管道系统。

而输送温度较高的气体时,一是防止管道内空气的热损失(冬季集中空调系统),另外是防止在输送废热蒸汽时,其热量散发到房间内,影响室温或烫伤人,需做绝热保温处理。

3. 风道保温材料

风道的保温材料多采用导热系数值在 $0.035\sim0.058W/(m\cdot℃)$ 左右,并具有良好的阻燃性能,常用的保温材料有聚苯乙烯泡沫板、岩棉板(或岩棉卷材)、超细玻璃棉板(或玻璃棉卷材)、聚氨酯泡沫板等。

有些材料的表面可加贴铝箔、玻璃丝布等贴面,可节省面层包裹工序。

保温层的厚度,应经计算选择经济厚度,目前较为普遍使用的超细玻璃棉保温材料,可根据其不同的密度而适用范围较广,即可做保温用又可做消声材料用。

4. 保温层施工程序

适用于常用的保温做法。

(1) 做防腐处理:涂防锈漆或设计指定的防腐防锈涂料。涂刷前应将风管的油污、灰尘擦拭干净,油污严重者可用丙酮清洗,镀锌铁皮出现锌皮脱落或严重反碱现象应禁止使用。

(2) 贴保温材料:当圆形风管保温宜采用卷材,下料时需计算好,并应考虑板的厚度,不允许过大或短缺。保温板材或卷材可采用粘贴或保温钉固定的方法,如聚苯乙烯泡沫板或聚氨酯泡沫板等硬质泡沫材料可采用特制的粘接剂粘贴在风道上。对超细玻璃棉板、岩棉板或卷材等软质保温材料可采用保温钉与风管固定。图7-34中即为保温钉固定保温材料的做法。

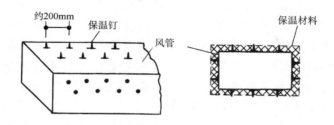

图 7-34　保温钉固定方法

首先将保温钉粘接在风管外壁上,然后将已裁好的保温材料紧压在风管上,保温钉可采用塑料的或金属的,拼板时板缝应整齐严密,板或卷材要与管壁压实压平,不允许留有间隙。保温钉间距约200mm一个,每排应错开½间距粘贴。在施工时管道四壁均需粘贴保温钉,因保温钉不但起着固定保温材料的作用,同时还能更好地使保温材料严密地粘实在风道壁上。

(3)有防潮要求时,应做隔潮层,一般采用塑料布包裹。

(4)保护层:可包扎玻璃布或做铁皮保护壳,当保温材料带有面层时也可不做保护层。

对明装风道的保温施工要求平整均匀,面层无破边,带有铝箔面层时在接缝处应补贴铝箔条,管配件处弯曲弧度与管道相符,光滑、干净、整齐美观。

5. 保温材料的保管与运输

因有些材料具有吸湿后降低保温性能的特性,在材料运输及保管中,应注意防雨雪、防潮湿,有些保温材料易破损,因此应防止挤压蹬踩、污染,切割时要量好尺寸,裁口应齐整,棱角明显,施工中应尽量合理下料降低损耗率。

七、通风管道系统施工程序及注意事项

(1)风管安装应待风机、除尘设备等安装完毕再进行。

(2)因风管为大体积管道,经常由于土建或设备安装的变更及施工中的误差,而使通风管道无法按施工图施工,因此在风道制作前宜按施工图中每个系统的风管走向布置在现场进行实测,然后绘制草图,以此作为预制厂或现场加工的依据,并按系统把每段风管、管件编号排列顺序。风管预制中宜搭设钢平台,预制完毕应进行自检,法兰与风管固定时要保证垂直度,可采用角尺进行测量。

(3)风管保管堆放时,需按系统编号分开堆放,并保证堆放稳固,防止因过高堆放而倾倒,摔坏风管,出现表面凹凸或严重折痕应更换。

(4)风管支架安装时,需在顶棚、墙面、柱体处弹出风道及标高中心线,以保证风道位置的准确。风道间距一般当周长≤1000mm,支架间距为4m,周长>1000mm时,间距为3m,圆形风道当直径≤350mm,间距为4m,直径>350mm,间距为3m,在三通、弯头、阀门等处应视其情况加设支架。

(5)风道架空安装时,可沿风管走向搭设脚手架,也可采用移动式脚手架。根据风管的位置可搭设单排或双排脚手架。跳板的数量应满足安装要求,跳板应固定。当高度超过3m时,需系安全带操作。脚手架搭设位置要错开风管所占的位置,利于吊装及操作。

（6）风道安装

1）组装：当系统较小时，可采用一次组装而成，系统较大可分成二或三部分组装。组装可在地面进行，组装时应注意风道的平直度，防止扭曲或起波。法兰加垫料后应均匀拧紧螺栓。

2）风道就位：可采用人工或吊具就位。对断面小的风道、位置低的风管可采用人工就位。系统较长、位置高的风道可采用倒链等吊具就位。风道就位时应注意人身安全，绳索结实、吊点牢固，脚手架上面的操作人员应防止风管或其他工具等物失落，就位时要注意避免碰撞风道，并进行调直等程序，风道应平稳地放在支架上，吊杆不宜扭转。

3）风道保温宜在吊装前完成，安装时避免破坏保温面层，如风道在就位后再做保温，应注意与墙距离能满足不小于 15cm 的操作面。

（7）风管安装时，需准确地安装三通、阀门、送回风口等甩口位置，如现场施工中在管上现开风口，要注意操作要点，接口应严密。

（8）风道与设备连接

风道与风机连接时，为缓冲风机的振动应在进出口处加软管接头，连接风管前宜做单机试运转，检查有无故障。

（9）系统试运转

系统试运转时，需检查风道的漏风率、各支风道的流量、出风口风速、排气罩的抽吸风速、总风量等是否符合设计要求。一般通风系统漏风率不应超过 10%。排尘系统投入带负荷运行后，应取样检查经除尘设备处理后的含尘浓度是否符合规定，排烟系统运行后需测试含尘浓度，通过试运可进行各送排风支路的风量调整。

八、通风工程与土建配合施工注意事项

通风工程施工与土建工程施工有着密切的关系，土建施工中需了解通风的设备名称、位置、基础做法、风管的走向、出屋面风道的做法、风帽的类型及安装方法等内容，才能做好土建施工与通风或其他专业工种的交叉配合的时间、工序及作业流水段，以缩短施工工期及合理地安排工序，提高工程质量，减少返工率。通风工程施工要求土建配合项目有：

（1）结构工程施工时，通风风管穿墙体应预留孔洞，墙体中包括框架结构的剪力墙或隔墙，孔洞的尺寸、标高、位置需与专业人员核对图纸确认无误时方可施工，避免大量大面积的剔凿而破坏墙体结构。如漏留孔洞需砸洞时，需与土建施工人员商定砸洞的方法及补救措施，严禁自行剔砸割筋的施工方法。

风道穿楼板时，如为现浇楼板，在支模板时应预留孔洞，如为预制楼板应做补强措施。

（2）当沿混凝土墙或柱敷设的风道，其支架安装需预埋钢构件时，其埋件的位置、标高要准确，构件的钢板面积应有足够大，避免施工误差而无法安装，埋件应与钢筋固定防止浇注时埋件移位。

（3）风管出屋面施工时，可做出一段砖制底座再连接排风风帽，如图 7-35，砖制底座的四壁需抹灰，防水层应包卷砖底座高度不宜小于 300mm，风道的尺寸应与风帽相符合，砖底座上可预埋钢板或预埋螺栓，便于与风帽固定。

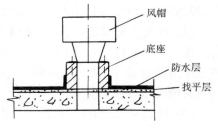

图 7-35 出屋面风帽安装做法

（4）设备基础施工时，应与专业图纸复核平面位置、标高、几何尺寸等，基础高度不宜出现正误差。地脚螺栓留洞位置、洞口几何尺寸及深度应准确,安装地脚螺栓时,要保护好顶部的丝扣部分,如设备基础复杂且螺栓孔数量多,应预制螺栓间距样板以保证设备顺利就位。

(5)通风管道设置在吊顶内时,应首先安装体积大的风管,然后再施工其他专业的管道,土建吊顶龙骨施工时,不准附着在风道的吊杆支架上。

(6)体积大的设备如不能在结构施工中就位,需留出吊装孔位置及运输通道,待设备就位后再补砌。

(7)土建施工墙面、柱面、顶棚抹灰及面层时,应对已施工完毕的明装风道进行遮挡保护,设备用塑料布罩住防止进入砂浆或喷涂物。

对已施工完毕的墙面,安装风道时应注意不要碰坏及污染,对暂未安装的风口等处需采取暂时封堵措施。

(8)当通风管道穿越土建划分的防火区时,应设置防火阀。

第三节　通风工程施工图

一、通风工程施工图组成

通风施工图主要有说明书、设备明细表、通风系统平面图、剖面图、通风透视图及节点图等组成。

通风施工图在识读时,应熟悉图例及通风图的绘制方法,通风图中的风道均以细双实线表示,平面图中风道水平投影为矩形风道的宽度或圆形风道的直径,矩形风道尺寸以 $a \times b$ 表示,a 表示风道宽度;b 表示风道的高度。

通风工程常用的图例见表7-9。

二、施工图内容

1. 说明书

介绍系统的概况及特点、风道的材质、保温做法、系统划分及验收标准等。

通风、空调工程图例　　　　　　　　　　　　　　　表7-9

名　称	图　式	名　称	图　式
矩形风道	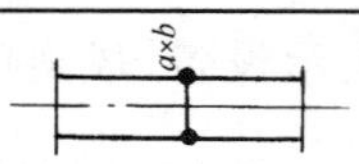	排气罩	
法兰连接	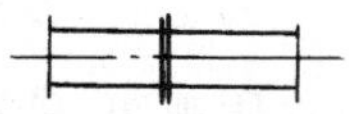	离心风机	
多叶调节阀	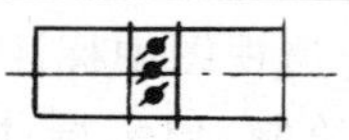	伞形风帽	
帆布软接头	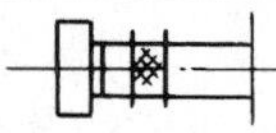	空气过滤器	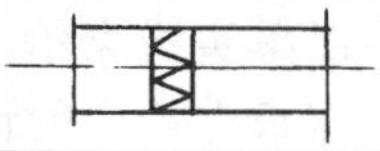
百叶风口	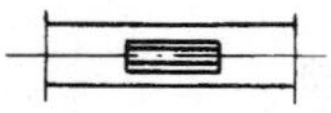	带导流片弯头	
方形散流器	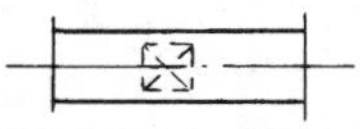	圆形风道	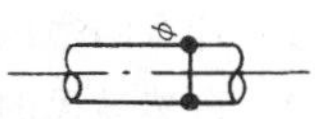

名　称	图　式	名　称	图　式
蝶　阀	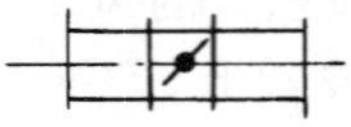	轴流风机	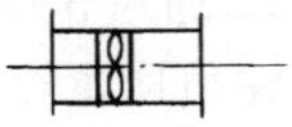
防火阀	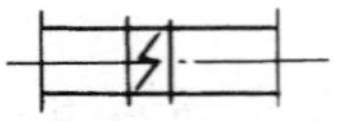	空气加热器	
插板式风口		筒形风帽	
条形送风口	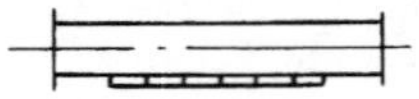	消声器	
圆形散流器	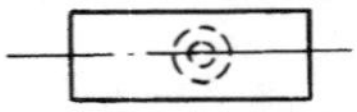	风机盘管	

2．设备明细表

设备的型号、规格及数量，阀类、风口、排气罩、风帽等型号规格及数量均列在明细表内。

3．通风平面图

是通风施工图中主要图纸，平面图包括以下内容：

(1) 以建筑平面图作为基底图(一般将建筑图中与通风系统无关的略掉)，只标注建筑轴线尺寸及编号。

(2) 将通风系统的设备按比例表示在平面中，包括设备编号、相对尺寸。

风道的平面走向，三通、弯头、变径等平面位置，风道中心与建筑轴线或墙柱的相对尺寸，标注管径及变径后的管径。

(3) 平面图中标注阀类的类别及风口的尺寸及类型。

(4) 多个独立的进排风系统的顺序编号。

(5) 剖面线的位置及编号。

4．通风剖面图

剖面图根据平面图剖面线的位置进行剖视，表示设备、风道的高度，风道与设备连接的立面关系，风道及设备与建筑物的立面位置。

5．通风透视图

透视图是平面及剖面图的辅助图，反应系统的立体视图，管道交叉关系，在较简单通风系统中可省略剖面图，以透视图表示出立体关系。透视图中标注风道的走向、标高、管径、系统编号、设备示意及与管道连接关系，可不按比例绘制，但需标注管道长度、送排风量等，透视图以单实线表示。

需重点绘出的详细部位，可增加节点大样图，如风机室或除尘室等。

思　考　题

7-1　什么叫通风？简述通风的方法。

7-2　自然通风的作用原理是什么？

7-3　什么叫机械通风？试述其工作原理。

7-4 空气过滤器的作用原理是什么?

7-5 当离心式风机采用皮带轮传动时,对其安装应注意哪些事项? 为什么风机基础埋入地下部分要有足够的深度?

7-6 简述通风管道制作时,材料选择的原则。

7-7 风道主要有哪几种连接的方法?

7-8 通风工程应如何与土建施工相互配合?

第八章　空气调节工程

第一节　空气调节与通风区别

一、概述

自改革开放以来,我国的经济建设迅速发展,大中城市及沿海开发区的高层、高级建筑迅速增多,人们生活水平不断提高,而对生活的标准也不断有更新、更高的需求,在现代化城市对如何能创造出一个与室外噪声隔绝、空气清新无污染、温湿度适宜的良好居住、办公、娱乐的环境,是人们迫切需求的。而对新兴工业中如制药、电子、精密仪表、微型元件等行业,为了提高产品的质量,提高生产效率,改善工艺生产中的环境,以满足生产工艺的需要,也需有良好的空调系统保证。因此空调有着更重要的经济意义。

根据资料统计,凡在大型的宾馆、饭店、娱乐场所、大型商场、超级市场、影剧院、写字楼等建筑,因设置空调系统而使客房率、商品销售额、办公效率均有大幅度的提高。

尤其在商业部门,有空调的商场销售额增长幅度远比无空调设备的商场大得多,这也是促销的一种方法。空调工程的发展同时也促进了生产空调设备的厂家发展,但空调工程的发展对城市的供电、供水量的大幅度需求也成为严峻的现实问题。

总之,空调工程不再是仅用于某些生产必须的行业(如纺织、化工、电子等),而是广泛地用在公益设施上。近年来居民居室的空调需求量迅速增加,改善了人们的生活质量,同时促进了空调设备生产行业的发展。

二、空气调节与通风的区别

通风:主要是利用自然通风或机械通风的方法,为某房间或车间提供新鲜空气,满足工作人员的需要及生产工艺要求,稀释有害气体的浓度,并不断排出有害物质及气体称为通风。

空气调节:简称空调,主要是通过空气处理的手段和方法,向房间送入净化的空气,并通过空气的过滤净化、加热、冷却、加湿、去湿等工艺过程满足人及生产的要求,对温度及湿度能实行控制,并提供足够的净化新鲜空气量。空气调节过程是在建筑物封闭状态下来完成的,包含以上内容的我们称为空气调节。

三、人对空调需要的舒适因素

空调必须在人们的居住、办公或公共建筑中提供使人感到舒适的环境。

(1) 需提供足够量的空气,以满足人们生活所必须的氧气。

(2) 温度的要求:人体与所处的周围环境之间存在热的传递,而热传递过程与人体表面温度有关。人体表面由于新陈代谢的作用,一部分能量贮存于体内,而其余部分会释放出来。在较冷或较热的环境中,虽然人体具有温度的调节功能,但是仍会使人感到不舒服,因此需提供人们一个舒适温度环境。

（3）湿度的要求：冬季室内干燥的空气及夏季潮湿的空气,都会令人感到不舒适,空气处理过程需采用加湿或去湿的方法来改变环境的湿度。

（4）空气流速：人们的各部位对空气的流动速度敏感程度均不相同,过大的空气流速会使人有吹风感,流速过小会使人感到发闷,所以对空气的流速应有合理的选择及控制。

第二节 空调基本知识

一、空气的组成

环绕地球的空气层是多种气体的混合物,主要成分是氮气占78%左右;氧气占21%左右,其他气体由二氧化碳、氩气、水蒸气及氖、氦等组成的,而氮气与氧气的含量基本为一恒定值,其变化很小。在接近地球表面空气中还含有尘埃、细菌、病毒、烟雾、废气等悬浮物。而水蒸气的含量各地区是不同的,它受着江河湖海表面的蒸发及海洋潮湿气流的影响,靠近沿海地区空气潮湿而内陆地区较为干燥。一般把空气中的氮气、氧气、一氧化碳、氩气称为干空气。

人们感觉到的空气干湿程度,是指空气中含水蒸气量的多少,当空气中水蒸气含量大时会感到潮湿。夏季有时温度计显示的温度并不是很高,但人却感到闷热、呼吸不舒畅。而冬季空气中含湿量少,干空气占的比重较大时,人会有皮肤和呼吸道干燥等不舒适的感觉。对房间内置放的家具、电气设备等,潮湿或干燥度较大均会影响其使用寿命及功能。因此空气中的成分、含湿量的大小是空调中最基本的基础参数。

二、空调工程专业基本知识

1. 空气的湿度

根据以上对空气性质及组成的叙述,湿度是空调中重要的参数之一,我们用空气的加湿、去湿来人为地控制空气的湿度,并创造出一良好的舒适环境。空气的湿度可用绝对湿度和相对湿度来表示。

（1）绝对湿度：又称含湿量,在单位质量空气中含水蒸气质量的多少称为绝对湿度。

（2）相对湿度：符号以"φ"表示,代表空气中所含水蒸气的分压力与同一温度下饱和水蒸气压力的比值。

$$\varphi = \left(\frac{P_s}{P_b} \times 100\right)\%$$

式中　P_s——代表某温度下空气的水蒸气分压力(可从有关干湿表中查出)。

P_b——代表在同一温度下饱和水蒸气压力,可根据表8-1查出。

饱和水蒸气压力表　　　　　　　　　　　　　　　　表8-1

饱和温度(℃)	饱和水蒸气压力 P_b(MPa)	饱和温度(℃)	饱和水蒸气压力 P_b(MPa)
1	0.6566	29	4.004
2	0.7054	30	4.241
3	0.7575	31	4.491
4	0.8129	32	4.753
5	0.8719	33	5.029

饱和温度(℃)	饱和水蒸气压力 P_b(MPa)	饱和温度(℃)	饱和水蒸气压力 P_b(MPa)
6	0.9348	34	5.318
7	1.0013	35	5.622
8	1.0721	36	5.940
9	1.1473	37	6.274
10	1.2271	38	6.624
11	1.3117	39	6.991
12	1.4016	40	7.375
13	1.4967	41	7.778
14	1.5974	42	8.198
15	1.7041	43	8.639
16	1.8170	44	9.100
17	1.9364	45	9.582
18	2.062	46	10.082
19	2.196	47	10.612
20	2.337	48	11.162
21	2.486	49	11.736
22	2.643	50	12.335
23	2.808	60	19.92
24	2.982	70	31.16
25	3.167	80	47.34
26	3.360	90	
27	3.564	100	101.325
28	3.779		

表 8-1 中,饱和温度在 50~100℃ 的范围间隔较大,供参考使用。

相对湿度表示空气干燥或潮湿的程度,当 $\varphi=0\%$ 时,表示空气完全干燥,而 $\varphi=100\%$ 时表示空气湿度最大并达到了饱和状态。

在相对湿度概念中,我们知道大气是由干空气及水蒸气等组成的混合物,而其中水蒸气和干空气的温度和体积都是相等的。

根据物理学道尔顿定律:

$$P = P_s + P_a$$

式中　P——大气压力;

　　　P_a——干空气的压力。

即大气的总压力是干空气压力与水蒸气压力之和,而 P_s、P_a 均称为大气总压力的分压力,水蒸气分压力 P_s 越高说明空气的相对湿度越大,水蒸气分压力 P_s 是随空气中蒸汽含量增加而升高的。

2. 湿球温度

当温度计的温包用湿的纱布包住时,如室内为非饱和状态时,即相对湿度 $\varphi < 100\%$,纱布表面将会产生蒸发现象,而温包会因纱布水分蒸发而吸收了它的(温包)热量使温度计指示数值下降。此时的温度称为湿球温度。

不饱和状态的室内湿球温度是低于干球温度的,形成一温度差,这种温度计就是利用这个温度差来测量室内的相对湿度。当室内水蒸气分压力与饱和水蒸气压力比值越小时,其温差就越大;干湿球温差越大则相对湿度就越小。利用这种关系制作的温度计称为干湿球湿度计。

3. 露点:

当大气中含水蒸气时,随着大气温度的下降而使水蒸气开始冷却,当达到某一温度时,蒸汽就开始凝结,我们把这个温度称为露点。而此时的水蒸气会使空气达到饱和状态,空气中含湿量越大,空气的露点温度就越高,如把已达到露点的空气进一步降温,空气中的水蒸气开始凝结成水滴,称为结露现象。

空气的结露往往会使空气的含湿量降低,这在空调中是有着较大的实用意义的。夏季空调的冷冻水通过表冷器、盘管等均属降温去湿过程,夏季空调水温一般在7℃左右,通过表面冷却器时,其盘管表面温度低于周围空气的温度,当周围空气的温度被冷却到露点以下时,通过表冷器周围空气中的水蒸气出现结露,即空气中的水蒸气从空气中分离出来,从而达到减湿的作用。

表 8-2 中列出不同温度和湿度的空气露点温度值。

空气露点温度表

表 8-2

相对湿度(%) 温度(℃)	60	65	70	75	80	85	90	95	100
2	−4.9	−3.9	−3.0	−2.1	−1.2	−0.3	+0.5	+1.3	2.0
4	−3.2	−2.1	−1.1	−0.2	+0.7	+1.6	2.5	3.3	4.0
6	−1.5	−0.4	+0.7	1.7	2.7	3.6	4.4	5.2	6.0
8	0.3	1.4	2.5	3.5	4.5	5.4	6.3	7.2	8.0
10	2.1	3.3	4.4	5.4	6.4	7.4	8.3	9.2	10
12	3.9	5.1	6.3	7.4	8.4	9.4	10.3	11.2	12
14	5.8	7.0	8.2	9.3	10.3	11.3	12.3	13.2	14
16	7.7	9.0	10.2	11.3	12.3	13.3	14.3	15.2	16
18	9.9	10.9	12.1	13.2	14.2	15.2	16.2	17.1	18
22	11.5	12.8	14	15.1	16.2	17.2	18.2	19.1	20
22	13.4	14.7	15.9	17.0	18.1	19.1	20.1	21.1	22
24	15.3	16.6	17.8	19	20.1	21.1	22.1	23.1	24
26	17.2	18.5	19.8	21.0	22.1	23.1	24.1	25.1	26
28	19	20.4	21.7	22.9	24.0	25.1	26.1	27.1	28
30	20.9	22.3	23.6	24.8	25.9	27	28.1	29.1	30

第三节　空调的分类

根据人们生活、居住、办公的环境条件,生产工艺中需要满足的空调参数,及具有特殊空气处理的要求,空调可划分为一般性空调(舒适性空调)、工业空调及洁净式空调。

一、一般性空调

又称舒适性空调。主要是为满足人们对新鲜空气量、温度、湿度、气流的速度等要求,并将这些参数控制在一定的范围内称为一般性空调。

1.新鲜空气量

在一般性空调中,不必要百分之百地送入处理的新风,因为那是不经济的,送风系统的送风量是包括了再循环空气及新鲜空气两部分。考虑到送风管道的断面尺寸不能过大,而送风风速又不能过高,因此既要保证房间有足够的新风量,使人无不舒适(发闷)的感觉,又不能风速过大产生噪声。新风量可参照表8-3选择。

新风量参考表 表8-3

建筑物性质	新风量[m³/(h·人)]	建筑物性质	新风量[m³/(h·人)]
办公室	4	展览厅	9~10
会议室	10	宾馆中商场	10
百货商场	9~12		

2.温度与湿度

一般性空调中使人感到舒适的温度、湿度的要求因人而异,人种、年龄、性别、身体状况的不同均会有不同的反应。根据对不同群体分组试验,夏季室内温度一般控制在24~26℃,相对湿度在55%~60%;冬季室内温度控制在20~22℃,相对湿度在45%~55%。

3.气流流速

冬季在0.13~0.15m/s,夏季在0.2~0.25m/s时,人们会感到比较舒适。冬季过大的流速,令人有吹风感;夏季风速较小,人会感到发闷。

一般性空调适用于办公、居住、公共设施、宾馆等,而大型商场、影剧院、车站等建筑物空调参数应考虑人员的密集性及高峰期和各种产热设备等因素的影响。

二、工业空调

在一些行业中,生产及产品制造工艺中,需要有严格的空气温度、湿度、空气洁净度等来保证产品的质量,而不是首先考虑人是否在这种环境下的舒适度,这种空调是以工艺为主的,称为工业空调。例如纺织厂中的纺纱及织布车间要求车间的温度在35~38℃,而相对湿度在85%~95%左右,只有保证在这样的空气参数下,纺纱、织布的工艺才会减少断头等现象,这就是工艺的要求,而电子业、精密仪器仪表业则要求车间有恒定的温度及湿度、清洁度,才能保证产品的质量及精度,工业空调因空气处理量较大,所以所需的空调设备及系统管道量均比一般性空调大。

三、洁净空调

某些要求空气洁净度高的行业,不但对温度、湿度、风速有严格要求,同时对空气的含尘量、含菌数等也有严格的指标,例如制药业、食品加工业、医院中的手术室、血液透析室、烧伤病房等房间及部门,都需有洁净式空调以保证环境的无菌要求,及医院中无灰尘、病菌、病毒的污染。

洁净空调对空气的过滤处理有着严格要求,对容器、输送风管的材质及施工均有特殊的要求及标准。

洁净空调对空气除进行粗、中效的过滤,还需有高效(或亚高效)过滤器对空气进行全面的处理。

第四节 空 气 处 理 方 式

一、空气加热处理

为了满足室内温度的需要,将空气进行加热处理以提高送风的温度,空气加热一般通过空气加热器、电加热器等设备来完成。

空气加热器:见图 8-1,它是由多根带有金属肋片的金属管连接在两端的联箱内,热媒在管内流动并通过管道表面及肋片放热,空气通过肋片间隙与其进行热交换,达到空气被加热的目的。

空气加热器可根据需加热的空气量组成空气加热器组,通入加热器的热媒可采用蒸汽或热水。

电加热器,可采用电阻丝安装在金属管内(电阻丝外安装有绝缘环),通过电阻丝发热使管表面温度升高,可制作成盘管等形成,适用于加热处理量较小的系统,耗电量较大。

空气加热器多用于集中空调、半集中空调系统的空气预热和二次加热。

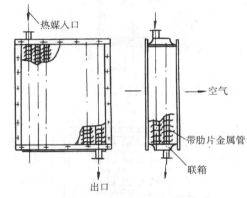

图 8-1 加热器构造

二、空气冷却处理

用于夏季冷却空气处理,可采用表面式冷却器及喷水冷却的方法。

1.表面式冷却器

可简称表冷器,它的构造与加热器组构造相似,它是由铜管上缠绕的金属翼片所组成排管状或盘管状的冷却设备,管内通入冷冻水,空气从管表面侧通过进行热交换冷却空气,因为冷冻水的温度一般在 7~9℃ 左右,夏季有时管表面温度低于被处理空气的露点温度,这样就会在管子表面产生凝结水滴,使其完成一个空气降温去湿的过程。

表冷器在空调系统被广泛使用,其结构简单、运行安全可靠、操作方便,但必须提供冷冻水源,不能对空气进行加湿处理。

2.喷水室喷水降温

喷水室内有喷水管、喷嘴、挡水板及集水池。主要对通过喷水室的空气进行喷水。将具有一定温度的水通过水泵、喷水管再经喷嘴喷出雾状水滴与空气接触,使空气达到冷却的目的。

这种喷水降温的方法可由喷水的温度来决定是冷却去湿还是冷却加湿的过程。冷却加湿过程适用于纺织厂、化纤厂等一些车间,所以工业空调中较多使用这种冷却方式,但耗水量较大。

三、空气的加湿与去湿

当冬季空气中含湿量降低时(一般指内陆气候干燥地区),对湿度有要求的建筑物内需对空气加湿,对生产工艺需满足湿度要求的车间或房间也需采用加湿的设备。

加湿的方法有采用喷水室喷水加湿方法、喷蒸汽方法及电加湿法等。

1.喷水室喷水加湿

当水通过喷头喷出细水滴或水雾时,空气与水雾进行湿热交换,这种交换取决于喷水的温度。当喷水的平均水温高于被处理空气的露点温度时,喷嘴喷出的水会迅速蒸发,使空气达到在水温下的饱和状态,从而达到加湿的目的。而空气需进行去湿处理时,喷水水温要低于空气的露点温度,此时空气中的水蒸气部分冷凝成水,使空气得以去湿。所以调节控制水温,可以在喷水室完成加湿及去湿的过程,水温可靠调节装置来控制。

喷水室在加湿及去湿的过程中还可起到空气净化的作用。

喷水室是由混凝土预制或现浇而成,也可由钢板制作成定型的产品形式,图 8-2 为混凝土结构的喷水室,喷水室的侧墙、室顶需做隔热层,水池施工时应做防水层。要求密闭,不漏风,不渗水。为了使空气处理后不带水滴应设置挡水板,挡水板应垂直安装以利于排水,并应插入水池内。挡水板一般采用镀锌钢板或塑料压制成波折状。前挡水板可以起到组织气流均匀地通过喷淋室的横断面,以及挡住飞溅的水滴作用。

喷入池中的水,可根据水温调节装置与补充水混合重复使用。

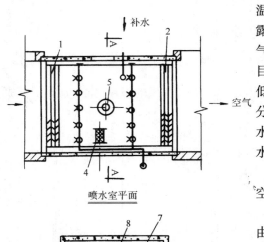

喷水室平面

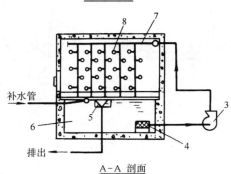

A-A 剖面

图 8-2 喷水室构造
1—前挡水板;2—后挡水板;3—水泵;4—滤水器;5—溢水盘;6—水池;7—喷水管;8—喷嘴

喷嘴一般由硬质塑料制作,如工业空调常用的 Y-1 型及铜合金制作的 FL 型喷嘴等类型。水进入喷嘴多呈旋涡状运动,喷嘴盖呈杯形并可拆卸更换或清除喷孔。喷水管可根据设计成排布置,喷水方向可分成以下几种形式,如图 8-3 所示。

加湿效率也因其喷水室的喷水形式不同而有差异,一排顺喷平均加湿效率在 60% 左右;一排逆喷为 75%;二排顺喷为 84%;二排对喷为 90%;二排逆喷为 95% 左右。

在水池底部的出水口需装有滤水器,主要是过滤水中的泥沙,防止阻塞喷头的孔眼。

2.蒸汽加湿器

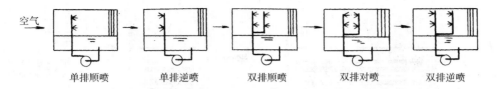

| 单排顺喷 | 单排逆喷 | 双排顺喷 | 双排对喷 | 双排逆喷 |

图 8-3　喷水管与喷嘴的喷水方式

注:顺喷是指喷水方向与气流方向一致;逆喷是指喷水方向与气流方向相反。

蒸汽加湿器是将蒸汽直接喷射到风管的流动空气中,这种加湿方法简单而经济,对工业空调可采用这种方法加湿。因在加湿过程中会产生异味或凝结水滴,对风道有锈蚀作用,不适于一般舒适空调系统。

空气的去湿可采用化学的方法,即采用吸湿剂吸附空气中的水分。吸湿剂有固体形态及液态两种类型。固体吸湿剂有硅胶和活性氧化铝等,经吸湿后可用高温的空气吹入将吸湿剂内的水分除掉,使其恢复吸湿能力。液体吸湿可采用氯化锂等溶液喷淋到空气中,使空气中的水分凝结出来而达到去湿的目的。

四、空气过滤处理

空气过滤主要是将大气中有害的微粒(包括灰尘、烟尘)和有害气体(烟雾、细菌、病毒),通过过滤设备处理,降低或排除空气中的微粒(约在 $0.1\sim200\mu m$ 范围)。

根据过滤器过滤的能力、效率、微粒粒径及性质的不同,可分为低效、中效及高效(含亚高效)过滤器三种类型。过滤器的效率用公式表示为:

$$过滤器效率 = \frac{过滤前的浓度 - 过滤后的浓度}{过滤前的浓度}$$

还可通过微粒的穿透率及容尘量来测试过滤器过滤的效果。

空调工程中根据采用空调方式及对空气洁净度要求多采用粗过滤、中效过滤,而洁净空调除采用低、中效的过滤,还在进入洁净室前将空气经高效过滤器过滤以达到对空气的洁净等级标准的要求。

五、消声处理

当风机运转时,由于机械运动产生的振动及噪声,通过风道、墙体、楼板等部位传至空调房间而造成噪声污染,而风道内也会因高速气流而产生噪声。因此,除对风机或其他空调设备所产生的噪声应进行消声减振处理外,风道内的噪声可通过在消声设备或风道内壁做消声板、消声弯头的方法降低噪声。

消声器的种类很多,空调工程上常用的有阻抗复合式消声器、管式消声器、微穿孔板式消声器、片式消声器、折板式消声器,还可做消声管段等方法降低噪声。

1. 阻抗复合式消声器

这是利用对声音的阻性及抗性合成作用的一种消声器。

阻抗复合式消声器构造见图 8-4,其中抗性消声是利用内管截面突变及由内管及外管之间膨胀室作用而组成抗性消声,当声波迁到截面变化的断面就会向声源方向反射而减少声音的传递。抗性消声对 $10\sim15dB$ 的低频噪音有较好的消声作用。而阻性消声则是利用安装在管内用吸声材料做的消声板来消声的。当声波遇到松散孔隙的吸声材料,会使其分子产生振动加大摩擦阻力,声波会转变为热能,以达到消声的目的。这种阻性消声对 15~

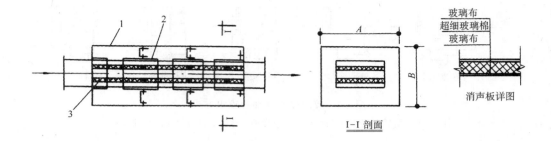

图8-4　阻抗复合式消声器构造
1—外管壳;2—内管膨胀室;3—消声板

25dB的中频噪声及25～30dB的高频噪声均有良好消声效果,因此阻抗复合式消声器对低、中、高频声波噪声有较好的消声作用。

这种消声器性能稳定、安装方便、外观整齐,是空调系统中常用的消声器。

2.管式消声器

这种消声器结构简单,体积较小,消声频带宽,主要靠超细玻璃棉作为吸声材料,可水平或垂直、串联安装,结构见图8-5。

3.微孔板消声器

它是一种由微孔管与共振腔组成的消声器,消声量大,对低频噪声吸声效果较好,微孔板可用铝制,外壳由镀锌钢板或不锈钢板制成。

4.消声管段、消声弯头

即在风管或弯头内壁贴附消声材料,如聚酯泡沫或带有玻璃布面层的超细玻璃棉,以减少空气在输送中的噪声。

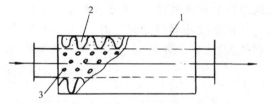

图8-5　管式消声器
1—外管壳;2—超细玻璃棉(或矿渣棉);3—孔管

第五节　空调系统的形式及工艺

空调系统可根据建筑物的性质、需要的空调参数及空气处理的方式等不同要求分为集中空调系统、末端(诱导式)空调系统、新风—风机盘管系统、局部空调系统等。

一、集中空调系统

对要求空调参数(即温度、湿度、洁净度等)相同或接近的空调房间,经过空调设备集中对空气进行处理,然后通过送风管道送到各空调房间。集中空调的空气处理机房称为空调室,设备集中管理运行。

集中空调系统的处理室内主要包括进新风系统、回风风机、加热器(预加热或二次加热)、表冷器、喷水室、送风机等系统。新风系统包括进风口、进风调节阀、空气过滤器。

集中空调空气处理室组成见图8-6。

集中空调系统根据空调房间需处理的空气量、温湿度的要求在冬季运行时,室外的新鲜空气与室内一部分回风混合后,经过滤器处理进入预热加热器提高空气的温度。如需对空

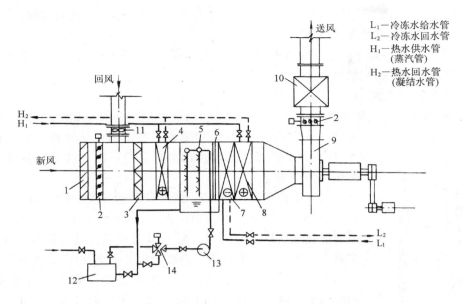

图 8-6 集中空调单风道送风系统流程图

1—新风百叶窗;2—电动多叶调节阀;3—过滤器;4—预加热器;5—喷淋室;6—挡水板;7—冷
却盘管(表冷器);8—二次加热器;9—离心送风机;10—消声器;11—轴流回风机;12—水冷却
装置;13—水泵;14—电控阀

气加湿,可设置喷水室(喷水温度应由电控阀控制)进行加湿。再进入二次空气加热器加热,使空气达到设计送风温度。

夏季运行时,启动制冷设备,关闭加热设备系统,使空气通过表冷器冷却,达到设计参数送至空调房间。

空调机室可由混凝土浇注外壳,并分隔成各组段,一般设置在建筑物的地下室内。由混凝土浇注的空调室施工难度较大,占地及空间大,噪声控制较困难。另一种是由各种不同功能设备,装置在独立的金属箱体内,然后再根据所需的功能组合成为空调新风机组,每种处理功能算作一段,可分为混合段(新风与回风混合)、过滤段、加热段、表冷段、喷淋段、风机段、检修段、二次回风段、加湿段(蒸汽加湿、离心加湿)等,其中风机段内风机设有减振装置。每个处理段

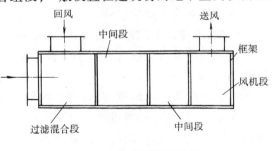

图 8-7 组合式空调机组外形

都是采用带有保温层的金属外壳,在工厂预制成独立箱体,运至安装现场,按设计选型及排列顺序进行组装。每段的几何尺寸(长×宽×高),是由标准面板组成的,标准面板中宽及高均以标准模数而定,因此在组装时具有灵活性,由于具有一整体框架所以机组外观整齐,占地面积较小,便于安装及运输,组合灵活方便,保温减振功能好,机组适应空气处理范围较大。空调系统普遍采用这种组合式空调机组(图8-7)。

集中空调系统又称全风系统,由于统一调整参数,对有些建筑物的空调房间参数变化的

要求无法满足。一般在建筑物内，集中空调运行工作时，对暂时不需空调的房间，其空调仍照样工作，这样会造成能源的浪费。

集中空调系统一般多用于工业性空调或空间及面积较大的场所，如大型商场及大型公共设施(车站、影剧院、候机厅等)。

二、末端空调系统

末端空调系统是把集中处理后的空气(称一次风)通过风道送到空调房间的诱导器，并与诱入的室内空气混合。而室内空气可通过诱导器内的盘管进行加热(冷却)，满足室内温度的要求。但一次风的送风参数应根据系统的特点确定。

诱导器的构造见图8-8。诱导器由静压箱、喷嘴、盘管、调节风阀等组成。当一次风进入静压箱内，均匀地通过喷嘴喷出，使喷嘴周围形成负压区。室内风的吸入口及加热盘管设置在负压区，根据室内温度的要求来加热室内混合后的空气，以满足空调要求。

诱导式空调系统可以减少一次风的处理量，管内空气流速加大而减小了风管的断面。对晚间无人居住或办公的建筑物，可停止一次风的处理，而诱导器进行重力循环。

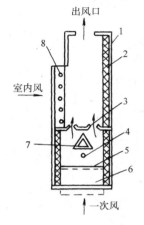

图8-8 诱导器构造图

1—外壳；2—保温材料；3—喷嘴；4—调节阀；5—风门；6—静压箱；7—吸音板；8—盘管

三、新风-风机盘管系统

在大型公共建筑中，要求舒适性空调时，当全部采用集中空调系统送风时，会增大设备的投资，增加能耗，加大设备占用建筑面积，风道断面的增大引起布置困难，甚至需加大层高而增加整体的投资费用，尤其在宾馆、办公等性质的空调房间，因其客房率或办公时间并不是均衡的，所以多采用新风-风机盘管系统。

新风-风机盘管系统即采用空调机组处理新鲜空气，而新风处理量只满足每人每小时所需的新风量即可，而其他热(冷)负荷由设在空调末端(空调房间)内的风机盘管来完成。

这种空调系统运行经济，节省设备及能源费用，减小风道的断面，对各空调房间根据个人的需要，温度调节的范围较大，在夜间或无人居住、办公的房间可关闭风机盘管。

新风处理量可根据每人每小时新风需用量的规定数值计算求得，一般约为全新风处理量的30%左右。

为了减少集中处理量，可采用新风机组分散布置(每层布置)来减少垂直风道及风道的断面尺寸，空调机组可将过滤、加热(冷却)、加湿等设备集于一金属箱内，便于安装、运输及调试，可根据设计选型满足新风处理参数的要求。

风机盘管是安装在空调房间的末端设备，它是由小型的离心风机、带有金属肋片的换热盘管及控制风机风速的三速开关控制器等组成的，每组风机盘管的底部设有凝结水盘。

1．风机盘管类型及工作原理

风机盘管根据安装部位分为立式明装、立式暗装、卧式暗装、卧式明装等类型。

当盘管内通入冷媒(冷冻水)或热媒(空调热水)，以风机作动力将室内的空气吸进并通过风机盘管表面及肋片间隙，与其作热交换，使室内的空气加热或冷却，风机不断运转循环，空气不断地被加热或冷却，直至达到室内温度要求。风机盘管内的冷热盘管是共用的，只是接入冷媒及热媒不同。

当冷热水源共用同一套系统时,只设置供水与回水管称为两管制。当冷冻水与热水分别设置两套管路系统时称为四管制。还可冷热供水管单独设置,回水共用一条管路的称三管制。一般多采用两管制,但需在冷冻水机房、热交换站的适当部位设置切换管道及阀门。

当系统在夏季运行时,冷冻水的温度(一般在 7~9℃左右)低于室内空气露点温度时,盘管外壁会产生凝结水滴,水滴不断落入风机盘管底部的凝结水盘内,水盘的水由接出的凝结水系统排至附近卫生间、盥洗间的地漏内。

图 8-9 为立式明装及卧式暗装风机盘管图。

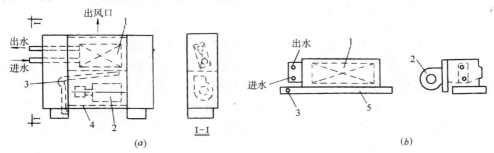

图 8-9　风机盘管

(a)立式明装风机盘管;(b)卧式暗装风机盘管

1—盘管;2—风机;3—凝结水管;4—回风滤网;5—凝结水盘

因生产风机盘管的厂家很多,根据冷负荷及冷媒进出口温度的不同可分有多种型号,可依照设计选定。

2.风机盘管安装形式

(1)安装在室内吊顶内向下送风(图 8-10)。这种形式就是风机盘管出风口处接出一段风管,从风管的底部开送风口,回风可通过回风口回至吊顶内。顶送风方式适用于房间面积较大,净深较长的房间。顶送风的风速宜在 0.2m/s 以内,避免人的头顶部有吹风感,冬季使用时人会有头热脚冷的感觉。风机盘管接管不宜过长,一般风机盘管多采用高静压型。

(2)安装在室内,利用吊顶标高差侧向送风方式(图 8-11)。

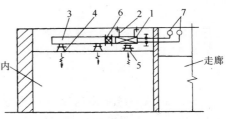

图 8-10　风机盘管安装在吊顶内向下送风

1—卧式风机盘管;2—吊杆;3—风机盘管连接管;4—送风口;5—回风口;6—帆布接头;7—冷冻水(热水)供回水管

侧送风方式,送风阻力损失少,尤其在宾馆、饭店的客房,利用过道与居室不同的吊顶标高,将风机盘管安装在靠近起居室侧,可达到比较满意的效果。

(3)室内不设吊顶,风机盘管安装在走廊吊顶内,向室内侧送风(图 8-12)。当走廊吊顶内的空间及走廊宽度较大时,而室内又不设吊顶,可将风机盘管安装在走廊内,回风可靠房门的开启或门窗的缝隙。这种送风方式一般在空调参数要求不太严格的建筑物内使用。

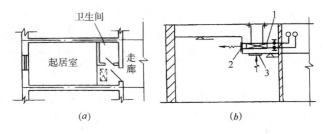

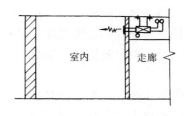

图 8-11 侧送风图示

（a）房间平面布置；（b）风机盘管安装在吊顶内侧送风

1—风机盘管；2—送风口；3—回风口

图 8-12 风机盘管安装在走廊内向室内送风

（4）立式明装风机盘管安装形式：一般多安装在外墙窗下（图 8-13）。

（5）风机盘管回风口安装形式：图 8-14（a）做法是制作回风静压箱与风机盘管进风侧连接，然后配合吊顶安装回风口，这种安装形式适用于清洁度要求较高的房间。图 8-14（b）做法是不设置回风箱，只是在风机盘管的风机吸入口附近安装一回风口，将室内的空气直接通过风口进入风机盘管内，这种方式易被吊顶内的灰尘污染，清洁度较差，不适用灰尘风沙较大或经常开启室门的房间。

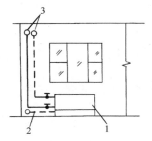

图 8-13 立式明装风机盘管安装图示

1—风机盘管；2—凝结水管；3—冷冻（热）水供回水管

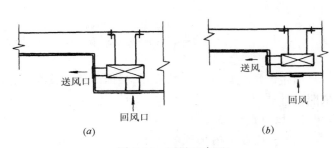

图 8-14 回风口布置

（a）带回风静压箱；（b）不带回风箱的回风口

（6）新风系统室内送风口布置形式：新风管道将经过新风机组处理过的新鲜空气送入室内，以满足空调房间新鲜空气的需要。并分配到房间内，送风口布置可采用单独设置及与风机盘管合并送风方式。图 8-15（a）即可在新风干管上，接出支管至室内的内侧墙上，墙上直接安装风口。而在有可能的情况下，如图 8-15（b）所示，将新风管与风机盘管的出风口安装在一个特制的联箱上，并合并安装一个送风口送至室内。这种方法从房间整体装修较为美观，效果较好，适用于侧送风方式。

四、局部空调系统

在未设置集中空调系统，又无法提供冷源及热源的建筑物或房间内；或设置了集中空调系统、风机盘管系统等，但又无法满足建筑内特殊房间对所提供的空调参数、供给的时间及空调季节的要求，可以设置局部空调系统来满足以上的需要。

局部空调系统是由制冷（热）设备、空气处理、动力及自控系统组成的空调机组。

空调机组本身设有制冷设备的压缩机、蒸发器、冷凝器及制冷剂等，还设有加湿设备，一般可直接置放在所需的房间内，适用于计算机室、交换机室内使用。

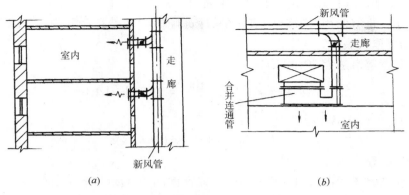

图 8-15　新风管、风口布置形式

（a）新风风管布置平面；（b）新风与风机盘管合并送风口形式

对需室内有恒温恒湿要求或要求净化的房间,在设置集中空气处理系统不经济时,可设置独立的恒温恒湿空调机组满足空调要求。

空调机组为定型产品,具有安装方便、易于管理、灵活性大、控制操作简单、性能稳定、冷(热)负荷及空气处理量选择范围广泛等优点。

空调机组根据性能、用途不同主要有如下几种类型:有恒温恒湿空调机(含全新风型)、计算机房专用恒温恒湿机、热泵式窗式空调器、分体式空调器等。

其中,恒温恒湿空调机可有风冷式、水冷式等类型。

热泵式窗式空调器和分体式空调器适于面积适中的居室、办公室等使用。

第六节　空 调 制 冷 设 备

一、制冷概念及基本常识

制冷就是使某物体或某个空间达到低于周围环境温度,并维持这个温度。在空调系统中为了创造出一舒适的温度环境, 在工业生产过程中为了提供所需的温湿度要求均需用制冷来达到, 而实现制冷可以通过两个途径, 一是利用天然的冷源, 另一是采用人工冷源。

天然冷源:地下水(深井水)资源或天然冰均属天然冷源,深井水作为空调水成本低、无污染、技术简单。但大量地使用深井水会造成地下水位的下降,在水资源贫乏的我国长期开发深井水会破坏自然环境。而地下水在我国各地区分布也不均匀,因而使用深井水受到地区的限制,尤其对深井水贫乏地区无法采用天然冷源作为制冷的来源。

人工冷源:利用自然界具有特性的物质,通过不同的物理过程,如液体汽化、气体膨胀等来摄取制冷量而成为人造冷源,目前空调系统所需的制冷量均通过人造冷源的途径来获得。

制冷基本常识:

1. 制冷量及其单位

当用人工的方法来减少某物质的热量时,也就是说在单位时间内所摄取的热量称为制冷量,单位用千卡/小时(kcal/h)或瓦(W)来表示。

制冷量单位也有使用"冷冻吨'表示的,冷冻吨的含义是在 24h 内,将 1t0℃的水变成 0℃的冰所需摄取的热量。

已知冰的溶解潜热为 79.68kcal/kg,

$$1 冷冻吨 = \frac{79.68 \times 1000}{24} = 3320(kcal/h)$$

又 1kcal/h=1.163W,所以

$$1 冷冻吨 = 3861W$$

2．比容、比重

单位重量的物质所占据的容积称为比容或容重,单位为米^3/千克(m^3/kg)。

单位容积的物质具有的重量称为比重,单位为千克/米^3(kg/m^3)。

3．气体压缩

当气体被压缩时,气体的比容减小而比重增大、压力升高,我们称这个过程为气体压缩。

4．气体膨胀及节流膨胀

气体的比容增大、比重减小、压力降低的过程,称为膨胀。而让气体在流动中,断面突然缩小,使气体流量受到节流,然后断面再增大,造成气体压力下降,比容增大,这个过程称为节流膨胀过程。

5．制冷剂

又称冷冻剂,它是在制冷设备中,进行制冷循环的一种工作物质,并能起着热量传递的作用。

制冷剂应具有以下几种性能:

(1)应易于蒸发及液化。

(2)单位容积的制冷量能力应大。

(3)便于一般冷却水或空气进行冷凝。

(4)导热系数、放热系数高。

(5)粘度要小。

(6)对人应无毒、无刺激,且无腐蚀,不易燃烧爆炸。

制冷系统中常用的制冷剂有卤代烃(即氟利昂族)及氨。

氨制冷剂优点是容积制冷量较大,蒸发与冷凝的压力适中,但具有强烈的刺激性,对人体有害。氨为可燃物,当在空气中含量达到一定比例时遇火会爆炸。氨的价格低,工业生产中经常采用氨制冷剂。

氟利昂无毒,不易燃易爆,但放热系数较低,易渗漏,吸水性能较差,适用于公共建筑、办公楼、影剧院等空调制冷装置。国际规定氟里昂制冷剂用"R××"符号表示。

根据氟里昂族成分不同,制冷剂的类型有 R11、R12、R13、R22 等,不同类型的制冷剂其温度范围、适用压缩机类型及用途也不同,空调中常用的有 R11、R12、R22。

6．冷媒

在制冷过程中,先接受制冷剂的冷量,然后再去冷却其他物质的介质称为冷媒。

常用的冷媒有空气、水、盐水等。

在日常生活中,我们使用的冰箱、冷冻柜等,它是靠制冷剂通过设在冷冻室内的蒸发器,在蒸发过程中吸收了冷冻室内空间的热量而使冷冻室空间的温度下降,而冷室内的空气温度被冷却后,即把冷量传递给了储藏在冷室内的食物,此时冷冻室内的空气起着冷媒的作用。而在空调中,水吸收了制冷设备的冷量而成为空调冷冻水,而冷冻水将冷量再传递给被处理的空气以达到空气降温的目的,此时水被称为冷媒。

当需低于0℃的水作冷媒时,则应采用盐水作为冷媒。

二、人工制冷的方法

人工制冷常用吸收式制冷、蒸汽喷射制冷及压缩式制冷,空调系统中多采用压缩式制冷方法。

1.吸收式制冷简单原理

吸收式制冷主要是利用某些气体(如氨气等)在常压常温下能大量溶于水,并在温度升高时又能蒸发逸出的特性来制冷的。在吸收式制冷机中,吸热后的低压氨气进入吸收器,被浓度较稀的氨溶液吸收,然后采用水冷却的方法将溶液的热量带走,使用泵把已增浓的氨溶液打到发生器中,用其他的热源给溶液增压加温,在一定高的压力与温度下使氨汽化,然后氨气进入冷凝器成为液态,此液体经节流阀进行节流膨胀后进入蒸发器,当氨液蒸发时从周围介质中吸热而达到制冷的目的,吸热后的低压氨气再进入前述的工艺过程。

这种制冷方法一般用于有废蒸汽或废热可利用的纺织或石油业。

2.蒸汽喷射制冷

蒸汽喷射制冷是利用压力在$0.3\sim0.7$kPa的蒸汽通过喷射器使与其相连接的蒸发器内形成真空,而蒸发器内的水部分蒸发并吸热,使剩留的水温度降低而成为低温水,低温水可用于空调或工业用低温水,蒸汽喷射制冷必须有蒸汽供给来源。

3.压缩式制冷工作原理

压缩式制冷是空调系统中最常用的制冷方法,压缩式制冷主要是由四种设备组成,有压缩机、冷凝器、节流阀及蒸发器。压缩机制冷的工作原理见图8-16。

压缩机制冷主要是利用制冷剂的蒸发吸热、冷凝放热的特性来达到制冷目的。

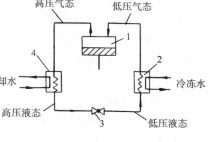

图8-16 压缩制冷系统工作原理
1—制冷压缩机;2—蒸发器;3—节流膨胀阀;
4—冷凝器

当压缩机在工作时,进入到话塞缸内的制冷剂处于低压气态,经活塞或其他方式对低压气态的制冷剂进行压缩成为高压气态,并被送至冷凝器内进行冷却。高压气态制冷剂被冷凝后,同时要放热变成高压液态,放出的热量可转移给接入冷凝器的冷却物质(一般为水或空气)。高压液态制冷剂进入节流阀进行节流膨胀,压力降低,温度下降,使制冷剂成为低温低压液态后再进入蒸发器内汽化,并吸收周围介质的热量,而这周围介质可以是空气、水或其他物体。制冷剂蒸发吸热后呈低压气态又可进入压缩机内再次进行压缩,从而完成一个制冷循环。

压缩式制冷的原理就是使制冷剂在压缩机、冷凝器、膨胀阀及蒸发器等设备中进行压缩、放热、节流、吸热四个主要热力过程,来完成制冷循环的。

实际的制冷装置并不是那么简单,还需要一些其他辅助设备,如油分离器、空气分离器、贮液罐、干燥过滤器等来保证制冷的正常的工作。

三、压缩制冷装置——压缩机

制冷压缩机类型可根据不同的工作原理分为两大类，即容积式制冷压缩机及离心式制冷压缩机。

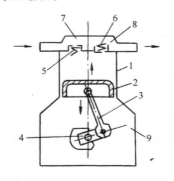

图 8-17　活塞式压缩机构造原理
1—气缸；2—活塞；3—连杆；4—曲轴；
5—吸气阀；6—排气阀；7—吸气腔；
8—排气腔；9—曲柄箱

（一）容积式制冷压缩机

主要是靠改变工作腔的容积，周期性地吸入定量气体进行压缩。常用的有往复活塞式压缩机。

活塞式制冷压缩机的基本工作原理见图 8-17。制冷压缩机主要由机体、曲轴连杆、气缸活塞、吸排气阀等组成。当曲轴被压缩机的电机带动运转时，通过连杆使活塞在气缸内作上下的往复运动，并在吸排气阀的配合下，完成对制冷剂的压缩、排气、膨胀及吸气四个过程。

1. 压缩过程

使低压气态制冷剂经过压缩之后而成为高压气态的过程，称为压缩过程。

图 8-17 中当活塞运动到下端点（即活塞不能再向下移的位置）时，气缸内充满了低压气态制冷剂。活塞开始沿气缸向上移动，此时吸气阀关闭，气缸内容积逐渐减少，而在密闭的气缸内的气态制冷剂受到压缩，压力及温度会逐渐升高。当压力达到排气压力时，排气阀自动打开，开始排气。

2. 排气过程

气态制冷剂从气缸经排气阀排出的过程称为排气过程。

气态制冷剂在压缩过程结束时，开始从排气阀排出，活塞继续上移，气缸内的气体压力不再升高，并不断排气，直至活塞到达上端点（活塞不能再向上移的位置）时，排气过程结束。

3. 膨胀过程

活塞到达上端点后，开始向下移动，排气阀自动关闭，此时残存在余隙容积内少量的高压气态制冷剂，压力下降体积增大，称为膨胀过程。余隙容积指活塞顶与气缸盖之间的间隙。

4. 吸气过程

活塞自上端点向下移动到一定位置时，气缸内残余的气态制冷剂的压力达到吸气压力，膨胀过程结束。活塞继续下移，气缸内气体压力低于吸气压力时，吸气阀自动开启，低压气态的制冷剂又进入气缸，活塞下行至下端点为止而完成吸气过程，吸气过程完成后又开始下一个压缩过程。

压缩机在四个工作过程中不断循环，不仅使低压气体压力增加，还能将制冷剂从蒸发器输送到冷凝器中。

压缩机有单缸、双缸及多缸等类型，压缩机配有油路循环系统。

（二）离心式制冷压缩机

离心式制冷机工作原理是靠电机运转时带动类似离心水泵的叶轮高速旋转，使低压气态制冷剂从侧面吸入口吸入，高速旋转产生离心力作用使其获得极大的动能和压能，并将吸入的低压气体靠压能作用成为高压气体,因压缩机电机转速很高,使得排气量增大。适用于大型的制冷装置。

离心式制冷压缩机具有结构紧凑、体轻、制冷能力大、运行平稳、噪声低等优点,空调系统及各种工业空调中需要大型的低温制冷设备多采用离心式制冷压缩机组。

四、压缩制冷换热装置

压缩制冷换热装置根据其不同功能主要有冷凝器和蒸发器。

1. 冷凝器

冷凝器的作用是将从压缩机排出的高温、高压气态制冷剂予以冷却并冷凝放热,通过冷凝器的放热面,将热量传递给水或空气。

冷凝器需要有一定的冷却表面积和较高的换热能力,并能承受一定的压力。

冷凝器主要有立式壳管冷凝器、卧式壳管冷凝器、空冷式冷凝器及蒸发式冷凝器等类型,其中壳管冷凝器属水冷式。

(1)立式壳管冷凝器:一般垂直安装在室外,构造见图8-18。

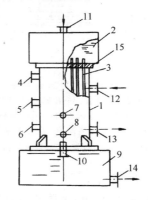

图 8-18　立式壳管冷凝器结构图
1—外壳;2—配水箱;3—无缝管;4—安全阀接头;5—均压管;6—放气管;7—压力表接管;8—放油管;9—水池;10—冷却水出水口;11—冷却水进水口;12—气态制冷剂进口;13—液态制冷剂出口;14—排放或再冷却循环管;15—上管板

立式壳管冷凝器是由一直立的圆筒形外壳,内设有上下管板封闭,而上下管板之间连接着数根无缝钢管而组成的。冷却制冷剂的水(称冷却水)从顶部进入配水箱中,配水箱内装有能均匀分配进入到每根冷却水管水量的导流管嘴,使水能沿着切线方向进入管内,并以螺旋线状沿冷却水管的内壁向下流动,形成一层水膜,冷却制冷剂后从底部流入水池内,可通过凉水设备循环使用。而气态制冷剂从圆筒约中部位进入筒体内,在筒体与冷却水管之间的缝隙流动,与冷却水进行热交换,被冷凝成高压液态制冷剂积存在冷凝器底部流出。

(2)卧式壳管冷凝器:卧式冷凝器构造及原理基本上与立式冷凝器相同,只是水平安装,构造见图8-19。

采用卧式冷凝器便于贮液器(贮液态制冷剂的容器)安装。一般可将贮液器置放在冷凝器的下部,卧式冷凝器传热较好,冷却水耗量较少,便于操作管理。

以上两种类型冷凝器均需采用冷却水使制冷剂由气态变为液态。

(3)空冷式冷凝器:空冷式冷凝器是靠空气将气态制冷剂热量带走使其冷凝成为液态。

空气气流利用轴流风机或离心风机使空气以 $2\sim3m/s$ 的流速与冷凝器的管束迎面掠过,冷凝器是由多根管束组成,管束上附有金属呈螺旋状缠绕的散热肋片(图8-20)。管束由钢管、钢肋片或铜管、铜制肋片组成。

空冷式冷凝器在夏季运行时,由于室外温度较高,迎面掠过气流温度较高,而冷凝温度也比较高,如想获得同样大的制冷量时,制冷机的容量需增大,这是不经济的,因此这种冷凝器多用于小型的制冷机组使用。

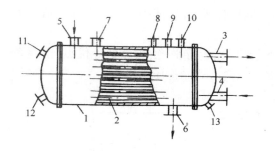
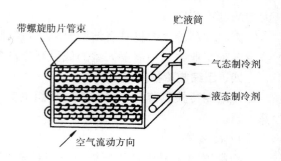

图 8-19　卧式壳管冷凝器

1—外壳;2—无缝管;3—冷却水出口管;4—冷却水进
口管;5—气态制冷剂进口;6—液态制冷剂出口;7—
均压管;8—安全阀接管;9—压力表接管;10—放气
管;11—放空气管;12—泄水管;13—放油管

图 8-20　空冷式冷凝器

2. 蒸发器

蒸发器的作用是使从冷凝器出来的高压液态制冷剂经节流阀后成为低压液态,进入蒸发器内蒸发吸热成为低压气态,然后进入压缩机内。

蒸发器在空调制冷设备中,常用的有卧式壳管蒸发器(满液式),它的构造与卧式壳管冷凝器相似(图 8-21)。筒体内的两端头各设管板,管板间焊接数根钢管(或带肋铜管)的水平管束,中间用钢板间隔成几个管道回程,目的是增加与制冷剂的换热效率。水在管内流动,制冷剂从圆筒的下半部进入,在圆筒与管束之间空隙内流动,低压液态制冷剂蒸发,并很快地从水中吸热,蒸发后成为低压气态被压缩机吸入,进行下一个制冷循环。而制冷剂吸收了管内水的热量使水被冷却降温,成为我们所需的空调冷冻水。而冷冻水被冷冻水循环泵送入空调系统,并放出冷量后温度升高,被水泵抽回送入蒸发器内进行再冷却,这样构成一冷冻循环水系统。

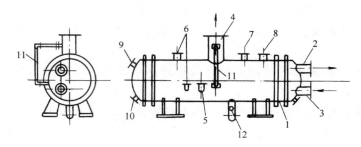

图 8-21　卧式壳管式蒸发器(满液式)

1—外壳;2—冷冻水出口管;3—冷冻水进口管;4—低压气态制冷剂出口管
(回气管);5—液态制冷剂进口管;6—浮球阀接口;7—压力表管;8—安全阀
接口;9—放空气管;10—泄水口;11—液位管;12—放油管

而满液式蒸发器是因在蒸发器内充满了液态制冷剂,因此充入量大,这对易溶于润滑油的 R12 等制冷剂很难使带入其中的润滑油返回压缩机内。当长期运行后筒体内会积存较多的制冷剂与润滑油溶液,而影响制冷能力发挥,因此在氟利昂制冷系统最好采用非满液式蒸发器。

156

非满液型卧式干式壳管蒸发器的构造与满液式蒸发器相似(图 8-22),不同满液式的是制冷剂在管内流动,而水在管束外的空隙流动,液态制冷剂经节流膨胀后,从筒体的下部进入管束内,随着在管内流动,不断吸收在管束外水的热量,逐渐汽化,直至完全变成饱和气体后,再从上部流出,然后被吸回压缩机内。这种类型的蒸发器充制冷剂量小,并需具有一定的流速,润滑油会顺利返回压缩机内。

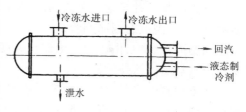

图 8-22　干式壳管卧式蒸发器

五、节流膨胀阀、电磁阀

1. 节流膨胀阀

它是组成制冷装置的重要阀件。节流膨胀阀的作用是对高压液态制冷剂进行节流降压,并保证冷凝器与蒸发器之间的压力差,以便使蒸发器中的液态制冷剂在要求的低压下蒸发吸热,以达到降温制冷的目的,同时使冷凝器中的气态制冷剂在给定的高压下放热冷凝,还可调整进入蒸发器的制冷剂的流量。

制冷过程中,节流膨胀阀可以控制进入蒸发器中的液态制冷剂流量,因此节流阀又称流量控制阀。

节流膨胀阀种类有浮球式、热力式等。

热力式膨胀阀主要由阀体、感温包及毛细管组成。

热力式膨胀阀的工作原理:感温包内充入与系统内制冷剂相同性质的制冷剂,并紧贴在蒸发器的末端,而毛细管与膨胀阀的顶部连接(图 8-23)。当制冷剂进入蒸发器内逐渐吸热蒸发变成气态,如全部汽化变为饱和蒸汽继续再吸热时,气态制冷剂温度升高而压力保持不变。感温包是紧贴蒸发器的管壁,温包内液态制冷剂的温度接近蒸发器内气态制冷剂温度,对应这个温度的饱和压力,经过毛细管传递至金属膜片上部,并调整弹簧的作用力,使阀门在某一开启位置时,让金属膜片上下压力相等,此时为正常运转状态。

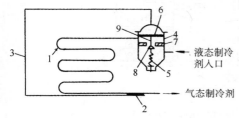

图 8-23　内平衡式热力膨胀阀工作图
1—蒸发器;2—温包;3—毛细管;4—膨胀阀体;5—弹簧;6—金属膜片;7—阀座;8—阀芯;9—阀杆

当蒸发器的热负荷增加,相应制冷剂流量显得少了,蒸发器内蒸发温度升高,而出口处温度也随之升高,这时感温包所感受蒸发器表面温度也升高,温包内制冷剂饱和蒸汽压力上升,并通过毛细管将此压力作用在金属膜片上,膜片压力增大,当超过膜片下部弹簧力和蒸发器中制冷剂蒸发温度所对应的饱和压力时,膜片通过阀杆下移,把阀芯顶开,开度加大,此时进入蒸发器内的制冷剂量增多,这时膜片处在一个平衡状态。

反之,当蒸发器的热负荷减少,相应制冷剂的流量显得多了,蒸发器内蒸发温度下降,此时的气态制冷剂的温度开始下降,通过感温包、毛细管传导至膜片上部的压力减小,弹簧向上移动,带动阀芯向上使流量减少,膜片处于又一个平衡状态。

安装节流膨胀阀时,应尽量靠近蒸发器安装。

2. 电磁阀

电磁阀是一种自动开关式的阀门,在制冷装置中一般安装在节流阀之前,其主要作用是自动开启、关闭液态制冷剂管道。

在制冷系统中,由压力继电器或温度继电器、液面控制器及手动开关的脉冲信号控制,来实现自动启闭流体管路。

而电磁阀的启动线圈与压缩机电机开关连锁,随着压缩机的停、开而自动关闭或开启,避免在压缩机停车时,有大量液态制冷剂进入蒸发器内。电磁阀应垂直安装在水平管道上,与节流阀有大于 300mm 的距离。

六、冷冻水机组

在空调系统中,不论是采用全送风方式,还是风机盘管形式,在夏季均需对室外空气或室内循环空气进行冷却,而冷冻水(或称冷水)机组即可提供一定温度的空调冷冻水。冷水机组主要采用压缩制冷的方式,常用的有活塞式及离心式冷水机组。

冷水机组主要包括制冷压缩机、冷凝器、蒸发器、节流阀及其辅助设备。

活塞式冷水机组见图 8-24,离心式冷水机组的制冷量比活塞式大。多用于需大冷量的空调系统中。

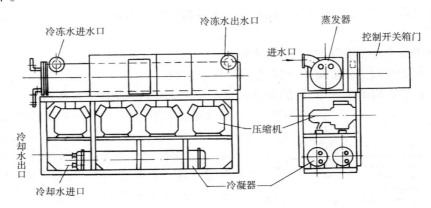

图 8-24　活塞式冷水机组　30HR-161(开利)

1. 冷水机组安装要求

(1) 对冷水机组机房要求:当机房设置在建筑物内时,一般多布置在地下设备层内,可避免噪声的传递,要求机房有足够的建筑面积,便于维修及保证更换设备的通道。

冷水机组与冷冻水泵等布置可在同一机房内,如为建筑楼群,机房宜布置在接近负荷用量大的建筑物附近,机房在小区或厂区布置时,应接近负荷中心,避免室外管道过长。

机房用的冷水机组、冷冻水泵在运转时,会产生噪声,所以机房的墙、楼板、门及窗宜做隔声处理。机房需有足够的照明,通风良好,设置排向室外的排风扇进行通风换气。

(2) 冷水机组基础的位置、标高、减振装置应严格按施工图纸及样本施工。

(3) 冷水机组应整体吊装就位,在现场开箱检验后,不允许施工单位无故自行拆卸机组上的任何部件,有疑异处应请厂家来处理。吊装时要注意保护好机组的接管、阀件及冷凝器、蒸发器的保温层,要求吊点及吊法正确,起落应平稳。

(4) 机组就位后需找平找正,冷凝器、蒸发器的进出水口的护口,在连接管道前不能意拆除,以保持机组侧的管内清洁无污染。

2．冷水机组安装与其他专业配合

冷水机组安装除与土建施工有密切关连,还需与动力及自控等专业配合施工,冷水机组采用机组自带电脑控制负荷的变化及开启压缩机的数量,因此在调试及运转时均需与电气等专业互相配合完成。

第七节　空调制冷的管道系统

在上节的制冷设备中,水作为冷媒不仅吸收了制冷过程中制冷剂的冷量,而成为冷冻水,冷冻水在空调系统中,利用其冷量传递给需冷却的空气,以完成夏季空调的任务。为了保证冷冻水输送与制冷机组中冷凝器冷却水的再循环,所必需的设备及管道组成了制冷管道系统。

制冷管道系统主要包括冷冻水循环系统、冷却水循环系统及软化水系统。

图 8-25 中为整个制冷管道系统的流程图,图中 L_1 代表冷冻水供水管;L_2 代表冷冻水回水管;S_1 代表冷却水供水管;S_2 代表冷却水回水管。

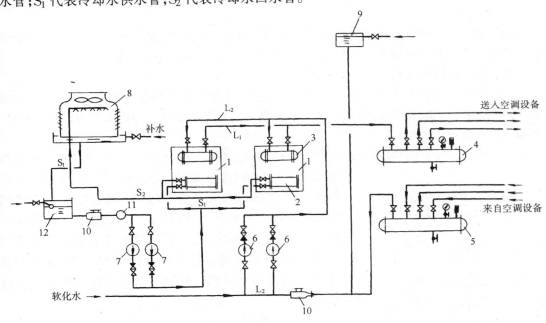

图 8-25　空调制冷系统流程图

1—冷水机组;2—冷水机组冷凝器;3—冷水机组蒸发器;4—分水器;5—集水器;6—冷冻水循环泵;7—冷却水循环泵;8—冷却塔;9—膨胀水箱;10—除污器;11—水处理设备;12—冷却水循环水箱

一、冷冻水循环系统

冷冻水循环系统主要由循环水泵、集水器、分水器、膨胀水箱、除污器及其连接管道所组成。

冷冻水泵、集水器、分水器一般与冷水机组同设置在一机房内,称冷冻水泵房或冷冻站。

1．冷冻水循环水泵及其作用

冷冻水循环水泵主要是在空调系统中完成冷冻水经空调设备将冷量交换出去,冷冻水吸热升温后,将其送至冷水机组再冷却的动力循环过程。冷冻水在全部空调系统中的循环动力就是冷冻水循环泵。

冷冻水循环泵一般采用离心水泵,根据循环水量选择多台水泵并联,为了便于运转及调节系统中的负荷变化,可采用每台冷水机组设置独立的循环水泵。水泵宜设减振装置,水泵进出口设金属或橡胶软接头以减少管道振动,水泵应设有备用泵。

2. 集水器、分水器

当空调系统的冷冻水需供给多支分路系统时,为了便于冷冻水量的再分配及调节各支路的负荷变化,需设置集水及分水器,它的构造与采暖锅炉房内的分水器相同,分水器及集水器上应安装压力表及温度计,以便观察系统的供回水压力及温度。

3. 膨胀水箱

因冷冻水循环是一密闭系统,而冷冻水供回水的温差尽管较小但仍会造成系统中水的膨胀与收缩,为了保证系统安全正常运行,在本空调系统的最高点设置膨胀水箱,其构造、接管与热水采暖系统中的膨胀水箱相同,其有效容积及型号由设计选定。

4. 除污器

为了保证进入冷水机组及进入空调机组的冷冻水,不致因管道内残存的污物、泥沙阻塞冷水机组或空调机组的管束及盘管,需在进入机组前安装除污或过滤器。

二、冷却水循环系统

冷却水循环系统是为冷水机组的冷凝器提供一定温度的冷却水的系统。主要由冷却装置、冷却水循环水泵、循环水池(箱)、水处理设备及连接管道组成。除冷却装置设置在室外,其他设置在泵房内。

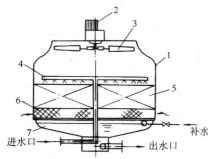

图 8-26　圆形冷却塔构造示意图
1—冷却塔外壳;2—电机;3—轴流风机;
4—喷水管及喷嘴;5—填料;6—进风网;
7—接水槽

在压缩式冷水机组中的冷凝器,冷凝放热,其热量被冷却水吸收,为了保证机组的制冷量要求,冷却水用量很大,在实际使用中不可能提供大量的水资源,为不使吸热后的冷却水白白地排掉,必须采用设备将冷却水收集后,经降温,达到冷凝器需要冷却水的温度时,再进行冷却工作。这样处理又会造成初投资费用增加,所以合理地选择冷却水的冷却方案,需因地制宜,既需保证冷水机组正常运行又应考虑初投资及运行补水费用。

1. 冷却装置

一般用蒸发式冷却装置,可分靠自然通风的喷水冷却池及靠机械通风的冷却塔(或凉水塔)。

(1) 自然通风喷水冷却池:在室外设置水池,从冷凝器经吸热后温度升高的冷却水,流至水池内,然后通过水泵将水池内的水经水池上部的喷嘴喷出,水雾滴与空气接触,水蒸发冷却流入池内,再通过另设置的水泵将水送至冷凝器内。这种方法构造简单,节省能源,但冷却水量小,只适合夏季室外温度较低、相对湿度较小的地区,可用于小型制冷系统中。

(2) 机械通风形式的冷却塔:图 8-26 为机械通风式冷却塔的构造。从冷凝器出来的冷却水回水靠冷却水循环泵送至冷却塔底部的进水口,进入喷水管,通过喷头将水喷洒下来,流经在塔内设置的填充层内,以增加水与空气的接触面积。设在塔顶部的轴流风机可加速水的蒸发,以加强冷却效果。被冷却后的水流入塔底部的受水槽内,通过连接管道及循环水泵抽回流入冷却水循环水箱内,再经循环水泵将已冷却后的水送至冷凝器。

对水冷式冷凝器,一般冷却水进出口温差在 $2\sim5℃$,而冷却塔设计的入口水温在 $37℃$,出水水温在 $32℃$。

用于空调系统中,冷却塔为定型产品,安装位置根据设计不同,一般设在建筑物的屋面上或小区、厂区的冷冻泵站、冷却水循环泵房屋面及附近处,因冷却塔运行时噪声较大,应考虑控制环境噪声在 $55\sim60dB$ 以内。

冷却塔可有圆形及矩形两种类型,对工业区需大量的冷却水量时,则采用现浇框架混凝土的凉水塔,可根据冷却水流量组合成多间凉水塔,其组成与成品冷却塔基本相同。

冷却塔在屋面安装时,需在未施工防水层之前做好塔基础,避免破坏防水层,进出口的管道应设置支墩或支架,冷却塔的补水管在冬季停运期应考虑泄水防冻措施。

2．冷却水循环水泵

冷却循环泵主要是使冷凝器所需冷却水,通过冷却塔降温而循环的动力设备,一般采用离心式水泵,并联安装。

3．除污器

主要是保证系统管道内水的清洁度,避免阻塞冷凝器内的换热管束。

三、软化水系统

对大型制冷系统中,需向冷冻水、冷却水系统内进行补水,对带有悬浮物或易产生水垢成分的水质进行软化处理,避免水垢成分沉积在蒸发器、冷凝器的管内壁上而影响传热效率。

第八节　空调热力系统及设备

在空调制冷系统中,已叙述了夏季冷冻水管道系统的工艺,而在冬季还需有热源供应以满足冬季的空调参数要求,因此需有空调热水的管道及热力设备。

空调热水的来源,在靠近城市热力管网的区域,可设置热交换站,采用热网的高温热水或蒸汽通过热交换器,可得到所需的空调用水,空调用水要求供水温度在 $60\sim65℃$,回水温度在 $50\sim55℃$,通过管道送入建筑物内。另外,在不具备设置热交换站时,可以通过小区或厂区自设的锅炉房供应热源而提供空调用水。

一、换热站及其工艺流程

空调系统中,空调热水的温度与锅炉房或热力管网的供热温度或其他参数不一致时,需设置换热站,即将所供的一次热源通过热交换器换热成为所需的空调用水,换热站主要由换热器、热水循环水泵等组成。

图 8-27 为采用两管制的空调系统换热站的工艺流程。

换热站的位置宜靠近冷冻水泵房,尽量使输送管路简短,并接近负荷中心。当空调水系统采用四管制时,系统中应具有独立的空调热水供回水管网,只是在接近空调设备时,安装三通调节阀进行切换,如图 8-28 所示。

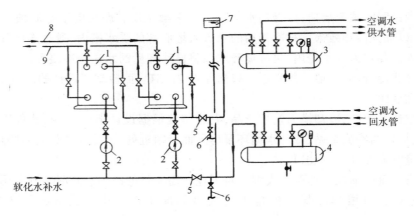

图 8-27　两管制空调水换热站流程图

1—板式水-水换热器；2—空调热水循环泵；3—分水器；4—集水器；5—空调热水
与冷冻水切换阀；6—接冷冻水泵进出口管；7—膨胀水箱；8——次热媒进水管；
9——次热媒回水管

当采用两管制空调供水，即可在冷冻水泵房或热交换站共用分水器、集水器、膨胀水箱及部分管道系统，只是在换季时，关闭或开启切换管道的阀门即可进行运行。图 8-27 中，当冬季运行时，可开启阀门 5，关闭阀门 6。当夏季运行则关闭阀门 5，开启阀门 6。

二、换热站设备

1．热交换器

常用的有容积式换热器、套管式换热器及板式换热器，其中板式换热器较为普遍采用，具有热效率高、占地面积小、维修管理方便等优点。

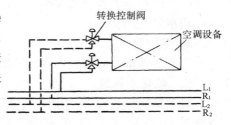

图 8-28　四管制接空调设备方式

L_1、L_2—冷冻水供回水管；
R_1、R_2—空调热水供回水管

2．热水循环水泵

主要任务是通过热交换器出来的空调热水送至空调水系统内，经空调设备放热后，再回到热交换器内进行循环，并加热。

循环水泵采用离心式水泵，并设置备用泵，安装时应考虑减振及防噪声措施。

第九节　空调水管道施工

一、空调水管道系统流程

当系统采用两管制供给空调水时，其空调水管道布置如图 8-29 所示。

考虑夏季输送冷冻水管道的要求，空调水系统包括空调供水管、回水管、凝结水管及自动放风装置。

1．对空调水管施工要求

（1）管材：一般较大管径的可采用焊接钢管，连接方式为焊接。较小管径可采用镀锌钢管丝扣连接。

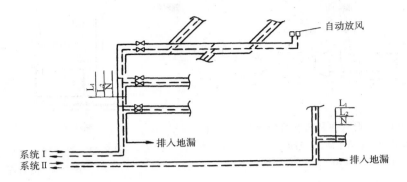

图 8-29　两管制冷冻供回水及冷凝水系统流程

L_1—冷冻水供水管；L_2 冷冻水回水管；N—冷凝水管

（2）阀门宜采用闸板阀，施工前应进行单体试压。

（3）敷设在管井内的空调水立管，全部采用焊接，保温前需进行试压，土建管井应在立管安装、保温完毕再砌筑，管井如设有阀门时，阀门位置应在管井检查门附近，手轮朝向易操作面处。

（4）空调水水平干管应保证有不小于 3‰的敷设坡度，空调供水干管为逆坡敷设，回水干管顺坡敷设，在系统干管的末端设自动排气阀。当自动排气阀设置在吊顶内时，排气阀下面宜作一接水托盘，防止自动排气阀工作失灵跑水而污染吊顶，托盘可接出管道与系统中排凝结水管连通。

（5）凝结水管是排除在夏季空调设备中的表冷器或风机盘管在工作时，其表面因结露而产生的冷凝水，以保证空调设备正常运行。凝结水管因是靠重力流动，因此应具有足够的坡度，一般不宜小于 5‰顺坡敷设。凝结水管汇合后可排至附近的地漏或拖布池内，应做开式排放，不允许与污水管、雨水管做闭式连接。

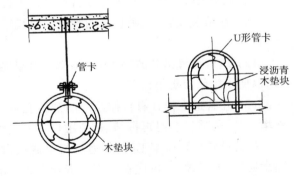

（6）空调水管考虑在夏季运行时，管道如直接与支架的型钢面接触，会使凝结水沿支架下滴，因此安装时需加木垫块（图8-30）。木垫块可采用浸有沥青的木垫块。

图 8-30　冷冻水管支吊架安装图

（7）风机盘管与空调水管的连接方法多为下进上出的接管方式，当采用卧式暗装风机盘管时，其与空调水管连接见图 8-31。因风机盘管的电机为三速电机，可调节送风速度（即调节风量），它由三速开关控制（高、中、低速），可为手动或温控自动调节流量、风速。

图 8-31 中风机盘管的进出口管可连接一根旁通管，在系统初运行时可关闭风机盘管的进出口阀，打开旁通阀，进行机外循环过滤，避免污物进入堵塞盘管。当确定无杂物时，可关闭旁通阀，打开进出水阀门进行正常运行。

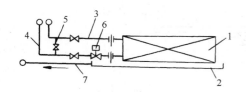

图 8-31　卧式风机盘管接管示意图

1—风机盘管；2—凝结水盘；3—冷冻水回水；4—冷冻水
供水；5—旁通管；6—温控阀；7—冷凝水管

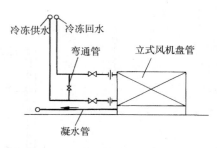

图 8-32　立式风机盘管(手动三
速开关)接管图

图 8-32 为立式风机盘接管图示,立式风机盘管安装时,应要求水平、垂直度符合散热器安装的规范规定,距墙尺寸应均匀。

当空调水干管在走廊的吊顶内敷设时,由于受到建筑物层高及室内与走廊吊顶的标高差限制,空调水干管安装的高度可能低于风机盘管安装的高度,形成风机盘管为系统高点,系统内的空气从盘管上设置的手动排气阀排出。因此,在系统初运行时,敷设在最顶楼层的风机盘管应逐个进行手动排气以保证盘管运行。

当建筑物层高允许空调干管敷设较高位置时,如图 8-31 所示的情况,则在干管末端集中排气,会减少运行及管理操作不便的影响,同时能保证系统正常工作。

2．对空调水管保温要求

空调水干管及通向空调设备的立支管均需做保温处理,保温材料常用的有聚氨酯泡沫瓦、超细玻璃棉管壳等,保温做法与采暖管道保温做法相同。

3．空调水管道施工与土建及自控专业配合时应注意事项

(1)凡暗装在管井、吊顶内的管道,必须经试压、冲洗、保温完毕方可进行吊顶及管井施工。

(2)风机盘管吊装的高度,应根据土建装修图中吊顶做法互相配合,盘管附近设检修口,以便于维修及更换设备。

(3)在管道上设计有自控系统的测试孔或安装自控元件时,应预先将接头甩出并暂用丝堵封住,待需安装时再拆掉,避免敞口掉入杂物。

(4)空调水管道施工时,如遇有与梁或风道相碰时,应采取合理的避让方法,管道不宜随意返弯,如必须时,则应在上下返弯处安装自动排气阀,防止管中空气排除不畅而形成气塞。

第十节　空气输送系统

在集中空调系统或末端空调系统(含诱导式空调及风机盘管系统)均需将室外的新风及循环风经空调设备处理成为所需的温湿度,并送入空调房间,因此组成了送风及回风系统以达到空气输送。

空气输送系统,除必需的输送风管,还有起着各种不同作用的阀类及送、回风口等。

一、风道

1. 风道材料

舒适性空调中,风道材料多采用镀锌钢板制作,风道采用矩形断面,法兰连接或无法兰连接。工业空调中如有特殊要求的可采用不锈钢板或铝合金板制作风道,采用铝合金风道时,应使用同材质材料制作法兰。如采用碳钢(角钢)制作法兰时,与风道接触面需做防腐绝缘处理,防止风道电化腐蚀。

2. 风道施工

空调风道根据建筑物平面布置及形状,风道多为垂直、水平布置,各楼层的水平风道敷设在吊顶内,而公共建筑中如商场等多根据建筑物的平面形状做排状或环状布置。在大型公共建筑中,吊顶内送回风管占据较大的面积及体积,因此在施工中应遵守,先施工大管径管道的原则。主风道在走廊布置时,应尽量沿一侧布置,便于其他管道的施工,因布置在走廊内的其他专业的管道种类较多,如自动喷洒管道、动力照明电缆、烟温感及弱电等,需要详细做好施工顺序及详图的排列,在各专业管道或电缆在平面或标高互相交叉有予盾而相碰撞时,应遵照小管让大管、无压管让有压管的原则施工。

二、阀类及安装

1. 蝶阀

一般安装在各支风道上,起着开启关闭或调节风量作用。蝶阀构造简单、操作方便,蝶阀有拉链式及手柄式两种类型(图 8-33)。

2. 多叶调节阀。

安装在新风进风口或系统分支路的风道上,具有良好的调节风量的功能、开启角度随意、比蝶阀的阻力小、气流组织均匀、关闭时漏风量小。

多叶调节阀有手动及电动两种类型(图 8-34)。在自动控制系统中,新风进风阀多采用电动多叶调节阀,并与新风机组(或空调机组)的风机连锁。

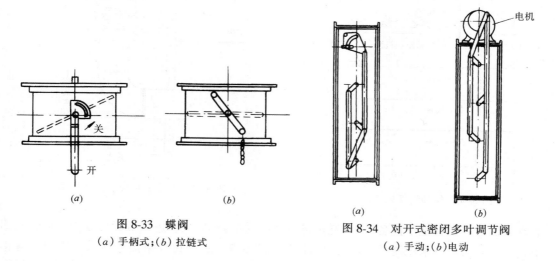

图 8-33 蝶阀
(a)手柄式;(b)拉链式

图 8-34 对开式密闭多叶调节阀
(a)手动;(b)电动

3. 防火阀

安装在空调风道上,在发生火灾时能切断气流,防止火势蔓延。其工作原理见图 8-35,当出现火灾时,风道内温度升高,当达到一定的温度时,使易熔片熔断,阀板随即与易熔片脱开而关闭阻止气流流动。为了停止继续向系统送风，防火阀安装信号及连锁装置可使阀板在关闭时，使风机停止运转并发出信号。

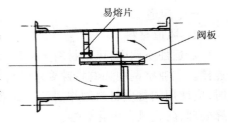

图 8-35 防火阀构造图

防火阀一般安装在空调设备(新风机组、空调机组等)的送风干管附近，当风道穿越防火分区时应设置防火阀。

除上述各类风阀，常用的还有插板阀、三通调节阀等。

风道上使用各类阀门规格与规范规定的风道尺寸相同，与风道采用法兰连接，安装阀门时，应注意气流与阀门的方向一致。

三、采气装置及各类风口

1. 室外新风进气装置

新风进气又称采气装置，在一些大型公共建筑或高层建筑中，空调设备或机组多安装在地下的设备层内，对新鲜空气的采集方法可采用设置屋顶送风机，通过垂直风道送至空调机组，也可通过采光井设置进气口直接进入空调机组内。

(1) 采用屋面送风机方法：如图 8-36，新风通过安装在屋面的风机，沿土建的混凝土或砌筑风道送至各层所设的新风机组。屋顶送风机应安装减振装置，风机吸入口安装钢丝网进风弯头，避免吸入纸屑或杂物。安装风机的屋面应为上人屋面，周围环境应清洁。采用土建垂直风道时，需保证断面尺寸准确，内壁光滑，砌筑风道内壁宜随砌随抹灰，要求压实抹光。

屋顶送风机采用皮带传动时，需做防护罩，因风机为露天安装，所以应做好防锈、屋顶排水施工，加强运行或停运期间的维修保养工作。

(2) 在采光井处设置进风口方法：如图 8-37 所示，适合集中空调系统，因集中空调系统

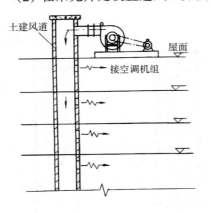

图 8-36 屋顶送新风图示

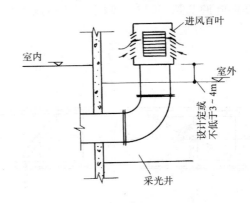

图 8-37 采光井内设置进新风装置

的空调机房多设在地下设备层内，通过进风百叶采集新鲜空气，进风百叶可设置在风管的四个或二个方向。当采用这种方法时，应注意周围环境一定是比较清洁的区域。当附近有排风口时，应将进风口设在排风口的上风向侧，并低于排风口的位置，采风口处做好保护措施，风口距室外地面一般应不低于 3～4m，或按设计要求。

(3) 当设置独立的空调机组的局部空调系统中，可将进风口安装在外墙上的方法，见

图 8-38,外墙可安装百叶进风口直接进入机组,进风口宜设置在远离排风口的北侧外墙上。

2. 室内送风口

在空调送风系统中,通过风道将已处理的空气送入空调房间,并通过风道上的风口合理地组织气流以达到满意的空调效果。在空调的房间内,人体对温度的感觉,并不是每个部位都是相同的。例如在冬季,人的头部较热而脚部温度较低,风速过大就会有吹冷风的感觉,因此风口的布置形式会直接影响人的舒适程度。如何合理的布置风口、正确的选择风口形式,并能合理地组织气流是区分空调与通风的主要标志之一。以下介绍几种送风风口的气流走向。

(1) 顶送风口气流组织:如图 8-39 所示,这种气流运动在冬季上部空间的温度比靠近地面空间的温度稍高,热空气比重小,滞留在上部,人会感到脚部或腿部不舒服。而同样是该风口在夏季自上送的冷空气向下沉降,人活动的区域及空间会感到凉爽。为了更好的适应季节变化,如为风机盘管系统时可通过三速开关调节风速来减少人们不适的程度。

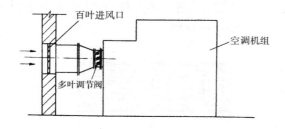

图 8-38 外墙安装进风口方式

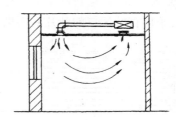

图 8-39 顶送风气流组织

(2) 侧送风口气流组织:如图 8-40 所示,侧向气流采用贴附式射流可增加气流的射程,因此在深度较大的空调房间,其侧送风口宜尽量靠近吊顶布置。但当不设吊顶,而侧向送风口布置在靠走廊的墙体上时,应注意风口安装的高度,即在气流流动的范围内无障碍物,避免有横梁或柱子阻挡气流或反射气流,如无法避开可采用可调百叶调整气流方向,或降低风口的高度避开横梁。

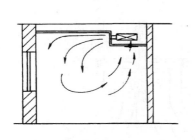

图 8-40 侧送风气流组织

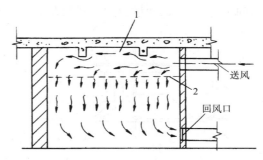

图 8-41 垂直平行气流组织
1—静压箱;2—孔板吊顶

(3) 垂直平行气流方式:即采用孔板作为送风口垂直向下送风(图 8-41)。这种送风方式是将风送至吊顶内,吊顶变成一个大静压箱,形成一个稳压层,通过布置在吊顶上的孔将空气垂直送下,形成均匀平行气流,流速均匀无扰动,适合洁净式的空调系统。

167

（4）水平平行气流方式：如图 8-42 所示，当送风管内被处理的空气在进入静压箱之前，可通过设置在静压箱之前的高效过滤器，然后再通过垂直于地面安装的孔板送风口送入空调房间内，其气流呈水平平行状流动，另一侧可设孔板回风口。这种气流组织适用于要求洁净度高的手术室或特殊要求的医用或工艺要求的房间。

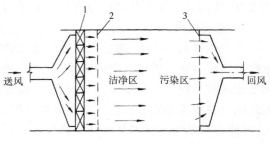

图 8-42 水平平行气流组织
1—高效过滤器；2—送风孔板；3—回风孔板

以上几种送风口布置形式均要求外窗严密，以减少冷、热负荷损失，夏季在建筑物向阳面的外窗宜安装窗帘以减少辐射热量。

3. 风口的种类及安装

（1）百叶送风口：常用的百叶送风口有单层百叶及双层百叶（图 8-43）。单层百叶中的百叶片呈水平状，双层百叶中叶片可一层为水平状，一层为垂直状，百叶片可手动调整出风的方向，单层百叶风口的叶片后面增加滤网可作回风口用。

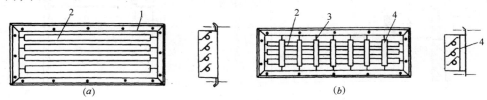

图 8-43 百叶送风口
（a）单层百叶风口；（b）双层百叶风口
1—铝框（或其他材质）；2—水平百叶片；3—百叶片轴；4—垂直百叶片

安装时配合土建装修施工，在侧送风时，吊顶的立面封板应准确留出风口的位置，风口四周应配合安装固定风口用的铝合金或木制龙骨框，以便风口固定用。

（2）散流器风口：散流器可根据散流片的形状来组织气流的流型，散流器按外形分有圆形及方形；按叶片气流流型分有直片形及流线形（图 8-44）。流线形散流器适用于恒温或净化的房间顶送风方式，而散流片的竖间距 h 可根据需要的气流流型调整。

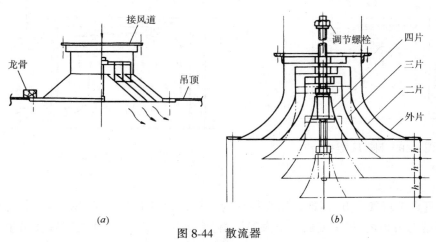

图 8-44 散流器
（a）方形直片式散流器；（b）流线形散流器

散流器多用于顶送风方式的风口,材质有铝合金或喷塑等类型。

(3)圆盘散流器:外形见图8-45,这种风口安装在吊顶上,送风量较小但辐射气流面积较大。

(4)条形直片风口:这种风口是沿着叶片线性出风,适用于侧送较长向或环形布置的送、回风口,风口的长度可根据设计选定,一般每节做成3m长,需超出此长度时,可以采用插接板将两节或更多节数连续接起来。外形见图8-46。

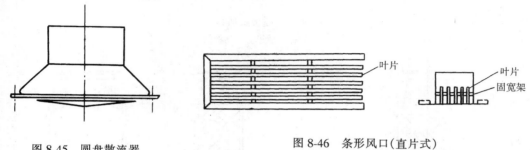

图 8-45　圆盘散流器

图 8-46　条形风口(直片式)

条形风口还有活叶型,即在叶片槽内有两个可调的叶片,根据需要可调节在槽内叶片的位置,达到改变气流方向的作用。

(5)孔板送风口:孔板送风口是在迎风的金属板上有若干圆形小孔,可配合静压箱使用、气流均匀,属稳压送风,风速衰减较快,人不会有吹风感。孔板送风口外形见图8-47。

(6)方格式送风口:即叶片组成方格状,构造简单,见图8-48,叶片固定不能调整,用于气流组织要求不太高的空调房间,也可作为回风口或用于配合装饰造型需要。

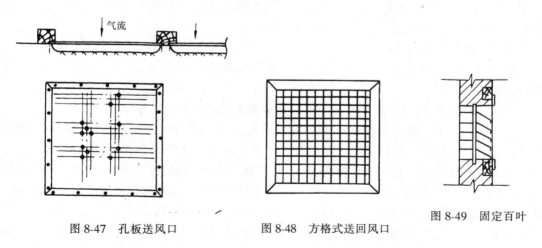

图 8-47　孔板送风口

图 8-48　方格式送回风口

图 8-49　固定百叶

(7)固定百叶:图8-49为固定百叶,可做通风口用或用于卫生间的回风口。

(8)圆形风道上使用的插板式风口:多用于人防通风道上的送风口,或要求气流组织不高的空调系统(图8-50)。

(9)单双面送(吸)风口:常用于通风中送或排风口,多安装在垂直支风道上,可向工作区或产生有害气体区,直接送风或排风,根据送排风需要有单面送(吸)风口及双面送(吸)风口(图8-51)。

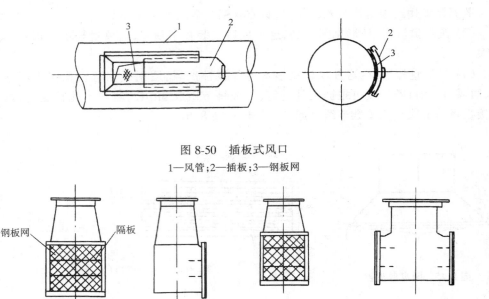

图 8-50　插板式风口

1—风管;2—插板;3—钢板网

钢板网　　隔板

(a)　　　　　　　　　　　　　　(b)

图 8-51　单双面送(吸)风口

(a)单面送(吸)风口;(b)双面送(吸)风口

四、风道保温

空调风道中的送风干管、支管均需做保温。保温材料主要有聚氨酯泡沫板及超细玻璃棉板(有带铝箔或玻璃布面层)。具体做法与通风管道相同,保温时阀门等也需做保温,在冬季较严寒地区新风进口的进风阀应做成保温阀。

五、空调风道预制与安装

空调的送回风道的制作与安装与通风风道要求相同,但基本上多为暗装风道,应与土建配合施工。

六、空调风道、风口等施工与土建或其他专业施工配合应注意事项

(1)在集中式空调送风系统中,风道的断面大,而管道布置又受建筑平面形状及位置的影响,使风道分散面大,走向复杂。尤其在大型的高层公共建筑内,空调风道的制作安装工程量及工程造价均占相当大的比例,因此在施工中应详细安排好施工程序,即从结构施工期开始,就做好预埋、留洞等配合工作。当风道穿越现浇混凝土墙或楼板时需严格按图纸的位置预留,施工前应与专业施工人员核对其孔洞的位置、尺寸及标高,无误后再浇注混凝土,严禁现场砸剔大断面的孔洞。如有漏留情况应与设计及结构施工人员商议制定方案,再行剔砸或用其他方法补救。

(2)当风道设置在吊顶内时,应根据装修吊顶的做法、灯具的类型、出风口的形状和位置,及其他专业在吊顶上安装的如喷头、烟温感探头等,再配合吊顶装饰面板的材质规格做出各房间的吊顶平面布置。而送回风口的位置既应考虑装修的造型,又要合理的组织气流,尤其在吊顶做藻井布置时,不能只追求造型美观,还应考虑风道、风口布置的合理性,同时应满足设计施工规范要求。

（3）风道安装完毕，禁止其他专业施工时蹬踩或用锐器磕碰，风道吊杆上不允许其他专业做吊管或龙骨用，保温层应在土建封闭吊顶前认真检查有无破损处，并及时补做好。

（4）风道不宜穿越防火墙或伸缩缝，如设计中必须穿过时，需在穿过防火墙处设防火阀，在穿伸缩缝处的两侧设置防火阀。

（5）凡穿越隔墙或楼板的风道，施工完毕应及时封堵缝隙。

七、空气幕

空气幕在高层建筑中，常被用在大厅的进口处。由于在高层建筑中冬季室内外温差较大而引起烟囱效应，冷空气通过大门和底层其他的开孔处进入建筑物内。当楼层数越多，经电梯井、管道井、楼梯间形成的抽力就越大，通过大门进入的冷空气量也越多，造成了大厅或底层部分的温度突然降低，使人感到极不舒适。而空气幕就是利用特制的空气分布器，以一定的流速呈幕布状的气流来阻挡及封闭住门洞冷空气的侵入，以减少大厅内温度的变化，这在经常开启外门的公共建筑是很有必要的。尽管在土建设计中考虑到采用双层门或门斗、前厅、转门等方法以减少冷风的侵入，但在一些商场、车站等经常有人出入的大门处还需设置空气幕来减少热损失。

1. 空气幕的种类

根据空气幕的风口吹风方式有侧送式空气幕、下送式空气幕及上送式空气幕。

空气幕主要是由风机、空气过滤器、加热器及送风管、风口等组成，多采用上送风（即热空气自大门上部向下吹送）式空气幕，回风口设置在地面，回风经空气过滤器过滤，再加热通过风机进行循环。

市场供应有成套的空气幕设备，将组成空气幕的设备组装成一体进行整套安装，送风口的射流接触地面后可自由向室内外扩散。设备采用的风机多为贯流式风机（图8-52），这种风机叶轮两端是封闭的，叶片属前向型，而叶轮的宽度 B 值是没有限制的，宽度越大其风量增加，风机的进风口是开在风机机壳上，使用在空气幕上具有噪声低，气流均匀并直接安在大门上方向下送风等优点。贯流式风机的空气幕外形见图8-53。

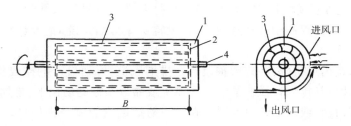

图 8-52　贯流式风机示意图

1—风机壳；2—叶轮端板；3—前向型叶片；4—风机轴

2. 空气幕安装

采用成品空气幕的加热器为电加热及热（冷）媒两种形式，只需将风机及加热器电源及热（冷）源管根据说明书要求接通即可，安装时应配合土建吊顶及大门的宽度，选择类型及规格，可由二台或三台不同规格（即宽度不同）尺寸组合安装，一般有 1500mm、1200mm、900mm 等几种规格。安装参见图8-54。

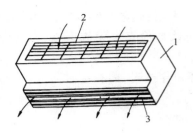

图 8-53 电热空气幕
1—风幕外壳；2—进风口；3—出风口

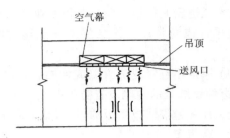

图 8-54 空气幕安装示意图

八、防火、防烟分区的划分及防排烟系统

在高层建筑中，火灾对人及财产构成极大的危胁，火灾的发生造成人员的拥堵、通道不畅，火焰及烟气会造成人员的烧伤、窒息，烟气遮挡了人们的视线而造成心理上的恐慌，因此对大型高层公共建筑内除设置必须的自动喷洒报警系统，采取切断空调送风系统电源，封闭管道井、电缆井等措施外，更需防止烟雾进入疏散通道（如走廊、楼梯间等），因此需设置防烟、排烟系统。

排烟可以稀释烟气的浓度，而防烟可以封堵火源，以保留出一条安全疏散通道。根据设计规范规定，高层民用建筑应设防火分区，防火分区可根据建筑物的类别，结构设置防火墙来划分。对一类建筑每层每个防火分区允许的最大建筑面积 $1000m^2$，二类建筑最大允许面积为 $1500m^2$，地下室 $500m^2$。而每个防火分区范围内设置防烟分区，每个防烟分区面积不应超过 $500m^2$。

防排烟措施：

（1）可利用楼梯间门封堵烟气，防止烟气进入楼梯间，采用从前室及楼梯间进风的方法，使楼梯间保持正压，即加压送风系统，保持疏散通道的通畅，送风口设在前室靠近地面的墙面上。

（2）排烟措施即在防烟区内，将烟气围住，打开排烟风机排除烟气，一般在条件允许情况下宜设置防火墙，以控制烟气任意流窜，在设置机械排烟系统时，设计宜采用最佳排烟方案。

机械排烟系统由风机（离心式或轴流式）、排烟风道、排烟口及电控或手动开关等组成。楼梯间前室排烟时，其排烟口设在前室的顶棚上或靠近顶棚的墙面上，排烟口平时处于关闭状态，排烟口设置自动或手动开启装置。在同一防烟区内的每个排烟口均与排烟风机有连锁装置，即任何一个风口的开启，风机即可启动。加压送风及排烟的垂直风道多利用土建砌筑的混凝土或砖风道，施工中应保证风道、风口、风机的耐火及耐高温性能。

九、洁净式空调及施工应注意事项

1. 洁净室

根据生产工艺的需要，或科研、实验室、医院、制药、电子业等对空气的温度、湿度、压力、空气中的尘粒含量、噪声值等均有严格要求及控制的房间（或车间），称为洁净室。洁净室是以空气中所含微尘粒数的多少来确定洁净度的等级，根据设计规范空气的洁净度可划分为四个等级，见表 8-4。

等　　级	每立方米(每升)空气中≥0.5μm 尘粒数	每立方米(每升)空气中≥5μm 尘粒数
100 级	≤35×100(3.5)	
1000 级	≤35×1000(35)	≤250(0.25)
10000 级	≤35×10000(350)	≤2500(2.5)
100000 级	≤35×100000(3500)	≤25000(25)

2. 洁净空调系统安装要求

洁净空调系统根据房间的洁净度等级要求及工艺流程需要及气流组织方式,可分有全面净化室、局部空气净化室、层流净化室及乱流净化室等。

在工业厂房中或实验、科研部门、医院等有洁净度要求的房间,应单独设置空调系统,即从对空气处理净化开始,直至送至房间。洁净空调系统及设备要求,应满足以下条件:

(1) 需保证洁净室处于正压状态。

(2) 新风风量及送风风速应满足设计要求。

(3) 各等级洁净室的空气净化均应采用初效、中效及高效(亚高效)过滤器进行三级过滤,高效过滤器宜设置在空调系统的末端。

(4) 在新风管道及回风总管上应设置密闭调节阀。风道可采用冷轧镀锌钢板、铝板、不锈钢板。风管在制作过程中,应保持材质清洁、无灰、无油污,加工时宜采用不掉纤维及毛绒的擦拭材料进行清理,对污染严重的应更换或清洗干净,施工中尽量减少拼接缝。

(5) 静压箱制作时,宜采用联合角咬口或转角咬口,接法见图 8-55。

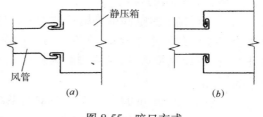

图 8-55　咬口方式
(a)联合角咬口;(b)转角咬口

(6) 当风道断面较大时,需做风管加固。加固可采用管外壁加法兰框固定,不允许使用起肋筋或在管内壁加型钢固定。法兰垫料不允许采用石棉绳、麻丝等易破碎的材料。在铆接风管的接缝处宜打密封胶,风管预制安装后可在风管内放置 500～1000W 的碘钨灯作透光检查,要求不允许在管外透出光线。在与设备连接的软接头,不宜采用帆布,因帆布易积灰,可选用人造革或软橡胶等材料。

(7) 风道在加工厂预制完毕,经检查符合严密、清洁、无掉锌皮及碰损处等要求,应进行封堵包扎风管的两端口,并置放于清洁处存放。风管运输中应防雨雪,现场进行安装组对时方可拆除包扎层。

(8) 对高效过滤器要求:因高效过滤器一般设置在空调系统的末端,为了减少整个系统在运行时对高效过滤器的污染,应在土建及净化空调系统施工完毕,并进行全面的擦拭及吹洗,待风机试运 24h 后,再安装高效过滤器。在安装时应检查保护袋内的高效过滤器有无破损及变形,封头胶和滤纸有无裂纹及砂眼,不得用手或工具触摸滤纸。

安装在木框架内的过滤器,与木框架之间的缝隙必须用密封垫料密封,垫料采用闭孔海

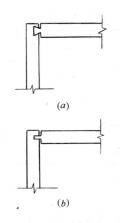

图 8-56 高效过滤器垫
料接头方法
(a) 梯形接头;(b) 榫接头

棉橡胶板、氯丁橡胶板或乳胶垫板等材料,厚度在 6～8mm,垫料接头不准许对接或搭接,最好采用图 8-56 所示的接头方法。

3.洁净空调对土建施工要求

(1)洁净空调房间应保证围护结构及门、窗具有良好的密闭性能。

(2)墙壁、顶棚的表面应平整、光滑,面层不起灰、耐擦洗,地面平整、耐磨、易清洗,室内的阴阳角最好做成圆角,避免抹成直角形,抹灰标准为高级抹灰。

(3)顶棚如作为垂直向下送风的夹层时(稳压层),应在原结构楼板面上抹灰。

(4)要求室内排水地漏为密闭地漏。

(5)房间内面层的色彩应柔和,光反射系数应符合规范要求。

十、空调施工图内容

空调工程施工图与通风工程施工图基本相同,空调工程施工图中除风道的平面图、透视图、剖面图、大样图以外,增加空调水系统的图纸内容。空调水系统主要包括冷冻水系统、冷却水系统及末端空调系统管道的流程图、平面图及透视图,冷冻泵房、热交换站的平面及剖面图等内容。

空调工程识图的要点:

(1)判断施工的空调系统属哪种类型,例如集中式空调系统则需设有集中的空调机房,并有全风系统的风道布置,而在空调房间内设置末端空调设备(如风机盘管或诱导器)及空调水系统、新风风管系统,则可判断为新风—风机盘管系统,根据空调系统的类型以做好施工准备工作。

(2)根据设计提供的设备表掌握空调系统中的设备的数量、规格、安装位置、体积及重量,以便考虑全面安排施工程序及配合安装的施工准备。

(3)依照空调系统的流程图,掌握系统的施工顺序和运行的程序及其各种设备、阀门、管道连接的顺序及作用。

(4)在识图中应了解掌握施工验收规范的要求及设计对施工提出的特殊规定,以便在施工中完成设计意图。

十一、自动控制系统常识

1.空调系统采用自动控制的必要性

(1)因为空调系统是为满足对房间或工艺车间保持一定的温度、湿度、清洁度等参数的需要,并将其控制在一定的范围之内,而室外温度,湿度及室内各种参数是经常变动的,所以设置自动控制系统可以起到对各种空调参数的控制调节作用。

(2)可以起到安全运行的作用。用自动控制设备、仪表将其空调参数控制在安全范围之内,以防止过冷或过热现象。

(3)靠自动控制系统提供经济运行循环,并采用设计的连锁程序自动停止、开启设备,以保证在负荷变化时,达到最佳运行状态,靠预定的连锁程序保护设备的安全运行。

2.自动控制系统组成

自动控制系统主要由调节器、调节机构及动力源组成。

调节器:是一种能限制各种参数变化的装置,如限制温度、湿度、压力、液面等,并通过调节器产生动作或脉冲送至调节机构来控制这些参数的变化,例如温度调节器、湿度调节器等,而调节器是靠敏感元件进行测量被调量的变化,控制元件可用电动或气动来控制。

调节器主要有三种类型:温度调节器、湿度调节器及压力调节器。

调节机构:它是一种修正装置,主要是反应从调节器接受的信号来控制介质的流量。例如阀门类(三通混合阀、三通调节阀、自动对开式多叶调节阀);继电器以及驱动风机、水泵的电机等。

自动控制的作用程序是当调节器的敏感元件测量出被调量的变化时,而控制元件将此被调量的变化转换为力或能,并通过一定的电路及机械连锁传送至调节机构而来改变被控的参数。

一般自控系统的形式有液压系统,即靠油压作为能源的;有电动系统,即靠交流电或低压电作为动力;气动系统,即利用压缩空气来作为动力。

十二、空调系统冲洗试运转及调整

1. 对已施工完毕的空气输送系统、空调水管道系统中的设备、管道、阀门等均应做全面认真的检查。

检查内容包括:对空调设备的管道接头、阀门的位置、膨胀水箱的清理、自控系统的各种调节器的安装及电动或气动线路、机械设备中(风机、水泵、风机盘管等)润滑油注入、盘根垫料更换、皮带松紧程度以及各种安全防护罩是否固定安装好,单机试运等。

检查通风管道上的阀门的灵活性及密闭性,检查连锁装置动作的准确性。

2. 空调系统的吹扫及冲洗

(1) 空调送风系统:普通空调系统,风管在安装时应逐节检查管内有无遗留物或污物,而对洁净空调风道内应保证清洁无灰尘。

(2) 空调冷却水、冷冻水、冷凝水系统:对较大较复杂的空调水管道应进行冲洗,在冷冻水、冷却水系统构成的循环中包括了冷水机组等设备,这些空调设备或机组是不允许有污物泥沙进入的,因此施工中应严格保证管内的清洁度。冲洗时应做临时管道,暂时封堵进出设备的管口,接出临时循环管及排放管,使其在机外进行循环冲洗排放等程序。管道系统冲洗原则是由高位管向低位管,尽可能加大冲洗流速并连续冲洗,直至排出清水即可结束冲洗程序。冷凝水系统应做灌水试验,要求通水流畅,凝结水盘及管道不积水,管口无渗漏。

3. 空调系统试运转

对全年采用空调的建筑,在试运中不可能同时完成冷、热参数的调试需要,因此对施工单位应根据竣工的季节进行分别试运。夏季空调试运程序如下:

(1) 首先向冷冻水、冷却水系统进行充水,充水的方法是由系统的底部回水管内进水,至系统的最高点,随注水随排除空气,膨胀水箱内水位宜在最高位控制线以下即可。

(2) 启动冷冻水循环泵及冷却水循环泵,如设计为每台冷水机组对应一台冷冻水泵时,应一机一泵的逐组启动,系统循环运行时应检查水泵及管路是否异常、缺水或渗漏。

(3) 启动冷却塔风机运转,开启的数量可根据冷却水泵的循环水量而定,冷却塔运转时检查水量情况、水槽出水情况及有无渗漏,通过运转检查水泵、风机的电机温升、振动、转速及水泵盘根滴水情况,并测试设备的噪声是否符合环境噪声的要求。循环水泵启动时,应关闭出水口阀门,当水泵启动后再逐渐打开泵出口阀门,确认水路循环系统正常运行后方可进行冷水机组的运转。

（4）冷水机组运转：在启动冷水机组前，如为供应厂家负责调试时，应由厂家技术人员负责检查冷水机组运转前的各项准备工作是否做好，对管路系统、油路系统、动力仪表及电脑控制系统是否已达到运转条件，并检查机组上高压、低压部分所有的阀门关闭及开启状态是否正确，当确认后方可开车运转，并进行观察测试每台机组制冷的情况，记录冷冻水进出口温度及冷却水进出口温度判断冷水机组制冷状况是否符合设计要求，当系统停止运转时，应先停运冷水机组后方可停运循环水泵。

4. 空调系统的测试

是保证空调系统正常运行的重要手段，当采用全风系统时，应对各分支风道的风量进行调整，对新风-风机盘管系统的新风量及送入各房间的支管均应进行测试及调整。

测试风道内的风速、风量、风压时，不论采用哪种测量仪器，均应正确选择测定断面，以减少气流扰动对测量结果的影响。一般测量断面应选择在气流平稳的直管段上，距弯头、三通等部件距离宜大于风道直径的 3～6 倍，离这些部件越远，气流越平稳，测量越准确。

因气流在风道断面上的流速分布是不均匀的，因此可选择多个测点测出数值，然后取出平均值。如为矩形断面风道可将其断面分割成多个小矩形断面，每个小矩形每边长度约 200mm 即可，而测点即在小矩形的中心处，见图 8-57。圆形风道可设同心圆环选定。

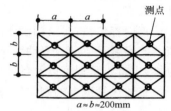

图 8-57 矩形风道测点位置

调整时可通过设在分支风道的多叶调节阀、三通调节阀及蝶阀进行调整各支风道的流量分配。

对出风口的风速应进行测试，观测是否符合在允许流速范围。

对冷冻水机组的电脑控制部分，可通过自控系统随时根据室外温度的变化来调整开机的数量及每台机组开启压缩机的数量。

思 考 题

8-1 简述通风与空气调节的区别。

8-2 舒适性空调有哪些主要要求？

8-3 何谓结露现象？为什么夏季空调冷水通过表冷器或风机盘管为去湿降温过程？

8-4 简述空调系统的主要形式？

8-5 什么叫空调机组？可分为哪些组段？

8-6 什么叫新风-风机盘管系统？有哪些优点及其适用范围是什么？

8-7 什么叫风机盘管？有哪几种类型？

8-8 常用的风机盘管安装形式是什么？有哪些优缺点？

8-9 什么叫风机盘管的两管制、三管制及四管制系统？

8-10 制冷剂须具备哪些性能？目前空调工程中常用的制冷剂是什么？

8-11 什么叫冷媒？冷媒的作用是什么？

8-12 什么是压缩式制冷？简述其工作原理。

8-13 什么叫蒸发器？什么叫冷凝器？叙述其作用。

8-14 冷水机组主要有哪几种形式？其特点是什么？

第九章　电路基础知识

在我们的日常生活及工作中,到处都会遇到各式各样的电气设备,都离不开电能的应用。例如:用电灯来照明,用电炉来加热,用电风扇来通风、降温,用电话来传递信息,用扩音机来扩大声音;在土建施工中的一些施工机具,如搅拌机、打夯机、水泵、电锯、电钻等大多是用电动机来拖动的;在电能的传输与分配过程中,也离不开变压器的应用。凡此种种,都不外乎是把电能转换成光能、热能、机械能或其他形态的能量,或是通过电能的应用,来传递和处理信息,为我们服务。又如,在夏季里,有时雷电会给人们的生命财产造成严重的损失,而当应用了避雷器之后,就可以把这种危害降低到最小的程度。总之,要想使电能能够造福人类,能够更好地为人民服务,我们就必须学习它,认识它。掌握电的特性与基本规律,这样才能有效地驾驭它、使用它。

本章主要讨论电路的基本概念以及电与磁的关系。

第一节　直流电路

一、基本概念

（一）电荷

组成物质的无数带电微粒称做电荷。它分为正、负电荷两种。在正常状态下,原子核所带正电荷与负电荷的总电量相等,所以整个原子呈中性。同性电荷(或带电体)相互排斥,异性电荷(或带电体)相互吸引。

（二）电场

带电体周围这种具有特殊性质的空间称为电场。

当一个物体带有电荷时,它就具有一定的电位,通常把大地的电位当作零电位。

（三）电压

任何两个带电体之间(或电场中某两点之间)所具有的电位差,就叫做该两带电体(或电场的某两点)之间的电压。电位差越大,导体两端的电压越高,电压用字母 U 表示,它的单位是伏特(V),电压方向是由高电位指向低电位,也就是"＋"极指向"－"极。

（四）电路

电荷流动时经过的路径称为电路。通常由电源、负载、开关和导线组成(图9-1)。

（五）电源

把化学能和机械能等其他形态的能量转换为电能的设备叫作电源,如干电池、蓄电池等。通常把电源内部这种分离电荷的能力用来维持电位差的能力叫作电动势。通常用 E 表示,单位也是伏特(V)。应该注意的是电动势总是针对电源的内部而言

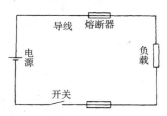

图 9-1　基本电路图

的。

（六）负载

将电能转换为其他形式的能的装置，如电灯、电炉等。开关在电路中起控制作用，开关闭合，电路接通；开关断开，电路不接通。导线是把电源电流输送给负载的通道。电源内部的电路叫内电路，电流由负极流向正极，这是电动势作用的结果。除电源以外的电路称为外电路，电流由正极流向负极。

（七）电阻

电流在物体中流动时遇到的阻力称为电阻。通常用 R 表示，单位为欧姆(Ω)，图形符号是"—▭—"表示。不同导体的电阻是不同的，导体电阻的大小与导体的长度成正比，与导体的横截面积成反比，并与导体材料的导电性能有关，与它两端的电压及通过它的电流大小无关。导体电阻的大小归结为如下公式：

$R=\rho\cdot\dfrac{l}{S}$，式中，ρ 叫作导体的"电阻率"，其常用单位是欧·毫米^2/米，它是由导体的材料决定的。负载电阻一般称为外阻，电源电阻一般称为内阻。

所有物质按其传导电流的能力，一般可分为三类：导体、绝缘体和半导体。能很好传导电流的物体叫导体。例如铜、铝、铁等一般金属，此外溶有盐类的水也可以导电。绝缘体的特性与导体相反。基本上不能传导电流的物体为绝缘体。常见绝缘体有：橡胶、陶瓷、玻璃、棉纱、石蜡、塑料以及干燥的木材、空气等。半导体的特性则介于导体和绝缘体之间。常见的半导体如锗、硅、氧化铜等。

必须指出，这三类物体是按照它们的导电性能来区分的，但这是相对的，如绝缘体只是导电性能相对地很差，以致通常可以把它看作是不导电的。但这是在一定的条件下才这样的，如果条件改变了，那么它们的性能就可能转化。比如，在极高电压的作用下，许多平时被认为是绝缘体的物质也会导电。

一般电路可能具有三种工作状态：通路、断路、短路。

通路（闭路）：将内外电路连通，构成闭合电路，电路中有电流通过。若图9-2中闸刀 QK 闭合则形成通路。

断路（开路）：若图9-2中闸刀 QK 没有闭合时，电源与外电路没有接通，使电路呈不闭合、无电流通过的状态。

短路：如图9-2所示由于某种原因造成 cd 两点连在一起或电源引线使 ab 两点接通，则称为电源被短路。电源短路时整个电路通过极大的电流，有可能引起火灾，或把线路中电器设备烧毁。一种最简单措施就是在电源开关处安装熔断器 FU，它串联在电路中，一旦发生短路，强大的短路电流会立即将熔丝烧断，使电源进入断路状态，将故障电路自动切除。但是短路原理在实际中也能被利用，如电焊机、点焊机、短路保护装置等。

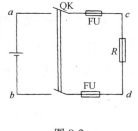

图 9-2

（八）电流

导体中电荷的定向移动形成电流。正电荷的移动方向和负电荷的移动方向相反，规定正电荷的移动方向为电流方向。在外电路，电流由较高的电位向较低的电位流动，在内电路，电流由较低的电位向较高的电位流动。电流的强弱（大小）是以单位时间内通过导体横截面的电量（电荷的数量）来计算的，即 $I=\dfrac{Q}{t}$。电流的单位为安培(A)。通常用"I"表示电流。

（九）电功

电流所做的功叫电功。电流做功时要消耗电能,当电流通过用电负载时,电能转变为其他形式的能量,这时电流做的电功等于其消耗的电能。用电器消耗电能等于电压与被移动电量的乘积,即 $W = U \cdot Q = UIt$。电压的单位是伏(V),电流单位是安培(A),时间的单位是秒(s),电能的单位是焦耳(J)。电源产生的电能等于电动势与被移动电量的乘积,即 $W = E \cdot Q = EIt$。

（十）电功率

用电设备在单位时间内所做的功为电功率。

电源产生的电功率为:

$$P_{\mathrm{E}} = \frac{W}{t} = E \cdot I$$

负载消耗的电功率为:

$$P_{\mathrm{R}} = \frac{W}{t} = U \cdot I$$

式中　P——功率,W;

U(或 E)——电压(电动势),V;

　　　I——电流,A。

当电功率 P 的单位用"千瓦"表示,时间 t 的单位以"小时"计时,电能 W 的单位就是度,亦即 1 度 $= 1\mathrm{kW} \cdot \mathrm{h} = 3.6\mathrm{MJ}$。

二、欧姆定律与电阻的串并联

欧姆定律反映了电路中电压、电流和电阻之间的关系,是电路最基本的定律。在应用时常使用以下几种形式:

（一）无源支路欧姆定律

图 9-3 就是电路中的无源支路。其端电压为 U,通过该支路电流为 I,支路的电阻为 R,无源支路欧姆定律可用公式 $I = \dfrac{U}{R}$ 或 $U = IR$ 表示。如负载的电阻 $R = 10\Omega$,其端电压 $U = 220\mathrm{V}$ 时,则通过的电流 $I = U/R = 220\mathrm{V}/10\Omega = 22\mathrm{A}$。

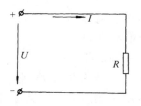

图 9-3

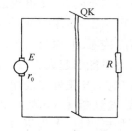

图 9-4

（二）全电路欧姆定律

图 9-4 电路中,既包括外电路,又包括内电路,像这样的简单电路称全电路。设电源电动势为 E,内电阻为 r_0,外电阻为 R,根据电路能量守恒定律分析可得出公式:$I = \dfrac{E}{R + r_0}$。

例如:电源电动势 $E = 30V$,内阻 $r_0 = 0.6\Omega$,外电路电阻 $R = 2.4\Omega$,求电路的总电流、内电压降和电源的端电压。按 $I = \dfrac{E}{R + r_0}$ 则 $I_总 = \dfrac{30}{2.4 + 0.6} = 10A$ 内电压降 $U_E = Ir_0 = 6V$ 电源端电压 $U_0 = E - U_E = 24V$

（三）含源电路欧姆定律

如图9-5就是只含电源不包括外电路的含源电路。电源电动势为 E,端电压为 U,内电阻为 r_0,通过该电路电流 I,方向如图9-5所示。由全电路欧姆定律可知:由于 $Ir_0 = E - U$,则 $I = \dfrac{E - U}{r_0}$。上式就是含源电路欧姆定律。它说明电路中的电流 I 与电动势 E 与端电压之差 $(E - U)$ 成正比,与内阻 r_0 成反比。

三、负载的连接

（一）负载的串联

如图9-6所示,几个负载依次首尾相接,没有分支电路,这种连接称为负载的串联。

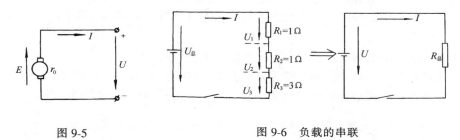

图 9-5   图 9-6 负载的串联

串联电路的特点:

(1) 串联负载的等效电阻等于各个负载电阻的代数和,即 $R_总 = R_1 + R_2 + R_3 + \cdots + R_n$。

(2) 根据电流连续性原理,串联负载中的电流强度相等,即通过每个负载的电流强度是一样的,$I_总 = I_1 = I_2 = I_3 = \cdots = I_n$。

(3) 根据能量平衡原理,串联负载上的电压等于各个负载上电压的代数和,即 $U = U_1 + U_2 + \cdots + U_n$。

(4) 各负载两端的电压降与该电阻阻值的大小成正比,即 $U_1 : U_2 : U_3 : \cdots : U_n = R_1 : R_2 : R_3 : \cdots : R_n$。

(5) 各串联负载所消耗的电功率之和等于等效电阻 $R_总$ 上所消耗的电功率,并且各电阻所消耗的电功率与各电阻的阻值大小成正比,即 $P_总 = P_1 + P_2 + P_3 + \cdots + P_n$,$P_1 : P_2 : P_3 : \cdots : P_n = R_1 : R_2 : R_3 : \cdots : R_n$。根据上述性质,我们可以得到串联电路的分压公式:$U_n = U_总 \times \dfrac{R_n}{R_总}$。

【例9-1】 现有几只3V0.3A的小灯泡,想用36V蓄电池点亮。试问:(1)应如何与电源连接? (2)每只小灯泡的额定功率是多大? (3)每只灯泡正常工作时的电阻值是多少?接入电源的总电阻相当于多大? (4)电源送给小灯泡的总功率是多大?

【解】 (1)因每只灯泡所需的电阻是3V,而电源的电压是36V,那么我们只要把12只小灯泡串联起来,接在蓄电池的正负极之间,灯泡即可正常工作。这时每只灯泡分得的电压恰好是 $36/12=3$V。

(2) 每只灯泡的额定功率 $P=UI=I^2R=U^2/R$ 即 $P=3\times0.3=0.9$W。

(3) 依据欧姆定律可得: $R=U/I=3/0.3=10\Omega$,$R_总=R\times12=12\times10=120\Omega$。

(4) 这时电源送出的电流 $I'=\dfrac{U'}{R_总}=\dfrac{36}{120}=0.3$A,$P'=U'I'=36\times0.3=10.8$W。

(二) 负载的并联

如图 9-7 所示,两个或更多个负载的两端,分别连接在两个公共的节点之间,这种连接方式称为负载的并联。

并联电路的特点:

(1) 等效电阻的倒数等于各个并联电阻的倒数之和,即 $\dfrac{1}{R_等}$

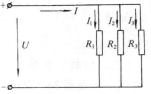

图 9-7　负载的并联

$=\dfrac{1}{R_1}+\dfrac{1}{R_2}+\dfrac{1}{R_3}+\cdots+\dfrac{1}{R_n}$。

(2) 并联电路中各分路中的电流之和等于并联电路中的总电流,即 $I_总=I_1+I_2+I_3+\cdots+I_n$。

(3) 各并联电阻上的电压相等,即 $U=U_1=U_2=U_3=\cdots=U_n$。

(4) 通过并联电路各分路的电流强度,与该分路的电阻值成反比,即 $I_x:I_y:=R_y:R_x$。

(5) 各分路电阻所消耗的电功率之和等于等效电阻所消耗的电功率,即 $P_总=P_1+P_2+P_3+\cdots+P_n$。根据上述性质,我们可以得到并联电路的分流公式: $I_n=I_总\cdot\dfrac{R_总}{R_n}=U/R_n$。

【例 9-2】　如图 9-8 所示,负载 R_1 与负载 R_2 并联,$R_1=3\Omega$,$R_2=2\Omega$,电压 $U=30$V。试计算:(1)等效电阻 $R_总$;(2)总电流 $I_总$ 及支路电流 I_1、I_2;(3)各分路的端电压;(4)各负载消耗的功率。

【解】　(1) $\dfrac{1}{R_总}=\dfrac{1}{R_1}+\dfrac{1}{R_2}=\dfrac{1}{3}+\dfrac{1}{2}=\dfrac{5}{6}\Omega$

$R_总=\dfrac{6}{5}\Omega=1.2\Omega$

(2) $I_总=\dfrac{U}{R_总}=\dfrac{30}{1.2}=25$A

$I_1=\dfrac{U}{R_1}=\dfrac{30}{3}=10$A

$I_2=\dfrac{30}{2}=15$A

(3) $U=U_1=U_2=30$V

(4) $P_1=I_1^2R_1=100\times3=300$W

$P_2=I_2^2R_2=15^2\times2=450$W

(三) 混联电路

在一个电路中,其电阻既有串联,又有并联,这种电路叫混联电路。当其中串并联关系不容易看清楚时,可以改化电路图,使串、并联关系一目了然,利用其特点进行计算。下面我们通过例题来进行分析求解法。

【例 9-3】　在图 9-9 中,$U=36$V,$R_1=1\Omega$,$R_2=1\Omega$,$R_3=2\Omega$,求 I_3。

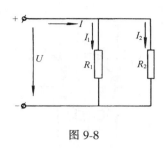

图 9-8

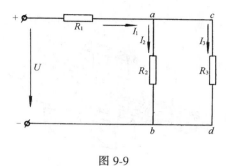

图 9-9

【解】 $U_{ab} = U_{总} \cdot \dfrac{R_n}{R_{总}} = U \cdot \dfrac{\dfrac{1}{\dfrac{1}{R_2} + \dfrac{1}{R_3}}}{R_1 + \dfrac{1}{\dfrac{1}{R_2} + \dfrac{1}{R_3}}} = 36 \times \dfrac{2}{5} = 14.4 \text{V},$

$$I_3 = \frac{U_{ab}}{R_3} = \frac{14.4}{2} = 7.2 \text{A}。$$

或先求 I_1，再根据并联电路的分流公式求得。

（四）电源的串、并联

把几个电源正向串联起来能提高电源电动势,同时内阻也加大了,总内阻等于各电源内阻之和。电源并联使用时能增加输出电流,此时总内阻减小,等于各电源内阻的并联值。注意:不要把电动势不同、内阻不同的电源并联使用。把几个旧电源串联起来虽然能提高电动势,但电路一闭合,电源的输出电压(即负载电压)值比电动势值小得多。这是因为旧电源的内阻比新电源大得多。

第二节　单相交流电路

一、什么是交流电

大小和方向随时间作周期性变化的电压或电流分别称为交流电压或交流电流,统称为交流电。以交流电的形式产生电能或供给电能的设备,称为交流电源。如发电厂的发电机、施工现场的配电设备、配电箱内的电源刀闸、室内的电源插座都是交流电源。用交流电源供电的电路称为交流电路。交流电与直流电最根本的区别是:直流电的方向不随时间变化而变化,交流电的方向则随时间变化而改变。

二、正弦交流电的产生

交流电的变化按正弦规律变化,这种交流电称为正弦交流电。正弦交流电是由交流发电机产生的。如图 9-10 是简单交流发电机的构造,它主要是由定子和电枢组成。定子产生磁场,电枢由铁芯、线圈及两个滑环组成。发电机示意图如图 9-11 所示。当发电机电枢旋转时,电枢线圈的两个边框切割气隙中的磁力线,在线圈两端产生感应电动势 e。由于发电机气隙中的磁感应强度 B 沿电枢铁芯圆周按正弦规律分布(制造时已完成设计):

$$B = B_m \sin \alpha$$

根据电磁感应定律,发电机电枢线圈产生的感应电动势为

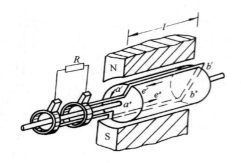

图 9-10　交流发电机构造　　　　　　　　图 9-11　发电机示意图

$$e = 2Bl \cdot v \cdot w = 2B_{\mathrm{m}}\sin\alpha \cdot l \cdot v \cdot w$$

令 $E_{\mathrm{m}} = 2B_{\mathrm{m}} \cdot l \cdot v \cdot w$，则

$$e = E_{\mathrm{m}}\sin\alpha$$

其中　　B_{m}——磁感应强度最大值。

　　　　v——线圈做圆周运动的线速度。

　　　　w——电枢线圈的匝数。

　　　　l——线圈边框长度。

　　　　E_{m}——正弦交流电动势的最大值。

　　　　α——线圈平面与中性面的角度。

　　由公式 $e = E_{\mathrm{m}}\sin\alpha$ 可知，电动势 e 随角度 α 按正弦规律变化，发电机产生的电动势是正弦交流电动势。

　　设电枢以角速度 ω 转动，在任意时刻 t 转过的角度 $\alpha = \omega t + \varphi$。

　　φ 为开始计时时，线圈平面与中性面的角度，则正弦交流电动势 e 为

$$e = E_{\mathrm{m}}\sin(\omega t + \varphi)$$

故在电路中产生的电流和电压也是正弦交流电流和电压。

　　正弦电流为

$$i = I_{\mathrm{m}}\sin(\omega t + \varphi)$$

　　正弦电压为

$$u = U_{\mathrm{m}}\sin(\omega t + \varphi)$$

式中　　I_{m}——正弦电流的最大值。

　　　　U_{m}——正弦电压的最大值。

　　　　ω——电枢线圈切割磁场磁力线电角速度（电角频率）。

三、正弦交流电的三要素

（一）正弦量变化的快慢

1．周期（T）

正弦量变化一周所需的时间，称为周期，用字母"T"表示，单位是秒（s）。

2．频率（f）

正弦量每秒钟变化的周数，称为频率，用拉丁字母 f 表示。频率的单位是赫兹（Hz）。

184

频率与周期互为倒数，即 $f = \dfrac{1}{T}$ 或 $T = \dfrac{1}{f}$。电力标准频率在我国和大多数国家都采用 50Hz，通常也称工频。通常的交流电动机和照明负载都用这种频率。

3．角频率（ω）

它是指正弦量每秒钟所经历的弧度数。它的单位是弧度/秒（rad/s）对于 $f = 50$Hz 的工频交流电，其周期为

$$T = \frac{1}{f} = \frac{1}{50} = 0.02\text{s}$$

其角频率为 $\omega = 2\pi f = 2 \times 3.14 \times 50 = 314\text{rad/s}$

（二）正弦量的大小

1．瞬时值

交流电在某一瞬间的数值称为瞬时值。规定用小写字母来表示，如用 i、u 及 e 分别表示电流、电压及电动势的瞬时值。

2．最大值（幅值）

正弦量在一个周期中所出现的最大瞬时值，称为最大值或幅值。用 I_m、U_m 及 E_m 分别表示电流、电压及电动势的最大值，正弦量的最大值是一个常数，它不随时间改变。

3．有效值

交流电通过某一电阻时所产生的热量，如果和某一直流电在相同的时间内通过这一电阻所产生的热量相等，则这一直流电的数值为交流电的有效值。有效值是根据其电流的热效应来确定的，用 E、U、I 分别表示电动势、电压、电流的有效值。用电设备的额定电压及额定电流是指有效值。根据有效值的定义及严格的数学推导，得到了交流电的有效值与其最大值关系：

$$I = I_\text{m}/\sqrt{2} = 0.707 I_\text{m}$$
$$U = U_\text{m}/\sqrt{2} = 0.707 U_\text{m}$$
$$E = E_\text{m}/\sqrt{2} = 0.707 E_\text{m}$$

（三）正弦量变化的状态

1．相位

把正弦交流电 $u = U_\text{m}\sin(\omega t + \psi)$ 中的 $(\omega t + \psi)$ 叫正弦交流电的相位，它表示在任意时刻正弦交流电的角度。不同时刻它的相位不同。相位及最大值决定了不同时刻正弦交流电的瞬时值。

2．初相位

$t = 0$ 时刻的相位 ψ 叫初相位。相位是由角频率 ω 及初相位 ψ 决定的。

3．相位差

两个同频率正弦量的相位之差或初相位之差称为相位差。设两个同频率的正弦交流电 $i_1 = I_{1\text{m}}\sin(\omega t + \psi_1)$、$i_2 = I_{2\text{m}}\sin(\omega t + \psi_2)$，则相位差 $\Delta\psi = \omega t + \psi_1 - \omega t - \psi_2 = \psi_1 - \psi_2$。相位差 $\Delta\psi$ 也用 ψ 表示。当 $\psi > 0$，我们就说 i_1 超前 i_2 或称 i_2 滞后 $i_1 \psi$ 角；当 $\psi < 0$，则 i_1 滞后 i_2 或称 i_2 超前 $i_1 |\psi|$ 角；当 $\psi = 0$，我们就说 i_1 与 i_2 同相；当 $\psi = \pi$，我们说 i_1 与 i_2 反相。相位差是两个同频率正弦量进行比较时的一个重要特征。

各发电厂的交流发电机向同一电网供电（并网发电）时，除了频率和电压完全相同外，还

必须保证各相电流相位完全一致(称作同步),否则会出现互相削弱的情况。

交流电三大效应：

热效应：交流电通过导线或负载(如白炽灯等),使其发热产生热量。

磁效应：交流电通过导线时,导线周围包括导线的截面内的磁通量发生变化,导线中始终有自感电动势产生,如日光灯的镇流器。

化学效应：由于交流电的方向不断交变,所以不能用来产生电化学反应。工业中的电解和电镀等工艺,都是将交流电经过整流变成直流电后再使用。

四、单相交流电路

（一）电阻负载电路

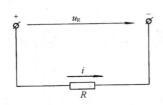

图 9-12

如图 9-12,负载是纯电阻性的,设电压有效值为 U,电流有效值为 I,负载的电阻为 R。

1. 电流有效值与电压有效值关系

$$I = \frac{U}{R}$$

2. 电流与电压的相位关系

由电工理论分析可知,正弦电流与正弦电压,在电阻负载电路中,它们的相位是同相的。

3. 有功功率

负载消耗功率的平均值称为有功功率。电阻负载消耗的有功功率可由下式计算：

$$P = UI = I^2 R = U^2/R$$

一般交流电路的有功功率可由下式计算：

$$P = UI\cos\varphi$$

其中　　P——有功功率,W；

　　　I——电路中电流有效值,A；

　　　U——电路电压有效值,V；

　　$\cos\varphi$——功率因数；

　　　φ——电压与电流的相位差。

（二）电感负载电路

如图 9-13 所示,负载是电感 L,当交流电流通过电感 L 时,受到电感的阻碍作用,这种阻碍作用叫电感的感抗,用字母 X_L 表示,可用下式计算

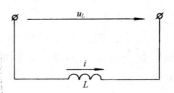

图 9-13

$$X_L = \omega L = 2\pi f L$$

例如 $L = 0.1\text{H}$(亨利),$f = 50\text{Hz}$,则 $X_L = 2 \times 3.14 \times 50 \times 0.1 = 31.4\Omega$。

1. 电流有效值与电压有效值的关系

$$I = \frac{U}{X_L}$$

这是电感负载电路的欧姆定律。上例的 $X_L = 31.4\Omega$,若电压有效值 $U = 628\text{V}$,则电路中的电流有效值

$$I = 628/31.4 = 20\text{A}$$

2．电流与电压的相位关系

由电工理论分析可知,电感负载上的正弦电压超前正弦电流 $90°$ 角,它们相位差 $\varphi = 90°$。

3．有功功率和无功功率

根据有功功率 $P = UI\cos\varphi$,电感负载的相位差 $\varphi = 90°$,则其有功功率 $P = UI\cos90° = 0$。在纯电感电路中,没有能量消耗,只有电能和磁能的周期性转换,因此电感元件就是一种储能元件了。虽然电感负载不消耗有功功率,但占有功率,这种负载占有的功率称为无功功率。由电工理论可知无功功率由下式计算:

$$Q = UI\sin\varphi$$

式中　Q——无功功率,var。

电感负载 $\varphi = 90°$,$\sin90° = 1$,则无功功率 $Q = UI$。

上例中 $U = 628V$,$I = 20A$,则电路的无功功率 $Q = 628 \times 20 = 12560\text{var} = 12.56\text{kvar}$。

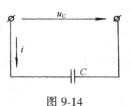

图 9-14

（三）电容负载电路

如图 9-14 所示,负载是电容 C,当交流电流通过电容 C 时,受到电容的阻碍作用,这种阻碍作用叫容抗,用字母 X_C 表示。容抗的大小可用下式计算:

$$X_C = \frac{1}{2\pi fC} = \frac{1}{\omega C}$$

式中　X_C——容抗,Ω;

　　　C——电容,F。

例如,电容 $C = 80\mu F$,频率是 50Hz,其容抗

$$X_C = \frac{1}{2 \times 3.14 \times 50 \times 80 \times 10^{-6}} = 40\Omega$$

1．电流有效值与电压有效值的关系

$$I = \frac{U}{X_C}$$

这是电容负载电路的欧姆定律。上例 $X_C = 40\Omega$,若电容上的电压 $U = 220V$,则电流 I 为

$$I = \frac{220}{40} = 5.5A$$

2．电流与电压的相位关系

由电工理论分析可知,电容负载上的正弦电流超前正弦电压 $90°$ 角,它们相差 $\varphi = 90°$。

3．有功功率和无功功率

根据公式 $P = UI\cos\varphi$ 可知,电容负载的有功功率 $P = 0$。即电容负载也不消耗电功率,与电感负载一样,电容负载也占有无功功率。由公式 $Q = UI\sin\varphi$ 可知,电容负载的无功功率 $Q = UI$。

（四）电阻电感串联电路

如图 9-15 所示,电阻 R 代表用电设备的电阻,L 代表用电设备的电感,整个用电设备等效为 RL 串联。设电路的电压有效值 U,通过该负载的电流有效值 I,电阻上的电压有效值

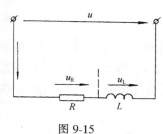

图 9-15

U_R,电感上的电压有效值 U_L。

1. 电流有效值与电压有效值的关系

$$I = \frac{U}{\sqrt{R^2 + X_L^2}} = \frac{U}{Z}$$

其中 $Z = \sqrt{R^2 + X_L^2}$ 称为交流电路阻抗。

公式 $I = \frac{U}{Z}$ 称为交流电路欧姆定律。根据公式 $Z = \sqrt{R^2 + X_L^2}$ 可画阻抗三角形反映 Z、R、X_L 三者之间的关系,如图 9-16 所示。

2. 电压与电流相位关系

由图 9-16 可知,电压超前电流 φ 角,φ 角可由阻抗三角形确定。

由于 $\cos\varphi = \frac{R}{Z}$ 或 $\mathrm{tg}\varphi = \frac{X_L}{R}$

则 $\varphi = \arccos\frac{R}{Z}$ 或 $\varphi = \mathrm{arctg}\frac{X_L}{R}$

3. 有功功率、无功功率、视在功率

电阻与电感串联交流电路有功功率仍由 $P = UI\cos\varphi$ 计算。I 由交流电路欧姆定律确定,$\cos\varphi$ 由电阻及阻抗确定。

电路的无功功率由公式 $Q = UI\sin\varphi$ 来计算。$\sin\varphi$ 由阻抗三角形来确定。

电路的电压 U 与电流 I 的乘积称为电路的视在功率,它表示负载从电源中取用的功率(不是所消耗的功率)。视在功率用字母 S 表示,即

$$S = UI$$

它的单位用伏安,以区别有功功率和无功功率。

由于 $\quad P = UI\cos\varphi, Q = UI\sin\varphi$

$\quad\quad P^2 + Q^2 = (UI)^2(\cos^2\varphi + \sin^2\varphi) = (UI)^2 = S^2$

即 $\quad S = \sqrt{P^2 + Q^2}$

视在功率、有功功率、无功功率之间的关系可由功率三角形表示,如图 9-17 所示,φ 为总电压与电流之间的相位差,$\cos\varphi$ 是功率因数。

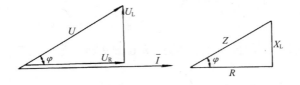

图 9-16　电压三角形与阻抗三角形　　　　　　图 9-17

功率因数 $\cos\varphi$ 是交流电路重要参数。当负载消耗的有功功率一定时,$\cos\varphi$ 越大,负载的视在功率越小,因而输电电流越小,提高电源带负载的能力。$\cos\varphi$ 越大,$\sin\varphi$ 越小,电路中占有的无功功率越小,也减少电流在线路上能量损失。一般电气设备的功率因数应在 0.9 以上,所以提高电路的功率因数是节约用电的有力措施。

4. 提高功率因数的方法

提高功率因数的方法,对于一般用户,一是使电动机、变压器接近满载运行(电动机空载运行时 $\cos\varphi=0.2\sim0.3$,满载运行时 $\cos\varphi=0.83\sim0.85$);二是在电感性负载两端并联电容器,并联的电容叫补偿电容,它的大小可按下式计算:

$$C=\frac{P}{2\pi fU^2}(\mathrm{tg}\varphi_1-\mathrm{tg}\varphi_2)$$

式中　　C——补偿电容,F;

P——电源向负载供给的有功功率,W;

U——电源电压,V;

f——电源频率,Hz;

φ_1——并联补偿电容前的负载系数阻抗角(功率因数角);

φ_2——并联补偿电容后的阻抗角(功率因数角)。

补偿电容的容量,可按下式计算:

$$Q=P(\mathrm{tg}\varphi_1-\mathrm{tg}\varphi_2)$$

式中　　Q——补偿电容器的容量,kvar;

P——电源向负载供给的有功功率,kW;

φ_1——并联补偿电容前的阻抗角;

φ_2——并联补偿电容后的阻抗角。

【例 9-4】　有一感性负载,它的功率为 $P=10\mathrm{kW}$,接在 200V、50Hz 的电路中时,功率因数 $\cos\varphi_1=0.6$,如需将其功率因数 $\cos\varphi_2$ 提高到 0.95,求应并联多大的电容?其容量又是多少?若要将功率因数 $\cos\varphi'$ 提高到 1,又应并联多大的电容?其容量又是多少?

【解】　在未补偿时,$\cos\varphi_1=0.6$,$\varphi_1=53.1°$,则 $\mathrm{tg}\varphi_1=1.33$ 补偿以后 $\cos\varphi_2=0.95$,$\varphi_2=18.2°$,则 $\mathrm{tg}\varphi_2=\mathrm{tg}18.2°=0.33$。

按 $C=\dfrac{P}{2\pi fU^2}(\mathrm{tg}\varphi_1-\mathrm{tg}\varphi_2)$

得　$C=\dfrac{10^4}{2\times3.14\times50\times(220)^2}\times(1.33-0.33)=658\mu\mathrm{F}$

补偿电容量为

$$Q=P(\mathrm{tg}\varphi_1-\mathrm{tg}\varphi_2)=10\times(1.33-0.33)=10\mathrm{kvar}$$

未并联补偿电容时线路电流为:

$$I_1=\frac{P}{U\cos\varphi_1}=\frac{10\times10^3}{220\times0.6}=75.7\mathrm{A}$$

并联补偿电容后线路电流为:

$$I_2=\frac{P}{U\cos\varphi_2}=\frac{10\times10^3}{220\times0.95}=47.8\mathrm{A}$$

线路中的电流共减少:$75.7-47.8=27.9\mathrm{A}$

将功率因数 $\cos\varphi$ 提高到 1 时,即 $\cos\varphi'=1$,$\varphi'=0°$,$\mathrm{tg}\varphi'=\mathrm{tg}0°=0$,则有

$$C=\frac{10\times10^3}{2\times3.14\times50\times220^2}\times(1.33-0)=875\mu\mathrm{F}$$

补偿电容的容量为:

$$Q=10\times(1.33-0)=13.3\mathrm{kvar}$$

此时线路中的电流为

$$I' = \frac{P}{U\cos\varphi} = \frac{10^4}{220} = 45.5\text{A}$$

由上例可见，随着 $\cos\varphi$ 的提高，所需并联的电容器的容量越来越大，而对线路电流减小的效果越来越小，所以供电系统并不要求用户的功率因数提高到1，否则电容器的投资太大，从全局来看，反而不经济。

第三节　三　相　交　流　电

目前电能的产生、输送和分配，绝大多数都是采用三相制；在用电设备方面，三相交流电动机最为普遍；此外，需要大功率直流电的厂矿企业，也大多采用三相整流。三相交流电之所以得到广泛应用，是因为：(1)三相发电机的铁芯和电枢磁场能得到充分利用，与同功率的单相发电机比较，具有体积小，节约原材料的优点；(2)三相输电比较经济，如果在相同的距离内以相同的电压输送相同的功率，三相输电线路比单相输电线路所用的材料少；(3)三相交流电动机具有结构简单，性能良好，工作可靠，价格低廉等优点；(4)三相交流电经整流以后，其输出波形较为平直，比较接近于理想的直流。所谓三相交流电就是三个频率相同，而相位互差120°的三个交流电源按照一定的方式连接起来，同时作用在电路中。如果这三个交流电源的电动势(或电压)的有效值相等，频率相同，相位上互差120°(电角度)那么就称为三相对称电源(或三相对称电动势、三相对称电压)。发电厂产生的三相电源，一般都是对称的。

一、三相交流电的产生

三相交流电由三相发电机产生，其产生的过程与单相交流电的产生过程在原理上相同，都是根据运动感应原理，使导体和磁场作相对运动，在导体中感生电动势(或电压)，把机械能转变为电能。它的基本构造是在一对磁极中放着一个能绕轴旋转的圆柱形铁芯，称为电枢，在电枢上装着三个彼此相差120°的绕组作为转子，即 AX、BY、CZ，分别称为 A 相绕相，B 相绕组和 C 相绕组。三个绕组的三个起端，分别以 A、B、C 来表示，末端则以 X、Y、Z 表示。每相绕组的几何形状、尺寸和匝数均相同，每相绕组的起、末两端，分别连接到两个铜制的滑环上，滑环套装在电枢的转轴上，并与转轴绝缘。每个滑环上安放着一个静止的电刷，用来把绕组中感应出来的交流电动势同外电路接通。

当电枢按逆时针方向作等速旋转时，三个绕组与磁场作相对运动，切割磁力线分别产生感应电动势，当我们开始观察时，即 $t = 0$ 时，A、B、C 三相绕组所在位置如图 9-18 所示，那么经过 t 秒后 AX 绕组所在位置与中性面的夹角 $\alpha = \omega t$，因此，AX 绕组内产生的感应电动势的数学表达式为

$$e_a = E_m\sin\omega t$$

BY 绕组所在平面在 AX 绕组所在平面的后面120°，其产生的感应电动势的数学表达式为

$$e_b = E_m\sin(\omega t - 120°)$$

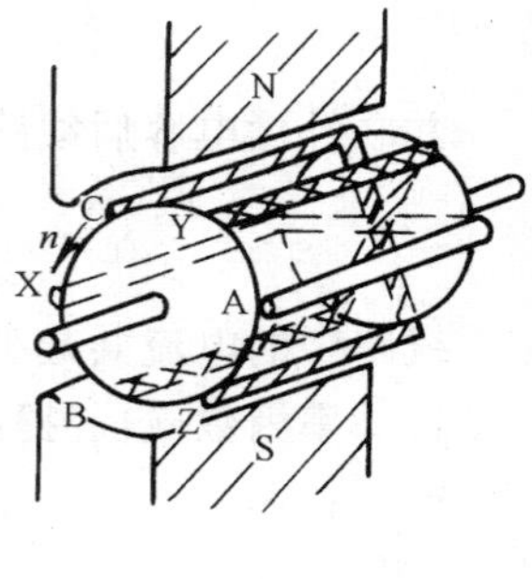

图 9-18

CZ 绕组所在平面在 AX 绕组所在平面的前面120°，其产生的感应电动势的数学表达式为

190

$$e_c = E_m \sin(\omega t + 120°)$$

三相交流发电机的三相绕组内,产生出的感应电动势具有三个特点:

(1)由于每相绕组的几何形状、尺寸和匝数均相同,所以电动势的有效值相等。

(2)由于三相绕组以同一速度切割磁力线,所以电动势的频率相同。

(3)由于三相绕相的空间位置互差120°,每相绕组到达中性面或磁极正下方的时间便有先有后,相差120°,所以三个电动势之间相互存在着120°的相位差。

由此可知,在三相发电机的三相绕组内产生的感应电动势,必是三相对称电动势,它呈现在发电机的外部,就是三相对称电压了。

二、三相电源供电

1.三相电源绕组的星形连接

如图9-19所示,把三相绕组的末端连在一起,称为中点或零点,用N表示。由中点引出一条导线,称为中线或零线(俗称地线,因为一般电源中性点接地即中线接地)。从三相绕组首端A、B、C分别引出的导线称为相线(俗称火线)。上述三相绕组的连接方法,称为三相绕组的星形(丫)连接。这种由三相电源引出四条输电线供电的方式,称为三相四线供电。它的特点是可以得到两种不同的电压,一为相电压,一为线电压,在大小上线电压是相电压的 $\sqrt{3}$ 倍,即 $U_线 = \sqrt{3} U_相$。相线与相线之间的电压称线电压,用 $U_线$ 表示。相线与中性线之间的电压称相电压,用 $U_相$ 表示。当三个相电压对称时,三个线电压也必对称。

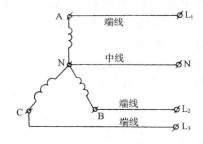

图9-19

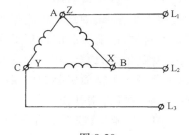

图9-20

2.三相电源绕组的三角形连接

如图9-20所示,三相绕组首尾依次连接,即A相绕组尾端X与B相绕组首端连接,B相绕组尾端Y与C相绕组首端连接,C相绕组尾端Z与A相绕组首端连接,然后从三个连接点分别引出三条相线,这种连接方式称三相电源绕组的三角形(△)连接,常在三相变压器中使用。三角形连线的供电方式称为三相三线制,在高压输电中常常采用。与星形连接不同的是,三角形连接的三相线路中只有一种电压——线电压。它等于每相绕组产生的电压,即 $U_线 = U_相$。

三、三相负载接入三相电源

(1)三相负载接入三相电源的原则:接入三相电源时,使其正常工作的条件必须满足负载所需要的额定值。

(2)三相负载接入三相电源的方法:凡是把三相负载的每一相分别跨接在火线和中线之间,这种连接法就称为星形连接,又称"丫"形连接。

凡是把三相负载的每一相分别跨接在火线和火线之间,这种连接法称为三角形连接,又称"△"形连接。

（3）三相负载接入三相电源的条件：当各相负载的额定电压等于电源线电压的 $1/\sqrt{3}$ 时，负载应作星形连接。如果各相负载的额定电压等于电源线电压时，负载则应作三角形连接。

四、负载星形连接的三相电路

三相负载完全相同，即各相功率彼此相等，各相的功率因数彼此相同就称为三相平衡负载或三相对称负载，否则，就称为三相不平衡负载或三相不对称负载。

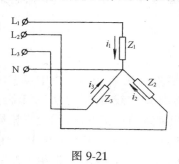

图 9-21

1．三相四线制（负载不平衡时采用）

如图 9-21 所示，由接线电路可知：

（1）三相负载所承受的电压就是三相电源的相电压（不考虑线路上的电压损失）。

（2）三条相线中的线电流就是三相负载的相电流。因此，三相电路的线电流可由下式计算：

$$I_{线} = I_{相} = \frac{U_{相}}{Z_{相}} = \frac{U_{线}}{\sqrt{3}Z_{相}}$$

负载作星形连接的三相四线制供电线路中，1）负载不平衡时，中线里虽有电流通过，但一般较火线电流为小，所以中线的导线截面非但不需加大，反而可以较火线截面小一些，负载越接近平衡，中线电流就越小。2）负载平衡时，中线电流为零，中线不起作用，可以除去不用。3）负载不平衡时，中线可以确保负载相电压不变。若此时断开中线，则会引起负载相电压的严重不对称，影响负载的正常工作，甚至造成烧坏设备的事故。由此可知，三相四线制供电中的中线（地线），它的作用就是确保负载作星形连接不平衡时，仍能获得对称的相电压，把由于负载不平衡而引起的中线电流送回电源，保证负载正常工作，因此在中线上绝不允许安装保险丝和刀闸开关。

2．三相三线制（负载平衡时采用）

三相四线制电路中负载作星形连接时，如果三相负载平衡，则中线电流为零，中线不起作用，可以除去不用，那么，这样就成为负载星形连接的三相三线制电路了。三相三线制平衡负载星形连接电路与三相四线制电路的特点相同：（1）各相负载所承受的相电压 $U_{相} = \frac{1}{\sqrt{3}}U_{线}$；（2）电源线电流 $I_{线}$＝负载相电流 $I_{相}$（因三相负载平衡，各相电流均相等，各火线电流也相等）；（3）电源供给的三相总功率为各相功率的 3 倍，即 $P = 3P_{相} = 3U_{相}I_{相}\cos\varphi$，如图 9-22 所示。

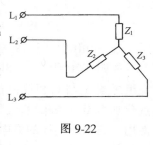

图 9-22

【例 9-5】 作星形连接的三相电动机，接在线电压为 380V 的三相电源上工作，已知电动机自电源取用的电功率为 10kW，其功率因数为 0.8。试问：该电动机自电源取用的电流是多少（火线电流）？

【解】 由于三相电动机是三相平衡负载，由此便可求得电动机自电源取用的电流为

$$P = 3U_{相}I_{相}\cos\varphi = 3 \cdot \frac{1}{\sqrt{3}}U_{线}I_{线}\cos\varphi$$

即　$P = \sqrt{3} U_{线} I_{线} \cos\varphi$

$$I_{线} = \frac{P}{\sqrt{3} U_{线} \cos\varphi} = \frac{10 \times 10^3}{\sqrt{3} \times 380 \times 0.8} = 19\text{A}$$

五、负载三角形连接的三相电路

负载作三角形连接所形成的三相三线制电路,具有如下的特点(如图 9-23 所示):

(1) 负载△接时,不论负载平衡与否,相电压总是保持对称不变,且负载的相电压等于电源线电压,即 $U_{相} = U_{线}$。

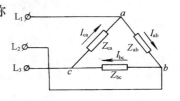

(2) 各相负载与电源间独自构成回路,互不相扰。

(3) 负载不平衡时,线电流 $I_{线}$ 大于相电流 $I_{相}$。

(4) 负载平衡时,电源线电流 $I_{线}$ = 负载相电流 $\sqrt{3}$。

(5) 电源供给的三相总功率 P:

当负载不平衡时,$P = P_a + P_b + P_c$(即各相功率之和)。

当负载平衡时,$P = 3P_{相} = 3U_{相} I_{相} \cos\varphi$。

图 9-23

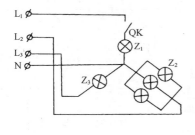

图 9-24

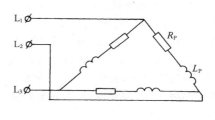

图 9-25

【例 9-6】　如图 9-24 为由白炽灯组成的三相不对称负载电路。L_1、L_3 相负载为一个 220V、100W 的灯泡,L_2 相负载为三个 220V、100W 的灯泡,试分析中线断开时,L_1 相负载开路和短路时 L_2 相和 L_3 相负载相电压的变化情况。

【解】　(1) 中线断开,L_1 相负载断路时,Z_2 和 Z_3 串联后接在 $U_{L_2 L_3}$ 上,所以

$$U_{L_3} = \frac{Z_3}{Z_2 + Z_3} U_{L_2 L_3} = \frac{R_3}{\frac{1}{3} R_3 + R_3} \times 380 = 285\text{V}$$

$$U_{L_2} = 380 - 285 = 95\text{V}$$

显然,L_3 相分压太高,灯泡很快会被烧毁。而 L_2 相分压太低,灯泡不能正常工作。

(2) 中线断开,L_1 相负载短路时,L_2 相和 L_3 相分别接到 $U_{L_1 L_2}$ 和 $U_{L_1 L_3}$ 上,均承受了 380V 的电压,灯泡很快就会烧毁。

【例 9-7】　如图所示,$R_P = 8\Omega$,$L_P = 30\text{mH}$,$U_X = 380\text{V}$,$f = 50\text{Hz}$。求相电流、线电流和总功率。

【解】　(1) $I_{相} = \dfrac{U_{线}}{Z_P} = \dfrac{U_{线}}{\sqrt{R^2 + (2\pi f L)^2}}$

$$I_{相} = \frac{380}{\sqrt{8^2 + (2 \times 3.14 \times 50 \times 30 \times 10^{-3})^2}} = \frac{380}{12.3} = 30.8\text{A}$$

(2) $I_{\text{线}} = \sqrt{3} I_{\text{相}} = \sqrt{3} \times 30.8 = 53.5\text{A}$

(3) $P = \sqrt{3} U_{\text{线}} I_{\text{线}} \cos\varphi = \sqrt{3} U_{\text{线}} I_{\text{线}} \dfrac{R}{Z_P} = \sqrt{3} \times 380 \times 53.3 \times \dfrac{8}{12.3} = 22.79\text{kW}$

习　题

9-1　用截面积 $S = 0.05\text{mm}^2$ 的锰铜丝绕制阻值为 30Ω 的线绕电阻,在常温条件下,锰铜丝的电阻率为 $0.43 \times 10^{-6}\Omega \cdot \text{mm}^2/\text{m}$。试求需用多长的锰铜丝。

9-2　某施工现场临时安装 220V、1000W 白炽灯三盏,该处距配电盘 100m,由一个闸刀开关进行控制,若采用 2.5mm² 的绝缘塑铜线送电,试问灯端的电压是多少伏(已知配电盘出口电压为 220V)? 通过闸刀开关的电流是多少? 若一个夜班工作 8h,三盏白炽灯耗用电费是多少(电费每度 0.50 元)?

9-3　若室内安装有一只额定电流 $I_0 = 5\text{A}$ 的电度表,表内保险丝的熔断点也是 5A,室内有 4 只 500W 的电炉,试问 4 只电炉同时使用时将会产生什么现象? 又问在正常情况下,最多能允许几只电炉同时使用?

9-4　在图 9-26 中将开关 QK 合上,问:

(1) A、B 两点间的电阻将怎样变化?

(2) 各支路中电流将怎样变化?

(3) 伏特表的读数是增大还是减小? 为什么?

如果导线电阻 R_L 可以忽略不计,情况怎样?

9-5　有一日光灯,$P_e = 40\text{W}$,$U_e = 220\text{V}$,$I_e = 0.66\text{A}$。日光灯要串联一线圈(镇流器)使用。现把一个 $8\mu\text{F}$ 的电容并联在日光灯和线圈相串联的支路两端,求并联电容前后日光灯的功率因数。

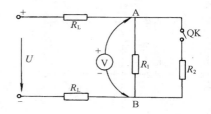

图 9-26　习题 9-4 图

9-6　在线电压为 380V 的三相四线制电源上,接有一批额定电压为 220V、功率为 100W 的白炽灯,若 A 相接灯 20 盏,B 相接灯 40 盏,C 相接灯 40 盏,分别求出各条火线中的电流是多少? 此时中线上有电流吗?

9-7　一台交流发电机,其额定容量为 10kVA,额定电压为 220V,频率为 50Hz,与一感性负载相连,负载的功率因数 $\cos\varphi = 0.6$,功率 $P = 8\text{kW}$。试问:(1)发电机的电流是否超出它的额定值? (2)如果将 $\cos\varphi$ 从 0.6 提高到 0.95,应在负载两端并联多大的电容器? (3)功率因数提高到 0.95 后,发电机的容量是否有剩余? 剩余多少?

第十章 电气设备及电气材料

第一节 变 压 器

一、概述

变压器是变换交流电压的电气设备,它用来把某一电压的交流电变换成同频率的另一种电压的交流电,可以升压也可以降压。变压器是电力系统和供电系统不可缺少的重要电气设备。变压器在改变电压的同时,也改变了线路中的电流,所以从这个意义上讲,变压器也是变流器。另外,变压器还可以用来变换阻抗、改变相位等。变压器的种类很多,根据用途不同可分为输配电用的电力变压器;冶炼用的电炉变压器;电解用的整流变压器;焊接用的电焊变压器,试验用的试验变压器;测量用的仪用互感器等等。根据铁芯结构形式的不同,可分为芯式和壳式两种;根据原、副绕组的数目多少,可分为两绕组、三绕组和多绕组变压器;根据冷却方式,还可以分为油冷和空气冷;根据相数可分为单相和三相。在电力工程中,应用最多、最普遍的是三相电力变压器,由于输电线路输送的视在功率 $S=\sqrt{3}U_\text{线}I_\text{线}$ 为定值的情况下,如果输电电压 $U_\text{线}$ 越高,则线路电流 $I_\text{线}$ 越小,这样一方面既可减少输电线路上的能量损失,又可减少输电线的截面,从而大大节省了有色金属,因此,远距离输电时采用高电压最为经济。我国目前交流输电的电压等级有 6、10、35、110、220kV 等几种。

在用电方面一般都用较低的电压,一方面是为了安全,另一方面是为了使用电设备的绝缘问题容易解决。我国现行设备的额定电压是:一般室内照明用电源为单相 220V,建筑施工照明用的安全电压是 36、24、12V,电动机用单相 220V 或三相 380、3000、6000V。

二、变压器的构造与工作原理

1. 变压器的基本构造

如图 10-1 所示是变压器外形图。变压器主要是由电路(线圈)和磁路(铁芯)两部分组成的,另外还有一些附属部件,如油箱、绝缘油、散热器、油枕、外壳和用来安装引出线的高低压绝缘套管等,都是为保证变压器正常工作设置的。

(1)磁路部分(铁芯):为了减少磁滞损失和涡流损失,变压器的铁芯用硅钢片叠成的,硅钢片表面涂有绝缘漆使各片相互绝缘。铁芯形状有"口"字形(芯式)与"日"字形(壳式)两大类,如图 10-2 所示。芯式结构的特点是:绕组和绝缘物的布置容易,适用于高电压、大容量的电力变压器。壳式结构的特点是:用铜量少,散热好,机械强度较高,适用于低电压、大电流的变压器。

散热是变压器设计、使用的一个很重要问题。常用变压器的散热方式有自冷式和油冷式两种。

自冷式变压器依靠空气的自然对流和本身的辐射来散热。这种方式的散热效果差,适用于小型变压器。

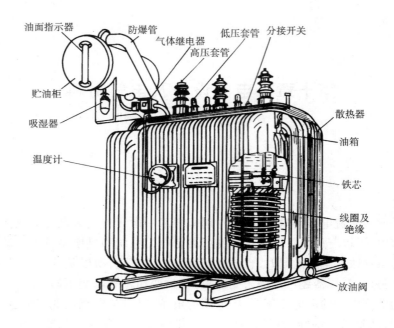

图 10-1　变压器外形

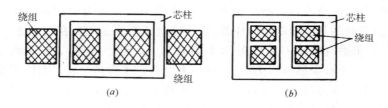

图 10-2　铁芯形状

(a)芯式;(b)壳式

　　大容量的变压器均采用油冷式散热,即把变压器的铁芯和绕组全部浸在变压器油(一种绝缘矿物油)内,使热量通过油传给箱壁散发到空气中去。为了增加散热量,人们在箱壁上装上散热管来扩大冷却表面。电力变压器一般还装有油枕、呼吸器、瓦斯继电器、防爆管、油温指示器等部件。油枕的作用是给油的热胀冷缩留有空间,减少冷却油与空气的接触,以防止油氧化变质,绝缘性能降低。呼吸器把枕上部和外界空间连通,内装吸潮硅胶,当油枕内油位下降时,外界空气经硅胶进入油枕,空气中的水分大部分被硅胶吸收,有效地防止了变压器油受潮变质、绝缘性能劣化。

　　瓦斯继电器又叫气体继电器,当变压器发生局部击穿短路时,变压器的绝缘物和变压器油受到破坏而产生气体。气体集聚在瓦斯继电器的上部,当气体压力足够大时,继电器便会报警,直至接通继电保护装置,把电源切断。

　　防爆管是一根铜管,其下端与油箱连通,上端用 3～5mm 厚的玻璃板(安全膜)密封,上部还有一根小管与油枕上部连通。变压器正常工作时防爆管内的少量气体通过油枕上部排出,当变压器发生严重故障时,油被分解产生大量气体,使箱内压力骤增,当油压上升到 50～100kPa 时安全膜爆破,油气喷出,从而避免油箱破裂,减轻事故危害。

油温指示器用来监视箱内上层油温,变压器中部偏上部位温度最高。

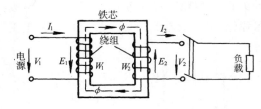

图 10-3　变压器原理示意图

（2）电路部分(绕组)：由两个或两个以上匝数不等的绕组(俗名线包)组成。与电源相连接的绕组称为原绕组,如图 10-3 中的 W_1,它相当于电源的负载。为叙述方便起见,所有与原绕组有关各量都加脚注 1 表示。与负载相接的绕组称为副绕组,如图 10-3 中的 W_2,它相当于负载的电源,所有与副绕组有关各量均加脚注 2 表示。虽然原、副绕组在电路上是分开的,但二者却被同一磁路穿链起来。

2. 变压器的工作原理

当变压器的原绕组接入电源时,原绕组中就有电流通过,这个变化的电流在铁芯中产生交变的主磁通(也叫工作磁通)。由于原、副绕组绕在同一个铁芯上,所以铁芯中的主磁通同时穿过原绕组和副绕组。因此,在变压器的原绕组中产生自感电动势的同时,在副绕组中产生了互感电动势,这个互感电动势对负载来讲,就相当于它的电源电动势了,因此副绕组与负载连接的回路中也就产生了电流 I_2,使负载工作(图 10-3)。根据电工原理可知：

$$\frac{U_1}{U_2} = \frac{W_1}{W_2} = K_u$$

$$\frac{I_1}{I_2} = \frac{W_2}{W_1} = K_i$$

即变压器原副绕组电压之比与它们的匝数成正比,K_u 称为变压器的电压变比。变压器原副绕组电流之比与它们的匝数成反比,K_i 称为变压器的电流变比。改变变比就可以得到不同数值的电压、电流。

三、三相变压器

三相变压器的工作原理同单相变压器一样,单相变压器的基本公式中所表达的电压和电流,在三相变压器中相当于相电压和相电流。由于交流电能的产生和输送,几乎都采用三相制,所以要使三相交流电升压或降压,就必须用三相变压器。三相变压器的铁芯有三个芯柱,每个芯柱上都套装原、副绕组并浸在变压器油中,其端头经过装在变压器铁盖上的绝缘套管引到外面。图 10-4 是三相变压器构造图。

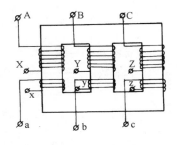

图 10-4　三相变压器

三相变压器的基本连接方式有三种：

1. Υ/Υ₀ 接法

Υ 表示原边的三个线圈的末端(尾端)连接在一起,Υ₀ 表示副边三个线圈的末端也连接在一起,并从这个接点(中性点)引出一条中性线,如图 10-5 所示。

2. Υ/△ 接法

原边的连接方法和图 10-5 一样,副边的三个线圈的首、尾端依次相连,如图 10-6。

3. Υ₀/△ 接法

这种接法实际上和 Υ/△ 接法一样,只是从原绕组的线圈连接点(中性点)再引出一条中性线来(见图 10-6 中的虚线部分)。

197

这三种接法,以Ｙ/Ｙ₀接法在工程中应用最多。副绕组引出一条中性线,成为三相四线制供电方式,可同时提供380V和220V电压,供动力设备和照明设备使用。而且它还可以采用中性点工作接地的方法,为安全用电提供了保障(见第十五章),所以一般工厂和施工工地的变压器都采用这种接法。

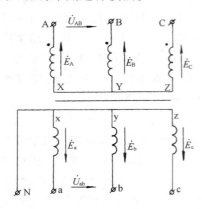

图 10-5　Ｙ/Ｙ₀接法

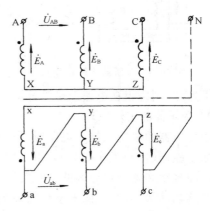

图 10-6　Ｙ/△接法

四、变压器的铭牌

目前国产的中、小型电力变压器型号有 S7、SL7、SF7、SZL7 等,其中 SL7 系列电力变压器是全国统一设计的更新换代产品,它的技术数据如附录 1 所示。表中的主要技术数据都标在变压器产品的铭牌上。

变压器主要技术数据含义如下:

1. 型号含义

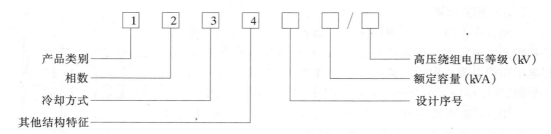

型号含义见表 10-1 所示。

2. 额定电压

原绕组的额定电压 U_{1e},是指规定加在原绕组上的额定电压值(在三相变压器中指的是线电压)。

副绕组的额定电压 U_{2e},是指变压器原绕组加上额定电压 U_{1e} 后,且变压器空载时副绕组两端的电压值,对于三相变压器是指线电压值。

3. 额定电流

变压器正常工作时,原副绕组允许通过的最大电流,以 I_{1e}、I_{2e} 表示。单位为安。它们是根据变压器长期工作时的允许温升规定的,三相变压器额定电流是指线电流。

4. 额定容量

额定容量是指变压器工作在额定状态时的视在功率。单相变压器的 S_e 为

$$S_e = \frac{U_{2e}I_{2e}}{1000} \text{ kVA}$$

变压器型号含义　　　　　　　　　　　　　表 10-1

	1		2		3		4
代号	含　义	代号	含　义	代号	含　义	代号	含　义
O	自耦变压器	D	单相	G	干式	S	三线圈(三绕组)
H	电弧炉变压器	S	三相	J	油浸自冷	K	带电抗器
BH	封闭电弧炉变压器			F	风冷	Z	带有载分接开关
ZU	电阻炉变压器						
G	感应炉变压器			S	水冷	A	感应式
R	加热炉变压器			FP	强迫油循环风冷	L	铝线
Z	整流变压器						
BX	焊接变压器					N	农村用
J	电机车用变压器			SP	强迫油循环水冷	C	串联式
K	矿用变压器			P	强迫油循环	T	成套变压站用
Y	试验变压器					D	移动式
D	低压大电流变压器						
无	电力变压器					H	防火
T	调压变压器					Q	加强的
J	电压互感器						
L	电流互感器						

三相变压器的 S_e 为

$$S_e = \frac{\sqrt{3}\,U_{2e}I_{2e}}{1000} \text{ kVA}$$

5．连接组别

连接组别是指变压器原、副绕组的连接方法,说明原、副绕组之间的相位关系。

6．阻抗电压(短路电压)

当一个绕组短路,在另一个绕组中有额定电流时,所施加的电压值,一般都以与额定电压之比的百分数表示。

五、交流电焊机

交流电焊机主要由一台特殊的变压器(也称电焊变压器)和一台可变电抗器组成,可变电抗器串联在变压器的副方绕组中,如图 10-7 所示。

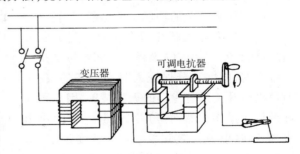

图 10-7　电焊变压器结构图

由于电焊变压器的漏磁通较大(没有通过铁芯磁路闭合的磁通称漏磁通),再加上其副方绕组中串有电抗器,故整个交流电焊机相当于一个内阻抗较大的电源,其输出特性见图 10-8。从图 10-8 中可以看出,副方电压随负载电流的增大而迅速下降,正好是电焊机工作所需要的。

电焊机的工作过程是这样的,开始焊接时先让焊条和焊件接触,这时电焊机的输出端短路,但由于短路电流很大,短路期间焊条和焊件的接触处被加热,为起弧(产生电弧)做好了准备。然后迅速提起焊条(这时焊条和焊件之间的电压约为 60~70V,能满足起弧的需要),

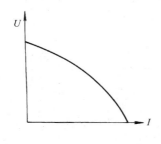

图 10-8　交流电焊机输出特性

结果焊条和焊件之间产生电弧,焊接开始。焊条和焊件之间的电弧相当于一个电阻,电弧上的电压降约为30V。

在使用电焊变压器时,应注意如下一些事项:

(1) 接线必须正确,原绕组电流小,电源应接在小的端子上。副绕组电流大,焊把与焊件应接在大的端子上。

(2) 导线与焊钳手柄的绝缘必须良好。

(3) 焊件应与大地有良好的接触,即电焊变压器副绕组的接焊件的一端应妥善接地。

(4) 电焊变压器的空载电压不得超过80V。

(5) 电焊工要穿戴必要的防护设备,如胶皮手套、皮鞋、有色眼镜和防护罩等。

在基本建设工程中往往也用直流电焊。直流电焊机的电源有三种:(1)用硅整流器将交流电整流成直流电;(2)用交流电动机带动直流发电机发电;(3)用内燃机带动直流发电机发电。

直流电焊机的正极温度较负极高,因此常把焊件接正极,焊条接负极。当焊件比较薄时则将焊件接负极,焊条接正极,避免焊件被"烧穿"。直流电焊机的特点是电弧稳定,焊条飞溅少,省电,可以使用无焊药的焊条。直流电焊机适合焊有色金属和合金,但设备费较高,所以应用不如交流电焊机广泛,除非有特殊要求时,一般较少采用。

第二节　高压电器设备

中小型建筑工地供电用到的主要高压电器有高压隔离开关、高压熔断器、高压负荷开关、高压断路器和高压避雷器、高压互感器。

一、高压隔离开关

高压隔离开关的功能主要是隔离高压电源,以保证其他电气设备(包括线路)的安全检修。高压隔离开关断开后有明显可见的断开间隙,而且断开间隙的绝缘及相间绝缘都是足够可靠的,能够充分保证人身和设备的安全。但是隔离开关没有专门的灭弧装置,因此不允许带负荷操作。然而可用来通断一定的小电流,如励磁电流不超过2A的空载变压器、电容电流不超过5A的空载线路以及电压互感器和避雷器电路等。有的隔离开关带接地刀闸,这是为了保证人身安全而设的。开关分离后,接地刀闸将回路可能存在的残余电荷或杂散电流导入大地。图10-9为GN$_8$-10/600型高压隔离开关外形图,图10-10是安装图。

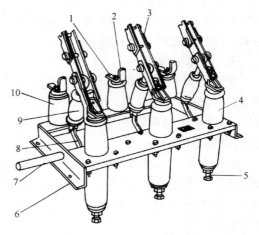

图 10-9　GN$_8$-10/600型高压隔离开关

1—上接线端子;2—静触头;3—闸刀;4—套管绝缘子;
5—下接线端子;6—框架;7—转轴;8—拐臂;
9—升降绝缘子;10—支柱绝缘子

二、高压熔断器

它用于小功率输配电线路和配电变压器的短路、过载保护。分为户内式、户外式;固定式、自动跌落式;有限流作用式、无限流作用式。

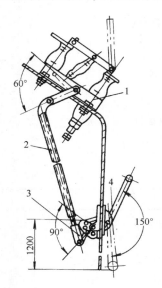

图 10-10 CS₆ 型手动操作机构与 GN₈ 型隔离开关配合的一种安装方式
1—GN₈ 型开关;2—DN20—焊接钢管;3—调节杆;4—CS₆ 型手力操作机构

熔体的熔断时间必须符合下列规定:

(1) 当通过熔体的电流为额定电流的 130%(200%)时,熔断时间应大于(小于)1h。

(2) 保护电压互感器的熔断器,当通过熔体的电流在 0.6~1.8A 范围内时,熔断时间不应超过 1min。

限流式熔断器能在短路电流未达到最大值之前将电弧熄灭,从而限制了短路电流。其熔体的结构是,把熔丝缠在有棱的瓷芯上(或绕成螺旋形),然后装在管内,管内充以石英砂,管的两端盖上铜帽,铜帽的顶端有指示器。熔体熔断时产生的电弧在石英砂的去游离和冷却作用下很快熄灭(同时指示器弹出),无游离气体排出,故它被广泛用于室内。

跌落式熔断器是利用熔丝本身的机械拉力,将熔体管上的活动关节(动触头)锁紧,以保持合闸状态。熔丝熔断时在熔体管内产生电弧,管内壁在电弧的作用下产生大量高压气体,将电弧喷出、拉长而熄灭。熔丝熔断后,拉力消失,熔体管自动跌落。

有的跌落式熔断器有自动重合闸功能,它有两只熔管,一只常用,一只备用。当常用管熔断跌落后,备用管在重合机构的作用下 0.3s 内自动合上。

跌落式熔断器熔断时会喷出大量的游离气体,同时能发生爆炸声响,故只能用于户外,它可以兼作隔离开关使用。

三、高压负荷开关

高压负荷开关具有简单的灭弧装置,因而能通断一定的负荷电流和过负荷电流,但它不能断开短路电流,因此它必须与高压熔断器串联使用,以借助熔断器来切断短路故障。负荷开关断开后,与隔离开关一样具有明显可见的断开间隙,因此它也具有隔离电源、保证安全检修的功能。

四、高压断路器

高压断路器的功能是,不仅能通断正常负荷电流,而且能接通和承受一定时间的短路电流,并能在保护装置作用下自动跳闸,切除短路故障。高压断路器按其采用的灭弧介质分,有油断路器、六氟化硫(SF₆)断路器、真空断路器以及压缩空气断路器、磁吹断路器等,油断路器的使用最为广泛。

油断路器按其油量多少和油的作用,又分为多油和少油两大类。多油断路器的油量多,触头全部浸没在绝缘油里,其油一方面作为灭弧介质,另一方面又作为相对地(外壳)甚至相与相之间的绝缘介质。少油断路器的油量很少(一般只几千克),其油只作为灭弧介质。它主要依靠油在电弧作用下产生的气体横吹灭弧,从防止爆炸和着火的角度来看,少油断路器比较安全。少油断路器的外壳是带电的,安装时必须保证足够的安全距离。

高压电器型号的组成形式如下,代号见表 10-2。

例如,GW₅-110GD/600 表示户外型(设计序号 5)、额定电压 110kV、改进型、有接地刀闸、额定电流 600A 的高压隔离开关。

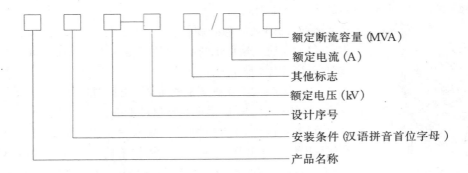

额定断流容量(MVA)
额定电流(A)
其他标志
额定电压(kV)
设计序号
安装条件(汉语拼音首位字母)
产品名称

高 压 电 器 代 号 表　　　　　　表 10-2

项目	代号	含　义	项目	代号	含　义
名 称	D	多油断路器	操 作 方 式	J	电动机的
	S	少油断路器		T	弹簧的
	K	空气断路器		Q	气动的
	L	SF$_6$断路器		Z	重锤的
	Z	真空断路器		Y	液压的
	C	磁吹断路器	其 他	D	隔离开关带接地刀闸
	Q	产气断路器		X	操作机构带箱子
	G	隔离开关		K	带速分装置
	GC	隔离插头		R	负荷开关带熔断器
	J	接地开关		F	可以分相操作
	F	负荷开关		Z	有重合闸装置
	R	熔断器		I-II-III	同一型号的系列序号
使用 环境	N	户内		TH	湿热带使用
	W	户外		TA	干热带用
操作 方式	S	手动的		G	改进型(高原用)
	D	电磁的		T	热带用

五、高压开关柜

高压开关柜是按一定的线路方案将有关一、二次设备组装而成的一种高压成套配电装置,在发电厂和变配电所中作为控制和保护发电机、变压器和高压线路之用,也可作为大型高压交流电动机的启动和保护之用,其中安装有高压开关设备、保护电器、监测仪表和母线、绝缘子等。

高压开关柜有固定式和手车式两大类型、在一般中小型工厂中,绝大多数都采用较为经济的固定式高压开关柜,主要是 GG-1A 型,这种开关柜现在大多数都按规定装设了防止电气误操作的闭锁装置,即所谓"五防"——防止误跳、误合断路器;防止带负荷拉、合隔离开关;防止带电挂接地线;防止带接地线合隔离开关;防止人员误入带电间隔。

手车式高压开关柜的特点是,高压断路器等主要电气设备是装在可以拉出和推入开关柜的手车上的。从发展来看,手车式高压开关柜的应用将日益广泛。

高压开关柜型号的含义:

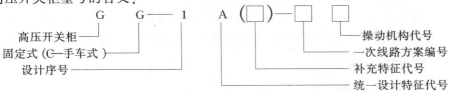

操动机构代号:D——电磁式;S——手力式;T——弹簧式。

补充特征代号:F——防误型柜;J——计量柜;Z——真空开关柜;ZR——真空开关控制的电容补偿柜。

第三节 低压电器设备

现代生产中各种机械设备包括建筑机械广泛采用电动机拖动。为了保证安全、可靠和高效率的工作,以及实现远距离操纵和自动化,必须用各种电器组成的控制系统对电动机实行可靠的控制和保护。

凡是用来对低压用电设备进行控制和保护的电器设备,统称为低压电器。

一、低压电器的种类、基本要求和结构

根据低压电器的动作性质来分,有非自动和自动两大类。非自动低压电器主要有刀开关、组合开关、按钮、铁壳开关、倒顺开关等。自动低压电器主要是交流接触器和各种继电器。

按低压电器的作用来分,又可分控制电器、保护电器、执行电器和辅助电器等四类。控制电器用来使电动机、用电器的接通、分断或改变电路连接状态;保护电器用来保护电源、电动机或其他电气设备、机械设备;执行电器用来完成或执行某些机械动作;辅助电器是为保证电路正常工作,用来确定电路的工作参数、指示电路工作状态的电器。

任何低压电器的基本要求都是安全、可靠和动作准确,并能按预定的要求进行控制或保护。

二、非自动低压电器

1. 低压刀开关

低压刀开关主要用在成套配电设备中作为隔离电源使用。它主要由操作手柄、刀刃、刀夹和绝缘底板组成。

刀开关种类繁多,仅用于成套配电设备中的刀开关,按其操作方式分就有直接手柄操作式、杠杆操作机构式和电动操作机构式等几种;按其极数分,有单极、双极和三极;按其灭弧结构分,有不带灭弧罩和带灭弧罩的等。此外还有单投和双投等不同的刀开关。

胶盖开关也属于刀开关之列。它具有防护外壳,而且带有熔断装置,应用于小容量的照明电路中,其额定电流最大至 60A(HK_1 系列),可带负荷操作,有一定的分断能力。将它适当降低容量后,亦可作小型异步电动机的手动不频繁操作的控制开关用。但由于胶盖开关的分断能力差,其熔断装置过于简单,所以有些地区规定,胶盖开关一般只作为隔离电源使用,使用时,胶盖开关内不许设置熔丝,而另外加装熔断器。

能带负荷操作的刀开关称为负荷开关,如常见的铁壳开关。它主要由刀开关、熔断器和钢板(或铸铁)外壳构成。它的操作机构装有机械联锁,使盖子打开时,手柄不能合闸,或者手柄在合闸位置上盖子打不开,从而保证了操作安全;同时,由于操作机构采用了弹簧储能式,加快了开关的通断速度,使电路能快速通断,而与手柄的操作速度无关(图10-11)。

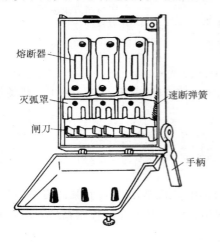

图10-11　铁壳开关

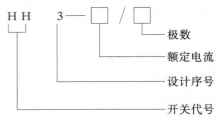

铁壳开关型号命名

铁壳开关用于多灰尘场所,适宜小功率电动机的启动和分断。

表示开关性能的主要参数有额定电压、额定电流、分断能力、操作次数(寿命)、动稳定性和热稳定性等。

额定电压:刀开关在长期工作中能承受的最大电压称为额定电压。目前生产的刀开关的额定电压,一般在交流500V以下,直流440V以下。

额定电流:刀开关在合闸位置允许长期通过的最大工作电流称为额定电流。小容量刀开关的额定电流有10、15、20、30、60A五个等级;大容量刀开关的额定电流有100、200、400、600、1000及1500A六个等级。

分断能力:刀开关在额定电压下能可靠断开的最大电流称为分断能力。刀开关的分断能力一般都小于它的额定电流。

操作次数(寿命):刀开关的使用寿命是指其机械寿命。所谓机械寿命是指在不带电的情况下所能达到的操作次数。

动稳定性和热稳定性:刀开关应能承受住一定的故障电流(如短路电流)所引起的电动力和热效应的破坏作用。在电动力作用下,刀开关不产生变形、破坏或触刀自动弹出等现象时,其故障电流的最大值就是刀开关的动稳定性电流;在热效应作用下,刀开关不发生熔焊等现象,则这时故障电流的最大值就是热稳定性电流。刀开关的动、热稳定性电流都是其额定电流的数十倍。

选择刀开关时应根据电源的额定电压和长期工作电流等因素来考虑。

刀开关要垂直安装,上端接电源,手柄向上为合闸方向。

刀开关作为隔离开关使用时,要注意通电和断电顺序,即通电时要先使刀开关合闸,再接通负载;断电时则要先断负载,后断刀开关。带灭弧罩的刀开关能通断一定的负荷电流,其钢栅片灭弧罩能使负荷电流产生的电弧有效地熄灭;不带灭弧罩的刀开关一般只能在无负荷下操作,作隔离开关使用。

2. 万能转换开关

万能转换开关的触头容量较小,常用来控制接触器;有时可直接控制小型电动机。

万能转换开关的触头通断原理如图 10-12 所示。它是由若干节触头座组合而成,每节都装有一对触头、操作时手柄带动转轴和凸轮旋转,从而控制触头通或断。由于凸轮的形状不一样,所以手柄在不同位置时,每节触头的通断情况也不一样。

为能正确使用万能转换开关,制造厂家都随着产品附有《触头通断顺序表》;以 LW5-15(5.5kW)为例,如表 10-3 所示。表中标明此开关分六对触头,手柄有三个位置,即分别为"0","左 45°"和"右 45°",每对触头只在标有"×"的档位上才呈闭合状态,否则为断开状态。

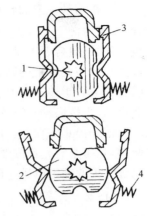

图 10-12　万能转换开关原理图
1—转轴;2—凸轮;3—触头;4—弹簧

LW5-15(5.5kW)触头通断闭合表　　　　　表 10-3

触头及编号		45°	0°	45°
⌐⌐	1~2	×		×
	3~4	×		×
	5~6	×		
	7~8			×
	9~10			×
	11~12	×		

利用此开关可作为小型(5.5kW 及以下)电动机的正、反转控制。图 10-13 中各触头要对照表 10-3 一起看。

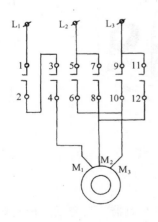

图 10-13　用 LW₅-15 控制
电动机正、反转电路图

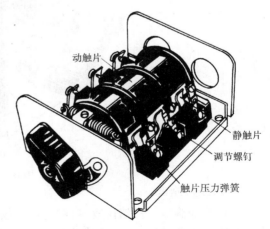

图 10-14　组合开关

当手柄处于"0"位时,所有触头均处于断开状态,电动机不能转动;手柄处于"右 45°"时,触头 1~2、3~4、7~8、9~10 闭合,三相电源 L_1、L_2、L_3 依次接到电动机定子的 M_1、M_2、

M_3 上,电动机朝某一方向转动;而手柄处于"左 45°"时,触头 1~2、3~4、5~6、11~12 变闭合,这时三相电源 L_1、L_2、L_3 被依次接到 M_1、M_3、M_2 上,由于相序变化,电动机反方向转动。

组合开关:组合开关是一种结构紧凑的手动开关。它是由在可旋转的轴上装有一个或几个极片和装在壳体上的固定极片组成(图 10-14)。

组合开关属于转换开关。组合开关主要用来作为电气设备的电源引入开关,小容量电动机的启动(直接启动、丫－△启动、延边三角形启动),多速电动机的换速,电动机的正转—停止—反转—停止的控制。此时应在电路中装上熔丝。组合开关的体积较小,安全可靠,移动方便,而且每小时允许的通断、转换次数较刀开关为多,因而获得广泛使用。

组合开关的额定电压一般不超过 500V,额定电流在 100A 以下。

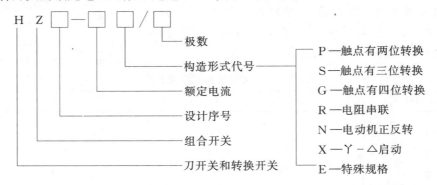

倒顺开关:倒顺开关基本结构和工作原理与组合开关相似,利用各组静触片上所接电源的相序不同,使动触片转换时实现电路切换,控制电动机的启动,以及正转—停止—反转—停止(图 10-15)。倒顺开关型号含义如下:

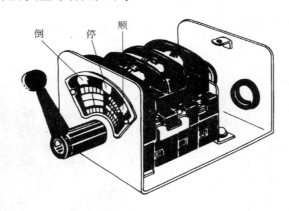

图 10-15　倒顺开关

3. 凸轮控制器

凸轮控制器是一种档位较多,触头数量较多的一种手动电器。它与万能转换开关比较,其触头的动作原理相似,只是触头容量较大,所以体积也大。常用来控制小型电动机的启动、制动、调速和反转,尤其是小型绕线式电动机应用较多。

凸轮控制器的性能由转换能力(接通、分断能力)、操作频率、机械寿命和额定功率等决定。其中额定功率就是指被控制的电动机在额定条件下的功率。

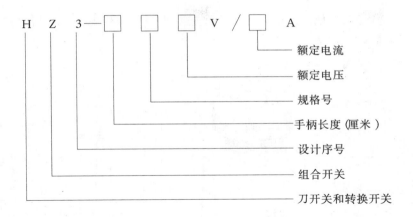

根据被控制的电动机的额定功率(容量)及使用条件选择凸轮控制器。当使用条件较恶劣时,比如操作次数高于 600 次/h,选用的控制器要降低容量使用。

4. 按钮

按钮也是一种手动控制电器,它的特点是发布命令控制其他电器动作,所以它属于主令电器。它的容量(额定电流)很小,不能直接接入大电流电路中,只能接在控制电路中。

按钮发布的指令用来控制磁力启动器的接通、分断和接触器、继电器的动作,实现远距离控制。按钮也可以实现点动或微动控制。

按钮外形和结构见图 10-16。也有在按钮帽里装有指示灯泡,以利识别。为了满足电路的需要,一个按钮内可以有多个触点,有时还可以把多个按钮组装在一起,成为启动、停止按钮或启动、正转、停止、反转的复合按钮。

按钮开关型号的命名如下:

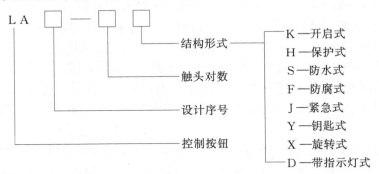

三、自动低压电器

自动开关又称自动空气断路器。它属于能自动切断故障电路的一种控制兼保护用的电器。它既能带负荷通断电路,又能在短路、过负荷和失压时自动跳闸,其原理结构和接线如图 10-17。当线路上出现短路故障时,其过电流脱扣器动作,使开关跳闸。如出现过负荷时,加热元件(电阻丝)加热,使双金属片弯曲,也使开关跳闸。当线路电压严重下降或电压消失时,其失压脱扣器动作,同样会使开关跳闸。如果按下按钮 9 或 10,使失压脱扣器失压或使分励脱扣器通电,则可使开关远距离跳闸。自动开关在正常情况下,可以操作使其"分闸"或"合闸";在电路出现短路或过载时,它又能自动切断电路,有效地保护串接在它后面的电气设备。它的动作值可调整,而且动作后一般不需要更换零部件。加上它的分断能力较高,所以应用极为广泛,是低压配电网络中非常重要的一种保护电器,也可作为操作不频繁电路中的控制电器。

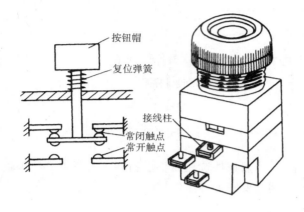

图 10-16　按钮

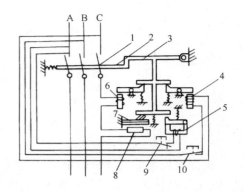

图 10-17　低压断路的原理结构和接线
1—主触头;2—跳钩;3—锁扣;4—分励脱扣器;
5—失压脱扣器;6—过电流脱扣器;7—热脱扣器;
8—加热电阻丝;9、10—脱扣按钮

配电用断路器按保护性能分,有非选择型和选择型两类。非选择型断路器,一般为瞬时动作,只作短路保护用,也有的为长延时动作,只作过负荷保护用。选择型断路器,有两段保护和三段保护两种。其中瞬时特性和短延时特性适于短路保护,而长延时特性适于过负荷保护。我国目前普遍应用的为非选择性断路器,保护特性以瞬时动作式为主。

配电用低压断路器按结构形式分,有塑料外壳式和框架式两类。

塑料外壳式低压断路器其全部结构和导电部分都装设在一个塑料外壳内,仅在壳盖中央露出操作手柄,供手动操作之用。它通常装设在低压配电装置之中。

图 10-18 是 DZ 10－250 型塑料外壳式低压断路器的剖面结构图。

DZ 10 型断路器的操作机构采用四连杆机构,可自由脱扣。从操作方式分,有手动和电动两种。手动操作是利用操作手柄,电动操作是利用专门的控制电机;但一般只有 250A 以上的才装有电动操作。

低压断路器的操作手柄有三个位置:(1)合闸位置,如图 10-19(a)所示,手柄扳向上边,跳钩被锁扣扣住,触头闭合。(2)自由脱扣位置,如图 10-19(b)所示。跳钩被释放(脱扣),手柄移至中间位置,触头断开。(3)分闸和再扣位置,如图 10-19(c)所示,手柄扳向下边,跳钩又被锁扣扣住,从而完成了"再扣"的动作,为下次合闸做好了准备。如果断路器自动跳闸后,不将手柄扳向再扣位置(即分闸位置),要想直接合闸是合不上的。

塑料外壳式自动开关结构紧凑、体积小、重量轻、价格较低,并且使用较安全,适于独立安装。目前,额定电流较小的多为塑料外壳式。国产 DZ 系列自动开关属于此类。

DZ 10 型断路器可根据工作要求装设以下脱扣器:(1)复式脱扣器,可同时实现过负荷保护和短路保护,即具有两段保护特性;(2)电磁脱扣器,只作短路保护;(3)热脱扣器,为双金属片,只作过负荷保护。

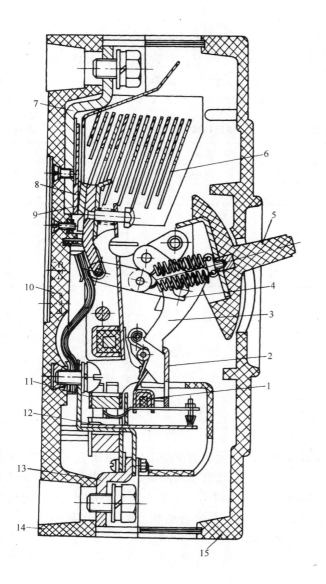

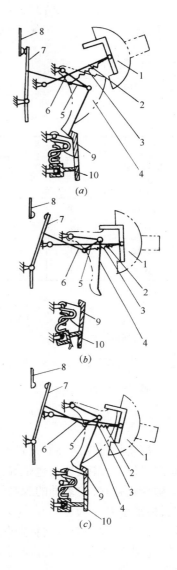

图 10-18　DZ 10-250 型塑料外壳式低压断路器

1—牵引杆；2—锁扣；3—跳钩；4—连杆；5—操作手柄；6—灭弧室；
7—引入线和接线端子；8—静触头；9—动触头；10—可挠连接条；
11—电磁脱扣器；12—热脱扣器；13—引入线和接线端子；14—塑料
底座；15—塑料盖

图 10-19　DZ0 型低压断路器
的操作传动原理说明

（a）合闸位置；（b）自由脱扣位置；
（c）分闸和再扣位置

1—操作手柄；2—操作杆；3—弹簧；

4—跳钩；5—上连杆；6—下连杆；

7—动触头；8—静触头；9—锁扣；

10—牵引杆

自动开关的型号含义(以 DZ 10 和 DZ 15 为例)如下:

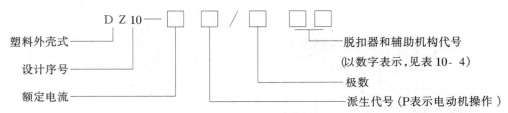

自动开关脱扣器和辅助机构代号   表 10-4

脱扣方式	附 件 类 型							
	不带附件	分 励	辅助触头	失 压	分励辅助触头	分励失压	二组辅助触头	失压辅助触头
无脱扣	00		02				06	
热脱扣	10	11	12	13	14	15	16	17
电磁脱扣	20	21	22	23	24	25	26	27
复式脱扣	30	31	32	33	34	35	36	37

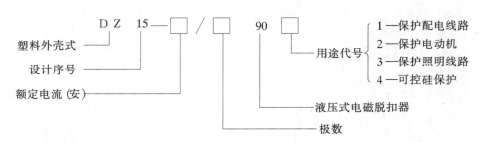

框架式低压断路器是敞开地装设在塑料的或金属的框架上的。由于它的保护方案和操动方式较多,装设地点也很灵活,因此也称为万能式低压断路器。框架式自动开关有较多的结构变化方式,较多种的脱扣器,较多数量的辅助触头。一般选择型自动开关、直流快速开关,特别是大容量自动开关多为框架式。国产 DW 系列自动开关就属于此类。

自动开关的容量选择应包括以下三方面:

(1)选择自动开关的额定电流,即主触头长期允许通过的电流。按电路的工作电流选择。

(2)选择脱扣器的额定电流,即脱扣器不动作时,长期允许通过的最大电流。也是按电路的工作电流去选择。

(3)选择脱扣器的瞬时动作整定电流或整定倍数,即脱扣器不动作时,瞬时允许通过的最大电流值。应考虑电路可能出现的最大尖峰电流。

一般选择方法如下:

当用自动开关控制单台电动机,按电动机的启动电流乘以系数选择,即

$$I_Z = KI_Q$$

式中　I_Z——脱扣器的瞬时动作整定电流,A;

　　　I_Q——电动机的启动电流,A;

K——系数,DW 系列为 1.35;DZ 系列为 1.7。

当用自动开关控制配电干线时:

$$I_Z \geqslant 1.3(I_{mQ} + \Sigma I)$$

式中　I_{mQ}——配电回路中最大电动机的启动电流,A;

　　　ΣI——配电回路中其余负载的工作电流的总和,A。

脱扣器的瞬时动作整定电流选定后,还要进行校验,即此整定电流值要比配电线路末端单相对地的短路电流值小 1.25 倍以上。

自动开关有时还要按线路中的最大短路电流值选择其分断能力。

自动开关的额定电压和欠电压脱扣器的额定电压都应按线路上的额定电压选择。

四、低压熔断器

低压熔断器的功能,主要是实现低压配电系统的短路保护,有的也能实现其过负荷保护。由于它具有结构简单、使用维护方便、体积小、重量轻、价格低等优点。因此得到广泛应用。

1. 熔断器性能

熔断器主要由熔体和安装熔体用的绝缘器组成。熔体常制成丝状或片状,所以熔断器又俗称保险丝。熔体材料有两种:一种是低熔点材料,如锡铅合金等,因其分断能力差,所以只宜在小电流下使用;另一种是高熔点材料,如银、铜等,它适合在大电流下使用。

使用时,将熔体串联接入需要保护的电路中,使电路中电流流过熔体。当电路出现故障如过载或短路时,由于电流大于熔体的额定电流,熔体会过分发热而烧断,从而切断了电源与负载的联系,保护了电路和负载。

表示熔断器性能的主要参数是:

(1) 额定电压:熔断器长期工作所能承受的电压。

(2) 额定电流:分为熔断器的额定电流及熔体的额定电流两种。前者是指熔断器长期工作所能承受的电流;后者为熔体本身长期工作而不致烧断的最大电流。因为熔断器的额定电流等级少于熔体的额定电流等级,所以同一个等级的熔断器可以装入几种等级的任何一种熔体。

(3) 分断能力:熔断器在额定电压下能断开的最大短路电流值。此值的大小取决于熔断器的灭弧能力。

此外,还有熔化系数和熔化特性等参数。

2. 熔断器的种类

熔断器的系列产品较多,最常用的有:(1) RC 系列瓷插式熔断器,适用于负载较小的照明电路;(2) RL 系列螺旋式熔断器,适用于配电线路中作过载和短路保护,也常用作电动机的短路保护电器;(3)RM 无填料封闭管式熔断器;(4)RT 系列有填料封闭管式熔断器,它除具有灭弧能力强,分断能力高的优点外,还具有限流作用。在电路短路时,因为短路电流增长到最大值时需要一定时间,在短路电流的最大值到来之前能切断短路电流,这种作用称为限流作用。因此,用于具有较大短路电流的电力系统和成套配电装置中。此外,还有保护可控硅及硅整流电路的 RS 系列快速熔断器。

3. 熔断器的选择

熔断器是由熔体和安装熔体的绝缘器组成,所以熔断器的选择主要是指熔体额定电流的选择,根据熔体额定电流再去选择熔断器的额定电流,最后再根据使用条件与特点决定熔断器的种类或系列。

熔体额定电流的选择与负载性质及用途有下列关系:

(1)对于一般照明负载,熔体的额定电流应稍大于或等于实际的负载电流;

(2)对于输配电线路,熔体的额定电流应稍小于或等于线路的安全电流;

(3)对于动力负载,因起动电流大,所以选择时应按下式计算:

单台电动机

$$I_R = \alpha I_e$$

式中 I_R——熔体的额定电流,A;

I_e——电动机的额定电流,A;

α——系数,在 1.5~2.5 之间,对于重载、全压启动取大值。

对于多台电动机,考虑到不是同时启动,可按下式计算:

$$I_R = \alpha I_{me} + I_{\Sigma e}$$

式中 I_{me}——最大一台电动机的额定电流,A;

$I_{\Sigma e}$——其余电动机额定电流的总和,A;

I_R、α——同上式。

选择熔断器时的注意事项:

(1)根据线路电压选用相应电压等级的熔断器。

(2)在配电系统中选择各级熔断器时要互相配合以实现选择性。一般要求前级熔体额定电流要比后一级的大 2~3 倍,以防止发生越级动作而扩大停电范围。

(3)考虑到熔体额定电流比电动机额定电流大 1.5~2.5 倍,用它来保护电动机过载已经不可靠,所以电动机应另外选用热继电器或过电流继电器作过载保护电器。此时,熔断器只能作短路保护使用。

(4)熔断器的分断能力应大于或等于所保护电路可能出现的短路冲击电流,以得到可靠的短路保护。

4.熔断器的安装和维护

(1)安装熔体时必须保证接触良好,并应经常检查;

(2)拆换熔体时除注意安装良好外,还应注意新熔体的规格(额定电流、形状等)要与所替换的完全一样,最好采用生产厂提供的备件;

(3)安装时不能使熔体受损,表面氧化严重的熔体应更换;

(4)熔断器周围介质的温度应与被保护对象的基本一致。

熔断器的型号意义如下:

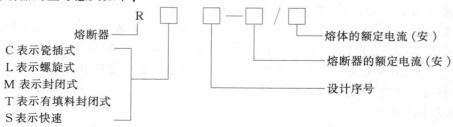

五、接触器及其基本控制电路

接触器是一种适用于远距离频繁通、断电路的电器,应用极为广泛。一般情况下,接触器是用按钮、主令开关等操纵的,在自动控制系统中,也可以用继电器、限位器或其他控制元件操纵,以实现自动化。主要控制对象是电动机,也可用于控制电热、照明、电焊机和电容器组等电力负载。

（一）接触器的构造与工作原理

接触器主要由电磁机构、触头系统和灭弧装置三大部分组成。

电磁机构的作用是操作静、动触头的分合动作,它由电磁线圈、铁芯和衔铁等组成。电磁线圈通过主令电器(一般为按钮开关)接入交流电源,通电后电磁铁产生吸力,使主触头闭合,接通电动机电源,电动机开始运转。在按钮的两端并联了一对由接触器控制的辅助触头,它的作用是当手指离开启动按钮时,虽然按钮将被弹簧提起,使按钮本身的触点断开,但此时辅助触头已经闭合把启动按钮两端接通,使电磁线圈仍能与电源保持接通状态,这种电路叫做"自锁"线路,起这种作用的辅助触头,称为"自锁触头"。一般接触器上都带有几个常开和常闭的辅助触头,留做备用。当按下停止按钮时,电磁线圈断电,电磁铁失去磁力,衔铁靠自重或弹簧力拉下来,带动主触头和自锁触头断开,切断了电动机的电源,使电动机停车。当手指离开停止按钮后,虽然停止按钮两端又被接通,但由于自锁触头已经断开,电磁线圈与电源之间已呈断路状态,电动机也就不会自行启动了,实现了电动机的停车。

接触器本身具有低压、失压保护作用。如电源电压过低或停电时,接触器的电磁线圈产生的吸力过小或消失,使主触头和辅助触头断开,电动机停转。一旦电源电压恢复,电动机也不会自行启动,避免意外事故发生。

接触器的触头分主触头和辅助触头。主触头用来通断主电路(即大电流电路或电动机电路),通常有三对常开触头。辅助触头用来通断控制回路(小电流电路)。接触器的辅助触头分为"常开"和"常闭"两种。在正常情况下,电磁线圈不带电时处于断开状态的触头称为常开触头,在上述条件下,处于闭合状态的触头称为常闭触头,电磁线圈的铁芯端面都嵌有铜环,叫做短路环。其作用是使电磁线圈中通过的交流电为零值时,穿过短路环中的磁通不为零,从而可连续吸住衔铁,以减少噪声和振动。此外,在主触头上还装有灭弧罩,其作用是迅速熄灭主触头断开时产生的电弧。

接触器还包括反作用弹簧、外壳、底座和接线端子等。另外,为了增加触头压力,减少接触电阻,还装有触头压力弹簧;为了减小动作时对底座的冲击力,还装有缓冲弹簧。

（二）接触器型号、性能及选择

1. 型号

接触器的型号很多,目前国内应用较多的为 CJ 系列交流接触器。

2. 性能

（1）额定电流:指主触头在闭合状态下允许长期通过的电流;

（2）额定电压：指主触头长期工作所能承受的电压。

（3）线圈额定电压：指电磁线圈正常工作时的电压。

（4）接通和分断能力：指接触器能接通和分断的电流值。

（5）操作频率：指每小时接通和分断的次数。

3. 接触器的选择

通常情况下，选择接触器主触头的额定电压大于或等于负载回路的额定电压，主触头的额定电流不低于负载电路的额定电流，还必须按照控制回路的要求，来选择辅助触头的种类和数量。

安装接触器前，应检查产品铭牌及线圈上的技术数据是否符合实际使用要求。擦净铁芯端面上的防锈油，以免由于油垢的粘性而造成断电不释放。安装接线时，应防止异物（螺钉、垫圈、接线头等）落入接触器内部而造成卡死或短路现象。检查接线正确无误后，应在主触点不带电情况下，先使电磁线圈通电分合数次，确认动作可靠后，才能投入使用，并且在使用中应定期检查各部件是否正常。图 10-20 为交流接触器外形、结构及符号。

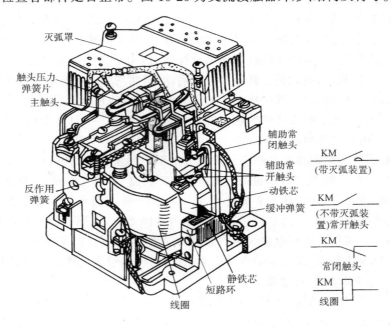

图 10-20　交流接触器的外形、结构及符号

六、继电保护和继电器

（一）继电保护

继电保护就是当电力系统发生故障或出现非正常状态时，利用电器装置来保护电气设备不受损害和缩小事故的范围。

继电保护的基本要求是：

（1）保护动作必须快速，才能起有效的保护作用。

（2）对故障的反应必须灵敏，即有足够的灵敏度。

（3）保护装置必须有良好的选择性，只作用于故障设备，不影响其他设备的正常进行。

（4）保护装置的动作必须可靠、有效，不能拒动或误动。

以上四点互相关联，缺一不可。

（二）继电器

继电器是根据一定的信号例如电压、电流或时间来接通或断开小电流电路的电器。

（三）继电保护对继电器的要求

（1）接点可靠，即触头的接触良好，常闭接点之间应有一定的压力；常开接点之间应有适当行程。这样才可防止误动和反应迅速。

（2）复位时间短，这样才能有快速反应的条件和一定的灵敏度。

（3）动作误差小，以保证有一定的灵敏度和选择性。

（4）功率消耗小，主要是为减轻互感器的二次负担，也节约了电能。

（四）常用继电器

1．热继电器

热继电器是用来作电动机过载保护的一种电器，它是利用热效应的工作原理来工作的。其构造和原理如图10-21所示。

热继电器的主要元件是发热元件和常闭触点，其他都是机械元件。使用时，把发热元件串联在电动机的主电路中，把常闭触点串联在控制电路中。过程如下：主回路电流过大→发热元件1过热→双金属片2过热向上弯曲→在弹簧5的作用下扣板3绕轴4反时针旋转→绝缘牵引板6向右移动→触点7断开→主回路断开，电动机停转，从而保护了电动机和线路。故障排除后按下复位按钮8，触点7重新闭合，双金属片2复位，为重新启动做好了准备。

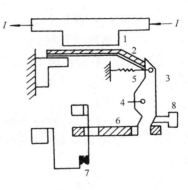

图 10-21　热继电器的原理
1—发热元件；2—双金属片；3—扣板；4—轴；5—弹簧；6—绝缘牵引板；7—常闭触点；8—复拉按钮

选用热继电器时要注意以下几点：

（1）通常情况下取热继电器的整定电流与电动机的额定电流相等；但对过载能力差的电动机，整定值只能取电动机额定电流的 $0.6 \sim 0.8$ 倍；而对启动时间较长、冲击性负载、拖动不允许停车的机械等情况，热元件的整定电流要比电动机额定电流高一些。

（2）电网电压严重不平衡，或较少有人照看的电动机，可选用三相结构的热继电器，以增加保护的可靠性。

（3）由于热继电器的热惯性较大，不能瞬时动作，故负荷变化较大，间歇运行的电动机不宜采用这种继电器保护。

2．电流继电器

电流继电器电磁线圈回路中的电流增大或减小到某一定值时，磁铁吸合，常闭触头断开，接触器释放，从而达到保护电动机的目的。

在输入电流量小于某一数值时动作的电流继电器叫欠电流继电器，反之称过电流继电器。前者可用于他励直流电动机励磁电路的控制和失磁保护，后者可用于电动机的过流和短路保护。为避免电动机的启动电流造成过电流继电器误动作，一般把动作电流整定为额定电流的 $2.25 \sim 2.5$ 倍。

3．时间继电器

时间继电器是一种接受信号后其工作触点不立即动作,而是延迟一定的时间后才动作,俗称"延时",延时的长短可按需要调节。为了取得触点的延时动作,有各种不同形式的时间继电器,如空气式延时机构的时间继电器、电动式时间继电器以及晶体管时间继电器等。

按其触点的延时动作,时间继电器分为以下两种类型:

(1)缓吸式时间继电器:它的触点是在线圈通电后才有延时动作,它有以下两种触点:

1)延时闭合的常开(动合)触点:此类触点在时间继电器的线圈没有通电时,呈断开状态;线圈通电后,又经过一段延时,触点才变成闭合状态。

2)延时断开的常闭(动断)触点:此类触点在线圈没有通电时,呈闭合状态;线圈通电后,又经过一段延时,触点变成断开状态。

(2)缓放式时间继电器:它的触点是在线圈断电后才有延时动作,它也有以下两种触点:

1)延时断开的常开触点:此类触点在线圈通电时,呈闭合状态;线圈断电后,通过一段延时,触点才恢复断开状态。

2)延时闭合的常闭触点:此类触点在线圈通电时,呈断开状态;线圈断电后,经过一段延时,触点才恢复变成闭合状态。

4.液位继电器

它是用来控制水、油或其他液体表面位置(高度)的。利用被控液面高度的变化,驱动感受元件,使继电器的触头开启或闭合,完成电路的通断或发出信号和警报,实现液位的定值控制。

5.压力继电器

它是用来控制水、油、气体(或蒸气)压力大小的,利用被控环境的压力的变化,驱动感受元件动作,带动触头开启或闭合,完成电路的通断或发出信号和报警,实现被控环境压力的定值控制。

6.中间继电器

中间继电器是将一个输入信号变成一个或多个输出信号的继电器。它的输入信号为线圈的通电或断电。它的输出是触头的动作,将信号同时传给几个控制元件或回路。

中间继电器的特点是:触头数目多(6对以上),可完成对多回路控制;触头电流较大(5A以上);动作灵敏(动作时间不大于0.05s)。

此外,常用的继电器还有瓦斯继电器、速度继电器、温度继电器、干簧继电器等。

七、行程开关和限位开关

行程开关利用机械的某一运动部件位置移动时的机械力量,驱动行程开关以实现电路的切换。限位开关不能使电动机逆向运转,只能切断电源使电动机停止运转。行程开关属于控制电器,而限位开关属于保护电器。

八、典型控制电路举例

(一)自动控制概说

在生产过程中,往往需要按照一定的工序或工艺要求,实现自动控制。这样不但会大大有助于生产的顺利进行,而且能显著地提高劳动生产率,改进产品质量,保证生产安全可靠地进行。比如,在我们施工过程中,所用卷扬机运料高度或运料水平距离的控制(到一定位置时,电动机能自动停车);塔式起重机行走终端的控制;水泵按抽水水位的高低自动开停;

以及某项设备的自动往复运动和两台电动机的联锁控制等等。

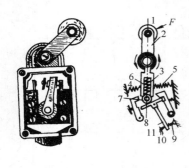

图 10-22　限位开关

1—圆轮；2—上转臂；3—下转臂；4、5—平衡弹簧；6—下压弹簧；7—滚轮；8—丁字板；9、11—静触头；10—动触头

1. 限位控制

在土建施工中，有时用卷扬机往高层建筑上运料，或作水平运输，为使运料车能在指定的位置上停车，只要我们在该处敷设一个限位开关即可。限位开关如图 10-22。我们把由限位开关控制的常闭触头串联在控制电路内，当运料车到达指定地点而推动了限位开关的圆轮 1 时，其常闭触头断开，使控制电路断电，电动机停车，从而限制了运料的位置。

2. 联锁控制

为了实现多台电机的相互联系又相互制约的关系引出这种联锁线路。如锅炉房的引风机和鼓风机之间、斜面及水平上煤之间的控制就需要联锁控制。以下举两例说明联锁关系：其一要求是 KM_1 通电后不允许 KM_2 通电，如图 10-23(a)所示；其二要求是 KM_1 通电后才允许 KM_2 通电，KM_2 释放后才允许 KM_1 释放，如图 10-23(b)所示。

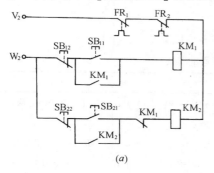
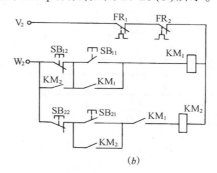

图 10-23　联锁控制电路

（二）混凝土搅拌机的电路

混凝土搅拌机在建筑工地上是最常见的一种机械。北京某厂新产品 500 开混凝土搅拌机其搅拌、出料、料斗的升降及给水等全部采用按钮操作，大大节省了人力。其电路如图 10-24。

图中各符号的意义及各种电器的规格可查表 10-5。

主电路中的总电源用自动开关 QF 控制，当某电动机过载或线路出现短路时，QF 就自动跳闸切断三相电源。一旦有紧急事故时也可人工操作 QF 使其切断三相电源。旧符号现在仍应用很多，本例用新符号表示，学习时可参照附录 5 进行新旧符号对照。

电源处还接有三种颜色的指示灯三盏，K 为指示灯的开关，当 K 闭合时，三盏指示灯以星形接法（无中线）接入三相电源，分别指示出各相是否有电，FU_4 是指示灯的熔断器。电源分两条支路给两台电动机 M_1、M_2 供电。

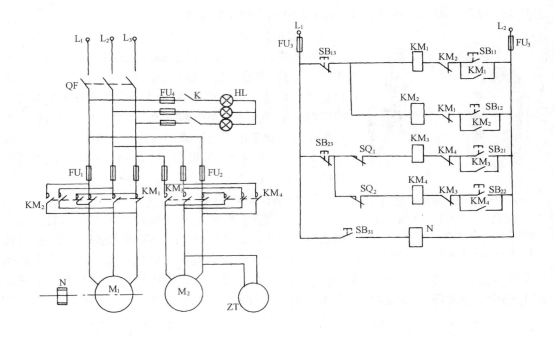

图 10-24 搅拌机电路图

电路图中各符号的意义 表 10-5

序号	符号	名称	规格	数量	备注
1	QF	自动开关	DZ 10－100/330	1	脱扣器电流 25A
2	$FU_{1\sim2}$	磁插保险	30A	6	
3	$KM_{1\sim2,3\sim4}$	交流接触器	CJ 10－40	4	吸引线圈的额定电压 380V
4	M_1	鼠笼式电动机	JD_2－42－4	1	额定功率 5.5kW
5	M_2	鼠笼式电动机	JD_2－41－4	1	额定功率 4kW
6	ZT	制动电磁铁	MZD_1－100/380	1	
7	N	水阀电磁铁	MQ_2－15		380V
8	FU_4	仪表保险	BLX	3	1A 保险管、螺口
9	HL	指示灯	XP_4－220V/2VA	3	黄、绿、红三色
10	K	双极开关	ZX_2	1	双刀
11	FU_3	磁插保险	10A	2	
12	$SB_{11\sim12}$、$SB_{21\sim22}$	按钮	LA_2 绿	4	
13	SB_{13}、SB_{23}	按钮	LA_2 红	2	
14	SB_{31}	按钮	LA_2	1	
15	SQ_1	上限位开关	LX_2－131	1	
16	SQ_2	下限位开关	LX_3－11H	1	

M_1 为 5.5kW 的鼠笼式感应电动机,它拖动搅拌机的滚筒转动,当它正转时可以搅拌混凝土,当它反转时就可以把混凝土从滚筒中倒出来(即出料)。接触器 KM_1 和 KM_2 分别控

制电动机 M_1 的正转和反转。FU_1 作为此条支路的短路保护。

M_2 为 4kW 的鼠笼式感应电动机，它拖动料斗的升降，接触器 KM_3 和 KM_4 分别控制 M_2 的正转和反转，以达到控制料斗的上升和下降。FU_2 作为此条支路的短路保护。制动电磁铁 ZT 对电动机 M_2 进行制动，当给电动机 M_2 供电时，电磁铁 ZT 也通电而产生动作，带动制动器松开电动机 M_2 的轴，使 M_2 能自由转动。当 M_2 断电时，ZT 亦断电，ZT 带动制动器恢复常态，紧紧抱住 M_2 的轴，使其制动。

在控制电路中，因所有接触器及水阀电磁铁的吸引线圈其额定电压均为 380V，所以都直接接在电源火线 L_1、L_2 之间。控制电器中有三条支路，最上的一条支路是 KM_1 和 KM_2 接触器的吸引线圈的控制电路，它控制电动机 M_1 正转和反转。

控制电器的第二条支路是 KM_3、KM_4 接触器的吸引线圈的控制电路，它控制 M_2 正转、反转。此条支路中分别在吸引线圈 KM_3 和 KM_4 中串入了限位器 SQ_1 和 SQ_2，以限制料斗上和下的极限位置，一旦料斗到达上限或下限时，都会碰断限位器 SQ_1 和 SQ_2，使吸引线圈断电，使电动机 M_2 停止转动。

控制电路的第三条支路是水阀电磁铁的吸引线圈的控制电路，SB_{31} 是起动按钮，当按下 SB_{31} 时吸引线圈 N 通电，吸动水管阀门，使水直接流到搅拌机的滚筒中，给搅拌混凝土添水；当添足水后，手离开按钮 SB_{31}，吸引线圈 N 断电，切断水源，停止供水。利用按下时间长短来控制进水量。如果使用时间继电器，对电路进行改进，也可实现自动控制进水量。

第四节　交流异步电动机

根据电磁原理，进行机械能和电能相互转换的旋转机械称为电机。把机械能转换成电能的电机称为发电机；把电能转换成机械能的电机称为电动机。电动机按所用电流的性质不同分为直流电机和交流电机。交流电动机又可以分为同步电动机和异步电动机（也叫做感应电动机）两大类。同步电动机一般在功率较大或者转速必须恒定时，方才应用。由于它的构造复杂、造价较高、起动和维护都比较麻烦，因此应用不普遍。感应电动机具有构造简单、坚固耐用、工作可靠、价格便宜、使用和维护方便等优点，因此，它是所有电动机中应用最广的一种。如建筑施工中经常应用的起重机、卷扬机、搅拌机、震捣器、水泵、蛙式打夯机、电锯等等，这些机械一般都是用感应电动机来拖动的。

一、基本构造

感应电动机是由工作部分——固定的定子和可以旋转的转子组成；支承保护部分——机座、端盖、接线盒和其他附件组成。定子由固定在机座上的铁芯和定子绕组组成，机座通常是用铸铁或铸钢制成，铁芯用 0.5mm 厚的硅钢片迭成圆筒形，铁芯的内圆周上有若干分布均匀的平行槽，槽内安装定子绕组。三相异步电动机定子绕组有三个，起始端分别为 A、B 和 C，末端为 X、Y 和 Z，都从机座上的接线盒中引出。

依据转子结构的不同，感应电动机可分为鼠笼式和绕线式两种，如图 10-25 所示。

转子的铁芯也由硅钢片迭成，并固定在转轴上，转子的外圆周上也有若干分布均匀的平行槽，槽内放置裸导线，这些导线的两端分别焊接在两个铜环上，目前 100kW 以下的中小型鼠笼式电动机，其转子绕组大多是用铝浇铸在转子铁芯槽内制成。由于转子绕组形状好像一个装松鼠的笼子，因此这种电动机称做鼠笼式异步电动机。

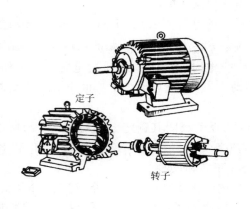
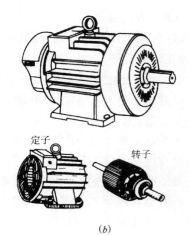

$$(a) \qquad\qquad\qquad\qquad (b)$$

图 10-25　感应电动机外形和部件

(a)鼠笼式;(b)绕线式

绕线式转子的铁芯槽中放入的是仿照定子绕组形式制成的三相绕组,通常把三相绕组连接成星形,即三相绕组的末端连接在一起,三个始端接到装在轴上的三个彼此绝缘的滑环上,并用固定的电刷与滑环接触,使转子绕组与外电路接通,这种电动机称为绕线式电动机。

感应电动机定子的作用是产生旋转磁场,转子的作用是产生电磁转矩。

二、三相异步电动机的转动原理及机械特性

1.工作原理

定子的三相绕组加上三相交流电压,绕组中的三相电流产生了旋转磁场。设旋转磁场顺时针方向旋转,则转子相对于磁场沿逆时针方向旋转,故转子绕组切割了磁力线,闭合的绕组内产生了感生电流,这时转子相当于载流导体,载流导体在磁场中会受到力的作用,力矩使转子转动起来。

转子的转速 n_2 永远小于旋转磁场的转速(同步转速)n_1,这是因为只有在 $n_2 < n_1$ 的情况下,转子和旋转磁场间才存在相对运动,转子绕组也才切割磁力线,所以这种电动机被称为异步电动机。由于异步电动机的转子电流是靠电磁感应产生的,故它又称为感应电动机。

三相异步电动机的转速差$(n_1 - n_2)$与旋转磁场的转速 n_1 之比,称为电动机的转差率 s。

$$s = \frac{n_1 - n_2}{n_1}$$

电动机的许多参量与转差率 s 有关,三相异步电动机的额定转差率一般为 $0.02 \sim 0.06$,它是一个重要参数。

把异步电动机三根电源线中的任意两根对换之后,旋转磁场的方向改变,从而转子的转动方向也改变。

单相异步电动机定子上只有一相绕组,使用时接入单相交流电源。这种电动机的功率一般较小,大都在 1kW 以下,多用在电子仪器和家用电器中,如电风扇、吹风机等。

2.三相异步电动机的机械特性

三相异步电动机额定转矩 M_e 的计算公式为:

$$M_e = 9555 \frac{P_e}{n_e}$$

式中的单位分别为牛顿米、千瓦和转/分。

异步电动机转矩 M 和转速 n 之间的关系称机械特性。鼠笼式异步电动机的机械特性曲线如图 10-26 中的曲线 I 所示。

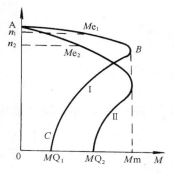

图 10-26 三相异步电动机机械特性曲线

三相鼠笼式异步电动机有以下几个特点：

（1）具有硬的机械特性。在稳定工作区 AB 部分，n 随 M 的增加下降得不多，即机械特性较硬。

（2）具有较大的过载能力。额定转矩 M_e 和额定转速 n_1 对应的坐标点在曲线 AB 部分的中间，这样电动机不会因为过载不大就造成停车。最大转矩 M_m 和额定转矩 M_e 之比称过载能力 λ。

$$\lambda = \frac{M_m}{M_e}$$

一般 $\lambda = 1.8 \sim 2.6$。

（3）启动性能一般。启动转矩 M_Q 与额定转矩 M_e 之比称启动能力 C_Q。

$$C_Q = \frac{M_Q}{M_e}$$

一般 $C_Q = 1.1 \sim 1.8$。

（4）电源电压的波动对电磁转矩 M 的影响较大。这是因为 M 与电源电压的平方成正比。如果电源电压降低到额定电压的 70%，则转矩 M 只有额定值的 49%。

对于绕线式电动机，当外接变阻器处在零位时，它的机械特性曲线和鼠笼式电动机的基本一样。当变阻器不处在零位时，其机械特性曲线如图 10-26 中曲线 II 所示。从曲线 II 可以看出，由于串入了电阻，绕线式电动机的机械特性除了具有上述"具有较大的过载能力"和"电源电压的波动对电磁转矩 M 影响较大"两个特点外，还具有以下特点：

（1）机械特性较软。在曲线的 AB 段，转速 n 随 M 的增加下降较快，故其机械特性较软。

（2）启动转矩较大。由 M_{Q1} 增大到 M_{Q2}，外接变阻器限制了转子绕组的感应电流，进而限制了定子绕组的启动电流，故改善了启动性能。

（3）电动机的转速能在小范围内调节。改变变阻器的阻值能改变电动机的转速。在图 10-26 中，$M_{e_1} = M_{e_2}$，即额定转矩没有变，但转变速从 n_1 降到了 n_2，但只能在最大调速比为 3:1 的小范围内调速。

三、三相异步电动机的铭牌

每台异步电动机都钉有一块铝制铭牌，上面标出该电动机主要的技术数据。

1. 额定电压 U_e

规定的电动机的使用电压，即电源电压。实际的电源电压不能偏高或偏低额定电压太多（允许 ±10%），否则都会造成电动机过载。

2. 额定电流 I_e

规定的电动机的工作电流,即电源输入给电动机的电流。实际的工作电流不能超过额定电流,否则电动机会过热烧毁。

3．额定功率 P_e

在额定电压和额定电流工作状态下,电动机轴上应输出的机械功率。

4．额定转速 n_e

在额定电压和额定电流工作状态下,电机应达到的转速,单位是转/分。

5．额定温升 T_e

电机本身容许达到的最高温度与电机环境温度之差,单位为摄氏度。国家标准规定环境温度为40℃。

6．工作方式(工作制)

规定的电动机允许持续运转的时间,分连续、断续和短时三种。

7．功率因数 $\cos\varphi$

电动机的有功功率和视在功率之比。

8．频率 f

电动机电源电压的频率。我国动力电的标准频率为50Hz,故异步电动机的频率一律为50Hz。

9．绝缘等级

即绝缘材料的绝缘性能等级。绝缘材料根据耐热性能的高低分为五级:H、F、B、E、A。其最高允许温度分别是 180、155、130、120 和 105℃。

10．效率 η

电动机满载运行时,其输出的机械功率与输入的电功率之比。

电动机在额定电压下定子绕组的接法,分丫接和△接两种。当需要做丫接时,必须把三个对应端接于一点,把另外三个对应端分别接在三条火线上。如需要做△接时,必须把第一相绕组的末端(X 或 D_4)与第二相绕组的起端(B 或 D_2)相接;第二相绕组的末端(Y 或 D_5)与第三相绕组的起端(C 或 D_3)相接;第三相绕组的末端(Z 或 D_6)与第一相绕组的起端(A 或 D)相接;在三个接点上再分别接到三条火线上。在电动机接线盒内的具体接法,如图10-27所示。注意在连接时切不可将对应端接错。

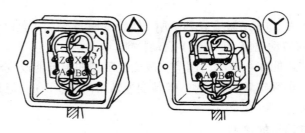

图 10-27　定子三相绕组的丫接与△接法

四、三相异步电动机的启动和反转

(一)鼠笼式电动机的启动

1．直接启动

在定子绕组上直接加上额定电压来启动(图10-28)。

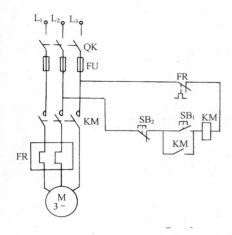

图 10-28　鼠笼式电动机直接启动

控制原理：合上闸刀开关 QK 后，按下启动按钮 SB₁，控制线路接通，接触器线圈 KM 通电，使主电路中接触器三个主触头 KM 吸合，电动机通电运转。同时，与按钮 SB₁ 并联的接触器辅助触头 KM 吸合，保证了按钮 SB₁ 复位后控制线路依然接通，电动机长时间运转。与 SB₁ 并联的触头 KM 称为自锁触头。如果按下停车按钮 SB₂ 控制线路断电，接触器释放，主电路被分断，电动机停车。

这种控制线路除直接启动电动机外，还具有三种保护功能。

（1）短路保护　由熔断器 FU 完成。

（2）过载保护　当电动机过载运行时，线电流增大，使热继电器发热元件动作，常闭触点被切断，控制线路失电，电动机停转，过载保护由热继电器完成。

（3）失（欠）压保护　当电路停电或电压不足时，接触器不能吸合，主电路不能接通，电动机不能运转。

2．降压启动

利用启动设备降低加在定子绕组上的电压，来限制启动电流。这种方法的缺点是在减少启动电流的同时启动转矩也减小了，因此这种方法仅适用于电动机在空载或轻载情况下启动。降压的方法有下列几种：

（1）电抗器启动　这种方法不论电动机作丫接还是△接均可使用。它是在定子线路中串联电抗器来启动的。

（2）丫－△启动　仅适用于正常工作时作△接的电动机。

（3）起动补偿器启动　即用自耦变压器作降压启动。不论电动机是丫接还是△接，均可用此法启动，但启动补偿器费用较高。

（二）鼠笼式电动机可逆控制

电动机正反转可由可逆控制线路完成。可逆控制线路如图 10-29 所示。电动机正转控制由正转接触器来完成，反转控制由反转接触器来完成，这些原理与电动机直接启动控制原理一样，只是为了避免相间短路，在正转控制线路中串接一个反转接触器常闭辅助触头，在反转控制线路中串接一个正转接触器常闭辅助触头。当按下正转起动按钮 SB₁ 时，电机主电路正转接触器主触头闭合，电动机正转，同时使反转控制线路中的正转接触器常闭触头分断，切断了反转控制线路，使主电路的反转接触器主触头 KM₂ 不能闭合，这样就避免了相间短路。KM₁ 及 KM₂ 常闭触头称为互锁触头，这种保护称为互锁保护。

（三）异步电动机的制动

当电动机切断电源后，由于电动机的转动部分和被拖动的机械都有惯性，所以它还会继续转动一段时间才停下来。而在生产中往往要求电动机能迅速停止转动，以提高生产效率，并保证生产安全。为此，需要对电动机进行制动。

制动的方法可分为机械制动和电力制动两种：

1．机械制动

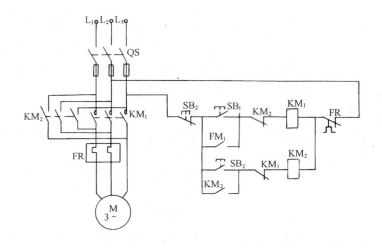

图 10-29　电动机可逆控制线路

电磁抱闸(或制动电磁铁)是机械制动中应用最普遍的设备。它是利用弹簧的压力使闸瓦紧压电动机轴上的闸轮。当抱闸电磁线圈通电时,电磁铁的吸力就能克服弹簧压力,吸动电磁铁的可动铁芯(衔铁),使闸瓦松开,电动机就可以自由转动。如果电动机脱离电源,电磁铁将同时断电,可动铁芯释放,闸瓦立即紧紧抱住闸轮,使电动机在极短的时间内停止转动。有一点要注意的是,应该将闸瓦调节在最佳位置上,使其在断电时能迅速有力地抱住闸轮,又要在通电时迅速、完全脱离闸轮,以免增加电动机启动和运行的负荷。

2．电力制动

电力制动是指停机时使电动机转子获得一个和电动机的实际旋转方向相反的转矩,使电动机迅速减速和停止。电力制动的方法有:再生发电制动、反接制动、能耗制动等,其中反接制动应用较多。

反接制动是利用电器切换通入定子绕组三相电流的相序,使定子绕组的旋转磁场的方向立即改变,转子也立即产生一个与原旋转方向相反的转矩以克服惯性,迫使转子很快停止。电动机停止转动后应立即切断电源,否则转子将开始反转(图 10-30)。

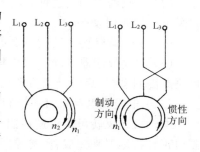

图 10-30　电动机反接制动

五、三相异步电动机的选择

1．电动机种类的选择

鼠笼式电动机构造简单,坚固耐用,启动设备比较简单,价格和运行费较低,但它的启动电流大,启动转矩较小,转速不易调节。适用于一般用途的工、农业中,驱动对转速及其他性能无特殊要求的机械,例如一般机床、泵类、通风机等。

绕线式电动机启动电流小,启动转矩大,并能在小范围内调速。当具备下述条件之一者宜采用:(1)大容量而且需要重载启动的机械;(2)大、中容量带周期性波动负载的长期工作制机械;(3)起重机械。

直流电动机中,他励或并励直流电动机具有硬的机械特性,调速性能好。在启动、制动、及调速有较高要求的拖动系统中宜采用。

串励式直流电动机具有大的启动转矩和软的机械特性,需要恒功率调速的机械,如牵引机械、电车等可选用。直流电动机虽然性能好,但是结构较复杂、价格贵、不容易维修,而且使用的直流电源也不易获得。

2．电动机形式的选择

电动机的形式包括安装结构形式和防护形式。安装结构形式分为卧式和立式两种,后者价格较高。其防护形式分为开启式、防护式、封闭式和防爆式等多种,价格从前到后递增;要根据工作环境进行选择。

(1) 开启式电动机的绕组和旋转部分没有特别的遮盖装置,通风散热良好,造价低。但只适用于干燥清洁、没有灰尘和没有腐蚀性气体的厂房内。

(2) 防护式电动机的外壳能防止铁屑、水滴等杂物落入电机内部,又不显著妨碍通风散热,适用于一般使用场合。

(3) 在湿热带地区或比较潮湿的场所,应采用湿热带型电动机。如选用普通型电动机,则采用适当的防潮措施。

(4) 封闭式电动机的外壳是全封闭的,散热性能较差。为改善散热条件,机壳上制有散热片,尾部外部装有风扇,适用有水土飞溅、尘雾较多的工作环境。如果空气中存在有腐蚀性气体或游离物,应尽量采用化工防腐性电动机或管道通风型电动机(引入干净的冷却空气)。在加强对场所通风和电动机维护的情况下,也可采用封闭式。

(5) 在露天场所,宜用户外型电动机。

(6) 防爆式电动机具有坚硬的密封外壳,即使爆炸性气体浸入电动机内部发生爆炸,机壳也不会爆炸,从而防止了事故的扩大。适用有爆炸性气体、粉尘的场合。

(7) 在高温车间,应根据周围环境温度选用相应绝缘等级的电动机。

3．电动机额定电压的选择

对于交流电动机,额定电压应选得与供电电网的电压一致,直流电动机的额定电压常用220V 或 110V。

4．电动机额定转速的选择

(1) 对于不需要调速的高、中转速的机械,如水泵、压缩机、鼓风机等。一般应选用相应转速的异步或同步电动机直接(不通过减速机)与机械相连接。

(2) 不需要调速的低转速机械,一般选用适当转速的电动机通过减速机来传动。但是对于大功率的传动应注意电动机的转速不宜过高,要考虑大功率、大减速比的减速机其加工制造及维修都不方便等因素。

(3) 对于需要调速的机械,电动机的最高工作速度与生产机械的最高速度相适应,连接方式可以采用直接传动或者通过减速(或升速)机传动。

(4) 重复短时工作的机械,由于频繁地启、制动及正、反转,生产机械几乎经常地处在启、制动状态下运转,此时电动机的转速除应当满足生产机械所要求的最高稳定工作速度以外,还需要从保证生产机械达到最大的加、减速度而选择最合适的传动比(指需要采用减速机时),以使生产机械获得最高的生产率。

(5) 对于某些低速重复短时工作的机械,宜采用直接传动。

5．电动机容量选择

电动机的功率选大了,设备不能得到充分利用,功率因数也低。选小了将造成温升过高,严重影响电动机的寿命。若工作温升高于额定温升 6~8℃,电动机的寿命就要减少一半(常称 6~8℃ 规则)。高于额定温升 40%,寿命只有十几天。高于额定温升 125%,寿命只有几小时。

对于连续运行且负载恒定的电动机,取电动机的额定功率等于实际需要功率的 1.1~1.2 倍。

对于连续运行且负载变动的电动机,可以先调查同类生产机械的电动机功率,然后进行分析比较,最后确定电动机的功率,这种方法称类比法。

对于短时工作的电动机,可以选用按连续工作设计的电动机。电动机的额定功率 P_e 为

$$P_e \geqslant \frac{P_g}{\lambda}$$

式中　P_g——短时负载功率,(kW);

　　　λ——电动机的过载系数。

也可以选用专为短时工作而设计的电动机。此时按实际工作时间尽量靠近系列标准工作时间,负载功率尽量靠近系列额定功率的原则选择电动机。

对于重复短时工作的电动机,一般选用专门设计的电动机,选取原则同上。

六、电动机的使用和维护

1. 使用前的检查与试验

对于新安装的或长时间停止运行的电动机,使用前一定要按下述项目检查。

(1)按照从电源到电动机的顺序依次检查开关设备、保护设备、线路、启动设备及电动机,使其接线正确、接触良好以及设备外壳接地牢固等。

(2)用兆欧表(摇表)检查电动机的绝缘电阻。一般绝缘电阻应大于 0.5MΩ 才能使用,否则按受潮处理,即必须经干燥处理合格后方可使用。

(3)检查电动机内部有无杂物,用干燥的压缩空气或吹风机等吹净内部。

(4)对电动机进行外观检查,查看各部件有无损坏或松动等现象。

(5)对于带整流子或滑环的电机,要使整流子或滑环清洁,使整流片之间无杂物;还要使电刷与整流子之间或电刷与滑环之间接触良好,压力正常。电刷提起、放下要灵活。

(6)按上述项目检查合格后,就可以空载起动电动机或试运行,观察启动情况、旋转方向等,听听声音及振动情况,摸摸发热程度等。有不正常情况要排除故障。

经以上几项检查合格后就可投入运行。

2. 使用中的检查与维护

电动机正常运行时,有轻微的振动和均匀的嗡嗡声,温升到一定的程度不再升高。在电动机运行时,应该随时注意其振动、响声、气味和温升等情况,如有异常应立即停车检查,以免发生事故。

电动机运行过程中,应保持清洁,不要使水滴、油污及灰尘等落入电机内部;并且要保持通风良好,使电机的进、出风口畅通无阻,还要经常检查轴承发热、漏油、电刷的磨损及电刷与滑环或整流子的接触情况等。

3. 电动机定期检查与维护

做好电动机的定期检查和维护工作,是保证安全运行、延长寿命的有效措施。

（1）轴承要定期换油和清洗。如果发现轴承磨损过大，要换新的轴承。

（2）周围环境要确保电机安全运行。即保持通风良好，不允许让油、水等浸入电机内部，不要让日光曝晒。还要保持电机清洁，注意防潮。

（3）对直流电机及绕线式异步电动机，要经常维护其整流子和滑环，并保证其不偏心、不摆动，表面光滑无伤痕、无烧伤。要检查电刷接触情况，使之接触良好，紧密，运行时火花正常，电刷磨损过度时要换新电刷。

（4）要经常检查电动机各部件有无损坏、松动等现象，做到及时发现、及时修理。

（5）要随时注意人身安全，电机运行中严禁在电机接地装置上进行任何工作；电机的旋转部分，包括整流子、滑环、联轴节及轴的露出端等处应有防护罩；操作室的地面要铺以橡皮垫等绝缘物；修理电机时，首先切断电源，并且挂上"请勿合闸"等字样的牌子，拆修电动机时，应把电动机断开的导线接头互相短起接来包好。

七、电动机故障分析

电动机发生故障后，首先要找出故障的根源。寻找根源的方法还是要先检查线路，后检查电动机；先检查电动机外部，再检查其内部的顺序进行（表10-6）。就电动机内部故障来说，大多数故障可通过分析电流是否正常及发热情况等反映出来。

几种常见的故障现象和可能的原因　　　　　　　　表 10-6

故 障 现 象	可 能 的 原 因
电动机还未启动完毕，保险丝即熔断	保险丝太小。启动电流过大（可能是被拖动的工作电机有故障，负载太重）。启动器切换太快。定子绕组短路，挡镗
吼声较大，音低沉，嗡嗡作响或兼有转速降低的现象。正常的声音是声响均匀，音调较高	过载。电压过低（国家标准规定，动力电源电压的误差不得超过额定值的±10%）。缺相运行。三相电源电压本身不平衡（国家标准规定，三相电源电压之间的差值不得大于额定值的5%）。定子绕组有故障（如短路）造成三相电流不平衡
时高时低的嗡嗡声	转子绕组断条或断线（此时定子电流忽大忽小）
刺耳的摩擦声	扫镗
明显的金属撞击声	机内有异物，风扇有故障
轴承室内发出"咝咝"或"咕噜"声	缺乏润滑油，钢珠损坏
温升过高，能闻到焦糊味，甚至有冒烟、着火现象	过载。电源电压过低或过高。三相电源电压不平衡。缺相运行。定子绕组或转子绕组有短路或断路现象
剧烈振动	地脚螺钉松动，基础不牢，轴不正（可能是轴承磨损过度）造成转子偏心运转
火花过大（正常情况下应没有明显、连续的火花）	电刷和滑环接触不好，电刷磨损过大，电刷弹簧的压力不足

定子和转子间的间隙很小，如安装不当，转子的外表面和定子铁芯的内表面易发生摩擦而损坏电机，这种现象称"扫镗"。

第五节 电 线 电 缆

常用电线和电缆分为裸线、电磁线、绝缘电线电缆和通信电缆等等。

裸线是没有绝缘层的电线,包括铜、铝平线,架空绞线,各种型材如型线、母线、铜排、铝排等。它主要用于户外架空、作室内汇流排和开关箱。

绝缘电线电缆包括各种电力电缆、控制信号电缆、照明用线和各种安装连接用线。它一般是由导电的线芯、绝缘层和保护层所组成的。线芯按使用要求可分硬型,软型,移动式电线、电缆和特软型四种结构。线芯数又可分为单芯、二芯、三芯及四芯等。

绝缘层的作用是防止漏电和放电。它是包覆在导电的线芯外的一层橡皮、塑料或油纸等绝缘物。

护层的作用是保护绝缘层。它有金属护层和非金属护层两种,固定敷设的电缆多采用金属护层,移动电缆多采用非金属护层。金属护层大多采用铅套、铝套、绉绞金属套和金属编织套等,在它的外面还有外被层,以保护金属护层免受机械和腐蚀等损伤。非金属护层多采用橡皮、塑料。

电磁线也是一种绝缘线。它的绝缘层是涂漆或包缠纤维的。

通信电缆包括电信系统的各种通信电缆、电话线和广播线。

一、绝缘导线

绝缘导线按芯线材料分,有铜芯和铝芯的两种;按其外皮的绝缘材料分有橡皮绝缘的和塑料绝缘的两种。塑料绝缘导线性能良好,价格较低,而且可节约大量橡胶和棉纱,在室内明敷或穿管敷设中可取代橡皮绝缘导线,但塑料绝缘在低温时要变硬变脆,高温时又易软化,因此,塑料绝缘导线不宜在室外使用。

导线有多股线和单股线两种:一般截面较小的导线多制成单股线,但是和经常移动的电器连接所用的导线,虽然导线截面不大,也采用多股线,这样的导线易弯曲而不易折断。截面较大的导线,多制成多股绞线。

绝缘电线的型号表示意义如下:

B——第一个字母表示布线;

第二个字母表示玻璃丝编织;

第三个字母表示扁形(即平行)。

VV——第一个字母表示聚氯乙烯绝缘;第二个字母表示聚氯乙烯护套。

X——表示橡皮绝缘。

L——表示铝芯;无 L 表示铜芯。

F——表示复合物。

R——表示软线。

S——表示双绞线。

1.橡皮绝缘电线

本系列电线适用于交流 500V 以下或直流 1000V 及以下的电气设备及照明装置配线用。线芯长期允许工作温度应不超过 +65℃。

（1）棉纱编织橡皮绝缘线:这种绝缘电线有铝芯和铜芯两种。铝芯型号为 BLX,铜芯型号为 BX。电线的最里面是芯线,在芯线的外层包一橡胶,作为绝缘层。橡胶外层编织棉纱,并在编织层上涂蜡(主要是沥青、石蜡及蒙旦蜡等)。

(2)玻璃丝编织橡皮绝缘线:这种电线的结构与棉纱编织橡皮绝缘线基本相同,是用玻璃丝编织的,生产这种电线能节省大量的棉纱。但玻璃丝耐气候性差,容量破裂。这种电线也分为铝芯和铜芯两种,铝芯型号为 BBLX,铜芯型号为 BBX,其用途和棉纱编织橡皮线相同。

但由于各地原材料不一,实际生产中也是相互代替,所以将原玻璃丝编织和棉纱编织的不同型号的电线合并为一个型号 BLX(BX)。

(3)氯丁橡皮绝缘线:氯丁橡皮绝缘线的型号,铝芯为 BLXF,铜芯为 BXF,芯线外包一层氯丁橡皮作为绝缘,外层不再加编织物。因为它很好的绝缘电气性能和具有良好的耐气候老化性能,并有一定的耐油、耐腐蚀性能,它可以代替以上两种橡皮绝缘线,特别适用于户外敷设。使用寿命比 BLX(BX)导线高 3 倍左右。

因氯丁橡皮线无护套,所以在搬运和敷设时要注意避免接触锋利尖刃器具,以防止刺伤绝缘,降低其性能。

2.塑料绝缘电线

本系列电线适用于各种交直流电器装置、电工仪表、仪器、电信设备、动力及照明线路固定敷设用。长期允许工作温度一般应不超过 $+65℃$,其安装温度应不低于 $-15℃$。

(1)聚氯乙烯绝缘电线:这种电线是用聚氯乙烯作为绝缘层的,分铜芯和铝芯两种。铜芯型号为 BV,铝芯型号为 BLV。

这种电线是具有表面光滑、色泽鲜艳、外径小,不易燃等优点,且生产工艺简单,能节省大量的橡胶和棉纱,因此已被广泛使用。

(2)聚氯乙烯绝缘软线:这种电线适用于交流 250V 及以下的各种移动电器、电信设备、自动化装置及照明用连接软线(灯头线)。线芯为多股铜芯。其型号有 RVB(双芯平型软线)、RVS(双芯型软线)。可用来取代老产品"花线"。

(3)聚氯乙烯绝缘和护套电线:这种电线与 BV 和 BLV 型电线不同之处是在聚氯乙烯绝缘层外又加一层聚氯乙烯护套。其型号铜芯为 BLVV。分单芯、双芯、三芯几种,双芯和三芯电线为扁平型。

(4)丁腈聚氯乙烯复合物绝缘软线:适用于交流 250V 及以下的各种移动电器、无线电设备和照明灯接线,其型号有 RFS(双绞型复合物软线)和 RFB(平型复合物软线)。长期允许工作温度为 $+70℃$。

导线的种类和型号较多,上面几种只是施工中常用到的。随着科学技术的发展,还将会有更多的新产品出现,使用时我们可以查阅有关产品目录。

二、电缆的基本知识

电缆线路作为传送和分配电能具有以下特点:

(1)一般埋设于土壤中或敷设于室内、沟道、隧道中,不用杆塔,占地少,整齐美观。

(2)受气候条件和周围环境影响小,传输性能稳定,维护量较少,安全可靠性能较高。

(3)具有向超高压、大容量发展的更为有利的条件,如低温、超导电力电缆等。

因此,电力电缆常用于城市的地下电网、发电厂的引出线路,工矿企业、事业单位内部的供电以及过江、过海峡的水下输电线路等。但是,电缆线路亦存在不少缺点,诸如投资费用大,敷设后不易变动、线路不易分支、故障寻测较困难、检修费时费工、电缆头制作工艺较复杂等。

1．电缆的种类

电缆的种类很多,在电力系统中,最常用的电缆有两大类,即电力电缆和控制电缆。

电力电缆是用来输送和分配大功率电能,按其所采用的绝缘材料可分为纸绝缘、橡皮绝缘、聚氯乙烯绝缘、聚乙烯绝缘和交联聚乙烯绝缘电力电缆。纸绝缘电力电缆有油浸和不滴流浸渍两种,油浸纸绝缘电力电缆具有使用寿命长、耐压程度高、热稳定性能好等优点,且制造运行经验也都比较丰富,是传统的主要产品,因此目前工程上仍然使用较多。但它工艺要求比较复杂,敷设时容许弯曲半径不能太小,且在低温时敷设有困难。工作时电缆中的油容易流动,当电缆两端敷设位差较大时,低端往往因积油而产生很大的静压力,致使电缆终端头或铅(铝)包被胀裂,造成漏油。而高端由于油的流失造成绝缘纸干枯,使其绝缘性能下降,以致造成绝缘击穿。不滴流浸渍纸绝缘电力电缆则避免了油的流淌问题,加上允许工作温度的提高,特别适宜于垂直敷设和在热带地区使用。当然与油浸纸绝缘电缆相比,在浸渍剂配料方面要复杂些,浸渍周期也比较长。

聚氯乙烯绝缘电力电缆没有敷设位差的限制,制造工艺比较简单,工作温度有所提高,电缆的敷设、维护、连接都比较简便,又有较好的抗腐蚀性能。因此,目前在工程上得到了愈来愈广泛地应用,特别是在 1kV 以下电力系统中已基本取代了油浸纸绝缘电力电缆。

橡皮绝缘电力电缆多使用在低压电力线路中。

控制电缆是在配电装置中传输操作电流、连接电气仪表、继电保护和自动控制等回路用的,它属于低压电缆。运行电压一般在交流 500V 或直流 1000V 以下,电流不大,而且是间断性负荷,所以导电线芯截面较小,一般为 $1.5\sim10mm^2$,均为多芯电缆,芯数从 4 芯到 37 芯。控制电缆的绝缘层材料及规格型号的表示与电力电缆基本相同。

2．电力电缆的结构

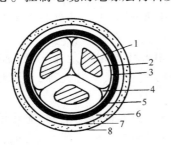

图 10-31　ZLQ 20 型电缆剖面图
1—线芯;2—分相绝缘;3—相间填料;
4—统包绝缘;5—铅包;6—内衬垫层;
7—钢带铠装;8—外黄麻防腐层

电力电缆都是由导电线芯,绝缘层及保护层三个主要部分组成。图 10-31 就是 ZLQ 20 型电力电缆的结构图。

导电线芯是用来传导电流的。线芯材料通常是铜或铝。线芯截面形状有圆形、半圆形、扇形和椭圆形等。线芯数量有单芯、双芯、三芯、四芯和五芯。

绝缘层是用来保证线芯之间、线芯与外界的绝缘,使电流沿线芯传输。绝缘层包括分相绝缘和统包绝缘,统包绝缘在分相绝缘层之外。绝缘层所用材料有油浸纸、橡皮、聚氯乙烯、聚乙烯和交联聚乙烯等。

电力电缆的保护层分内护层和外护层两部分。内护层主要是保护电缆统包绝缘不受潮湿和防止电缆浸渍剂外流以及轻度机械损伤,所用材料有铅包、铝包、橡套、聚氯乙烯套和聚乙烯套等。外护层是用来保护内护层的,防止内护层受机械损伤或化学腐蚀等,包括铠装层和外被层两部分。所用材料,一般铠装层为钢带或钢丝,外被层有纤维绕包、聚氯乙烯护套和聚乙烯护套。

3．电缆的型号和名称

我国电缆产品的型号系采用汉语拼音组成的,有外护层时则在字母后加上 2 个数字。

型号中汉语拼音字母的含义及排列次序见表10-7。

电缆型号中字母含义及排列次序
表 10-7

类　　别	绝缘种类	线芯材料	内护层	其他特征	外护层
电力电缆(不表示)	Z—纸绝缘	T—铜(一般不表示)	Q—铅包	D—不滴流	2个数字
K—控制电缆	X—橡皮绝缘	L—铝	L—铝包	F—分相护套	具体含义见表10-8
P—信号电缆	Y—聚乙烯		H—橡套	P—屏蔽	
Y—移动式软电缆	V—聚氯乙烯		V—聚氯乙烯套	C—重型	
H—市内电话电缆	YJ—交联聚乙烯		Y—聚乙烯套		

　　表示电缆外护层的两个数字,前一个数字表示铠装结构,后一个数字表示外被层结构。数字代号的含义见表10-8。但目前电缆生产仍有很多使用老的代号,特列出电缆外护层代号新旧对照表(表10-9),以便对照。

电缆外护层代号的含义
表 10-8

第 一 个 数 字		第 二 个 数 字	
代号	铠装层类型	代号	外被层类型
0	无	0	无(裸)
1	—(裸钢带)	1	纤维绕包(麻被护层)
2	双钢带	2	聚氯乙烯护套
3	细圆钢丝	3	聚乙烯护套
4	粗圆钢丝	4	—
5	粗钢丝	9	内铠装
6	双圆钢丝		

电缆外护层新旧代号对照表
表 10-9

新 代 号	旧 代 号	新 代 号	旧 代 号	新 代 号	旧 代 号
02,03	1,11	22,23	22,29	32,33	23,39
20	20,120	30	30,130	(40)	50,150
21	2,12	(31)	3,13	41	5,25
				(42,43)	59,15

　　4. 电力电缆的运输和保管

　　长距离运输电缆,应预先对每盘电缆的重量进行估算,以便考虑车辆的运载能力。在整个运输过程中,电缆应用吊车装卸,禁止将电缆盘直接由车上推下,避免电缆受到损伤。在运输中电缆盘应立放,要求车速均匀。起吊电缆盘时所使用的钢丝绳、钢轴等工具应经试验

231

合格。在整个起吊过程中,应有专人统一指挥,做好一切安全措施。

短距离搬运电缆盘,可采用滚动。电缆盘必须牢固,保护板完好。在滚动过程中不应损伤电缆。电缆及其附件如不立即安装,应集中分类存放。存放场地要求地基干燥、坚实,道路畅通,易于排水。电缆盘下应有衬垫,盘上应标明型号、电压、规格、长度。电缆封端应严密。

电缆附件和绝缘材料应置于干燥的室内保管,且应有密封良好的防潮包装。

第六节　电气照明装置

电气照明按其装设条件,可分为一般照明和局部照明。一般照明是供整个面积上需要的照明;局部照明是供某一局部工作地点的照明。通常一般照明和局部照明往往混合使用,故称为混合照明。按用途可分为工作照明和事故照明。工作照明是保证在正常情况下工作的,而事故照明是当工作照明熄灭时,确保工作人员疏散及不能间断工作的工作地点的照明。在通常情况下,工作照明与事故照明可同时投入使用,或者当工作照明发生事故时,事故照明自动投入。工作照明与事故照明应有各自的电源供电。

一、常用照明电光源

常用电光源按其发光原理分,有热辐射光源和气体放电光源两大类。热辐射光源是利用物体加热时辐射发光的原理所作成的光源,如白炽灯、卤钨灯等;气体放电光源是利用气体放电时发光的原理所作成的光源,如荧光灯、高压汞灯、高压钠灯、金属卤化物灯和氙灯等。

1. 白炽灯

白炽灯由玻璃壳、灯丝、灯头三部分组成。灯丝由熔点高、在高温下不易挥发的钨制成,钨丝通过电流燃至白炽而发光。一般功率超过 40W 的灯泡,在玻璃壳内充有氩气或氮气。充气的目的是增加灯泡内的压力,使灯丝的蒸发和氧化缓慢,提高灯丝的工作温度从而提高发光效率。由于充气,可使灯丝蒸发的钨粉通过气体对流上升而聚在灯泡的颈部,因此灯泡的玻璃壳不会发黑。40W 以下的灯泡,一般是将玻璃壳抽成真空。灯泡的灯头分插口式和螺口式两种,功率 300W 及以上的灯泡,一般都采用螺口式灯头。白炽灯结构简单,价格低廉,使用方便,而且显色性好,因此无论在工厂还是城乡,应用都极其广泛。但它的发光效率较低,使用寿命也短,且不耐振。我们在安装白炽灯时,灯泡的工作电压必须与线路的电压一致。

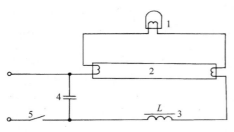

图 10-32　荧光灯接线图

1—启辉器;2—灯管;3—镇流器;4—电容器;5—开关

2. 荧光灯

荧光灯俗称日光灯,它是照明中用电最经济的一种,其发光效率比白炽灯高 3 倍以上,使用寿命也比白炽灯高 1 倍以上,在电气照明中已得到广泛采用。

荧光灯管内抽成真空并充有低压惰性气体氩及少量水银,管的两端各装有一组电极,由涂有氧化物(电子粉)的钨丝制成,管内壁涂有荧光粉(特制的硫与钙、镁、锌的化合物)。在使用时,不同规格的日光灯须配用相应规格的启动器、镇流器和电容器,按线如图 10-32 所示。

当电源开关闭合后,电源的全部电压都加在启辉器的两个电极间,而引起辉光放电,致使双金属片加热伸开,造成两极短接,从而使电流通过灯丝。灯丝加热后发射电子,并使管内的少量水银汽化。当启辉器两极短接使灯丝加热后,由于启辉器辉光放电停止,双金属片冷却收缩,从而突然断开灯丝加热回路,使镇流器两端感生很高的电动势,连同电源电压加在灯管两端,使灯管内水银蒸气全部游离,产生弧光放电。辐射出紫外线,紫外线投射到荧光粉上,激发荧光粉而使整个灯管发出像日光的光线。在电源两端并联一电容器,可将功率因数提高到 0.95 以上。

3．高压汞灯

高压汞灯又称高压水银荧光灯。它是上述荧光灯的改进产品,属于高气压的汞蒸气放电光源。它不需启辉器来预热灯丝,但它必须与相应功率的镇流器串联使用。其结构和接线如图 10-33 所示。工作时,第一主电极与辅助电极(触发极)间首先击穿放电,使管内的汞蒸发,导致第一主电极与第二主电极间击穿,发生弧光放电,使管壁的荧光质受激,产生大量的可见光。另有一种高压汞灯,是自镇流的高压汞灯,它用自身的钨丝兼作镇流器。它是利用高压汞蒸气、白炽体和荧光粉三种发光物质同时发光的复合光源。高压汞灯的光效高,寿命长,但启动时间长,显色性较差。

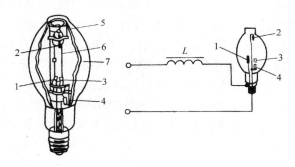

图 10-33　高压汞灯

1—第一主电极;2—第二主电极;3—辅助电极(触发极);4—限
流电阻;5—金属支架;6—内层石英玻壳(内充适量汞和氩);
7—外层硬玻壳(内涂荧光粉,内外玻壳间充氮)

4．高压钠灯

高压钠灯利用高气压(压强可达 10^4Pa)的钠蒸气放电发光,其辐射光谱集中在人眼较为敏感的区间,所以它的光效比高压汞灯还高 1 倍,且寿命长,但显色性也较差,启动时间也较长。其接线与高压汞灯相同。

其他还有金属卤化物灯和氙灯等。前者是在高压汞灯基础上为改善光色而发展起来的一种新型光源,后者是一种充有高气压氙气的高功率(可达 100kW)的气体放电灯(俗称"人造小太阳")。如图 10-34 为高压钠灯。

5．卤钨灯

卤钨灯是一种新型的热辐射电光源。它是在白炽灯的基础上改进而得,与白炽灯相比,它有以下的特点:体积小、光通量稳定、光效高、光色好、寿命长。

如图 10-35(a)所示,卤钨灯主要是由电极、灯丝、和石英灯管组成。为了提高工作温度

233

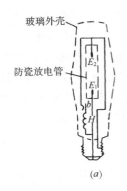
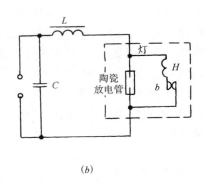

图 10-34 高压钠灯

(a)高压钠灯的构造;(b)高压钠灯的工作电路图

获得高光效,灯丝绕得很密,并用石英支架将灯丝托住以防其滑移下垂。灯管采用石英玻璃或含硅量很高的硬玻璃制成。管内抽真空后充以微量的卤素和氩气。由于灯管尺寸小,机械强度高,充入的惰性气体压力较高,这能大大抑制灯丝的挥发,从而提高卤钨灯的寿命。

卤钨灯的发光原理与白炽灯相同,在通电后灯丝被加热至白炽状态而发光。卤钨灯的性能比白炽灯有所改进,主要是卤钨循环的作用。图 10-35(b)是卤钨循环示意图。当卤钨灯启燃后,灯丝温度很高,灯管温度也超过 250℃。这时被蒸发的钨和卤素在靠近灯管壁附近化合成卤化钨,使钨不致沉积在管壁上,有效地防止了灯管发黑。卤化钨又在高温灯丝附近被分解,其中有些钨沉积回灯丝上去,这就是卤钨循环。它使整个灯管在使用时间都保持良好的透明度,并使卤钨灯的发光效率、光通量稳定、光色都比白炽灯有所改善。

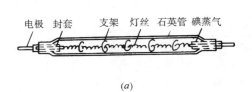
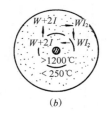

图 10-35 卤钨灯

根据充入灯管的卤素,卤钨灯可分为碘钨灯和溴钨灯两种。根据其用途,卤钨灯又有照明、红外线、放映、聚光卤钨灯等品种。卤钨灯安装时必须水平,倾斜角不得大于 ±4°。卤钨灯由于灯丝温度较高,它比白炽灯辐射的紫外线要多,使用时应注意这一点,不能与易燃物接近,不允许用任何人工冷却。卤钨灯耐振性差,不应在有振动的场所使用,也不应用作移动式局部照明。

二、电气照明基本线路

电气照明基本线路一般应具有电源、导线、开关及负载这四部分。照明基本线路大致有以下几种,见表 10-10 所示。照明基本线路在实际施工配线时应根据开关、灯具的实际安装位置布置导线。

电气照明基本线路 **表 10-10**

项目	线路名称和用途	接线图	说明
1	一只单联开关控制一盏灯	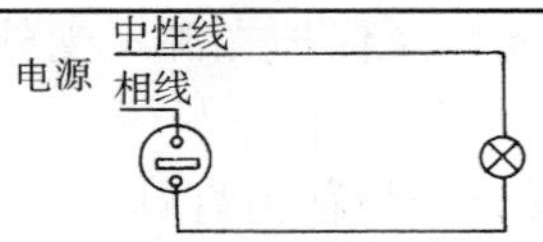	开关应安装在相线上
2	一只单连开关控制两盏灯（或多盏灯）	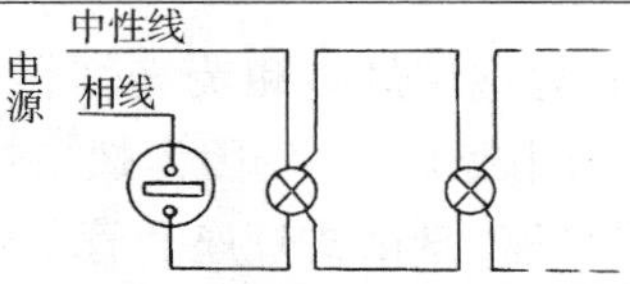	一只单连开关控制多盏灯时，可如左图所示虚线接线，但注意开关容量
3	两只单连开关控制两盏灯	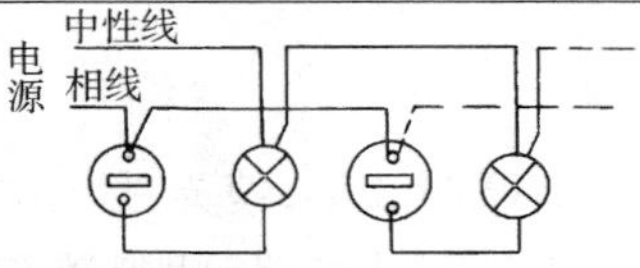	两只单连开关控制多盏灯时，可如左图虚线接线
4	用两只双连开关在两个地方控制一盏灯	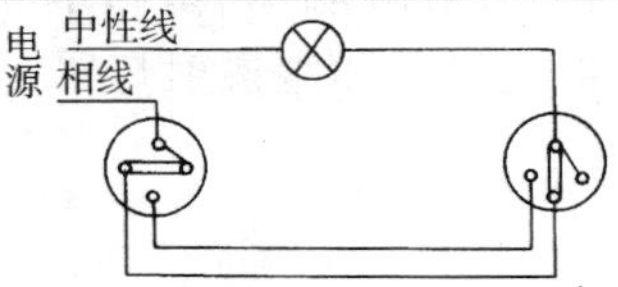	用于楼梯上电灯，需楼上楼下同时控制时；又如走廊中电灯，需在走廊两端能同时控制时
5	用两只双连开关和一只三连开关在三个地方控制一盏灯	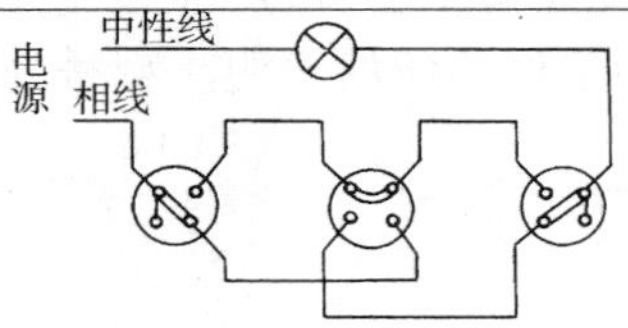	使用情况基本上与第 4 项相同
6	荧光灯线路	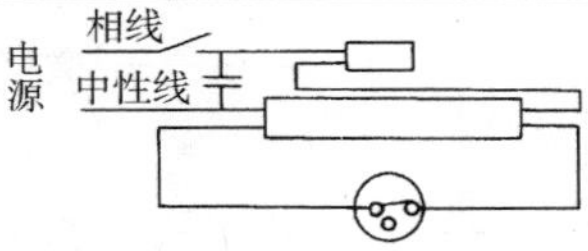	注意灯管与其他附件必须配套使用
7	两个荧光灯并联线路	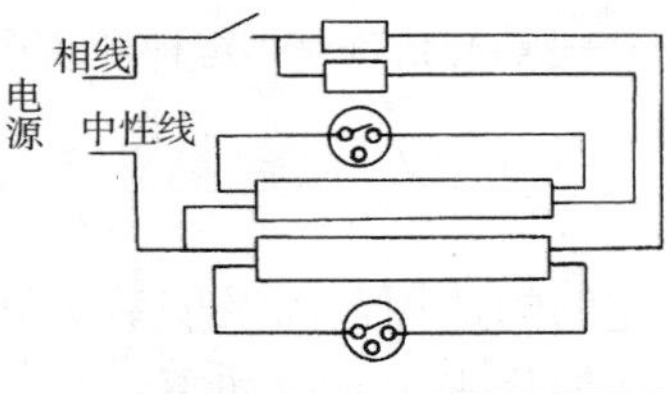	注意灯管与其他附件必须配套使用
8	高压水银荧光灯线路	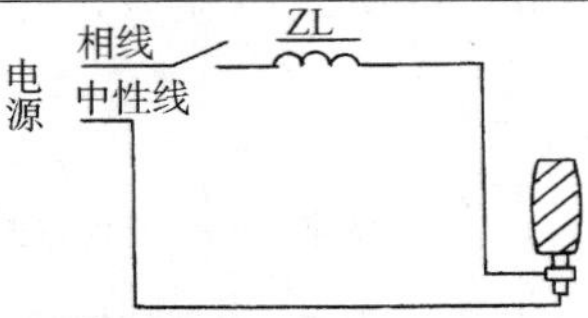	有外镇流和自镇流两种
9	36V 及以下局部照明线路	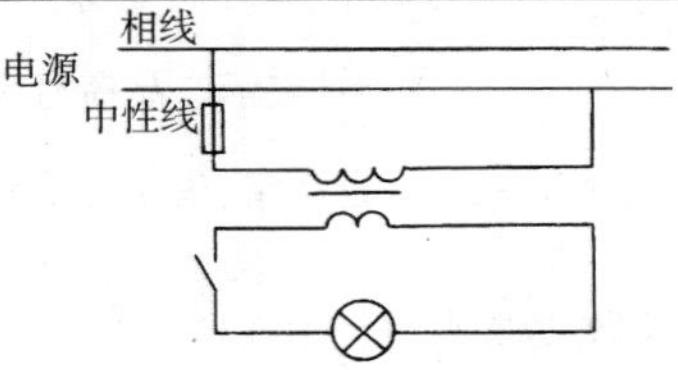	变压器一次侧应装熔断器，即保护变压器，又对二次侧短路起保护作用，且变压器外壳要接地

三、常用灯具及其安装

灯具的作用是固定光源,控制光线,把光源的光能分配到所需要的方向,使光线集中,以便提高照度,同时还可以防止眩光以及保护光源不受外力、潮湿及有害气体的影响。

(一)灯具的结构

通常我们把灯座和灯罩的联合结构称为灯具。

1. 灯座

灯座是用来固定光源的,有灯泡用灯座和荧光灯管用灯座。灯泡用灯座有插口和螺口两大类。300W 及以上的灯泡均用螺口灯座,因为螺口灯座接触比插口好,能通过较大的电流。按其安装方式又可分为平灯座、悬吊式灯座和管子灯座等。按其外壳材料又分为胶木、瓷质及金属三种灯座。

2. 灯罩

灯罩的作用是控制光线,提高照明效率,使光线集中,同时也保护灯泡不受机械损伤与污染。灯罩的形式很多,按其材质分有玻璃罩、塑料罩和金属罩。按其反射、透射等作用有漫反射灯罩、定向反射灯罩、折射光灯罩和漫透射灯罩等。

(二)常用灯具

1. 工厂灯具

工厂灯的类别比较多,有配照型工厂灯,广照型工厂灯、深照型工厂灯等。主要用于工厂车间、仓库、运动场及室内外工作场所的照明。型号的编排方法如下:

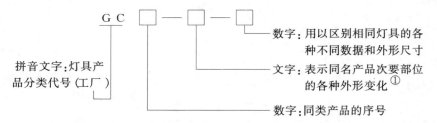

①A—直杆吊灯;B—吊链灯;C—吸顶灯;D—90°弯杆灯;E—60°弯杆灯;F—30°弯杆灯;G—90°直杆灯。

2. 荧光灯具

荧光灯形式多种多样,按它们的适用范围及安装方式有简式荧光灯,密闭荧光灯,还有吊杆式,吊链式以及吸顶式。其型号表示方法如下:

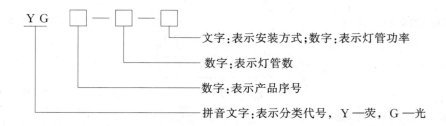

几种常用荧光灯有关技术数据参见表 10-11。

236

名称	型号	灯管数量及功率(W)	电源电压(V)	灯具长度(mm)	结 构 特 点	外 形 图
简式荧光灯	YG2-1 YG2-2	1×40 2×40	110/220	1280	灯具用钢板加工制成。结构坚固,造型简单,安装轻便	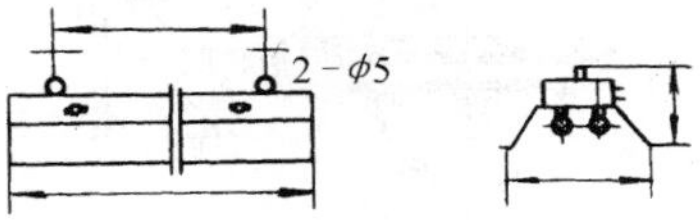
密闭型荧光灯	YG4-1 YG4-2 YG4-3	1×40 2×40 3×40	110/220	1380	灯具用钢板制成。灯座为特殊设计。内有密封圈可防止潮气及有害气体侵入	
吸顶式荧光灯	YG6-2 YG6-3	2×40 3×40	110/220	1334	灯具用薄钢板或木材加工制成。用于大厅、食堂等吸顶安装	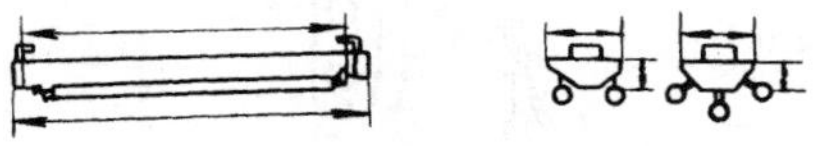
嵌入式荧光灯	YG9-2 YG9-3	2×40 3×40	110/220	1380	灯具壳体用钢板制成。罩框选用铝氧化或铁镀铬抛光。隔栅由有机玻璃或其他透明材料制成	
	YG14-2	2×140	220	1300	灯具用钢板制成为嵌顶式安装。透光部分配有磨砂玻璃罩	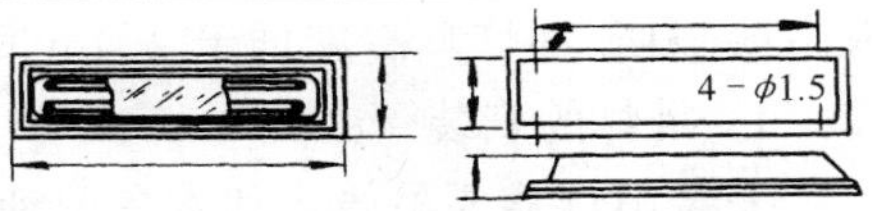

3. 建筑灯具

建筑类灯具品种繁多,而且设计越来越新颖。其型号编排方法如下:

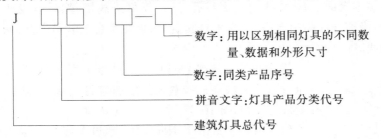

分类代号用来表示灯具的安装方式等特点。如 XD—吸顶灯,XB—吸壁灯,DD—吊灯,DDH—花饰吊灯,TY—庭院灯(广场路灯)。

我国灯具的生产目前尚无统一的型号,本节介绍灯具型号为上海地区产品型号。

(三) 灯具安装

照明灯具的安装,分室内和室外两种。室内灯具安装方式,通常有吸顶式、嵌入式、吸壁式和悬吊式。悬吊式又可分为软线吊灯、链条吊灯和钢管吊灯,如图 10-36 所示。室外灯具一般装在电杆上、墙上或悬挂在钢索上等。现在只介绍室内灯具的安装。

灯具安装一般在配线完毕之后进行,其安装高度一般不低于 2.5m,在危险性较大及特

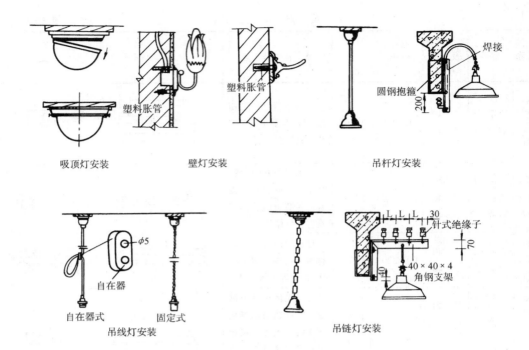

吸顶灯安装　　　　　壁灯安装　　　　　　　　　吊杆灯安装

自在器式　　固定式
吊线灯安装　　　　　　　　　　　吊链灯安装

图 10-36　灯具安装方式

殊危险场所,如灯具高度低于 2.4m 时应采取保护措施或采用 36V 及以下安全电压供电。

1. 吊灯的安装

安装吊灯需要吊线盒和木台两种配件。木台规格应根据吊线盒或灯具法兰大小选择,既不能太大,又不能太小,否则影响美观。当木台直径大于 75mm 时,应用两只螺栓固定,在砖墙或混凝土结构上固定木台时,应预埋木砖、弹簧螺丝或采用膨胀螺栓。在木结构上固定时,可用木螺丝直接拧牢。为保持木台干燥,防止受潮变形开裂,装于室外或潮湿场所内的木台应涂防腐漆。装木台时,应先将木台的出线孔钻好、锯好进线槽,然后电线从木台出线孔穿出(导线端头绝缘部分应高出台面)。将木台固定好,再在木台上装吊线盒,从吊线盒的接线螺丝上引出软线。

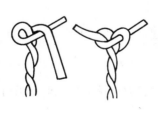

软线的另一端接到灯座上。由于接线螺丝不能承受灯的重量,所以,软线在吊线盒及灯座内应打线结,使线结卡在出线孔处。方法 如图 10-37 所示。

软线吊灯重量限于 1kg 以下,超过者应加吊链或钢管。采用吊链时,灯线宜与吊链编叉在一起;采用钢管时,其钢管内径一般不小于 10mm,当吊灯灯具重量超过 3kg 时,应预埋吊钩或螺栓,如图 10-38 所示。固定花灯的吊钩,其圆钢直径不应小于灯具吊挂销钉的直径,且不得小于 6mm。

图 10-37　吊线灯软线保险结

2. 吸顶灯的安装

吸顶灯的安装一般可直接将木台固定在天花板的预埋木砖上或用预埋的螺栓固定,然后再把灯具固定在木台上。若灯泡与木台距离太近(如半扁灯罩),应在灯泡与木台间放置隔热层(石棉板或石棉布),如图 10-39 所示。

238

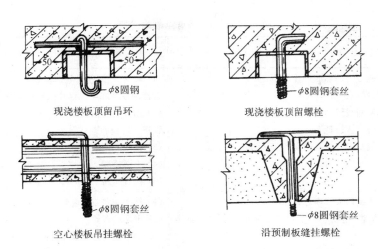

图 10-38　吊钩和螺栓的预埋

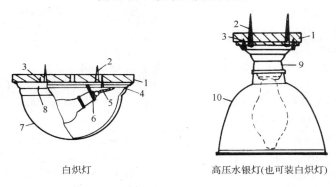

图 10-39　吸顶灯安装

1—圆木(厚 25mm,直径按灯架尺寸选配);2—固定圆木用木螺丝(2in 以上);3—固定灯架用木螺丝$\frac{3}{4}$in;4—灯架;5—灯头引线(规格与线路相同);6—管接式瓷质螺口灯座;7—玻璃灯罩;8—固定灯罩用机螺丝;9—铸铝壳瓷质螺口灯座;10—搪瓷灯罩(注意灯罩上口应与灯座铝壳配合)

3．壁灯的安装

壁灯可以安装在墙上或柱子上,当安装在墙上时,一般在砌墙时应预埋木砖,禁止用木楔代替木砖;当安装在柱子上时,一般应在柱子上预埋金属构件或用抱箍将金属构件固定在柱子上。还可以用塑料胀管法把壁灯固定在墙上。

4．荧光灯的安装

荧光灯的安装方式有吸顶、吊链和吊管几种。安装时应注意灯管和镇流器、启辉器、电容器要互相匹配,不能随便代用。特别是带有附加线圈的镇流器,接线不能接错,否则要损坏灯管。

荧光灯常见故障分析见表 10-12。

故障现象	产　生　原　因	检　修　方　法
日光灯管不能发光	(1) 灯座或启辉器底座接触不良 (2) 灯管漏气或灯丝断 (3) 镇流器线圈断路 (4) 电源电压过低 (5) 新装日光灯接线错误	(1) 转动灯管,使灯管四极和灯座四夹座接触,使启辉器两极与底座二铜片接触找出原因并修复 (2) 用万用表检查或观察荧光粉是否变色,确认灯管坏,可换新管 (3) 修理或调换镇流器 (4) 不必修理 (5) 检查线路
日光灯抖动或两头发光	(1) 接线错误或灯座灯脚松动 (2) 启辉器氖泡内动,静触片不能分开或电容器击穿 (3) 镇流器配用规格不合适或接头松动 (4) 灯管陈旧 (5) 电源电压过低或线路上电压降过大 (6) 气温过低	(1) 检查线路或检修灯座 (2) 更换启辉器 (3) 调换适当镇流器或加固接头 (4) 调换灯管 (5) 升高电压或加粗导线 (6) 用热毛巾对灯管加热
灯管两端发黑或生黑斑	(1) 灯管陈旧 (2) 如果新灯管,可能因启辉器损坏使灯丝发射物质加速挥发 (3) 灯管内水银凝结是细灯管常见现象 (4) 电源电压太高或镇流器配用不当	(1) 换灯管 (2) 换启辉器 (3) 灯管工作后即能蒸发或将灯管旋转 180° (4) 调整电压或换适当的镇流器
灯光闪烁或光在管内滚动	(1) 新灯管暂时现象 (2) 灯管质量不好 (3) 镇流器配用规格不符或接线松动 (4) 启辉器损坏或接触不好	(1) 开用几次或对调灯管两端 (2) 换一根灯管试一试 (3) 调换合适的镇流器或加固接线 (4) 换启辉器或加固起辉器
灯管光度减低或色彩转差	(1) 灯管陈旧 (2) 灯管上积垢太多 (3) 电源电压太低或线路压降过大 (4) 气温过低或冷气直吹灯管	(1) 换灯管 (2) 消除污垢 (3) 调整电压或加粗导线 (4) 加防护罩或避开冷风
灯管寿命短或发光后立即熄灭	(1) 镇流器配用规格不当,或质量较差或镇流器内部线圈短路,致使灯管电压过高 (2) 受到剧震,将使灯丝振断 (3) 新装灯管因接线错误使灯管烧坏	(1) 调换或修理镇流器 (2) 调换安装位置或更换灯管 (3) 检修线路
镇流器有杂音或电磁声	(1) 镇流器质量较差或其铁芯的硅钢片未夹紧 (2) 镇流器过载或其内部短路 (3) 镇流器受热过度 (4) 电源电压过高引起镇流器发声 (5) 启辉器不好引起开启时辉光杂音 (6) 镇流器有微弱声,但影响不大	(1) 换镇流器 (2) 调换镇流器 (3) 检查受热原因 (4) 设法降压 (5) 调换启辉器 (6) 是正常现象,可用橡皮垫衬,以减少振动
镇流器过热或冒烟	(1) 电源电压过高或容量过低 (2) 镇流器内线圈短路 (3) 灯管闪烁时间长或使用时间太长	(1) 调低电压或换容量较大的镇流器 (2) 调换镇流器 (3) 检查闪烁原因或减少连续使用时间

5．高压水银荧光灯的安装

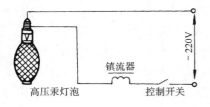

图 10-40　高压水银荧光灯接线原理图

高压水银荧光灯接线原理图如图 10-40 所示。

高压水银荧光灯的安装要注意分清带镇流器和不带镇流器。带镇流器的一定要使镇流器与灯泡相匹配，否则，会立即烧坏灯炮。安装方式一般为垂直安装。因为水平点燃时，光通量减少约 70%，而且容易自熄灭。镇流器宜安装在灯具附近、人体触及不到的地方，并应在镇流器上覆盖保护物。

高压水银荧光灯线路常见故障如下：

（1）不能启辉。一般由于电源电压过低或灯泡内部损坏等原因引起。

（2）只亮灯芯。一般由于灯泡玻璃破碎或漏气等原因引起。

（3）开而不亮。一般由于停电、熔丝烧断、连接导线脱落或镇流器、灯泡烧毁所致。

（4）亮后突然熄灭。一般由于电源电压下降，或线路断线、灯泡损坏等原因所致。

（5）忽亮忽灭。一般由于电源电压波动在启辉电压的临界值上，灯座接触不良，接线松动等原因所致。

6．碘钨灯的安装

碘钨灯的安装，必须保持水平位置，一般倾斜角不得大于 4°，否则将会影响灯管寿命。因为倾斜时，灯管底部将积聚较多的卤素和碘化钨，使引线腐蚀损坏，而灯的上部由于缺少卤素，不能维持正常的碘化钨循环，使玻璃壳很快发黑、灯丝烧断。

碘钨灯安装要求如图 10-41 所示。

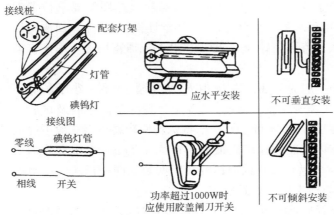

图 10-41　碘钨灯的安装要求

碘钨灯正常工作时，管壁温度约为 600℃ 左右，所以安装时不能与易燃物接近，且一定要加灯罩。在使用时，应用酒精擦去灯管外壁油污，否则会在高温下形成污点而降低亮度。另外，碘钨灯的耐振性能差，不能用在振动较大的场所，更不宜作为移动光源使用。碘钨灯功率在 1000W 以上时，应使用胶盖瓷底刀开关。

四、开关、插座及吊扇的安装

（一）开关和插座明装

其方法是先将木台固定在墙上，固定木台用的螺丝长度约为木台厚度的 2～2.5 倍，然后再在木台上安装开关和插座,如图 10-42 所示。

当木台固定好后,即可用木螺丝将开关或插座固定在木台上,且应装在木台的中心。相邻开关及插座应尽可能采用同一种形式配置,特别是开关柄,其接通和断开电源的位置应一致。但不同电源或电压的插座应有明显区别。扳把开关一般装成开关往上扳是电路接通,往下扳是电路切断。插座接线孔的排列顺序:单相两、三孔插座为面对插座的右孔接相线,左孔接零线。单相三孔、三相四孔的接地或接零均应在上方,如图 10-43 所示。

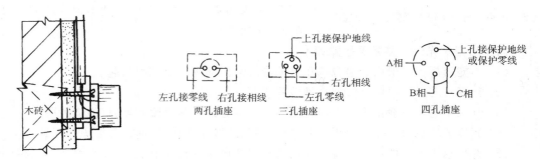

图 10-42 明装开关
或插座的安装

图 10-43 插座排列顺序图

在砖墙或混凝土结构上,不许用打入木楔的方法来固定安装开关和插座的木台,应用埋设弹簧螺丝或其他紧固件的方法。所用木台的厚度一般不应小于 10mm。

（二）开关和插座暗装

暗装方法如图 10-44 所示。先将开关或插座盒按图纸要求位置埋在墙内。埋设时,可用水泥砂浆填充,但应注意埋设平正,盒口面应与墙的粉刷层平面一致。待穿完导线后,即可将开关或插座用螺丝固定在墙面上。

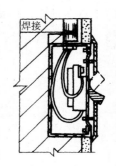

插座安装高度一般为 1.3m,在托儿所、幼儿园、住宅及小学校等不应低于 1.8m。同一场所安装的插座,高度应尽量一致。车间及试验室的明、暗插座一般距地高度不低于 0.3m,特殊场所暗装插座一般不应低于 0.15m。同一室内安装的插座高低差不应大于 5mm,成排安装的插座不应大于 2mm。交直流或不同电压的插座安装在同一场所时应有明显区别,且其插头与插座均不能互相插入。

图 10-44 单极扳
把开关暗装

开关的安装位置应便于操作,其安装高度:拉线开关一般距地为 2～3m,距门框为 0.15～0.2m,且拉线的出口应向下。其他各种开关一般为距地 1.4m,距门框为 0.15～0.2m。成排安装的开关高度应一致,高低差不应大于 2mm,拉线开关相邻间距一般不小于 20mm。

（三）吊扇的安装

吊扇的安装需在土建施工中,依据图纸预埋吊钩。吊扇吊钩的选择和安装尤为重要。造成吊扇坠落的原因,大多数是吊钩选择不当或安装不牢造成的。

1．对吊钩的要求

（1）吊钩挂上吊扇后一定要使吊扇的重心和吊钩垂直部分在同一垂线上,如图 10-45

所示。

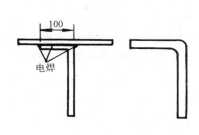

图 10-45　吊钩弯制尺寸和安装要求示意图　　　　　图 10-46　吊钩的方式

（2）吊钩伸出建筑物的长度应以盖上风扇吊杆护罩后能将整个吊钩全部罩住为宜。

（3）现场弯制的吊钩，其直径不应小于吊扇悬挂销钉的直径，且不得小于 10mm。

2．吊钩的安装

在不同建筑结构中，吊钩的安装方法也不同。下面简要介绍一下施工方法：

（1）在木结构梁上，吊钩要对准梁的中心。

（2）在现浇混凝土中，吊钩采用预埋 T 字形或 L 形圆钢的方法，见图 10-46，吊钩应与主筋焊接。如无条件时，可将吊钩末端部分弯曲后绑扎在主筋上，待模板拆除后，用气焊把圆钢露出的部分加热弯成吊钩。

（3）在多孔预制板中，应在铺好预制板楼面，没做水泥地面之前，先在所需安装的位置凿一个对穿的孔，安好钢管、吊钩和接线盒之后，再浇制水泥地面。当达到强度后，再把圆钢弯成吊钩形状，如图 10-47 所示。

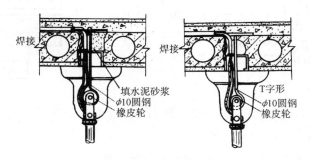

图 10-47　在预制板上安装吊扇示意图

吊扇高度不应低于 2.5m（扇叶距地面高度）。

吊扇组装时，严禁改变扇叶角度，且扇叶的固定螺钉应有防松装置。吊杆与电机之间，螺纹连接的啮口长度不得小于 20mm，并必须有防松装置。

第七节　弱　电　系　统

建筑弱电是建筑电气的重要组成部分。由于弱电系统的引入，使建筑物的服务功能大大扩展,增加了建筑物与外界的信息交换能力。

所谓弱电,是针对建筑物的动力、照明用强电而言的。一般把像动力、照明这样输送能量的电力称为强电;而把以传播信号、进行信息交换的电能称为弱电。

目前,建筑弱电系统主要包括:火灾报警与自动灭火系统、电话通信系统、广播音响系统、闭路电视系统、共用天线电视系统、其他弱电系统等。

一、火灾报警与自动灭火系统

火灾报警与自动灭火系统,是由报警器、敏感元件和灭火控制柜组成。由各种敏感元件(即探测器)对温度、烟雾浓度、红外线,可燃性气体等作自动巡回检测,将巡检情况反映在报警控制器的显示屏上,并在报警控制器上不断对巡检情况进行判断,一旦确认发生火灾便发出报警信号,联动或手动操作自动灭火控制柜,进行自动灭火。图 10-48 为大型火灾报警与自动灭火系统组成框图。现在的火灾报警产品中,一般都把控制器和集中声光装置成套设计和组装在一起,称之为报警控制器。为了更有效地扑灭火灾,在大型火灾报警与自动灭火系统中增加了火警电话系统、紧急广播系统、CRT 彩色显示系统等,以实现消防中心对火灾报警、人员疏散、着火区域关闭和对灭火进行统一调度指挥。

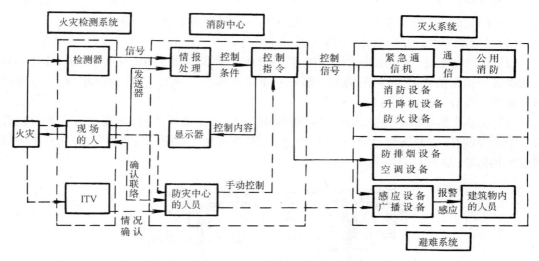

图 10-48 火灾报警与自动灭火系统示例

二、电话通信系统

电话通信系统是建筑弱电系统中应用最普遍的系统。

电话通信系统一般包括中继线、交换机、配线架、电缆、交接箱、分线箱、电话机和电传机等。由于应用普遍,所以线路纵横交错,线路敷设面广,可靠性要求高,线路质量、设备质量直接影响通话质量。

三、广播音响系统

广播音响系统是一种宣传和通信工具,由于它的设备简单,维护使用方便,听众多,影响大,所以在工业企业和民用建筑中被普遍采用。

广播音响系统的组成有以下三种形式:

1. 单一广播站系统

244

该系统是在某一建筑内部建立单一的有线广播站,广播节目都由这个广播站组织播送。音频电流在广播站内经扩音机放大后,再经导线及变压器等设备输送至用户扬声器。

2．中央站、分站广播系统

中央有线广播站和分广播站除了各自有的前面谈到的单一广播站所具有的性能,可以自行组织广播节目,除有自己的播音区域外,中央站和分站间还有中继线联系。在必要时,以中央站有线广播为中心,组织全企业性的联播。在联播时,广播节目由中央有线广播站发出,经中继线送至各分站,分站放大后送至分站所属用户扬声器。中央站和分站广播系统的形式如图10-49所示。

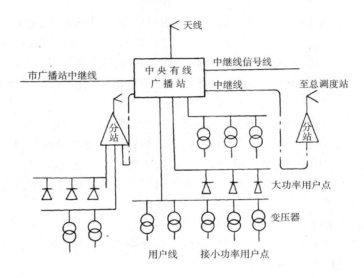

图 10-49　中央站和分站广播系统示意图

3．局部音响系统

在影剧院、大会堂、音乐厅等,为了获得较高的音质而专门设计的独立广播系统。这种广播系统结构紧凑,功率大,采用暗配电线,扬声器为组合型,由高、中、低频扬声器组成声柱,可以形成立体声和环绕立体声效果。

四、闭路电视系统

闭路电视系统主要应用于不属于开路发射系统的各种监视、示范、教学、交通、国防和科研等各领域。主要有工业电视系统、保安闭路电视系统和教学闭路电视系统。

闭路电视系统一般由摄像机、监视器、控制器、云台和传输、控制电缆等组成。

摄像机安装在监视场所,它通过摄像管把光信号图像变为电信号,又由电缆传输给安装在监控室的监视器上还原成图像,为了调整摄像机的监视范围,将摄像机安装在云台上,监视室的控制器,可以通过遥控云台,带动摄像机作水平和垂直旋转。摄像机分为定焦和变焦两种,定焦即镜头的焦距为固定的,不能把摄像画面推远和拉近,而变焦摄像机则可通过控制器遥控摄像机变焦,对摄像画面进行推远或拉近,观察画面可大可小,可粗可细。摄像机输出的视频和音频信号,也可以通过录像机进行记录。闭路电视系统组成示意图见10-50。

五、共用天线电视系统

共用天线电视系统简称 CATV 系统,它是在一座建筑物或一个建筑群中,选用一个最

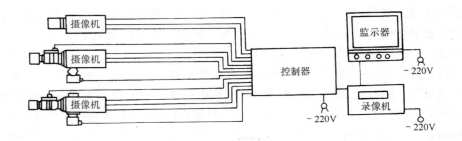

图 10-50　闭路电视系统组成

佳的天线安装位置,根据当地所接收到的电视信号频道的具体情况,选用一组共用的天线,然后将接收到的电视信号进行混合放大,并通过传输和分配网络送至各个用户电视接收机。这种办法既省事又美观,还使用户都有比较良好和均等的接收效果,而且,由于 CATV 系统是一种有线分配网络,配备一定设备,就可以同时传送调频广播,可以转播卫星电视节目,可配上电视摄像机、电影放映机就可以自办节目。

　　CATV 系统由信号源设备、前端设备和传输分配网络构成。信号源设备包括各种天线、卫星地面接收站、录像机、摄像机、话筒、视频切换装置等。前端设备是接在信号源与传输分配系统之间的设备,用以处理要传输分配的信号,前端设备一般包括天线放大器、频率变换器、频道放大器、混合器、调制器、分波器和导频信号发生器。传输分配系统主要由于线传输和用户分配系统构成。

六、其他弱电系统

　　其他弱电系统主要包括:防盗报警系统、病房呼叫信号系统、室内电子控制系统、高层建筑电子传呼对讲系统和门铃等。

思 考 题 与 习 题

　　10-1　某单相变压器的 $V_1 = 3000V$,变压比 $K_u = 15$,求副方电压 V_2,当副方电流 $I_2 = 60A$ 时,求原方电流 I_1。

　　10-2　有一台行灯变压器(降压变压器),铭牌上标明,380/36V、300VA。试问:36V、60W 的白炽灯泡能接入几盏? 220V、60W 的灯泡能使用吗?

　　10-3　如果把一台 220/110V 的变压器的高压绕组接到 220V 的直流上能否变压?

　　10-4　高压隔离开关有哪些功能? 它为什么不能带负荷操作?

　　10-5　高压负荷开关有哪些功能? 在什么情况下自动跳闸? 采取什么措施保护短路?

　　10-6　自动空气断路器有哪些功能?

　　10-7　电动机主回路中已装有熔断器,为什么还要装热继电器?

　　10-8　某三相异步电动机的 $M_Q/M_e = 1.3$,若电源电压是额定电压的 70%,电动机轴上的反抗转矩是 $M_e/2$,问此时的电动机能否启动起来? 为什么?

　　10-9　某三相异步电动机的 $P_e = 10kW$,$U_e = 380V$,$\eta = 87.5\%$,$\cos\varphi = 0.88$,$n_e = 2920rpm$,$\lambda = 2.2$,$C_Q = 1.4$,求电动机的 I_e、M_e、M_Q 和 M_m。

　　10-10　应从哪些方面去选择电动机?

第十一章 电气设备安装

第一节 变压器安装

变压器安装工作内容,根据变压器容量大小的不同有所区别。一般容量在 1600kVA 以下的变压器多为整体安装,容量在 3150kVA 以上的变压器通常是解体运到现场,油箱和附件则分别安装。变压器安装流程如图 11-1 所示。本节主要介绍变压器整体安装。

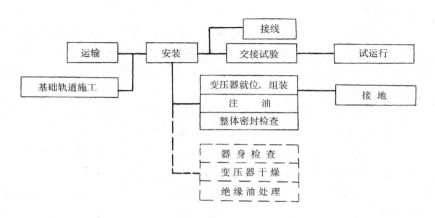

图 11-1 变压器安装流程图

一、变压器的搬运

变压器的搬运是一个非常重要的问题。特别是大型变压器(容量在 8000kVA 以上)的运输和装卸,均须对运输路径及两端装卸条件作充分调查,并编写相应的施工技术措施,在施工现场对小型变压器的搬运,一般均采用起重运输机械,其注意事项如下:

(1)小型变压器一般均采用吊车装卸。在起吊时应使用油箱壁上的吊耳,严禁使用油箱顶盖上的吊环。吊钩应对准变压器中心,吊索与铅垂线的夹角不得大于 30°,若不能满足时,应采用专用横梁挂吊。

(2)当变压器起吊约 30mm 时,应停车检查各部分是否有问题,确认无异常可继续起吊。

(3)变压器装到拖车上时,其底部应垫以方木,且应用绳索将变压器固定,防止发生滑动或倾倒。

(4)在运输中车速不可太快,运输倾斜角不应超过 15°。

(5)变压器短距离搬运可利用底座滚轮在搬运轨道上牵引,前进速度不应超过 0.2km/h。牵引的着力点应在变压器重心以下,所需水平牵引力,可按运输重量每吨 450N 估算。

二、变压器安装前的检查与保管

（1）变压器应有产品出厂合格证，技术文件应齐全；型号、规格应和设计相符；备件附件应齐全完好。

（2）变压器外表不应有机械损伤。

（3）油箱密封应良好。带油运输的变压器，油枕油位应正常，无渗漏油现象。

（4）变压器轮距应与设计轮距相符。

三、变压器身的检查

变压器到达现场后应进行器身检查。其方法可为吊芯、吊罩或不吊罩直接进入油箱内进行。凡变压器满足下列条件之一时，才可不进行器身检查。条件是：

（1）制造厂规定可不作器身检查者；

（2）容量为 1000kVA 及以下，运输中无异常情况；

（3）就地产品作短距离运输，器身总装质量符合要求，运输中无异常。

四、变压器安装

变压器经过器身检、干燥及变压器油处理一系列检查之后，无异常现象，即可就位安装。

室内变压器基础台面均高于室外地坪，要想将变压器水平推入就位，必须在室外搭一与室内变压器基础台同样高的平台（通常使用枕木），然后将变压器吊到平台上，再推入室内。变压器就位安装应注意以下问题：

（1）变压器推入室内时，要注意高、低压侧方向应与变压器室内的高低压电气设备的装设位置一致，否则变压器推入室内之后再调转方向就困难了。

（2）变压器基础导轨应水平，轨距应与变压器轮距相吻合。抬高变压器可使用千斤顶。

（3）变压器就位符合要求后，应用止轮器将变压器固定。

（4）装接高、低压母线。母线与变压器套管连接时，应用两把扳手。应注意不能使套管端部受到额外的力。

（5）在变压器的接地螺栓上，接上电线。如果变压器的接线组别是 Y/Y，则还应将接地线与变压器低压侧的零线端子相连。变压器基础轨道亦应和接地干线连接。接地线的材料可用铜绞线（16 或 25mm^2）或扁钢（−25×4），其接触处应搪锡，以免锈蚀，并应连接牢固。

（6）当需要在变压器顶部工作时，必须用梯子上下，不得攀拉变压器的附近。变压器顶盖应用油布盖好，严防工具材料跌落，损坏变压器附件。

（7）变压器油箱外表面如有油漆剥落。应进行喷漆或补刷。

五、变压器投入运行前的检查及试运行

在变压器试运行前，安装工作应全部完成，并应进行必要的检查和试验。检查项目应符合《电气装置安装工程施工及验收规范》（GBJ 232—82）第二篇之规定，变压器第一次投入，有条件时应从零起升压，但在安装现场往往缺少这一条件，常用方法为全电压冲击合闸。一般变压器应进行 5 次全电压冲击合闸，冲击合闸正常，带负荷运行 24h，无任何异常情况，则可认为试运行合格。

新装电力变压器试验的目的是验证变压器性能是否符合有关标准和技术条件的规定，制造上是否存在影响运行的各种缺陷，在交接运输过程中是否遭受损伤或性能发生变化。

试验项目如下（对 1250kVA 以下变压器）：

（1）测量线圈连同套管一起的直流电阻；

（2）检查所有分接头的变压比；

（3）检查三相变压器的结线组别和单相变压器引出线的极性；

（4）测量线圈连同套管一起的绝缘电阻和吸收比；

（5）线圈连同套管一起的交流耐压试验；

（6）测量穿芯螺栓（可接触到的）、轭铁夹件、绑扎钢带对铁轭、铁芯、油箱及线圈压环的绝缘电阻（不作器身检查的设备不进行）；

（7）油箱中的绝缘油试验；

（8）相位检查。

干式变压器试验则无绝缘油试验一项。

第二节　室内少油断路器安装和调整

高压断路器是电力系统中最重要的控制保护设备。它可以根据电网运行需要，将一部分电力设备或线路投入或退出运行，也可以在电力设备或线路发生故障时，通过继电保护装置作用于断路器，将故障部分从电网中迅速切除，保证电网的无故障部分正常运行。

一、SN10-10 型少油断路器的安装

SN10-10 型少油断路器的安装可按图 11-2 所示程序进行。但一般情况下少油断路器多装置在高压开关柜内，因此更多的是进行少油断路器的调整。

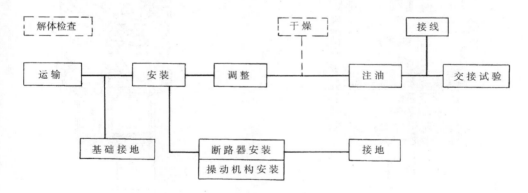

图 11-2　油断路器安装施工程序

（1）准备钢支架或者在墙上开孔埋设螺栓。中心线误差不应大于 2mm。

（2）拆去包装，整组吊起少油断路器，用螺栓固定在支架上或墙上，找平找正后拧紧螺栓。因少油断路器在制造厂已经过严格装配、调整和试验，除特殊情况外，在现场一般不解体。

断路器垂直度的调整可以通过调节固定螺栓的距离或增减螺栓的垫圈来实现。相邻两相油箱中心线间距离为 250mm。

（3）安装操动机构并配装传动拉杆。应注意避免操动机构输出轴与断路器的传动连接产生额外应力和摩擦力，并应符合下列要求：

1）操动机构安装应垂直，固定应牢靠。底座或支架与基础间的垫铁不宜超过三片，且各片间应焊牢。

2）操动机构的零部件应齐全。传动部分应清洗干净并涂上润滑油。

3）分合闸线圈的铁芯动作应灵活,无卡阻现象。

（4）检查少油断路器各个部件是否完整,做好清扫、擦洗和润滑工作。

（5）有必要检查灭弧室时,按下面方法进行:卸下顶罩的盖子和定触头,依次抽出灭弧部件。检查清洗灭弧部件和触头后,重新装回。装回时要注意:隔弧片的组合顺序和方向要正确,横吹口要畅通。

二、SN10-10 型少油断路器的调整

其调整工作包括操作机构的调整、开关本体的调整和操作试验三项内容。

（一）操动机构的调整

SN10-10 型少油断路器可配装 CS2 型手动操动机构,以此为例简述其调整方法。CS2-113 型手动操动机构的结构见图 11-3,其动作原理可参考图 11-4。

调整时,先使开关处在准备合闸位置上,即图 11-4(b)所示位置,锁钩 5、脱扣杠杆 7 和扣板 6 应能可靠地扣住。可通过拧动支持螺钉(见图 11-3)进行调整。再使开关处于合闸位

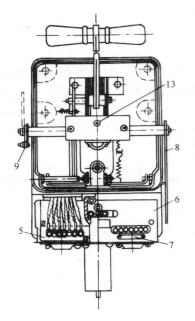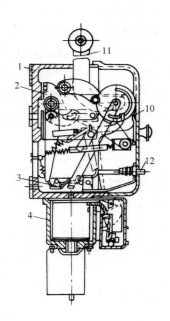

图 11-3　CS2-113 型操动机构结构图

1—机构盒;2—支架;3—脱扣杠杆;4—脱扣器盒;5—转换盘;

6—盖子;7—铭牌;8—位置指示器;9—拐臂;10—盖子;11—手柄;12—推杆;13—支持螺钉

置,把手柄从上向下转动约 10°,少油断路器应能够分闸,可通过拧紧图 10-5 中的弹簧 3 进行调整。

辅助开关接点应接触良好、动作灵活,动接点的回转角应为 90°。为此在分闸位置时,传动拐臂与拉杆之间的角度应不小于 30°,可以变动辅助开关拉杆长度和拐臂上的调节孔进行调整。

最后还应使故障信号开关的拐臂与水平线的角度在分闸时调到 $12°^{+2°}_{-0°}$。

（二）本体的调整

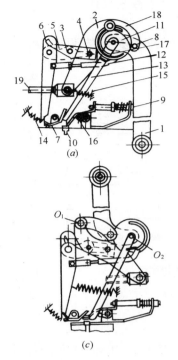
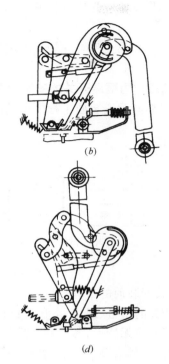

(a)　　　　　　　　　　　　　(b)

(c)　　　　　　　　　　　　　(d)

图 11-4　CS2 型手动操动机构动作原理

1—手柄；2—拐臂；3、4—轴；5—锁钩；6—扣板；7—脱扣杠杆；8—轴；9—推杆；10—顶杆；11—圆盘；12—拉杆；13—分闸板；14、15—弹簧；16—角板；17—摩擦螺钉；18—连杆；19—输出拉杆

（1）触头接触的调整。检查导电杆的运动是否灵活准确。

（2）合闸限位装置的调整。可通过保证死点机构的间隙和合闸限位止钉的间隙达到要求。一般为 1.5～2mm。

（3）分合闸同期性的调整。调整时可改变绝缘连杆的长短，但应注意不能影响动触头行程。

（4）调整灭弧室上端面距绝缘筒上端或距上出线座上端面的距离（分别为 63±0.5mm，135±0.5mm）。

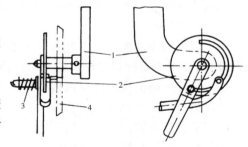

图 11-5　CS2 型手动操动机构分闸摩擦机构

1—手柄；2—圆盘；3—摩擦弹簧；4—支板

（5）调整动触头合闸终止位置。

（6）调整导电杆的全行程。

（7）分合闸速度的调整。主要是按产品说明调整缓冲器的压缩行程。

（8）动、静触头同心度的调整。

（三）操作试验

油断路器调整结束后要灌注绝缘油，然后才可正式进行操作试验。操作所必须的注油量不得少于 1kg。

进行操作试验应先进行慢速操作,无异常情况后再进行快速操作。

第三节　高压户内隔离开关和负荷开关的安装调整

一、高压户内隔离开关的安装和调整

高压隔离开关安装施工程序可用图 11-6 表示。

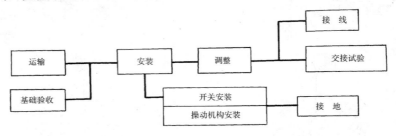

图 11-6　高压隔离开关安装程序图

1. 开关安装前的检查

(1) 开关的型号、规格、电压等级应符合设计。

(2) 闸刀应无变形,各零件无损坏。

(3) 动、静触头接触良好,触头部分无锈蚀,并用 0.05mm×10mm 塞尺进行检查。对于线接触应塞不进去;对于面接触,其塞入深度:在接触表面宽度为 50mm 及以下时,不应超过 4mm;在接触面宽度为 60mm 及以上时,不应超过 6mm。接触表面平整清洁,无氧化膜。

(4) 绝缘子表面应清洁,无裂纹和破损。

还要求对安装开关用的预埋件(螺栓或支架)进行检查,螺栓或支架埋设平正、牢固。

2. 开关安装

(1) 用人力或其他起吊工具将开关本体吊到安装位置,并使开关底座上的安装孔套入基础螺栓,找平正后拧紧螺母。注意防止框架变形。

(2) 安装操动机构。操动机构固定在事先埋设好的支架上,使其扇形板与装在开关转轴上的轴臂在同一平面上。其固定轴距地面高度一般为 1～1.2m。

(3) 配制延长轴,并应增设轴承支架。

(4) 配装操作拉杆。操作拉杆应在开关处于完全合闸位置,操动机构手柄到达合闸终点时装配。拉杆两端采用直叉型接头分别和开关的轴臂,操动机构扇形板的舌头连接。一般采用 DN20 的焊接钢管制作。拉杆应校直,但当它与带电部分的距离小于安全距离时允许弯曲,应弯成原拉杆平行的等差弯。

(5) 将开关底座及操动机构接地。

隔离开关的安装示意图见图 11-7。

3. 开关调整

(1) 将开关慢慢分闸。注意刀片的拉开净距应符合产品的技术规定。

(2) 将开关慢慢合闸,观察开关动触头有无侧向撞击现象,刀片插入深度不小于静触头长度的 90%,且应使刀片与静触头底闸保持 4～6mm 间隙。合闸过程中应测三相合闸同期性,其各相前后相差不得大于 3mm(10kVA 开关)。

（3）调整隔离开关的辅助触点。其动合触点在开关合闸行程的 80%～90% 时应闭合,动断触点在分闸行程的 75% 时应断开。

（4）开关操动机构的手柄位置应正确,合闸时,手柄向上;分闸时,手柄向下。操作完毕后,其弹性机械锁销应自动进入手柄的定位孔。

（5）开关调整完毕,应经 3～5 次试操作,完全合格后,将开关转轴上的轴臂位置固定,将所有螺栓拧紧,开口销分开。最后隔离开关与母线一起作交流耐压试验。

二、高压户内负荷开关的安装和调整

高压户内负荷开关的安装方法与隔离开关完全相同,在调整时除符合上述规定外,还应符合下列要求:

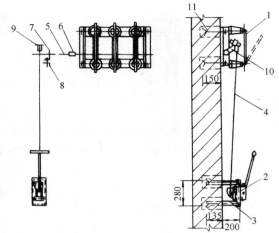

图 11-7　隔离开关在墙上安装示意图
1—开关;2—操动机构;3—支架;4—拉杆;
5—轴;6—轴连接套;7—轴承;8—轴承支架;
9—直叉型接头;10—轴臂;11—开尾螺栓

（1）合闸时,开关应准确闭合,无任何撞击现象。合闸时,手柄向下转约 150° 时,开关应自动分离,否则需检查分闸弹簧。

（2）负荷开关的主刀片和辅助刀片的动作顺序是:合闸时辅助刀片先闭合,主刀片后闭合;分闸时,则是主刀片先断开,辅助刀片后断开。合闸时,主刀片上的小塞子应正好插入灭弧装置的喷嘴内,不应剧烈地碰撞喷嘴。

（3）灭弧筒内产生气体的有机绝缘物应完整无裂纹,灭弧触头与灭弧筒的间隙应符合要求,分闸时,三相的辅助刀片应同时跳离灭弧触头。

第四节　高低压母线过墙做法

一、高压穿墙套管的安装

高压穿墙套管用于工频交流电压为 35kV 及以下电厂,变电站的配电装置或高压成套封闭式柜中,作为导电部分穿过接地隔板、墙壁及封闭式配电装置的绝缘、支持和与外部母线连接之用。

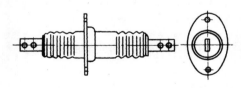

图 11-8　CL 系列穿墙套管外形

高压穿墙套管按安装地点可分为户内型和户外型两大类,均由瓷套、安装法兰及导电部分装配而成。其外形见图 11-8。型号表示如下:

变配电所中高压架空接户线均需采用穿墙套管。其安装方法一般有两种:一种是在施工时将螺栓直接预埋在墙上,并预留三个套管孔,将套管穿入孔洞直接固定在墙上。另一种方法是施工时在墙上预留一长方形孔洞,在孔洞内装设一角钢框架用以固定钢板,钢板上钻孔,将套管固定在钢板上,如图 11-9 所示。

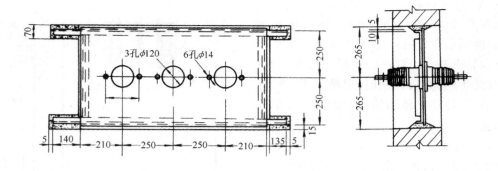

图 11-9 穿墙套管安装

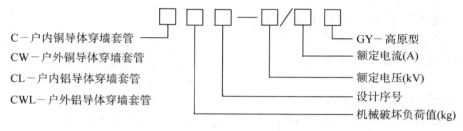

C－户内铜导体穿墙套管
CW－户外铜导体穿墙套管
CL－户内铝导体穿墙套管
CWL－户外铝导体穿墙套管

GY－高原型
额定电流(A)
额定电压(kV)
设计序号
机械破坏负荷值(kg)

A－375； B－750； C－1250； D－2000

安装时应注意下列几点：

（1）角钢框架要用混凝土埋牢，若安装在外墙上，其垂直面应略成斜坡，使套管安好后屋外一端稍低；若套管两端均在屋外，角钢支架仍需保持垂直，套管仍需水平。安装时法兰应在外，套管垂直安装时，法兰应在上。

（2）安装套管的孔径应比嵌入部分至少大5mm，当采用混凝土安装板时，其最大厚度不得超过50mm。

（3）电流在1500A及以上的套管直接固定在钢板上时，套管周围应不成闭合磁路。

（4）角钢框架必须良好接地。

（5）套管表面清洁无裂纹或破碎现象，应作交流耐压试验。

（6）套管的中心线应与支持绝缘子的中心线在同一直线上。

二、低压母线过墙板安装

低压母线过墙时要经过过墙隔板。过墙隔板一般是由耐火石棉板或塑料板做成，分上下两部分，下部石棉板开槽，母线由槽中通过。图11-10为低压母线过墙隔板外形尺寸。过墙板的安装方法如图11-11所示。

图 11-10 低压母线过墙板外形尺寸

254

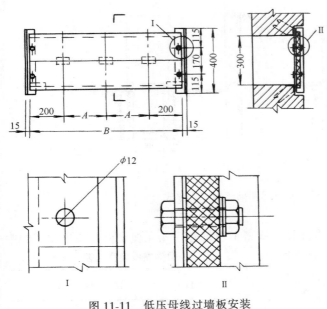

图 11-11　低压母线过墙板安装

过墙板采用石棉水泥板时,必须先烘干,然后放在变压器油或绝缘漆中浸透,取出后再烘干处理。过墙板安装应在母线敷设完以后,由上下两块合成。安好后缝隙不得大于 1mm,过墙板缺口与母线应保持 2mm 空隙。固定螺栓时须垫橡皮垫圈或石棉纸垫圈,每个螺栓应同时拧紧,以免受力不均而损坏过墙板。

低压母线过墙板的安装也可采用类似穿墙套管安装方法,即预留墙洞埋设角钢框架,将过墙板用螺栓固定在角钢框架上,当然角钢框架也应做接地处理。

第五节　成套配电柜安装

成套配电压有高压和低压两种。高压配电柜(俗称高压开关柜)主要用于工矿企业变配电站作为接受和分配电能之用。低压配电柜(习惯称低压配电屏)用于发电厂、变电站和企业、事业单位,频率为 50Hz、额定电压 380V 及以下的低压配电系统,作为动力、照明配电之用。有固定式和抽屉式两种,目前普遍采用的固定式低压配电屏主要是 $PGL - \frac{1}{2}$ 型,抽屉式低压配电屏有 BFC 系列和 BCL 系列。

成套配电柜的安装程序可参照图 11-12 执行。

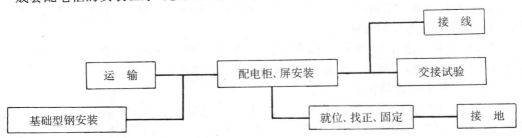

图 11-12　配电柜(屏)安装程序图

一、基础型钢的加工和埋设

配电柜(屏)的安装通常是以角钢或槽钢作基础。其放置方式如图 11-13 所示。

埋设之前应将型钢调直,除去铁锈,按图纸要求尺寸下料钻孔(不采用螺栓固定者不钻孔)。型钢的埋设方法,一般有下列两种。

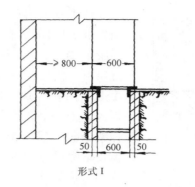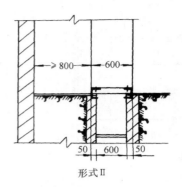

形式 I   形式 II

图 11-13　配电柜(屏)基础型钢放置方式

1. 直接埋设法

此种方法是在土建打混凝土时,直接将基础型钢埋设好。先在埋设位置找出型钢的中心线,再按图纸的标高尺寸测量其安装高度和位置,并做上记号。将型钢放在所测量的位置上,使其与记号对准,用水平尺调好水平,并应使两根型钢处在同一水平面上且平行。当水平尺不够长时,可用一平板尺放在两根型钢上面,再把水平尺放在平板尺上,水平低的型钢可用垫片垫高,以达到要求值。型钢埋设偏差不应大于表 11-1 中的规定。

型钢埋设允许偏差		表 11-1
项　　　目	允　许　偏　差(mm)	
不 直 度	每米	1
	全长	5
水 平 度	每米	1
	全长	5

水平调好后即可将型钢固定。固定的方法一般是将型钢焊在钢筋上,也可用铁丝绑在钢筋上。为了防止型钢下沉而影响水平,可在型钢下面支一些钢筋,使其稳固。

2. 预留沟槽埋设法

此种方法是在土建浇灌混凝土时,根据图纸要求在型钢埋设位置先预埋固定基础型钢的铁件(钢筋或钢板)或基础螺栓,同时预留出沟槽。沟槽宽度应比基础型钢宽 30mm;深度为基础型钢埋入深度减去二次抹灰层厚度,再加深 10mm 作为调整裕度。待混凝土凝固后(二次抹灰前),将基础型钢放入预留沟槽内,加垫铁调平后与预埋铁件焊接或用基础螺栓固定。型钢周围用混凝土填充并捣实。

基础型钢多采用 L 75 角钢或 10 号槽钢。埋设时应做好接地,一般均用扁钢将其与接地网焊接。型钢顶部应高出抹平地面 10mm(手车式柜除外)。

二、配电柜的搬运和检查

搬运配电柜(屏)应在较好的天气进行,以免柜内电器受潮。在搬运过程中防止配电柜倾倒,同时也不应发生撞击和剧烈振动,以免损坏设备。柜上精密仪表和继电器,必要时可拆下单独搬运。

吊装、运输配电柜应使用吊车和汽车。起吊时的吊绳角度应小于 45°。放到汽车上应直立,不得侧放或倒置,并应用绳子进行可靠固定。

配电柜搬运到现场后应进行开箱检查。开箱时要小心谨慎,不要损坏设备。开箱后用抹布把配电柜擦干净,检查其型号、规格是否与工程设计相符,制造厂的技术文件是否齐全,备用件是否齐全,有无损坏。整个柜体应无机械损伤,柜内所有电器应完好。

仪表、继电器可从柜上拆下送交试验室进行检查和调校,等配电柜安装固定后再装回。

三、配电柜安装

在浇注基础型钢的混凝土凝固时,即可将配电柜就位。应根据图纸及现场条件确定就位次序,一般情况是以不妨碍其他柜(屏)就位为原则,先内后外,先靠墙后入口处,依次将配电柜放在安装位置上。

配电柜就位后,应先调到大致的水平位置,然后再进行精调。当柜较少时,先精确地调整第一台柜,再以第一台为标准逐个调整其余柜,使其柜面一致、排列整齐、间隙均匀。当柜较多时,宜先安装中间一台,再调整安装两侧其余柜。调整时可在下面加垫铁(同一处不宜超过 3 块),直到满足规范要求,即可进行固定。

盘、柜安装的允许偏差 表 11-2

项　　次	项　　目		允许偏差(mm)
1	垂　直　度(每米)		1.5
2	水平度	相邻两盘顶部	2
		成列盘顶部	5
3	水平度	相邻两盘边	1
		成列盘面	5
4	盘间接缝		2

配电柜的固定多用螺栓固定或焊接固定。若采用焊接固定,每台柜的焊缝不应少于 4 处,每处焊缝长约 100mm 左右。为保持柜面美观,焊缝宜放在柜体的内侧。焊接时,应把垫于柜下的垫片也焊在基础型钢上。值得注意的是,主控制柜、继电保护柜、自动装置柜等不宜与基础型钢焊死。

装在振动场所的配电柜,应采取防震措施,一般是在柜下加装厚度约为 10mm 的弹性垫。

安装固定完毕之后,即可进行柜内设备的调试和二次回路接线及仪表的检验。整个安装调试工作应符合《电气装置安装工程施工及验收规范》(GBJ 232—82)的要求。

第六节　配电箱安装

配电箱有照明用配电箱和动力配电箱之分,照明配电箱悬挂明装及嵌入暗装的施工方法同动力配电箱相同。本节主要介绍悬挂式明装配电箱、暗装配电箱及落地式动力配电箱的安装。

一、悬挂式明装配电箱的安装

悬挂式配电箱可安装在墙上或柱子上。直接安装在墙上时,应先埋设固定螺栓,固定螺栓的规格应根据配电箱的型号和重量选择。其长度应为埋设深度(一般为 120～150mm)加箱壁厚度以及螺帽和垫圈的厚度,再加上 3～5 扣的余量长度。悬挂式配电箱安装见图 11-14。

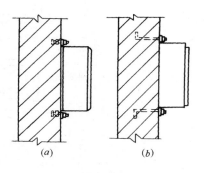

图 11-14　悬挂式配电箱安装
(a)墙上胀管螺栓安装;
(b)墙上螺栓安装

施工时，先量好配电箱安装孔的尺寸，在墙上划好孔位，然后打洞，埋设螺栓（或用金属膨胀螺栓）。待填充的混凝土牢固后，即可安装配电箱。安装配电箱时，要用水平尺放在箱顶上，测量箱体是否水平。如果不平，可调整配电箱的位置以达到要求。同时在箱体的侧面用磁力吊线锤，测量配电箱上下端面与吊线的距离是否相等，如果相等，说明配电箱装的垂直。否则应查找原因，并进行调整。

配电箱安装在支架上时，应先将支架加工好，然后将支架埋设固定在墙上，或用抱箍固定在柱子上，再用螺栓将配电箱安装在支架上，并调整其水平和垂直。图 11-15 为配电箱在支架上固定示意图。

在加工支架时，应注意下料和钻孔严禁使用气割；支架焊接应平整，不能歪斜，并应除锈露出金属光泽，刷樟丹漆一道，灰色油漆二道。配电箱的安装高度按施工图安装，配电箱上应注明用电回路名称。

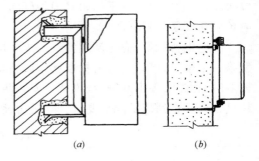

图 11-15　支架固定配电箱
（a）用预埋支架固定；
（b）用抱箍支架固定

二、暗装配电箱安装

配电箱暗装通常是配合土建在墙体上预留孔洞，待一切安装条件具备后（如地面、墙面），再进行安装。放入配电箱时应使其保持水平和垂直，应根据箱体的结构形式和墙面装饰厚度来确定突出墙体的尺寸。预埋的电线管均应配入箱内，并且管口整齐、光滑无毛刺，加装护口。进入内导线须经过端子排连接，箱内配线须排列整齐，绑扎成束，并用长钉固定在板上，导线均应套与导线绝缘皮相同的塑料管，以加强绝缘强度和便于维护。

三、落地式动力配电箱的安装

落地式动力配电箱可直接安装在地面上，也可以安装在混凝土台上，两种形式实为一种，都要埋设地脚螺栓，以固定配电箱，如图 11-16。

埋设地脚螺栓时，要使地脚螺栓之间的距离和配电箱安装孔尺寸一致，且地脚螺栓不可倾斜，其长度要适当，使紧固后的螺栓高出螺帽 3～5 扣为宜。

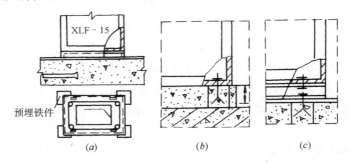

图 11-16　落地式配电箱的几种安装形式
（a）地坪预埋件上（有角钢底盘）；（b）混凝土基础上（无底盘）；
（c）混凝土地坪上（有槽钢底盘）

配电箱安装在混凝土台上时，混凝土台的尺寸应视贴墙或不贴墙两种安装方法而定。

不贴墙时,四周尺寸应超出配电箱 50mm 为宜。贴墙安装时,除贴墙的一边外,其余各边应超出配电箱 50mm,超的太窄,螺栓固定点强度不够;太宽了,浪费材料,也不美观。

待地脚螺栓或混凝土台干固后,即可将配电箱就位,进行水平和垂直的调整,水平误差不应大于 1/1000,垂直误差不应大于其高度的 1.5/1000,符合要求后,即可将螺帽拧紧固定。

装在振动场所时,应采取防振措施,可在盘与基础间加以厚度适当的橡皮垫(一般不少于 10mm),防止由于振动使电器件发生误动作,造成事故。

第七节　电动机的安装

电动机的安装质量直接影响它的安全运行,如果安装质量不好,不仅会缩短电动机的寿命,严重时还会损坏电动机和被拖动的机器,造成损失。

一、电动机的安装

(一)电动机的搬运和安装前的检查

搬运电动机时,应注意不应使电动机受到损伤,受潮或弄脏、中小型电动机从汽车或其他运输工具上卸下来时,可用起重机械。如果没有这些机械设备时,可在地面与汽车间搭斜板,将电机平推在斜板上,慢慢地滑下来。但必须用绳子将机身重心拖住,以防滑动太快或滑出木板。

重量在 100kg 以下的小型电动机,可以用铁棒穿过电动机上的吊环,由人力搬运。但不能用绳子套在电机上的皮带轮或转轴上,也不要穿过电机的端盖孔来抬电机。所有各种索具,必须结实可靠。

电动机就位之前应进行详细地检查和清扫。

(1)检查电动机的功率、型号、电压等是否与图纸规定相符。

(2)检查电动机的外壳有无损伤,风罩风叶是否完好,转子转动是否灵活,轴向窜动是否超过规定范围。

(3)拆开接线盒,用万用表测量三相绕组是否断路。

(4)使用兆欧表测量电动机的各相绕组之间以及各相绕组与机壳之间的绝缘电阻;如果电动机额定电压在 500V 以下,则使用 500V 兆欧表测量,其绝缘电阻值不得低于 0.5MΩ,如不能满足应对电动机进行干燥。

(5)对于绕线式电动机需检查电刷的提升装置,提升装置应标有"启动""运行"的标志,动作顺序是先短路集电环,然后提升电刷。

电动机经上述检查无异常情况则可不进行抽芯检查。

检查过后的电动机应将机身上的尘土打扫干净。

(二)电动机的安装和校正

1. 电动机的安装

电动机通常安装在机座上,基座固定在基础上;电动机的基础一般用混凝土或砖砌成。混凝土基础的养护期为 15d,砖砌基础要在安装前 7d 做好。基础面应平整,基础尺寸应符合设计要求。浇灌基础时,应先根据电机安装尺寸,将地脚螺栓和钢筋绑在一起。为保证位置的正确,上面可用一块定型板将地脚螺栓固定,待混凝土达到标准强度后,再拆去定型板。

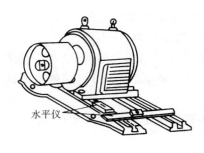

图 11-17　用水平仪校正电机水平

也可以根据安装在尺寸预留孔洞,待安装时,再用 1:1 的水泥砂浆浇灌地脚螺栓。地脚螺栓做成弯钩形,埋设不可倾斜,待电动机紧固后应高出螺帽 3～5 扣。整个基础要求不应有裂纹。

电动机就位时,重量在 100kg 以上的电动机,可用滑轮组或手拉葫芦将电动机吊装就位。较轻的电动机,可用人抬到基础上就位。电动机就位后,即可进行纵向和横向的水平找正。如果不平,可用 0.5～5mm 的垫铁垫在电动机机座下,找平找正直到符合要求为止。校正方法如图 11-17 所示。

2. 传动装置的校正

当电动机与被驱动的机械通过传动装置互相连接之前,必须对传动装置进行校正。常用传动装置有皮带、联轴器和齿轮三种。

(1)皮带传动的校正　电动机皮带轮的轴和被驱动机器的皮带轮的轴必须保持平行,同时还要使两个皮带轮宽度的中心线在同一直线上。

(2)联轴器的找正　当电动机与被驱动的机械采用联轴器连接时,必须使两轴的中心线保持在一条直线上。校正联轴器通常是用钢板尺进行。

(3)齿轮传动校正　齿轮传动必须使电动机的轴与被驱动机器的轴保持平行,大小齿轮啮合适当。

二、电动机的接线

电动机接线在电动机安装中是一项非常重要的工作。如果接线不正确,不仅电动机不能正常运行,还可能造成事故。接线前应查对电动机铬牌上的说明或电动机接线板上接线端子的数量与符号,然后根据接线图接线。当电动机没有铬牌,或端子标号不清楚时,应先用仪表或其他方法进行检查,然后再确定接线方法。

三、电动机的试车

一般电动机的第一次起动要在空载情况下进行,空载运行时间为 2h,一切正常后方可带负荷试运转。

为了使试运转一次成功,应注意以下事项:

(1)启动前应进行检查,符合条件后才可启动。检查项目如下:

1)安装现场清扫整理完毕,电动机本体安装检查结束。

2)电源电压与电机额定电压相符,且三相电压平衡。

3)检查绕组接线是否正确,启动电器与电动机连接正确,接线端子牢固,无松动、脱落现象。

4)电动机的保护、控制、测量、信号、励磁等回路调试完毕,动作正常。

5)绝缘电阻一般应不低于 0.5MΩ。

6)电动机的引出线端与导线连接应牢固正确,且要垫弹簧垫圈,螺帽应拧紧。

7)电动机及启动电器金属外壳接地线应明显可靠,接地螺栓不应有松动和脱落现象。

8)扳动电机转子应转动灵活,无碰卡现象。

9)检查传动装置。

10）检查电动机所带动的机器是否已做好起动准备,妥善后才能启动。

（2）电动机应按操作程序操作启动,并指定专人操作。

（3）电动机在运行中应无杂音,无过热现象;电动机振动幅值及轴承温升应在允许范围之内。

（4）试车完毕应整理好具体的交工资料。

四、电动机的干燥

电动机经过运输和保管,容易受潮,电动机的干燥方法很多,有外部加热法,铜损干燥法,短路电流法,铁损法等。电机在干燥期间,应特别注意安全。值班人员必须随时 监视温度及绝缘情况的变化,以免损坏绕组和发生火灾。

思 考 题

11-1 一般中小型变压器的安装工作主要包括哪些内容?

11-2 为什么对变压器进行试验? 试验项目有哪些?

11-3 SN10-10 型少油断路器调整的主要内容是什么?

11-4 成套配电柜(屏)的安装要求是什么?

11-5 试述高压隔离开关和高压负荷开关的安装及调整。

11-6 动力配电箱安装有几种方式? 落地式动力配电箱安装的技术要求是什么?

11-7 配电箱安装前应作哪些检查?

11-8 电动机安装前应注意什么? 常用的干燥方法有几种?

第十二章　用电设备及馈电线路保护

供配电线路及用电设备在使用时常常因电源电压及电流的变化而造成不良的后果。为了保证供配电线路及电气设备的安全运行,在供配电线路及电气设备上装设不同类型的保护装置。

本章主要介绍照明线路及电动机的保护。

第一节　保护的形式及作用

用电设备及线路保护常采用以下几种形式,其作用都是为了保证用电设备及线路正常运行。

一、过压保护

当电源电压超过额定值一定程度时,保护装置能在一定时间以后将电源切断,以免造成设备绝缘击穿和过流而损坏,这种保护称过压保护。

二、过流保护

当负载的实际电流超过额定电流一定程度时,保护装置能在一定时间以后将电源切断,以防止设备因长时间过流运行损坏,这种保护称过流保护或过载保护。

三、短路保护

当供电线路或用电设备发生短路时,短路电流往往非常大。保护装置应能在极短的时间(如不超过 1s)内将电源切断,时间稍长会造成严重事故。这种保护称短路保护。

四、欠压保护

有些电气设备(如电动机)不允许欠压运行(在电源电压低于额定电压的状态下运行),保护装置应能在欠压超过一定程度,并经过一定时间之后把电源切断,这种保护称为欠压保护。

五、失压保护

电源意外断电称失压。有些使用场合要求失压后恢复供电时电气设备不得自动投入运行,否则可能造成事故。满足这种要求的保护称失压保护。

六、缺相保护

有的三相用电设备不允许缺相运行(在电源一相断开的情况下运行),电动机缺相运行时,一方面造成自身过载,另一方面破坏了电网的平衡。这时要求保护装置能迅速切断电源。满足上述要求的保护称缺相保护。

第二节　线路保护的选择及设置原则

一、控制和保护设备的选择原则

照明线路的控制和保护设备是按照一定的技术条件制造的。设计时应根据周围环境特征,电压级别、电流大小、保护要求(过负荷、短路和失压保护)等条件进行选择。

1. 根据周围环境特征选择

普通的低压电器都是按正常工作环境条件来设计和制造的。所谓正常工作环境条件是指:海拔高度不超过2500m;周围空气温度在+40～−40℃范围内;相对湿度<90%;无显著摇动和振动的地方;无爆炸危险、无腐蚀金属和破坏绝缘的气体和尘埃;没有雨雪侵袭的环境。

附录2是按环境特征选择设备型式的一览表。

2. 根据电压、电流选择

在选择时必须按实际所需的电流和电压来选择适当型号和规格的设备。

3. 根据保护要求选择

对照明线路的保护,通常要求有过负荷、短路及漏电保护等三种。在具体选择设备之前,首先要了解控制、保护设备的设置原则。对于照明线路的一般要求有:

(1) 进户线一般要装设刀开关或隔离开关。当要求自动切换电源时,应装设自动开关或交流接触器。

(2) 所有的配电线路应装设短路保护装置,短路保护一般采用熔断器或自动开关。

(3) 办公场所、居住场所、重要的仓库及公共建筑中的照明线路应有过负荷保护。

(4) 旅馆、饭店、公寓等建筑物内的客房,每套房间宜设一保护装置。

(5) 保护线路的熔断器应装在各相的相线上,中性线和保护线不允许装设熔断器。但在用电环境正常、用电设备无接零要求的单相线路上,若开关能同时分断相线和中性线时,中性线亦可装设熔断器。

(6) 在配电线路变截面处、分支处或要求有选择性保护的位置,应装设保护电器。

(7) 潮湿、易触电、易燃场所及移动式用电设备供电的回路,其电源开关宜采用有漏电保护的装置。

在按设置原则配备控制、保护设备的同时,还要尽可能考虑使用和维护的方便。

二、常用保护电器

照明线路的保护设备主要有熔断器、自动开关和漏电保护开关等。其中前两种在第十章已经介绍过了,这里主要介绍漏电保护开关。随着家用电器日益增多,熔断器已不能满足安全用电的要求。例如,当设备只是绝缘不良引起漏电时,由于泄漏电流很小,不能使传统的保护装置(熔断器、自动开关等)动作。漏电设备外露的可导电部分长期带电,这增加了人身触电的危险。漏电保护开关是针对这种情况在近年来发展起来的新型保护电器。

漏电保护开关的特点是在检测与判断到触电或漏电故障时,能自动切断故障电路。图12-1所示为目前通用的电流动作型漏电保护开关的工作原理图。它由零序互感器TAN、放大器A和主回路断路器QF(内含脱扣器YR)等三个主要部件组成。其工作原理是:设备正常运行时,主电路电流的相量和为零,零序互感器的铁芯无磁通,其二次侧没有电压输出。若设备发生漏电或单相接地故障时,由于主电路电流的相量和不再为零,零序互感器的铁芯有零序磁通,其二次侧有电压输出,经放大器A判断、放大后,输入脱扣器YR,令断路器QF跳闸,从而切除故障电路,避免人员发生触电事故。

按保护功能分,漏电保护开关有两种。一种是带过流保护的,它除具备漏电保护功能外,还兼有过载和短路保护功能。使用这种开关,电路上一般不需再配用熔断器,另一种是

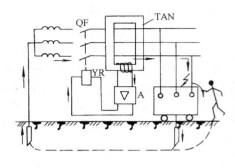

图 12-1　电流动作型漏电保护
开关工作原理

TAN—零序互感器；A—放大器；
YR—脱扣器；QF—低压断路器

不带过流保护的,它在使用时还需配用相应的过流保护装置(如熔断器)。

漏电保护断路器也是一种漏电保护装置,它由零序互感器、放大器和控制触点组成。它只具有检测与判断漏电的能力,本身不具备直接开闭主电路的功能。通常与带有分励脱扣器的自动开关配合使用,当断电器动作时输出信号至自动开关,由自动开关分断主电路。

表 12-1 是我国生产的电流动作型漏电保护装置的技术数据,其中 DZL18-20 型漏电保护开关采用了国际电工委员会(IEC)标准,它适用于额定电压为 220V、电源中性点接地的单相回路。由于采用了微电子技术,DZL18-20 型漏电开关具有结构简单、体积小、动作灵敏、性能稳定可靠等优点,很适合一般民用住宅使用。

国产漏电保护装置技术数据　　　　　　　　　　　表 12-1

型　号	名　称	极　数	额定电压(V)	额定电流(A)	额定漏电动作电流(mA)	漏电动作时间(s)	保护功能
DZ5-20L	漏电开关	3	380	3、4、5 10、15、20	30、50、75、100	<0.1	过载、短路 漏电保护
DZ15L-20	漏电开关	3	380	6、10、15 20、30、40	30、50、75、100	<0.1	过载、短路 漏电保护
		4					
DZL-16	漏电开关	2	220	6、10、15、 25、40	15	<0.1	漏电保护
		3	380		36	<0.1	
		4					
DZL18-20	漏电开关	2	220	20	10、30	<0.1	过载、短路、 漏电保护
DZL-20	漏电开关	2	220	20	6、15	<0.1	漏电保护
JD-100	漏电继电器	贯穿孔	380	100	100、200、300、500	<0.1	漏电保护专用
JD-200	漏电继电器	贯穿孔	380	200	200、300、400、500	<0.1	漏电保护专用

三、熔断器和自动开关的选择

1. 熔断器熔体的选择

当照明支路采用熔断器保护时,其熔体的额定电流为

$$I_N \geqslant K_m I_{cal}$$

式中　I_N——熔体的额定电流,A;

I_{cal}——支路的计算电流,A;

K_m——熔体计算系数,见表 12-2,取决于光源的启动情况和熔断器特性。

照明线路熔体选择的计算系数 K_m　　　　　　　　　　　表 12-2

熔断器型号	熔体材料	熔体额定电流(A)	K_m		
			白炽灯、荧光灯卤钨灯、卤化物灯	高压汞灯	高压钠灯
RC1A	铅、铜	≤60	1	1～1.5	1.1
RL1	铜、银	≤60	1	1.3～1.7	1.5

2. 自动开关选择

当照明支路采用自动开关保护时,其长延时和过电流脱扣器的整定电流分别为

$$I_{OP_1} \geqslant K_{K_1} I_{cal}$$

$$I_{OP_3} \geqslant K_{K_3} I_{cal}$$

式中　I_{OP_1}——长延时脱扣器整定电流,A;

　　　I_{OP_3}——瞬时脱扣器整定电流,A

　　　K_{K_1}——长延时脱扣计算系数,见表 12-3;

　　　K_{K_3}——瞬时脱扣计算系数,见表 12-3;

　　　I_{cal}——照明支路的计算电流,A。

照明用自动开关长延时脱扣和瞬时脱扣计算系数　　　　　表 12-3

自动开关	计算系数	白炽灯　荧光灯卤钨灯	高压汞灯	高压钠灯
带热脱扣器	K_{K_1}	1	1.1	1
带瞬时脱扣器	K_{K_3}	6	6	6

此外,自动开关的动作特性还应符合表 13-4 的规定。

照明用自动开关的动作特性　　　　　　　　　　　　　　表 12-4

$\dfrac{I}{I_{OP_1}}\left(\dfrac{\text{线路电流}}{\text{脱扣器整定电流}}\right)$	动作时间	$\dfrac{I}{I_{OP_1}}\left(\dfrac{\text{线路电流}}{\text{脱扣器整定电流}}\right)$	动作时间
1.0	不动作	2.0	<4min
1.3	<1h	6.0	瞬时动作

四、一般民用建筑照明的保护

一般民用建筑的照明支路多为单相回路。为了维护方便、缩小故障范围,每一单相回路的出线口不宜超过 20 个(最多不得超过 25 个);同时电流不宜超过 15A;长度不宜超过 25m,同一房间或同一区间的房间应作一回路供电。插座宜采用一独立支路供电。

一般对支路上连接的各个照明器不进行单独保护,而利用照明支路的保护装置兼作它们的短路保护,这也是规定照明支路电流不宜超过 15A 的原因之一。对同一支路中个别处于室外或其他非正常环境的照明器,若它发生短路的可能性较大时,应加专用的保护装置。荧光灯因使用电容器,易发生短路,需单独加熔断器保护。室外照明的每个照明器宜有单独保护。

许多小型家用电器(指0.5kW以下的感性负荷和2kW以下的电阻性负荷),一般由插座支路供电,若这些设备本身具有保护装置(如洗衣机、电冰箱等),则插座支路的保护作为它们的后备保护,若用电设备不具备保护装置(如电风扇);此时是靠支路的保护装置进行保护。由于插座支路往往同时接入有上述两种用电设备,故插座支路保护装置的额定电流一般为5~6A,最大不宜超过10A。当支路保护装置的额定电流较大时,可在各个插座处加装专用熔断器进行保护。

由于家用电器日益广泛,漏电和触电的概率也随之增大。为确保用电安全,在民用建筑的照明线路中应装设漏电保护开关。

第三节　电动机保护

交流电动机的保护电路多种多样,是电气控制电路的重要组成部分。用来保护电动机的有短路保护、过载保护、缺相保护、失压保护、欠压保护等。

一、短路保护

一般在主电路和控制电路中均应设置短路保护装置。当有多台电动机的分支电路时,还应设置各支路的短路保护装置,但对于容量较小的支路可以2~3条支路共用一组保护装置。

对于500V以下的低压电动机一般采用熔丝和自动开关进行短路保护。采用熔丝时,如果只有一相电路的熔丝熔断则会造成电动机缺相运行。采用自动开关实行无熔丝保护能避免这个缺点,但是费用稍高。

熔丝和自动开关额定电流的选择原则如下:

(1)对单台直接启动的电动机,取熔丝的额定电流大于或等于电动机额定电流的2~3.5倍。

(2)对于多台直接启动的电动机,取总熔丝额定电流大于或等于最大一台电动机额定电流的2~3倍再加上其余电动机额定电流的总和。

(3)对于降压启动的鼠笼式电动机,选熔丝的额定电流大于或等于电动机额定电流的1.5~2倍。

(4)对于绕线式电动机,选熔丝的额定电流大于或等于电动机额定电流的1.25倍。

(5)如用自动开关保护电动机,选自动开关的整定电流大于电动机的启动电流。

二、过载保护

电动机常采用热继电器、自动空气开关和过流继电器进行过载保护,采用热继电器的电路见图12-2。对于容量较大的电动机,如果没有合适的热继电器,可以采用电流互感器,将热继电器接在它的二次侧即可。热继电器的动作电流一般整定为电动机的额定电流。这时,如室温为35℃,过载125%,则热继电器在20min内动作;如过载600%~1000%(室温仍为35℃),则瞬时动作。热继电器

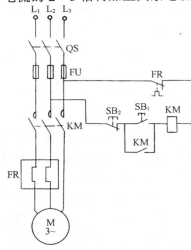

图12-2　热继电器保护电路

266

和自动空气开关的动作是比较慢的,在要求速断的场合(如起重机)应采用动作较快的过流继电器。

长期工作的电动机都应安装过流保护装置,短时工作的电动机可不安装。

需要注意的是,熔断器可以用作照明线路或其他没有冲击负荷设备的过载保护,但对于有冲击负荷的设备(如电动机,其启动电流很大),只能用作短路而不能用作过载保护。这是因为电动机的启动电流 I_q 比额定电流 I_e 大许多倍(对于鼠笼式电机 $I_q = (4 \sim 7)I_e$),为防止电动机启动时熔丝熔断,熔丝的额定电流要选得较大,这样当电动机过载时熔丝要很长时间才能熔断,达不到过载保护的目的。

三、缺相保护

缺相运行保护属于过载保护的范围,但现行的过载保护装置不能安全满足缺相保护的要求。据统计,因缺相运行烧坏的电动机占电机绕组修理量的 50%,所以这里单独研究一下缺相保护。

电动机的缺相运行分为启动前缺相和启动后缺相。缺相的原因有:接头脱离,插头插座接触不良,熔丝熔断,继电器、接触器的触头失灵,电源变压器缺相,绕组内部断线等。

如在启动前缺相,电动机会因没有启动转矩而不能启动,虽然两相启动电流为正常启动电流的 87%,但仍为额定电流的 5~6 倍,时间稍长就会烧毁通电的两组绕组。

如在启动后缺相,对于丫形接法的电动机。通电两绕组的电流为额定电流的 1.9 倍,中性点偏移,相电压升高,因此会烧毁绕组或破坏电机绝缘;对于△形接法的电动机,其中一相的电流是其他两相的 2 倍,为额定电流的 2.2 倍,也会烧毁电机。

常采用的缺相运行保护的措施有下面几种:

1. 采用热继电器进行缺相保护

具有两组发热元件的热继电器不但能满足过载保护的需要,也能满足丫形接法电动机的缺相保护需要。但对于△形接法的电动机可能不起缺相保护作用。这是因为△形接法的电动机缺相运行时只有一相电流增大,如果电流增大的那一相正好没有发热元件,则热继电器就不能起到缺相保护的作用。所以,对于△形接法的电机要采用有三组发热元件的热继电器进行缺相运行保护。

2. 采用欠电流继电器进行缺相保护

其电路见图 12-3,若一相中的电流大幅度减小或消失时,继电器就会动作,切断控制回路。该方法比较可靠,但价格较高。

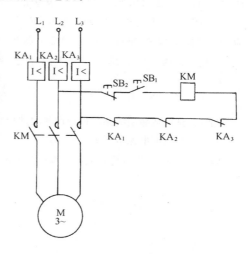

图 12-3 欠电流继电器进行缺相保护电路

3. 采用零序电压继电器进行缺相保护

参看图 12-4(a)。在中性点接地的三相平衡供电系统中,丫形接法的电动机中点对地电压(零序电压)在理论上为零。当一相断开时,中性点偏移,零序电压不再为零,而升高到 25~45V,结果零序电压继电器动作,将电源切断。该方法如用在三相不平衡系统中会有误动作,故农村供电系统,照明,动力共线系统不宜采用。对于△形接法的电机可以制造人为中性点,见图 12-4(b)。

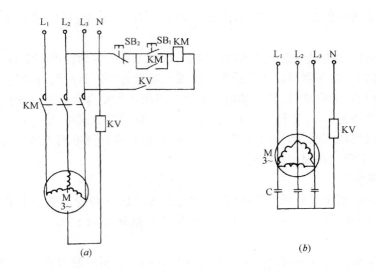

图 12-4   零序电压继电器进行缺相保护原理图

(*a*)Y形接法;(*b*)△形接法

4. 采用接触器进行失、欠压保护

见图 12-2。当电源突然中断(失压)时,接触器释放,自锁触头断开。当电源恢复时,电动机不能自行恢复运转,需要重新启动,这就是失压保护作用。在这种失压的情况下,如采用闸刀开关,电动机就会自行恢复运转,而可能引起事故。

当电源电压过低(欠压)时,接触器会因线圈的吸力不足而释放,从而可以避免因负载电流过大,使电动机损坏,这就是欠压保护作用。

目前市场上已有多功能的电机保护装置出售。

思 考 题

12-1   试简述照明线路的保护设备的选择原则。

12-2   简述漏电保护开关的作用。

12-3   图 12-2 所示的电路为什么有欠压和失压保护作用?

第十三章 输配电系统及电力负荷计算

第一节 输配电概述

发电厂生产的电能需要通过输配电系统将电能输送到用电地区,然后分配给用户。为了充分合理地利用能源,通常把大、中型发电厂建造在自然能源蕴藏丰富的地区,一般距用电地区都很远,往往达几百或上千公里。在远距离输电中,因线路很长,输电线上的电能损失是不可忽视的。因此,为了能经济地、有效地远距离输电,就必须提高输电电压,以减少电能的损失。但是,输电电压的升高是有一定限度的。决定输电电压高低的主要因素是输电容量与输电距离。目前,我国远距离(超过50km)输电电压一般采用110~220kV,小容量近距离的输电电压则采用6~35kV。

在发电厂中,通常采用的三相交流发电机产生的电压,一般是6、10或15kV。除供给发电厂附近区域用电外,都需要经过升压变压器将电压升高,根据输电距离的远近、输电容量的大小,升高后的电压可以为35、110、220kV(近年来我国少数电网已采用380kV和500kV,它标志着我国电工技术又向前跨进了一大步),再用高压输电线输送到用电地区,在用电地区设置降压变所,将电压降低到6~10kV,再分配到用户的配电变压器,由配电变压器再将电压降至380/220V,以供建筑物内外照明及动力之用。

图13-1是从发电厂到用户的输配电过程示意图。

由各种电压等级的电力线路将一些发电厂、变电所和用户联系起来的一个发电、输电、变电、配电和用户的整体,叫做供电系统(电力系统)。而供电系统中,由变电所和各种不同电压等级的电力线路的组合称为电力网。电力网是联系发电厂和用户的中间环节。

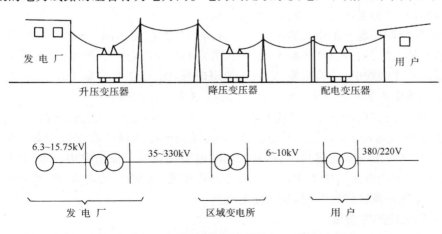

图13-1 从发电厂到用户的输配电过程示意图

为了合理使供配电系统达到技术上合理和经济上节约,既能满足供电可靠性和运行维修的安全、灵活、方便的要求,又能使供配电系统投资少,在确定供配电系统之前,要正确地划分电力负荷的等级。根据用电设备对供电可靠性的要求,将电力负荷分为三个等级。

一级负荷:供电中断将造成人身伤亡危险,或将造成重大政治影响,或重大设备损坏且难以修复,将给国民经济带来重大损失以及造成公共场所秩序严重混乱者。因此,对于一级负荷必须有两个独立电源供电,以保证不停电。有特殊要求的一级负荷,两个独立电源应来自不同的地点。独立电源是指若干电源中任一电源发生故障或停止供电时,不影响其他电源继续供电。

二级负荷:停止供电会造成产品的大量减产、大量原材料的报废,或将发生重大设备损坏事故,交通运输停顿,公共场所的正常秩序造成混乱者。对于这类负荷,是否设置备用电源,要经过经济技术比较,为了尽可能保证供电可靠、应由二回线路供电,当取得二回线路有困难时,允许由一回专用线路供电。

三级负荷:所有不属于一级及二级负荷的用电设备。这类负荷对供电方式无特殊要求。由于供电中断影响较小,可以不设置备用电源,但应在不增加投资的情况下,尽力提高供电的可靠性。

第二节　变　电　所

变电所是变换电压和分配电能的场所,它是由电力变压器和配电装置所组成。根据变换电压的情况不同,变电所可分为升压变电所和降压变电所两大类。对于仅装有受、配电设备而没有变压器的,则称为配电所。

一、变配电所的形式

降压变电所按其在供电系统中的位置和作用,可分为大区变电所和小区变电所两种。大区变电所的供电面很广,其对象是工业企业和城市用户的变电所或配电所,高压输入侧的电压,一般为 35kV 以上,低压输出侧的电压为 6～10kV;小区变电所的供电面较窄,其高压输入侧的电压为 6～10kV,而低压输出侧的电压,通常为 380/220V,厂区(车间)变电所和居住区变电所都是这种变电所,一般称为变配电所。

变电所包括变压器和配电装置两部分。这两部分的作用不同,通常设置在不同的房间里,用隔墙或楼板隔开,分为高压配电室、变压器室和低压配电室。此外,有的还有高压电容器室(需提高功率因数时)及值班室(需有人值班时)。图 13-2 即为常用 6～10kV 的室内变电所的型式,其中 1 为高压配电室;2 为变压器室,3 为低压配电室。

变电所有露天变电所和室内变电所两种。空气中无导电性尘埃及腐蚀性气体时,电压在 35kV 以上的变电所,多采用露天变电所,将高压侧的电气设备和变压器置于室外,省去了变压器室和高压配电室的建筑,只将低压侧的电气设备置于配电室内。室内变电所可建在车间内(称车间变电所),也可建在与车间等主要建筑物相毗邻的地方(称附设变电所),或建在与主要建筑物离开的地方(称独立变电所)。

二、主配电所的主接线

变配电所的主接线(或称一次接线)是指由各种开关电器、电力变压器、母线、电力电缆、移相电容器等电气设备,依一定次序相连接的接受和分配电能的电路。电气主接线图通常

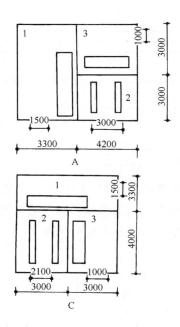

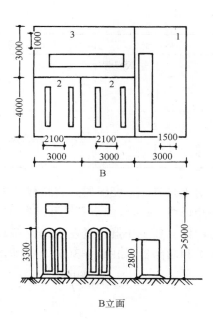

图 13-2 常用 6～10kV 室内变电所的型式及尺寸

1—高压配电室;2—变压器室;3—低压配电室;

A—单台变压器宽面推进;B—两台变压器窄面推进;C—单台变压器窄面推进

画成单线图的形式(即用一根线表示三相对称电路)。变配电所一次接线常用的图形符号如表 13-1 所示。

变配电所一次接线常用图形符号 表 13-1

图形符号	名　称	图形符号	名　称
	电力变压器		熔断器
	隔离开关		熔断器式开关
	负荷开关		避雷器
	断路器		阀型避雷器
	油断路器		接地一般符号
	刀开关		导线一般符号

图形符号	名　称	图形符号	名　称
	自动空气开关	————————	母线（汇流排）
	跌开式熔断器	——○——	电缆

对于只有一台变压器且容量较小的变配电所，其主接线如图 13-3（a）所示。它的高压侧不用母线，仅装有隔离开关和熔断器，低压侧电压为 380/220V；出线端装有自动空气开关或熔断器。如变压器容量在 560kV 安以上或经常操作（每天一次以上），则在高压侧改装负荷开关和断路器，如图 13-3（b）、（c）所示。

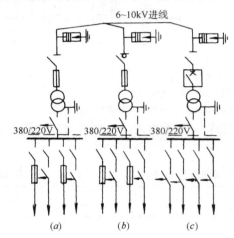

图 13-3　6～10kV 变配电所主接线举例
（一台变压器）

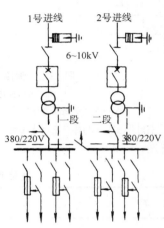

图 13-4　6～10kV 变配电所
主接线举例（两台变压器）

这种接线方式简单，投资少，运行方便；但可靠性较差，当高压侧发生故障时将全部停电。但如果在低压侧有备用电源时，也可用于一、二级负荷。

对于一、二级负荷或用电量较大的民用建筑或工业企业，应采用双回线路和两台变压器的接线，如图 13-4 所示。这样，当其中一路进线电源中断时，可以通过母线联络开关将断电部分的负载，换接到另一路进线上去，保证重点设备继续工作。

在变配电所主接线中使用的高压开关有三种：油断路器、负荷开关和隔离开关。油断路器具有灭弧装置，能频繁地切断和接通负荷，也能切断故障时的短路电流。负荷开关有灭弧室，灭弧能力较油断路器差，仅能切断负荷电流，所以应与熔断器配合使用。隔离开关是高压闸刀开关，没有灭弧装置，不能带负荷拉闸，它的用途主要是在维修时将负荷与电源隔开，因此它常与油断路器联合使用。

在隔离开关和油断路器联合使用的电路中，当接通电源时，应先合隔离开关，后合油断路器；在断开电源时，应先断开油断路器，后断开隔离开关。

负荷开关与高压熔断器联合使用时,当要检修设备时,应先切断负荷开关,然后取出高压熔断器以隔离电源。

三、变配电所对建筑的要求

变配电所地址的选择,应满足如下要求:

(1)尽可能居于用电负荷中心;

(2)邻近处没有易燃易爆物质,周围环境不应该潮湿、多尘或受腐蚀性气体的危害;

(3)进出线方便,并符合电气安装规程的要求;

(4)便于大型设备(如变压器、断路器等)的运输与安装;

(5)应具有良好的防火、通风条件,不受暴雨、洪水淹没的危害;

(6)露天变电所应尽可能设于该区的上风侧;

(7)变配电所还应考虑到有一定的余量,便于日后扩充。

在进行变配电所的土建设计时,必须满足下面的基本要求:

(1)高压配电室的层高一般为5m(架空进线)或不小于4m(电缆进线)。低压配电室的层高要求,不低于3.5m。各室的层高应综合考虑,作到既满足设备运行的要求,又便于建筑处理。

(2)高压配电室的通道宽度,应根据设备型号及排列位置而定。当高压开关柜采用单列布置时为1.5~2.0m,双列布置时为2.0~2.5m,如图13-5所示。

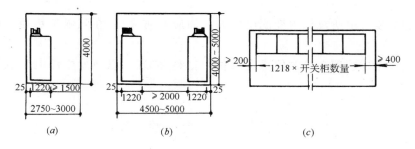

图 13-5 高压配电室布置参考尺寸

(a)单列布置;(b)双列布置;(c)开关柜平面布置

(3)低压配电室的通道宽度,当配电屏采用单列布置时应不小于1.5m,双列布置时不小于2m。为了维护方便,应尽量离墙安装,离墙间距不小于0.5~0.8m,如图13-6所示。

(4)高低压配电室的配电柜(屏)底部应做电缆沟,尺寸按配电柜(屏)尺寸确定。

(5)配电室的墙可用普通抹灰刷白,变压器室内墙可不做粉刷,但须勾缝刷白。变配电所的地面可用水泥地面,要求不起砂,一般应高出室外地坪0.15~0.3m,在潮湿地区尚可适当提高。变压器室地面应向集中沟方向做不小于2%的坡度。

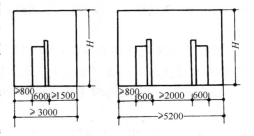

图 13-6 低压配电室布置参考尺寸

注:配电室高度 H 应和变压器室综合考虑,一般有4.0、3.5、3.0m三种情况。

(6)变压器室应采用一、二级耐火等级的建筑。门应为非燃体或难燃体,进、排风窗的材料应满足耐火要求,一般采用金属百叶窗。

(7)变压器外壳与变压器室四壁的距离,不应小于表13-2所列数值。

变压器至变压器室四壁距离 表 13-2

变压器容量(kVA)	320 及以下	320～1000	1000 以上
至后壁及侧壁净距(m)	0.3	0.6	0.6
至门净距(m)	0.6	0.8	1.0

(8)变压器室内在变压器下方应做集中沟,并有沟或埋管通向室外至集油井,以排除变压器发生故障时的热油。

(9)变配电所各室的通风,一般采用自然通风方式,配电室可与自然采光窗综合考虑。但变压器应根据进、排风温度差不超过15℃的要求进行通风计算。如不能满足此要求时,可设置辅助的机械通风设备。此外,变压器室不允许有窗户,但可开设耐火的通风百叶窗。

(10)变配电所内各室的门应向外开,门的大小应考虑运输设备的方便,一般按设备外廓尺寸外加 0.5m 确定。一扇门的宽度等于或大于 1.5m 时,应在大门上开小门(宽 0.6m,高 1.8m)以便工作人员出入。

(11)变配电所内不允许通过非本身所用的明敷线路、管道、风道及其他类似的沟管设施。

(12)独立变配电所及外附变配电所的屋面应有防火层,在气候炎热地区还应设隔热层。

(13)还应考虑管理人员的值班室及备用材料存储间,以便发生停电事故时能及时抢修,保证供电。

第三节 供 电 线 路

一、低压线路的接线方式

为了将电能输送到用户的各种用电设备,必须通过电路来实现。输送和分配电能的电路,统称为供电线路。目前,我国采用的供电电压有 500、330、220、110、35、10、6、0.4kV 等几种。

供电线路按电压的高低,一般将 1kV 及其以下的线路,叫做低压线路;1kV 以上的线路,叫做高压线路。一般中小型工厂企业与民用建筑的供电线路电压,主要是 10kV 及以下的高压和低压,而在三相四线制的低压供电系统中,380/220V 是最常采用的低压电源的电压。

工业企业的受电电压应当充分考虑到企业用电的特点,经过技术、经济方面的比较后确定。目前,工业企业的高压用电设备多为6kV,这是因为 6～10kV 的配电设备构造比较简单,可采用户内式结构,便于操作和维护。只是在距电源较远,且用电容量和用电面积都很大的情况下,才采用 35kV 的电压。在一般的工业和民用建筑中,常用的低压电气设备的额定线电压多为 380V,相电压为 220V,所以低压配电的电压一般采用 380/220V。对于要求36V 或 12V 安全电压的电气设备,可通过安全变压器降压后局部供电。

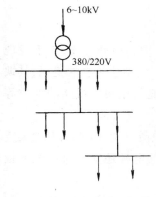

工业与民用建筑低压供电线路的接线方式应根据负荷的等级、容量和分布情况作具体分析。目前,有放射式、树干式和环形接线等基本接线方式。

1. 放射式接线

图 13-7 是低压放射式接线。放射式接线的特点是:其引出线发生故障时互不影响,供电可靠性高;但是一般情况下,其有色金属消耗量较多,采用的开关设备也较多,这种接线多用于用电设备容量大,或负荷性质重要,或在有潮湿及腐蚀性环境的车间供电,特别是用于对大型设备供电。

2. 树干式接线

图 13-7 低压放射式接线

图 13-8(a)和(b)是低压树干式接线。树干式接线的特点与放射式接线相反,一般情况下,它采用的开关设备较少,有色金属消耗量也较少;但干线发生故障时,影响范围大,供电可靠性较差。树干式接线适于供电给容量较小而分布较均匀的用电设备。

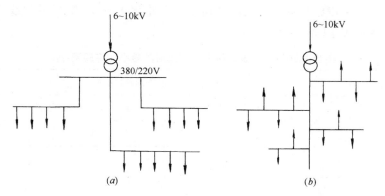

图 13-8 树干式接线

(a)低压母线放射式配电的树干式;(b)低压"变压器—干线组"的树干式

3. 环形接线

图 13-9 是由一台变压器供电的低压环形接线。环形接线供电可靠性较高,任一段线路发生故障或检修时,都不致造成供电中断,或只短时停电;一旦切换电源的操作完成,就能恢复供电。环形接线可使电能损耗和电压损耗减少;但是环形系统的保护装置及其整定配合比较复杂,如配合不当,容易发生误动作,反而扩大故障停电范围。实际上,低压环形线路也多采用"开口"方式运行。

低压 380/220V 配电系统的基本接线方式,仍然是放射式和树干式两种,而实际上采用的多数是这两种形式的组合式称为混合式。

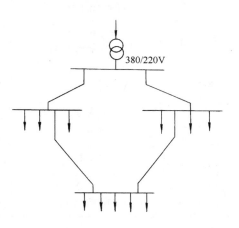

图 13-9 环形接线

275

二、低压线路的敷设及其对建筑的要求

从变配电所引出的低压供电线路可采用架空
线路,也可采用电缆线路。架空线路成本低,投资少,安装容易,维护和检修方便,易于发现
和排除故障。电缆线路不受外界影响(如结冰、大风等),保持城市、大型建筑物的美观,其缺
点是造价高,寻找故障和检修困难,一般在有爆炸危险的地方,不能采用架空线路的地方等
特殊需要时才采用。

架空线路由下列主要元件组成:导线、电杆、绝缘子和线路金具等。为了防雷,有的架空
线路上还架设有避雷线(架空地线)。为了加强电杆的稳定性,有的电杆还安装有拉线或板
桩。

架空线路一般都采用裸导线。裸导线按其结构分,有单股线和双股绞线,用木杆或水泥
杆做电线杆,用瓷绝缘子将导线固定在电杆的横担上。架空配电线路的路径选择,与变配电
所的位置,建筑物和道路的分布情况、生产工艺过程及产品性质都有密切关系,但应以尽可
能缩短起点到终点的距离为原则。

架空线路与各种设施接近或交叉时的最小容许距离见表 13-3;屋外绝缘线路对建筑物
的最小容许距离见表 13-4。

架空线路与各种设施接近和交叉时的最小允许距离(m)　　　　表 13-3

经过地区及 跨越对象	线　路　至	在导线最大驰点的垂直距离		
		线　路　电　压(kV)		
		1 以下	1～10	35
居民区、厂区	地面	6.0	6.5	7.0
道　路	地面 拉线至地面	6.0 5.0	7.0	7.0
铁　道	轨顶(非公用窄轨路) 车厢或货物外廓	7.5(6.0) 1.0	7.5(6.0) 1.5	7.5(7.5) 2.5
河　流	常年洪水位 最高水位时船的樯顶	6.0 1.0	6.0 1.5	6.0 2.0
通讯线路	通讯线路	1.25	有防雷 2.0 无防雷 4.0	3.0 5.0
电力线路	上层导线有屏蔽 上层导线无屏蔽	1.2 4.0	1.2 4.0	5.0
特种用途管道	位于管道之下 位于管道之上	1.5 3.0	不允许 3.0	不允许 4.0
建　筑　物	建筑物顶端	2.5	3.0	4.0

276

1	水平布置时的垂直距离 在阳台、平台上和跨越工业建筑屋顶 在窗户上 在阳台的窗户下	 2.5 0.5 1.0
2	垂直布置时至窗户、阳台的水平距离	0.75
3	导线至墙壁和构架的距离	0.05

当供电线路采用电缆时,土建设计应与电缆工程的敷设相互配合,充分照顾到电缆敷设的要求。

(1) 使电缆线路最短。应尽可能保持直线敷设,必须转弯时,应使其曲率半径比电缆外径大 15~25 倍。

(2) 尽量少穿过墙及楼板。

(3) 与建筑物基础的平行距离不小于0.6m。

(4) 与热力管路、蒸汽管路和热液体管路之间的距离不小于1m,如相互距离较近时,电缆与热力管路靠近的部分应包以热绝缘层,或在热力管路与电缆之间装保护隔热装置。电缆与非热力管路之间的距离不应小于 0.5m。

第四节 负 荷 计 算

在对一个工业企业、民用建筑或一个施工现场进行供电设计时,首先遇到的便是该工厂、该建筑物或建筑工地要用多少电,即负荷计算问题。工厂(或施工工地)里各种用电设备在运行中负荷是时大时小地变化着,但不应超过其额定容量。此外,各台用电设备的最大负荷一般又不会在同一时间出现,显然全厂的最大负荷总是比全厂各种用电设备额定容量的总和要小。若根据全厂用电设备额定容量的总和作为计算负荷来选择导线截面和开关电器、变压器等,则将造成投资和设备的浪费;反之,若负荷计算过小,则导线、开关电器、变压器等有过热危险,使线路及各种电气设备的绝缘老化,过早损坏。所以我们进行电力负荷计算,目的是为了合理地选择供电系统中的导线、开关电器、变压器等元件,使电气设备和材料得到充分利用和安全运行。

负荷计算方法有单位产品耗电量法、需要系数法、二项式法和利用系数法。建筑工地一般采用需要系数法。需要系数法是将用电设备组的容量乘以一个小于 1 的系数,这个系数称为需要系数,经过负荷计算得到的结果,称为计算负荷。

用需要系数法进行负荷计算时,应先把性质相同、且有相近需要系数的同类用电设备合并成组,然后进行用电设备组的负荷计算。表 13-5 是部分用电设备组的需要系数。

部分用电设备组的需要系数　　　　　　　　表 13-5

序 号	用 电 设 备 名 称	需要系数	$\cos\varphi$	$tg\varphi$
1	大批生产及流水作业的热加工车间	0.3~0.4	0.65	1.17
2	大批生产及流水作业的冷加工车间	0.2~0.25	0.5	1.73

序 号	用 电 设 备 名 称	需要系数	$\cos\varphi$	$\text{tg}\varphi$
3	小批生产及单独生产的冷加工车间	0.16~0.2	0.5	1.73
4	生产用的通风机、水泵	0.75~0.85	0.8	0.75
5	卫生保健用的通风机	0.65	0.8	0.75
6	运输机、传送带	0.52~0.60	0.75	0.88
7	破碎机、筛泥泵、砾石洗涤机	0.7	0.7	1.02
8	混凝土及砂浆搅拌机	0.65~0.70	0.65	1.17
9	起重机、掘土机、升降机	0.25	0.70	1.02
10	球磨机	0.70	0.70	1.02
11	电焊变压器	0.45	0.45	1.98
12	工业企业建筑室内照明	0.8	1.0	0
13	大面积住宅、办公室室内照明	0.4~0.7	1.0	0
14	变电所、仓库照明	0.5~0.7	1.0	0
15	室外照明	1.00	1.00	0
16	实验室用的小型电热设备(电阻炉、干燥箱等)	0.7	1	0
17	对焊机、铆钉加热机	0.35	0.7	1.02

一、设备组的计算负荷

$$P_{js} = K_x \Sigma P_e \qquad (13\text{-}1)$$

$$Q_{js} = P_{js}\text{tg}\varphi \qquad (13\text{-}2)$$

式中　P_{js}——用电设备组的有功计算负荷,kW;

　　　Q_{js}——用电设备组的无功计算负荷,kvar;

　　　P_e——各用电设备的容量,kW;

　　　K_x——用电设备组的需要系数;

　　　φ——用电设备的功率因数角。

用电设备如果是电动机、白炽灯,其设备容量就是铭牌上的额定功率。如果是日光灯、高压水银灯,则应考虑镇流器消耗的功率,设备容量应将灯管(灯泡)的铭牌上的功率乘以1.2倍来计算。

建筑工地有些负载是单相的,如电焊机、对焊机等,应将它们尽量均匀的分配到三相上,作为三相负荷来计算,如果单相设备的台数不是3的整倍数时,各相负荷不平衡,就把负担负荷小的相也当作负担最大的相来进行计算,这就是单相负荷的三相等值功率,其换算方法如下:

单相设备接入相电压时,每1~3台的三相等值功率

$$P_e = 3P_{e1}$$

式中　P_{e1}——一台单相用电设备的设备容量;

　　　P_e——换算成三相等值功率。

单相设备接于线电压时,单相设备为1台时,$P_e = \sqrt{3}P_{e1}$;单相设备为1~2台时,$P_e =$

278

$3P_{e1}$。

若不平衡单相用电设备的总容量不大(不超过三相用电设备总容量的15%)时,可以不必换算,全部按三相对称负荷计算。

建筑工地有许多间歇工作的用电设备,如电焊机、塔吊用电动机、电动卷扬机等,它们的工作时间和间歇时间都很短,在工作时间,电动机的温度来不及达到稳定值,而在停止时间,电动机又来不及冷却到周围环境温度,工作时间和停止时间作周期性地重复。工作时间与一个周期时间的比,称为暂载率,常用百分数表示。即暂载率

$$JC = \frac{t_g}{t_g + t_0} \times 100\% \tag{13-3}$$

式中 t_g——一周期内工作时间;

t_0——一周期内停止时间。

间歇工作的用电设备在进行负荷计算时,要求把铭牌上的功率统一换算成暂载率下的功率,作为负荷计算时的设备容量。

对于起重机运输设备,要求统一换算到 $JC=25\%$ 时的功率,其换算公式为

$$P_e = 2\sqrt{JC}P_e'$$

式中 P_e'——电动机铭牌上的额定功率,kW;

P_e——经换算后的电动机设备容量,kW;

JC——电动机铭牌暂载率。

对于电焊机,要求统一换算到 $JC=100\%$ 时的功率,其换算公式为

$$P_e = \sqrt{JC}S_e\cos\varphi$$

式中 S_e——电焊机的容量,kVA;

JC——电焊机的铭牌暂载率;

$\cos\varphi$——电焊机额定功率因数;

P_e——经换算后的电焊机的设备容量。

二、低压总计算负荷

各用电设备组计算负荷求出后,考虑到各组的最大负荷往往不同时出现,所以将各用电设备组的有功计算负荷和无功计算负荷分别相加以后,再乘以一个周期系数 K_Σ(同期系数 K_Σ 取 $0.7\sim1$),得到总计算负荷

总的有功计算负荷　$P_{\Sigma js} = K_\Sigma \Sigma P_{js}$(kW)　　　　(13-4)

总的无功计算负荷　$Q_{\Sigma js} = K_\Sigma \Sigma Q_{js}$(kvar)　　　　(13-5)

总的视在计算负荷　$S_{\Sigma js} = \sqrt{P_{\Sigma js}^2 + Q_{\Sigma js}^2}$(kVA)　　　　(13-6)

在进行负荷计算时,如果照明灯具数不明确,则在 $P_{\Sigma js}$、$Q_{\Sigma js}$ 中未包括照明负荷时,可以用动力负荷的10%来估算照明负荷,这时总的视在计算负荷

$$S_{\Sigma js} = 1.1\sqrt{P_{\Sigma js}^2 + Q_{\Sigma js}^2} \quad \text{kVA}$$

三、变压器容量的确定

变压器的容量,由用电设备的计算负荷确定,亦即应使

$$S_b \geqslant S_{\Sigma js}$$

式中 S_b——变压器的额定容量；

　　$S_{\Sigma js}$——视在计算负荷。

【例 13-1】 某建筑工地的用电设备情况如下,试确定该工地变电所低压母线上的总计算负荷。

混凝土搅拌机　　4 台　　　每台 10kW

灰浆搅拌机　　　2 台　　　每台 2.8kW

电焊变压器　　　3 台　　　每台 21kVA

　　　　　　　　单相 380V　　$JC=65\%$

起重机　　　　　2 台　　　每台 19.5kW　$JC=25\%$

照明(白炽灯)　　共 20kW

【解】 首先求各组用电设备的计算负荷。

(1) 混凝土搅拌机组

取 $K_{x1}=0.7$　　　$\cos\varphi_1=0.65$　　　$\operatorname{tg}\varphi_1=1.17$

$$P_{js1}=K_{x1}\Sigma P_{e1}=0.7\times4\times10=28\text{kW}$$

$$Q_{js1}=P_{js1}\operatorname{tg}\varphi_1=28\times1.17=32.8\text{kvar}$$

(2) 灰浆搅拌机组

取 $K_{x2}=0.7$　　$\cos\varphi_2=0.65$　　$\operatorname{tg}\varphi_2=1.17$

$$P_{js2}=K_{x2}\Sigma P_{e2}=0.7\times2\times2.8=3.92\text{kV}$$

$$Q_{js2}=P_{js2}\operatorname{tg}\varphi_2=3.92\times1.17=4.59\text{kvar}$$

(3) 电焊变压器组

取 $K_{x3}=0.45$　　$\cos\varphi_3=0.45$　　$\operatorname{tg}\varphi_3=1.98$

在进行负荷计算时,首先把暂载率换算到统一 $JC=100\%$ 时的设备容量。

$$P_{e3}=\sqrt{JC}S_e\cos\varphi_3=\sqrt{0.65}\times21\times0.45=7.62\text{kW}$$

$$P_{js3}=K_{x3}\Sigma P_{e3}=0.45\times3\times7.62=10.29\text{kW}$$

$$Q_{js3}=P_{js3}\operatorname{tg}\varphi_3=10.29\times1.98=20.37\text{kvar}$$

(4) 起重机组

取 $K_{x4}=0.25$　　$\cos\varphi_4=0.7$　　$\operatorname{tg}\varphi_4=1.02$

起重机的设备容量要求换算为暂载率为 25% 时的功率,则本题不用换算。

$$P_{js4}=K_{x4}\Sigma P_{e4}=0.25\times2\times19.5=9.75\text{kW}$$

$$Q_{js4}=P_{js4}\operatorname{tg}\varphi_4=9.75\times1.02=9.95\text{kvar}$$

(5) 照明组

取 $K_{x5}=1$　　　$\cos\varphi_5=1$　　　$\operatorname{tg}\varphi_5=0$

$$P_{js5}=K_{x5}\Sigma P_{e5}=1\times20=20\text{kW}$$

$$Q_{js5}=P_{js5}\operatorname{tg}\varphi_5=0$$

再求总的计算负荷:取同期系数 $K_\Sigma=0.9$

$$P_{\Sigma js}=K_\Sigma(P_{js1}+P_{js2}+P_{js3}+P_{js4}+P_{js5})$$

$$=0.9\times(28+3.92+9.75+10.29+20)$$

$$=64.76\text{kW}$$

$$Q_{\Sigma js} = K_{\Sigma}(Q_{js1} + Q_{js2} + Q_{js3} + Q_{js4} + Q_{js5})$$
$$= 0.9 \times (32.8 + 4.59 + 9.95 + 20.37 + 0)$$
$$= 60.94 \text{kvar}$$

$$S_{\Sigma js} = \sqrt{P_{\Sigma js}^2 + Q_{\Sigma js}^2} = \sqrt{64.76^2 + 60.94^2} = 88.92 \text{kVA}$$

该工地便可依据这一总计算负荷来选择施工用电的配电变压器。

第五节 导 线 截 面 选 择

正确选择导线截面,对于保证供电系统安全、可靠、合理的运行有着重要意义,对于节约有色金属消耗量也是很重要的。选择配电导线时尽量采用铝芯导线,而在易爆炸腐蚀严重的场所,以及用于移动设备、监测仪表、配电盘与二次接线等,一般采用铜线。

导线截面的大小按国家规定分级制造,配电线路常用有 1.5、2.5、4、6、10、16、25、35、50、70、95、120、150、185、240mm² 等。

附录 3 是常用线缆型号、名称和主要用途。

配电线路导线截面选择应满足下面要求:

(1) 发热条件:导线在通过最大连续负荷电流时,导线发热不应超过允许温度,因而不致因过热而使绝缘损坏或加速老化。

(2) 电压损耗:导线通过最大连续负荷电流时产生的电压损失不超过允许值,以保证供电质量。

(3) 经济电流密度:高压线路和特大电流的低压线路,应按规定的经济电流密度选择导线和电缆截面,以使线路的年运行费用接近最小,节约电能和有色金属。

(4) 机械强度:导线的截面不应小于最小允许截面,如表 13-6、表 13-7 所示。

配电线路导线最小截面(mm²)　　表 13-6

导 线 种 类	高 压 线 路		低 压 线 路
	居 民 区	非居民区	
铝 绞 线	35	25	16
铜芯铝绞线	25	16	16
铜 绞 线	16	16	(直径 3.2mm)

绝缘导线最小允许截面(mm²)　　表 13-7

序 号	用 途	线芯最小截面		
		铝 线	铜 线	铜芯软线
1	照明用灯头线			
	(1) 民用建筑屋内		0.5	0.4
	(2) 工业建筑屋内	2.5	0.8	0.5
	(3) 屋外	2.5	1.0	1.0
2	移动式用电设备			
	(1) 生活用			0.2
	(2) 生产用			1.0

序　号	用　　　途	线芯最小截面		
		铝　线	铜　线	铜芯软线
3	架设在绝缘支持件上的绝缘导线其支持点距离			
	(1) 2m 及以下,屋内	2.5	1.0	
	(2) 2m 及以下,屋外	2.5	1.5	
	(3) 6m 及以下,2~6m	4	2.5	
	(4) 12m 及以下,6~12m	6	2.5	
	(5) 25m 及以下,12~25m	10	4	
4	穿管敷设的绝缘导线	2.5	1.0	1.0
5	塑料护套线沿墙明敷设	2.5	1.0	
6	板孔穿线敷设的导线	2.5	1.5	

根据设计经验,低压动力线,因其负荷电流较大,所以一般先按发热条件来选择截面,再校验其电压损耗和机械强度。低压照明线,因其对电压水平要求较高,所以一般先按允许电压损耗条件来选择截面,然后校验其发热条件和机械强度。而高压线路则往往先按经济电流密度来选择截面,再校验其他条件。

导线截面选择方法:

一、按发热条件来选择导线截面

各类导线通过电流时,由于导线本身的电阻及电流的热效应而使导线发热,温度升高。如果线温度超过一定限度,导线绝缘就要加速老化,甚至受到损坏。为了使导线不致过分发热而损坏绝缘,对一定截面的不同材料和绝缘情况的导线就有一个规定的允许电流值,称之为安全截流量(或允许载流量)。这个数值是根据导线绝缘材料的种类、允许温升、表面散热情况及散热面积的大小等条件来确定的。附录 4 给出了各类导线在不同敷设条件下的长期连续负荷允许载流量,在选择导线时,导线中通过的电流不允许超过表内规定的数值。

二、按机械强度条件选择

导线在敷设时和敷设后所受的拉力,与线路的敷设方式和使用环境有关。电线本身的重量,以及风雨冰雪等的外加压力,使电线内部都将产生一定的应力,导线过细就容易断裂。因此,为了保障供电安全不论室内或室外的电线都必须具有一定的机械强度。在各种不同敷设方式下,导线按机械强度要求的最小允许截面列于表 13-7 中。

三、按允许电压损失选择

当有电流流过导线时,由于线路存在电阻电感等因素,必将引起电压降落。如果电源端(变压器出口)的电压为 U_1,而负载端的电压为 U_2,那么线路上电压损失的绝对值为

$$\Delta U = U_1 - U_2 \tag{13-7}$$

对不同等级的电压,绝对值 ΔU 不能确切地表达电压损失的程度,所以工程上常用它与额定电压 U_n 的百分比来表示相对电压损失,即

$$\varepsilon = \frac{U_1 - U_2}{U_n} \times 100\% \tag{13-8}$$

显然,线路电压损失的大小是与导线的材料、截面的大小,线路的长短和电流的大小密

切相关的,线路越长,负荷越大,线路电压损失亦将越大。

一切用电设备都是按照在额定电压下运行的条件而制造的,当端电压与额定值不相同时,用电设备的运行就要恶化。例如白炽灯,当电压较额定值低于5%时,其光通量要减少18%,而当电压较额定值高5%时,其寿命要降低一半。因此规定在照明电路中的允许电压波动范围不应超过±5%,对于感应电动机,因为它的转矩与电压的平方成正比,当电源太低时,电动机会出现严重过载。这是因为在电动机所拖动的机械负载一定时,电动机绕组的温度升高,加速绝缘老化。因此,一般对电动机规定的允许电压波动范围不应超过±5%(对于工地施工的临时供电,其允许(相对)电压损失可以达到8%～10%)。

下面介绍一种工程计算中简化计算的方法。考虑到(相对)电压损失 ε 与负荷的电动率 P、线路长度 l 成正比,与导线截面与成反比,此外还与负荷的功率因数有关。而对于380/220V 低压供电系统,若整条线路的导线截面,材料敷设方式都相同,且 $\cos\varphi \approx 1$ 时,可得到计算(相对)电压损失的公式

$$\varepsilon = \frac{P \cdot l}{C \cdot S}\% \tag{13-9}$$

因此,在给定允许(相对)电压损失 ε 之后,便可计算出相应的导线截面。

$$S = \frac{P \cdot l}{C \cdot \varepsilon}\% \tag{13-10}$$

式中　Pl——称为负荷矩,kW·m;

　　　　P——线路输送的电功率,kW;

　　　　l——线路长度(指单程距离),m;

　　　　ε——允许(相对)电压损失;

　　　　S——导线截面,mm^2;

　　　　C——系数,视导电线材料,送电电压及配电方式等而定,见表13-8。

按允许电压损失计算导线截面公式13-10中的系数 C 值

表 13-8

线路额定电压(V)	线路系统及电流种类	系 数 C 值	
		铜　　线	铝　　线
380/220	三相四线	77	46.3
220	单相或直流	12.8	7.75
110	单相或直流	3.2	1.9
36	单相或直流	0.34	0.21
24	单相或直流	0.153	0.092
12	单相或直流	0.038	0.023

在选择导线截面时,应从以上三个方面计算出(或确定出)导线的截面后,取其中截面最大的一个作为最终选择导线的依据,这样才能同时满足对温升,电压损失和机械强度三个方面的要求。在供电设计中,对于户外的配电干线,由于一般距离较远,导线截面的选择主要是依据电压损失来计算,而以温升条件来校核,这样易于满足三个方面的要求;对于自配电盘至动力负荷的配电线路,由于距离不会太长,一般用温升条件(即按安全载流量)来选择导

线截面,而以电压损失来校核即可。但无论是根据电压损失或是根据温升条件计算出的导线截面,最终都必须满足导线对机械强度的要求。

【例 13-2】 距离变电所有 400m 远的某住宅小区,其照明负荷共计 36kW,用三相四线制供电,线路上电压损失不超过 5%,敷设地点的环境温度为 25℃,拟采用 BLX 型导线穿管敷设,试选择干线的截面。

【解】 先按线路的电压损失允许值选择。

负荷转矩 $M = P \cdot l = 36 \times 400 = 14400 \text{kW} \cdot \text{m}$ 查表 13-8 三相四线制采用铝线时 $C = 46.3$,所以

$$S = \frac{M}{C \cdot \varepsilon \%} = \frac{14400}{46.3 \times 5} = 62.2 \text{mm}^2$$

选 $S = 70 \text{mm}^2$ 的相线三根,50mm^2 的零线一根,查附录 4,$S = 70 \text{mm}^2$ 的 BLX 导线,在环境温度为 25℃时,四根导线穿金属管敷设时,最大允许电流为 133A,而线路计算电流为

$$S_{\Sigma js} = K_\Sigma \frac{P}{\cos\varphi} = 0.9 \times \frac{36}{1} = 32.4 \text{kVA}$$

$$I_{\Sigma js} = \frac{S_{\Sigma js} \times 10^3}{\sqrt{3}\, U_{ex}} = \frac{32.4 \times 10^3}{\sqrt{3} \times 380} = 49.23 \text{A}$$

可见,导线允许载流量 133A 远远大于计算电流 49.23A。

最后按机械强度校验。

查表 13-7,铝导线穿管敷设时,最小允许截面为 2.5mm^2。经过计算和校验,确定该住宅区干线为 BLX—$3 \times 70 + 1 \times 50$ 的导线。

思 考 题 与 习 题

13-1 试分析低压放射式接线和树干式接线的优缺点及应用范围。

13-2 试分析架空线路和电缆线路的优缺点。

13-3 低压动力线的导线截面一般先按什么条件选择,再校验哪些条件?低压照明线的导线截面一般先按什么条件选择?再校验哪些条件,高压线路呢?

13-4 有一 380V 的三相架空线路,配电给 2 台 40kW($\cos\varphi = 0.8, \eta = 0.85$)电动机。该线路长 70m,线间几何均距为 0.6m,允许电压损耗为 5%。该地区最热月的每天最高气温平均值为 30℃。试选择该线路的 LJ 型铝绞线截面(要求按发热条件选后,再校验机械强度和电压损耗)。

13-5 某建筑工地要在距配电变压器 650m 处安装一台 300L 混凝土搅拌机,采用 380/220V 三相四线供电,其电动机的功率为 10 马力(18 力 = 736W),$\cos\varphi = 0.83$,效率 $\eta = 0.81$。如采用 BLX 型橡皮绝缘铝线供电,试问应选用多大截面的导线($\varepsilon = 5\%$)。

第十四章 电 气 施 工

为了进行电气照明线路及用电设备的安装,我们必须看懂电气施工图。电气施工图是土建工程施工图中的一部分重要内容。它是指导施工技术人员及工人安装电气设施的指南。它能将设计意图和内容简明、全面、正确表达出来。电气施工图包括:建筑照明系统图和电气施工平面图两大主要部分。由于土建施工与电气安装施工有密切关系,所以土建技术人员及工人也要掌握阅读电气施工图的方法,做到各工种之间的配合施工。

照明电气施工图中采用大量统一图例和符合表示线路和各种电气设备,以及敷设方式和安装方式等。因此,我们首先必须了解这些图例及文字符号所代表的内容和意义。这里顺便指出,有的电气元件国家暂时没有规定标准的图例和符号,设计人员可自行编制,但不能和已有的图例与符号混淆,并且应在施工说明中注明它的含义。

第一节 电气施工识图

一、电力及照明图例
详见附录5。

二、文字符号
1. 电源

$m \sim fu$——m 代表相数,f 代表频率,u 代表电源电压,$\sim$代表交流电。

2. 相序

L_1——交流系统电源第一相(黄色)。

L_2——交流系统电源第二相(绿色)。

L_3——交流系统电源第三相(红色)。

U——交流系统设备端第一相。

V——交流系统设备端第二相。

W——交流系统设备端第三相。

N——中性线(淡蓝色)。

PE——保护线(黄绿双色)。

PEN——保护和中性共用线。

3. 用电设备

$\dfrac{a}{b}$ 或 $\dfrac{a}{b} + \dfrac{c}{d}$

a——设备编号;

b——额定功率,kW;

c——线路首端熔断片或断路器的释放器的电流,A;

d——标高,m。

4. 电力和照明设备

(1) 一般标注方法:$a\dfrac{b}{c}$ 或 $a-b-c$。

(2) 当需要标注引入线的规格时,$a\dfrac{b-c}{d(e\times f)-g}$。

a——设备编号;

b——设备型号;

c——设备功率;

d——导线型号;

e——导线根数;

f——导线截面;

g——导线敷设方式及部位。

5. 开关及熔断器

(1) 一般标注方式:$a\dfrac{b}{c/i}$ 或 $a-b-c/i$。

(2) 当需要标注引入线的规格时:$a\dfrac{b-c/i}{d(e\times f)-g}$。

a——设备编号;

b——设备型号;

c——额定电流,A;

d——导线型号;

i——整定电流,A;

e——导线根数;

f——导线截面;

g——导线敷设方式。

6. 变压器

$a/b-c$

a——一次电压,V;

b——二次电压,V;

c——额定容量,VA。

7. 照明灯具

(1) 一般标注方法:$a-b\dfrac{c\times d\times L}{e}f$。

(2) 灯具吸顶安装:$a-b\dfrac{c\times d\times L}{—}f$。

a——灯数;

b——型号或编号;

c——每盏照明灯具的灯泡数;

d——灯泡容量,W;

e——灯泡安装高度,m;

f——安装方式；

L——光源种类。

8．导线型号规格或敷设方式的改变

（1）$\underline{3 \times 16} \times \underline{3 \times 10}$：$3 \times 16 \mathrm{mm}^2$ 导线改为 $3 \times 10 \mathrm{mm}^2$。

（2）$\underline{\qquad} \times SC70$：无穿管敷设改为导线穿管（SC70）敷设。

9．用电设备或电动机出线口标注

$$\frac{a}{b}$$

a——设备编号；

b——设备容量。

10．电话线路上标注方式

$$a - b(c \times d)e - f$$

a——编号；

b——型号；

c——导线对数；

d——导线线径；

e——敷设方式和管径；

f——敷设部位。

11．电话交接箱上标注方式

$$\frac{a - b}{c}d$$

a——编号；

b——型号；

c——线序；

d——用户数。

12．标写计算用的代号

P_e——设备容量，kW；

P_{js}——计算负荷，kW；

I_{js}——计算电流，A；

I_2——整定电流，A；

I_d——漏电流保护器动作电流，mA；

K_x——需用系数；

$\Delta V \%$——电压损失；

$\cos \varphi$——功率因数；

S_{js}——视在功率，kVA；

Q_{js}——无功功率，kvar；

Q_k——电容器容量，kvar。

13．线路敷设方式及导线敷设部位标注及灯具安装方式标注

详见附录5。

第二节　线管配线工程

建筑物室内施工工程主要包括室内布线及各种电器的安装,室内布线通常有明配和暗配两种,明配是把线管敷设于墙壁、桁架等表面明露处,要求横平竖直、整齐美观。暗配是把线管敷设于墙壁、地坪或楼板内等处,要求管路短、弯曲少,以便于穿线。

线管配线常用的线管有低压流体输送钢管(又称焊接钢管,分镀锌和不镀锌两种,其管壁较厚,管径以内径计)、电线管(管壁较薄,管径以外径计)、硬塑料管、半硬塑料管、塑料波纹管、软塑料管和软金属管(俗称蛇皮管)等。

线管配线施工包括线管选择、线管加工、线管敷设和穿线等几道工序。本节主要介绍线管的选择及敷设要求。

一、线管选择

首先应根据敷设环境决定采用哪种管子,然后再决定管子的规格。一般明配于潮湿场所和埋于地下的管子,均应使用厚壁钢管;明配或暗配于干燥场所的钢管,宜使用薄壁钢管。硬塑料管适用于室内或有酸、碱等腐蚀介质的场所。但不得在高温和易受机械损伤的场所敷设。半硬塑料管和塑料波纹管适用于一般民用建筑的照明工程暗敷设,但不得在高温场所内敷设。软金属管多用来作为钢管和设备的过渡连接。

管子规格的选择应根据管内所穿导线的根数和截面决定,一般规定管内导线的总截面积(包括外护层)不应超过管子截面积的 40%。可参照附录 6 进行选择。所选用的线管不应有裂缝和扁折,无堵塞。钢管管内应无铁屑及毛刺、切断口应锉平,管口应刮光。

二、线管的加工

管子加工包括管子切割、套丝、煨弯、清理毛刺、除锈、防腐刷漆等工作。

配管前应对管子进行除锈,刷防腐漆。钢管外壁刷漆要求与敷设方式及钢管种类有关,埋入混凝土内的钢管外表可以不防腐。管子切割时应使用钢锯或电动无齿锯进行切割,严禁用气割。管子弯曲可采用弯管器、弯管机或用热煨法。弯曲角度不应小于 90°,明敷时弯曲半径≥4 倍管径,暗敷时弯曲半径≥6 倍管径;埋设于地下或混凝土楼板内时,弯曲半径≥10 倍管外径。为使加工后的管子尺寸合适,一般是先煨弯后切割的顺序进行。钢管的连接可采用管箍连接或套管焊接方式,并且要用圆钢或扁钢作跨接线焊在接头处,使管子之间有良好的电气连接,以保证接地的可靠性(图 14-1)。跨接线的规格可参照表 14-1 来选择。

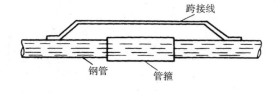

图 14-1　钢管连接处接地

跨接线选择表(mm)　　表 14-1

公　称　直　径		跨　接　线	
电线管	钢　管	圆　钢	扁　钢
≤32	≤25	φ6	
40	32	φ8	
50	40~50	φ10	
70~80	70~80		25×4

三、线管敷设

（一）明配管

明配管应排列整齐、美观，固定点间距均匀。一般管路应沿建筑物结构表面水平或垂直敷设，其允许偏差在 2m 以内均为 3mm，全长不应超过管子内径的 1/2。当管子沿墙、柱和屋架等处敷设时，可用管卡固定。管卡的固定方法，可用膨胀螺栓或弹簧螺丝直接固定在墙上，也可以固定在支架上。支架形式可根据具体情况按照国家标准图集选择，如图 14-2 所示。当管子沿建筑物的金属构件敷设时，若金属构件允许点焊，可把厚壁管点焊在钢构件上。对于薄壁管（电线管）和塑料管只能应用支架和管卡固定。管卡与终端、转弯中点、电气器具或接线盒边缘的距离为 150～500mm；中间管卡最大间距应符合表 14-2 的规定。管子贴墙敷设进入开关、灯头、插座等接线盒内时，要适当将管子煨成双弯（鸭脖弯），如图 14-3 所示。不能使管子斜穿到接线盒内，同时要使管子平整地紧贴建筑物上，在距接线盒 300mm 处，用管卡将管子固定。

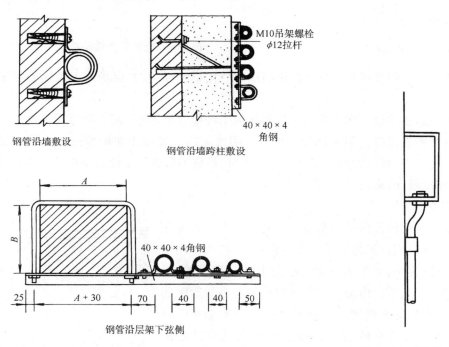

图 14-2　线管固定方法

图 14-3　线管进接线盒

线管中间管卡最大允许距离(mm)　　　　　　　　　　表 14-2

敷设方式	最大允许距离 线管类别 ╲ 线管直径	15～20	25～30	40～50	65～100
吊梁、支架或沿墙敷设	低压流体输送钢管	1500	2000	2500	3500
	电线管	1000	1500	2000	
	塑料管	1000	1500	2000	

明配钢管经过建筑物伸缩缝时,可采用软管进行补偿。将软管套在线管端部,如图 14-4,并使金属软管略有弧度,以便基础下沉时,借助软管的弹性而伸缩,如图 14-7(*a*)所示。

硬塑料管沿建筑物表面敷设时,在直线段上每隔 30m 要装设一只温度补偿装置,以适应其膨胀性,如图 14-5 所示。在支架上架空敷设的硬塑料管,因可以改变其挠度来适应长度的变化,所以,可不装设补偿装置。

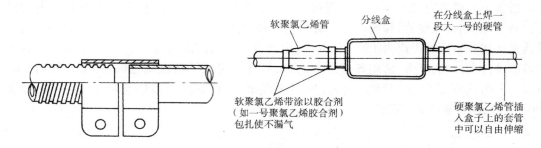

图 14-4　钢管和软管连接　　　　　图 14-5　塑料管补偿装置

明配塑料管在穿楼板易受机械损伤的地方应用钢管保护,其保护高度距楼板面不应低于 500mm。

明线敷设施工的最大优点是与土建和其他工种配合问题小,施工量可相对集中。土建施工仅为电气施工预留孔洞或埋设预制件。明线施工一般在土建墙面抹灰粉刷后集中进行。在电气施工中,敷设管线和安装电气设备时,尽量不要破坏土建的结构和污染建筑装修墙面,顶棚和楼面,以确保工程质量。

(二) 暗配管

在现浇混凝土构件内敷设管子,可用铁丝将管子绑扎在钢筋上,也可以用钉子将管子钉在木模板上,将管子用垫块垫起,用铁线绑牢,如图 14-6 所示。垫块可用碎石块,垫高 15mm 以上。此项工作是在浇灌前进行的。当线管配在砖墙内时,一般是随土建砌砖时预埋;否则,应事先在砖墙上开槽或留槽。线管在砖墙内的固定方法,可先在砖缝里打入木楔,再在木楔上钉钉子,用铁线将管子绑扎在钉子

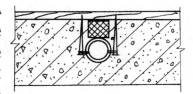

图 14-6　木模板上管子固定方法

上,再将钉子打入,使管子充分嵌入槽内。应保证管子离墙表面净距不小于 15mm。在地坪内,须在土建浇制混凝土前埋设,固定方法可用木桩或圆钢等打入地中,用铁丝将管子绑牢。为使管子全部埋设在地坪混凝土层内,应将管子垫高,离土层 15～20mm,这样,可减少地下湿土对管子的腐蚀作用。埋于地下的电线管路不宜穿过设备基础,在穿过建筑物基础时,应加保护管保护。当许多管子并排敷设在一起时,必须使其各个离开一定距离,以保证其间也灌上混凝土,进入落地式配电箱的管子应排列整齐,管口应高出基础面不小于 50mm。为避免管口堵塞影响穿线,管子配好后应将管口用木塞或牛皮纸堵好。管子连接处以及钢管与接线盒连接处,要做好接地处理。

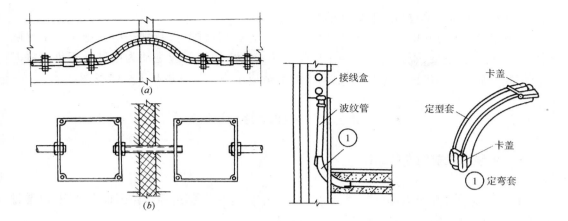

图 14-7 线管经过伸缩缝补偿装置
(a)软管补偿;(b)装设补偿盒补偿

图 14-8 波纹管引至墙内做法

当电线管路遇到建筑物伸缩缝,沉降缝时,必须相应做伸缩、沉降处理。一般是装设补偿盒。在补偿盒的侧面开一个长孔,将管端穿入长孔中,而另一端用六角螺母与接线盒拧紧固定,如图 14-7(b)所示。

波纹管由地面引至墙内时安装见图 14-8。

四、线管穿线

室内穿线工作一般应在管子全部敷设完毕及土建地坪和粉刷工程结束后进行。在穿线前应将管中的积水及杂物清除干净。导线穿管时,应先穿一根钢线作引线。拉线时应由二人操作,一人担任送线,一人担任拉线,两人送拉动作要协调,不可硬送硬拉而将引线或导线拉断。穿线完毕后即可进行导线连接及电器安装。

五、土建施工与电气安装施工的配合

根据国家颁发的现行施工及验收规范及有关规定:土建施工应为安装施工创造条件,安装施工应主动配合土建施工,以保证工程质量和进度,降低工料消耗。

1. 在基础施工阶段

穿过基础的管路,在土建施工图已注明的部分,应由土建负责预留孔洞;未注明的管路穿过基础墙时,应由安装施工单位配合土建施工时预留孔洞,须埋入基础垫层的管路,应由安装施工单位配合土建施工时预埋,不能事后剔凿。

2. 结构施工阶段

(1) 埋入墙、板、柱等结构内的管路,应由安装施工单位配合土建施工进度要求施工。

(2) 需要预埋的铁件、吊件、木砖等应由安装施工单位负责配合土建施工时预埋。但土建结构图上有标注的预埋件(如电梯轨道预埋铁),要由土建施工负责预埋。

(3) 需要在结构上预留的槽洞,凡在土建结构图上标注的,要由土建施工负责预留,并应符合设计规定的尺寸,达到安装施工的要求。但土建施工图上未注明的槽洞,预留由安装施工单位负责。

3. 装修施工阶段

(1) 有吊顶的部位,一般电气配管宜在龙骨安装后进行。

(2) 通过楼板、墙的管路支架安装后,应由安装施工单位负责沿孔洞周围填实水泥砂浆,最后由土建施工单位负责装修面的修整。

在施工中,土建施工应与电气施工分清责任,且要积极配合,特别是电气施工人员要随时注意土建工程进度,不失时机地与土建配合施工。土建施工应主动为电气施工创造好时机,不能为加快施工进度而不与电气施工配合,造成工程质量低劣和工料的浪费。

第三节　电缆线路施工

一、电缆敷设前的准备工作

1. 会审

电缆敷设前应先对电缆施工图纸进行认真会审,主要包括电缆线路平面布置图、电缆排列剖面图、固定电缆用的零件结构图及电缆清册。

2. 材料的检查

只有材料齐备才能保证电缆的敷设。

(1) 剖验电缆,可采用火烧法,油浸法试验。

(2) 根据电缆头的形式和数量,对所需绝缘材料进行全面检查。

(3) 连接管,接线端子的规格和电缆线芯是否相等,是否符合加工技术条件。

(4) 电缆保护板、电缆接头保护盒是否足够,质量是否合格。

(5) 电缆头金具是否齐全,防锈是否合格。

(6) 穿越铁路、公路及其他管线处的电缆保护管是否备齐,管材、管径、长度等是否合格。

3. 验收电缆沟及其他构筑物

与电缆线路安装有关的建筑物、构筑物的土建工程质量,应符合国家现行的建筑工程施工及验收规范中的有关规定。一般在电缆线路安装前,土建工作应具备下列条件:

(1) 预埋件应符合设计,安置牢固。

(2) 电缆沟、隧道、竖井及人孔等处的地坪及抹面工作结束;施工临时设施、模板及建筑废料等清理干净,施工用道路畅通,盖板齐备。

(3) 电缆线路敷设后,不能再进行的土建施工工作应结束。

(4) 电缆沟排水畅通。

4. 施工工具的准备

施工中所用工具在开工前应准备齐全,并应进行全面的检查和维修,有些起吊工具还应进行试验,合格后才能使用,避免在施工中出现事故。

二、电缆的敷设方式及一般规定

电缆的敷设方式比较多,有直接埋地敷设,电缆沟敷设、电缆隧道敷设、电缆排管敷设、穿钢管、混凝土管、石棉水泥管等管道敷设,以及用支架、托架、悬挂方法敷设等。电缆的敷设应根据电缆线路的长短、电缆的数量及周围环境条件等具体决定,但作为施工单位只能依据图纸施工。

尽管电缆敷设方式比较多,但敷设时都应遵守以下共同规定:

(1) 电缆敷设时不应破坏电缆沟和隧道的防水层。

(2) 在三相四线制系统中使用的电力电缆,不应采用三芯电缆另加一根单芯电缆或导线,或电缆金属护套等作中性线的方式,以免当三相电流不平衡时,使得电缆铠装发热。当在三相系统中使用单芯电缆时,为减少损耗,避免松散,应组成紧贴的正三角形排列,并且每隔 1m 用线布带扎牢。

（3）并联运行的电力电缆其长度应相等。

（4）电缆敷设时,在电缆终端头及电缆中间接头附近可留有备用长度。

（5）电缆敷设时,不应使电缆过度弯曲,并不应有机械损伤。

电缆的弯曲半径不应小于表 14-3 规定。

电缆最小允许弯曲半径与电缆外径的比值 表 14-3

电 缆 种 类	电缆护层结构	单芯	多芯
油浸纸绝缘电力电缆	铠装或无铠装	20	15
橡皮绝缘电力电缆	橡皮或聚氯乙烯护套	—	10
	裸 铅 包	—	15
	铅包钢带铠装		20
塑料绝缘电力电缆	铠装或无铠装		10
控制电缆	铠装或无铠装		10

（6）油浸纸绝缘电缆最高与最低点之间的最大位差不应超过表 14-4 的规定,当不能满足要求时,应采用适应于高位差的电缆,或在电缆中间设置塞止式接头。

（7）电缆垂直敷设式超过 45°倾斜敷设时每个支架均需固定,水平敷设时则只在电缆首末两端、转弯及接头的两端处固定。所用电缆夹具宜统一。使用于交流的单芯电缆或分相铅包电缆在分相后的固定,其夹具不应有铁件构成的闭合磁路。裸铅（铝）包电缆的固定处应加软衬垫保护。

各支持点间的距离应按设计规定,当设计无规定时,则不应大于表 14-5 中所列数值。

油浸纸绝缘电力电缆最大允许敷设位差(m) 表 14-4

电 压 等 级		电缆护层结构	铅 包	铝 包
粘性油浸渍纸绝缘电力电缆	1～3	无铠装	20	25
		有铠装	25	25
	6～10	无铠装或有铠装	15	20

电缆各支持点间的距离(m) 表 14-5

电缆种类 敷设方式		支架上敷设		钢索上悬吊敷设	
		水 平	垂 直	水 平	垂 直
电力电缆	充油电缆	1.5	2.0	—	—
	塑料及其他油纸电缆	1.0	2.0	0.75	1.5
控制电缆		0.8	1.0	0.6	0.75

電缆最大允許索引強度　表 14-6

索引方式	索引头		钢丝网套	
受力部位	铜芯	铝芯	铅包	铝包
允许索引强度（MPa）	0.7	0.4	0.1	0.4

(8) 施放电缆时, 电缆应从盘上部引出, 并应避免电缆在地面上或支架上拖拉摩擦, 用机械敷设时的索引强度不宜大于表 14-6 的数值。

(9) 敷设电缆时, 如电缆存放地点在敷设前 24h 内的平均温度以及敷设现场的温度低于表 14-7 的数值时, 应对电缆进行加热或躲开寒冷期, 否则不宜敷设。

电缆最低允许敷设温度　　　　　　　　　　表 14-7

电 缆 类 型	电 缆 结 构	最低允许敷设温度（℃）
油浸纸绝缘电力电缆	充油电缆	−10
	其他油纸电缆	0
橡 皮 绝 缘电 力 电 缆	橡皮式聚氯乙烯护套	−15
	裸铅包	−20
	铅包钢带铠装	−7
塑料绝缘电力电缆		0
控 制 电 缆	耐寒护套	−20
	橡皮绝缘聚氯乙烯护套	−15
	聚氯乙烯绝缘聚氯乙烯护套	−10

加热电缆的方法有：

1) 用提高周围空气温度的方法加热。

2) 用电流通过电缆导体进行加热。加热电流不得大于电缆的额定电流。

(10) 电缆敷设时不宜交叉, 而应排列整齐, 加以固定, 并及时装设标志牌。

(11) 电力电缆接头盒的布置原则：并列敷设的电缆, 其接头盒的位置宜相互错开；明敷电缆的接头盒, 须用托板托置, 并应用耐电弧隔板与其他电缆隔开, 托板与隔板伸出接头两端的长度各不小于 0.6m, 直埋电缆的接头盒外面应有防止机械损伤的保护盒（环氧树脂接头盒除外）。位于冻土层内的保护盒, 盒内宜注以沥青, 以防水分进入盒内, 因冻胀而损坏电缆接头。

(12) 电缆进入电缆沟、隧道、竖井、建筑物, 盘（柜）以及穿入管子时, 出入口应封闭, 管口应密封。

三、直埋电缆的敷设要求

直埋电缆敷设是沿已定的路线挖沟, 然后把电缆埋入沟内。一般电缆根数较少, 且敷设距离较长时采用此法。电缆沟的宽度应根据埋设电缆的根数决定, 可参见表 14-8 及图 14-9。电缆

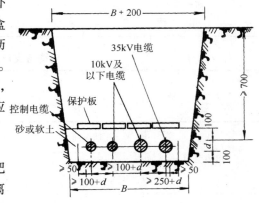

图 14-9　电缆壕沟示意（直埋）

埋设深度要求,一般是:电缆表面距地面的距离不应小于0.7m,穿越农田时不应小于1m,当遇到障碍物或冻土层较深的地方,则应适当加深,使电缆埋于冻土层以下。当无法埋深时,应采取措施,防止电缆受到损伤。当电缆在引入建筑物、与地下建筑物交叉及绕过地下建筑物处,则可埋设浅些,但也应采取保护措施。例如引入建筑物、与地下设施交叉时可穿金属管。无法在冻土层以下敷设时,应沿整个电缆线路的上下各铺100～200mm厚的砂层。

电 缆 沟 宽 度 表 表14-8

电缆壕沟宽度 B(mm)		控 制 电 缆 根 数					
		0	1	2	3	4	5	6
10kV及以下电力电缆 根 数	0		350	380	510	640	770	900
	1	350	450	580	710	840	970	1100
	2	500	600	730	860	990	1120	1250
	3	650	750	880	1010	1140	1270	1400
	4	800	900	1030	1160	1290	1420	1550
	5	950	1050	1180	1310	1440	1570	1800
	6	1100	1200	1330	1460	1590	1720	1850

当电缆与铁路、公路、城市街道、厂区道路交叉时,应敷设于坚固的保护管或隧道内。电缆保护管顶面距轨底或公路面的距离不应小于1m,保护管的两端宜伸出路基两边各2m,伸出排水沟0.5m;跨城市街道,应伸出车道路面。电缆与铁路、公路交叉敷设做法见图14-10。保护管可采用钢管或水泥管等,保护管的内径不应小于电缆外径的1.5倍,管子内部应无积水,无杂物堵塞。使用水泥管、陶土管或石棉水泥管时,其内径不应小于100mm。

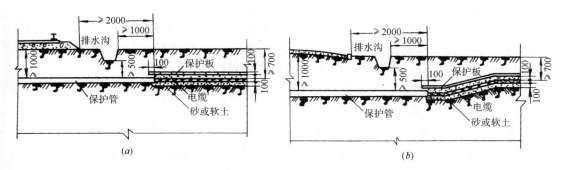

图14-10 电缆与铁路、公路交叉敷设
(a)与铁路交叉;(b)与公路交叉

直埋电缆的上、下须铺以不小于100mm厚的软土或沙层,并盖以混凝土保护板,其覆盖宽度应超过电缆两侧各50mm,也可用砖块代替混凝土盖板。当电缆之间、电缆与其他管道、道路、建筑物等之间平行或交叉时,其间的最小距离应符合表14-9之规定,并严禁将电缆平行敷设于管道的上面或下面。

电缆之间、电缆与管道、道路、建筑物之间平行和交叉时的最小允许净距　　　**表 14-9**

序 号	项 目		最小允许净距(m)		备 注
			平 行	交 叉	
1	电力电缆间及其与控制电缆间 (1)10kV 及以下 (2)10kV 以上		0.10 0.25	0.50 0.50	(1)控制电缆间平行敷设的间距不作规定;序号第"1"、"3"项,当电缆穿管或用隔热板隔开时,平行净距可降低为 0.1m (2)在交叉点前后 1m 范围内,如电缆穿入管中或用隔板隔开,交叉净距可降低为 0.25m
2	控制电缆间		—	0.50	
3	不同使用部门的电缆间		0.50	0.50	
4	热管道(管沟)及热力设备		2.00	0.50	(1)虽净距能满足要求,但检修管道可能伤及电缆时,在交叉点前后 1m 范围内,采取保护措施(2)当净距不满足要求时,应将电缆穿入管中,其净距可减 0.25m (3)对序号第 4 项,应采取隔热措施,温升不超 10℃
5	油管道(管沟)		1.00	0.50	
6	可燃气体及易燃液体管道(管沟)		1.00	0.50	
7	其他管道(管沟)		0.50	0.50	
8	铁路路轨		3.00	1.00	
9	电气化铁路路轨	交流	3.00	1.00	如不能满足要求,应采取适当防护措施
		直流	10.00	1.00	
10	公　路		1.50	1.00	特殊情况,平行净距可酌减
11	城市街道路面		1.00	0.70	
12	电杆基础(边线)		1.00	—	
13	建筑物基础(边线)		0.60	—	
14	排　水　沟		1.00	0.50	

直埋电缆敷设程序:

(1)先在设计的电缆线路上开挖试探样洞,以了解土壤和地下管线的情况,从而最后决定电缆的实际走向。样洞长为 0.4～0.5m,宽与深各 1m。在直线部分每隔 40m 开一个。在线路转弯处、交叉路口和有障碍物的地方均需开挖样洞。

(2)沿电缆实际走向,用石灰粉画出开挖的范围。一般直埋一根电缆时,开挖宽度为 0.4m,两根时,宽为 0.6m。

(3)在需穿越道路、铁路的地方要敷设保护管。

(4)开挖土方。开挖地点处于交通道路附近或较繁华的地方,其周围应设置遮栏和警告标志。

(5)在沟底上面铺约 100mm 厚筛过的软土或细砂层作为电缆的垫层,软土或细砂中不应有石头或其他坚硬杂物;在垫层上面敷设电缆。检查放好的电缆确无受损后,在电缆上面覆盖 100mm 厚的细砂或软土层,再盖上保护板或砖。板宽应超出电缆两侧各 50mm,板与板之间应紧靠连接。覆盖土要分层夯实。敷设时应在电缆引出端、中间接头、终端、直线段每隔 100m 处和走向有变化的处所挂标志牌,注明线路编号、电压等级、电缆型号、截面、起止地点、线路长度等内容,如图 14-11 所示。敷设完毕要做好电缆走向记录。

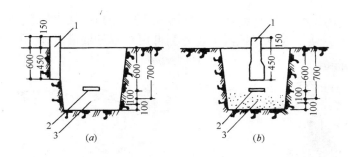

图 14-11　直埋电缆及其标志牌的装设

(a)埋设于送电方向右侧;(b)埋设于电缆沟中心

1—电缆标志牌;2—保护板;3—电缆

在含有酸、碱、矿渣、石灰等场所电缆不应直埋;否则要加缸瓦管、水泥管等保护措施。

直埋电缆引入建筑物内的做法如图 14-12 所示。图中法兰盘 6 与穿墙钢管焊接在一起,法兰盘 7 与 6 用螺栓紧固。最后在接口处再注以沥青或防水水泥。

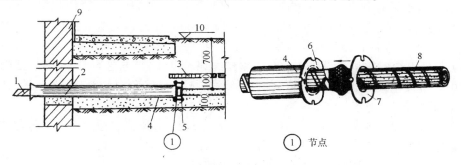

图 14-12　直埋电缆引入建筑物内的做法

1—电缆;2—防水砂浆;3—保护板;4—穿墙钢管;5—螺栓;6、7—法兰盘;

8—油浸黄麻绳;9—建筑物外墙;10—室外地坪

电缆在排管内敷设。用来敷设电缆的排管是用预制好的管块拼接起来的。每个管块如图 14-13 所示。使用时按需要的孔数选用不同的管块,以一定的形式排列,再用水泥浇成一个整体,每个孔中都可以穿一根电力电缆,所以这种方法敷设电缆根数不受限制,适用于敷设塑料护套或裸铅包的电缆。

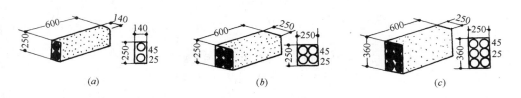

图 14-13　电缆管块

(a)2 孔;(b)4 孔;(c)6 孔

敷设方法如下:

(1) 按设计要求挖沟,并在沟底垫以素土夯实,再铺以 1:3 水泥砂浆的垫层。

（2）将清理好的排管管块下到沟底，排列整齐，管孔对正，接口处缠上纸条或塑料胶布，再用1:3水泥砂浆封实。在承重地段排管外侧可用C10号混凝土作80mm厚的保护层，如图14-14所示。

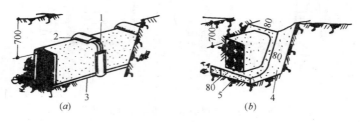

图14-14　电缆管块做法图

（a）普通型；（b）加强型

1—纸条或塑料胶粘带；2—1:3水泥砂浆抱筛；
3—1:3水泥砂浆垫层；4—C10混凝土保护层；5—素土夯实

要求整个排管对电缆人孔井方向有一个不小于1%的坡度，以防管内积水。

（3）在排管分支、转变处和直线地段每隔50～100m处挖一电缆人孔井。人孔井的形状和型号有多种，由设计和根据具体情况选定。

（4）敷设电缆时把机械设备上的牵引钢丝绳穿过排管，与电缆的一端连接，把电缆敷设于排管中。敷设电缆时，每一根电力电缆应单独穿入一根管孔内。而且要保证管孔内径不应小于电缆外径的1.5倍，且不得小于100mm。

如果敷设的是控制电缆，则同一管孔内可穿入3根，但裸铠装控制电缆不得与其他护层的控制电缆同穿一管孔内。

四、生产厂房内及隧道、沟道内的电缆敷设要求

在生产厂房内及隧道、沟道内敷设电缆，多使用支架或桥架。常用支架有角钢支架、水泥支架、装配式支架等，其形式如图14-15所示。

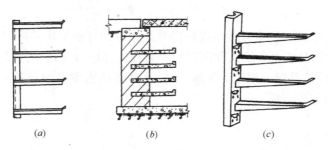

图14-15　电缆敷设常用支架

（a）角钢支架；（b）混凝土支架；（c）装配式支架

制作支架所用钢材应平直，无显著扭曲，下料后长短差应在5mm之内，切口应无卷边、毛刺。支架焊接应牢固，且无变形。焊接时应注意各横撑间的垂直净距应符合设计，偏差不应大于2mm，当设计无规定时，可参照表14-10的数值，但层间净距应不小于两倍电缆外径加10mm，充油电缆为不小于两倍电缆外径加50mm。

支架的安装应牢固,且应横平竖直。各电缆支架的同层横档应在同一水平面上,高低偏差不应大于±5mm。有坡度的电缆沟内或建筑物上安装的电缆支架,应有与电缆沟或建筑物相同的坡度。电缆支架横档至沟顶、楼板或沟底的距离,当无设计规定时,不宜小于表14-11的数值。

电缆支架层间最小允许垂直净距(mm)　　　　　　　表 14-10

电缆种类	层间最小允许垂直净距		敷 设 方 法			
			电缆夹层	电缆隧道	电缆沟	架空(吊钩除外)
电力电缆	10kV 及以下		200	200	150	150
	20～35kV		—	250	200	200
	充油电缆	外径≤100mm	—	300	—	—
		外径＞100mm	—	350	—	—
控 制 电 缆			120	120	100	100

电缆支架横档至沟顶、楼板或沟底的距离(mm)　　　　　表 14-11

项 目	敷 设 方 式		
	电缆隧道及夹层	电 缆 沟	吊 架
最上层横档至沟顶或楼板	300～350	150～200	150～200
最下层横档至沟底或地面	100～150	50～100	—

电缆在电缆沟内的敷设;电缆沟一般用砖砌成或由混凝土浇灌而成。电缆沟设在地面以下,用钢筋混凝土盖板盖住。室内电缆沟盖应与地面相平,沟盖间的缝隙可用水泥砂浆填实。无覆盖层的室外电缆沟沟盖板应高出地面≥100mm;有覆盖层时,盖板在地面下300mm,盖板搭接应有防水措施。电缆可以放在沟底,也可放在支架上,如图14-16所示。

这种敷设方法要求电缆沟内平整、干燥,能防地下水侵入。沟底保持1%的坡度。沟内每隔 50m 应设一个 0.4m×0.4m×0.4m 的积水坑。

敷设在单侧支架上的电缆,应按电压等级分层排列,高压在上,低压在下,控制与通信电缆在最下面。双侧电缆支架时应将电力电缆和控制电缆分开排列。

电缆支架间的距离一般为 1m,控制电缆为 0.8m。如果电缆垂直敷设时,支架间距为2m,而且要求保持与沟底一致的坡度,此项要求也适用于有坡度的建筑物上的电缆支架。

电缆桥架敷设是现代工业企业配电线路敷设方式的新发展。专业化生产电缆桥架工厂的诞生,为改造传统的线路敷设方式创造了条件。工厂生产的桥架具有标准化、系列化和通用化的特点,可根据现场施工条件很方便地改变电缆走向、间距或增减层数,提高现场安装工艺水平,加快施工进度,而且敷设整齐美观。随着工业生产自动化水平的不断提高,电缆数量也越来越多,走线也越来越复杂,采用电缆桥架配线的优点就更加明显了,电缆桥架的使用也就日趋广泛。

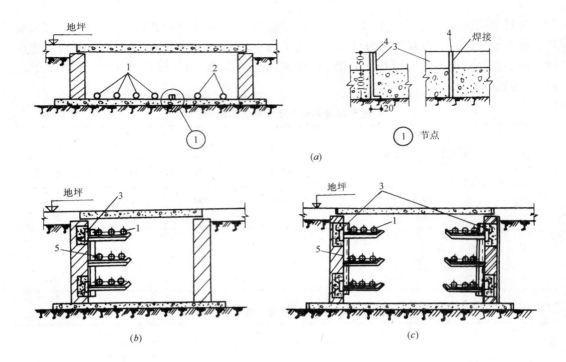

图 14-16　室内电缆沟

(a)无支架;(b)单侧支架;(c)双侧支架

1—电力电缆;2—控制电缆;3—接地线;4—接地线支持件;5—支架

　　电缆敷设完毕后,即可以进行电缆接头、电缆接头工艺要求严格,制作时必须遵守制作工艺规程,这里就不作介绍了。

　　架空线路的敷设参见第十六章。

思 考 题

14-1　线管配线常用的线管有哪些?

14-2　室内配线有几种敷设方式? 要求有哪些?

14-3　线管选择时应注意哪些问题? 线管明配及暗配有什么要求?

14-4　电缆敷设的一般规定有哪些? 有几种敷设方式?

14-5　电缆直埋敷设有哪些要求?

14-6　电缆在排管及电缆沟内敷设的方法怎样?

第十五章 安全用电和防雷

为了防止触电事故的发生,首先要积极预防。预防触电,一是要进行安全用电的教育,克服麻痹大意思想,认识到触电的危害;二是加强用电设备的管理,严格遵守技术操作规程和安全用电规程,经常检查电气设备的使用情况,加强漏电保安措施。

第一节 安 全 用 电

一、安全用电的注意事项

(1)经常检查电气设备,看设备是否漏电,绝缘性能是否下降,有无裸露的带电部分。如有上述情况,应停止使用,立即检修。

(2)架空线路安装应有一定高度,避免人体触及,沿地面敷设临时线在道路上穿钢管敷设。

(3)临时照明灯及经常移动的照明灯,应采用 36V 以下的低压。

(4)电动机械或手持电动工具应单机单闸或有专门插座,并用软线连接。使用手持电动工具,原则上应配带绝缘手套穿绝缘鞋。

(5)电气设备拆除时,应将电源线拆除,不宜拆除时,应将接线头包上绝缘胶布。

(6)电气设备应做接零接地保护,并且,在配电箱或开关箱内安装漏电保护开关。漏电保护开关的动作电流一般为 30mA,动作时间不大于 0.1s。

(7)不能用铜丝或铁丝代替熔断器中熔丝,电气设备停电后应拉闸。

(8)高压设备和接地装置周围应设围栏保护,以防触电。

二、要采取保护接地或接零的设备

在施工现场中需要采取保护接地或接零的电气设备的金属部分有:

(1)电机、变压器、电器、照明器具、携带式及移动式用电器等的底座和外壳;

(2)电气设备的传动装置;

(3)电压和电流互感器的二次绕组;

(4)配电屏与控制屏的框架;

(5)室内,外配电装置的金属架、钢筋混凝土的主筋和金属围栏;

(6)穿线的钢管、金属接线盒和电缆头、盒的外壳;

(7)装有避雷线的电力线路的杆塔和装在配电线路电杆上的开关设备及电容器的外壳。

第二节 电气设备接零接地保护

由于电气设备的绝缘破坏时,其金属外壳就会带电,当人体接触这些漏电设备金属外壳时,就会发生触电事故,由于这种漏电事故不易觉察,往往造成很大的触电危险。为了避免这种触电发生,我们对电气设备金属外壳进行接地或接零线,称为电气设备接地和接零保护,它是电气设备安全用电重要措施。

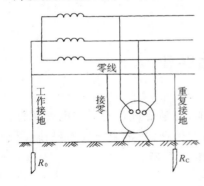

图 15-1　接地和接零

设备的某部分与土壤之间作良好的电气连接,称为接地。零线就是由变压器和发电机中性点引出的,并接了地的接地中性线。设备的某部分直接与零线相连接,称为接零。

电力系统和电气设备的接地和接零,按其不同的作用分为工作接地、保护接地、重复接地和接零,此外,为了防止雷电的危害而进行的接地,叫防雷接地;为了防止管道腐蚀而采用电气方法的接地,叫电法保护接地;为了实现屏蔽作用而进行的接地,叫屏蔽接地或隔离接地,如图 15-1 所示。

一、工作接地

为了保证电气设备在正常和事故情况下可靠地工作而进行的接地,叫工作接地。见图 15-1 中 R_0 表示工作接地的接地电阻,R_0 不宜超过 4Ω。

二、保护接地

在正常情况下不带电的金属外壳通过导线与接地体和大地之间作良好的边接,叫保护接地。保护接地的作用可用图 15-2 来说明。

电气设备的金属外壳,在正常情况下是不带电的,但当电气设备的绝缘损坏时,外壳则可能带电,此时人体触及外壳,漏电流流经人体构成通路,使人体触电,这是非常危险的。如果电气设备作了保护接地,当人体触及到漏电设备外壳时,形成人体电阻与接地电阻的并联电路。由于接地电阻很小,不超过 4Ω,并与大地间有良好接触,所以人体支路中通过的电流

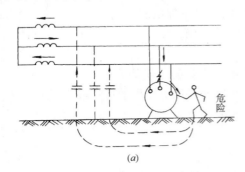
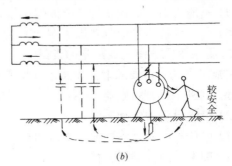

图 15-2　说明保护接地作用的示意图
(a) 没有保护接地的电动机一相碰壳时;(b) 装有保护接地的电动机一相碰壳时

就很小了,避免了触电危险,保证人身安全。

保护接地适用于不接地(对地绝缘)电网中。在这种电网中,凡由于绝缘破坏或其他原因而可能呈现危险电压的金属部分,除另有规定外,均应接地。电气设备在高处时,不应采取保护接地措施,否则会把大地电位引向高处,反而增加触电的危险性。

三、保护接零

一般低压电网都采用了三相四线制(中性点接地)供电系统,在这种电网中工作的设备,其金属外壳要与零线紧密相接,即保护接零,否则就不安全,如图 15-3 所示。

当采取了保护接零措施后,如果一相发生事故而引起电气设备外壳带电时,该相与零线之间将会产生很大的短路电流,它将迅速使该相的保护电器动作,如果该相采用熔断器保护,这时熔丝立即熔断,使带电的电气设备外壳脱离电源,从而消除了电气设备外壳带电的可能性,保证人身安全。

采用保护接零时,应注意几点:

(1) 零线必须牢固,连接可靠,如果零线断线,接在断线处后面的一些电气设备,就相当于没有保护接零或保护接地,起不到保护作用。

(2) 用于保护接零的零线上,不得装设开关或熔断

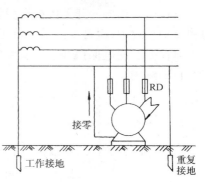

图 15-3　保护接零原理图

器,以防零线断开。在民用住宅中,常用双极瓷插式熔断器,作为单相支路的保护电器,此时相线和零线上都接有熔体,还有些单相设备也用单极开关控制,在这类情况下,零线不能作为保护接零,也就是说,不应把设备外壳接在这些装有熔断器和开关的零线上。

(3) 电源中性点不接地的三相四线制配电系统中,不允许采用保护接零。

(4) 在同一配电系统中,不允许把一部分设备作保护接零,另一部分设备作保护接地。

四、重复接地

在三相四线制供电线路中,每隔一段距离将零线

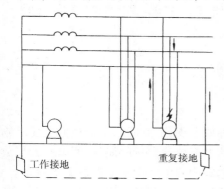

图 15-4　重复接地

接一次地,即零线在不同地点多次接地,称为重复接地。

零线重复接地主要是对接零保护方法的一种补充,即当零线断线时,使断路点以后的接零电气设备的外壳可通过零线接地,减小触电的可能性。另外,当零线断线时,后面线路的零线通过接地与变压器中心点接通使零线仍能起到三相电压平衡作用,因此能避免因零线断线而毁坏电气设备(图 15-4)。

五、单相电气设备的接零保护

一般地区都采用三相四线制供电,变压器中性点接地,所以单相电气设备从三相四线制中取得单相电压,也应采用接零保护。

(1) 零线不装熔断器的接零保护。一般在单相供电中,只在火线上装熔断器,这时设备外壳保护接零,而且接零要用专线,如图 15-5。不能将接零线与设备的电源零线相接,这样做很不安全。

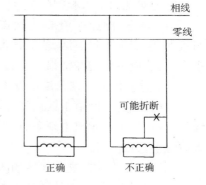

图 15-5　专线接零

（2）零线相线都装熔断器的接零保护。这时电气设备外壳接零时应接在辅助零线上，不能接在电源零线上。如图15-6。因为一旦零线上的熔断器熔丝熔断，电气设备漏电时外壳不能接零，失去保护作用。

单相电气设备的开关应接在相线上，当开关断开时，电气设备不带电。电气设备接零的单相保护系统中，也可采用零线重复接地保护（图15-7）。

但在安装漏电保护开关的线路中，零线不能采用重复接地保护措施，否则会使漏电保护开关自动跳闸。

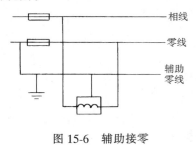

图15-6 辅助接零

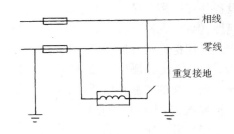

图15-7 零线重复接地和开关接入相线

第三节 建筑物防雷

一、雷电对建筑物的危害

雷电是常见的一种自然现象，它是天空云层间一种放电现象，有时云层与地面上建筑物也产生放电，造成建筑物受到雷击。由于云层中云集的电荷蕴藏大量的能量，所以在云层放电产生雷击时释放出为数可观的电能，使受到雷击的建筑物和电气设备受到严重损毁。

一般建筑物突出的地方很容易受到雷击，像高层建筑，高大烟囱，电视发射塔，及高大的古代建筑物，都容易引雷。因此，这些地方都要防雷。

雷电对地面上人和物的危害主要有以下几方面危害。

（1）雷电对地面产生的直接雷击。当雷电产生直接雷击时，释放电流很大，而且放电时间短促，会产生大量热能，使被雷击的金属熔化，木质设备燃烧，易燃易爆物品起火爆时，人畜伤亡，造成巨大的经济损失。直接雷击造成的危害最大。

（2）感应雷击。在云层中发生雷电时，会产生巨大的雷电电流。这些雷电电流产生磁效应和电磁感应，使落雷区内的导体产生数十万伏感应电压。这些感应电压使电气设备绝缘材料击穿，也产生放电现象，造成设备间火花放电，引起电气设备损坏和火灾，同时也会使人体触电伤亡。

（3）雷击产生机械力，使被击中物体发热产生剧烈膨胀或急速蒸发，使这些物品炸裂。

（4）雷击时在雷击点附近产生跨步电压，使附近人畜进入后承受较高跨步电压而发生触电。跨步电压：雷击时，在雷击点附近不同地点会产生不同的较高电压。

二、防雷设备

（一）接闪器

接闪器就是专门用来接受直接雷击（雷闪）的金属物体。接闪的金属杆，称为避雷针。

接闪的金属线,称为避雷线或架空地线。接闪的金属带、金属网,称为避雷带、避雷网。所有接闪器都必须经过接地引下线与接地装置相连。

1. 避雷针

一般用镀锌圆钢(针长 1～2m 时,直径不小于 16mm)或镀锌焊接钢管(针长 1～2m 时,内径不小于 25mm)制成。它通常安装在电杆(支柱)或构架、建筑物上。它的下端要经引下线与接地装置焊接、避雷针的功能是引雷作用,单根避雷针防雷范围为:

$$r = 1.5h \tag{15-1}$$

式中　　r——地面防雷半径;

　　　　h——接闪器距地面高度(图 15-8)。

接闪器闪端距地面高度可由下面公式确定:

$h_x/r_x \leqslant 1.5, h = 1.25h_x + 0.63r_x$

$h_x/r_x > 1.5$ 时,$h = h_x + r_x$

式中　　h_x——建筑物高度;

　　　　r_x——在 h_x 高度上避雷针保护半径;

　　　　h——接闪器尖端高度;

　　　　r——地面保护半径。

如果建筑物较长或面积较大时,可采用两根或多根避雷针联合保护。

避雷针下端要经引下线与接地装置焊接。如采用圆钢,直径不得小于 8mm(暗设时可利用建筑结构内主筋);如采用扁钢,截面不得小于 48mm²,厚度不得小于 4mm。装设在烟囱上的引下线,圆钢直径不得小于 12mm;扁钢截面不得小于 100mm²,厚度不得小于 4mm。这些扁钢或圆钢均需镀锌或涂漆。

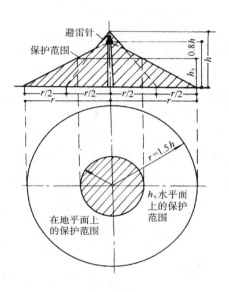

图 15-8　单根避雷针的保护范围

若计算在被保护物高度 h_x 水平面上的保护半径(m),可按下式:

(1) 当 $h_x \geqslant 0.5h$ 时,

$$r_x = (h - h_x)P = h_a \cdot P \tag{15-2}$$

式中　　h_a——避雷针的有效高度;

　　　　P——高度影响系数,$h \leqslant 30m,P=1$;$30m < h \leqslant 120m,P = 5.5/\sqrt{h}$。

(2) 当 $h_x < 0.5h$ 时,

$$r_x = (1.5h - 2h_x) \cdot P \tag{15-3}$$

【例 15-1】　某厂一座 30m 高的水塔旁边,建有一个车间变电所,尺寸如图 15-9 所示,单位为米。水塔上面装有一支高 2m 的避雷针来防护直击雷。试问水塔上的避雷针能否保护这一变电所。

【解】　已知 $h_x = 8m, h = 30 + 2 = 32m$,

$$h_x/h = 8/32 = 0.25 < 0.5$$

故由公式(15-3)得被保护变电所高度水平面上的保护半径

$$r_x = (1.5 \times 32 - 2 \times 8) \times 5.5 / \sqrt{32} = 31 \text{m}$$

现变电所一角离避雷针最远的水平距离为

$$r = \sqrt{(10+15)^2 + 10^2} = 27 \text{m} < r_x$$

由此可见,水塔上避雷针能够保护变电所。

2. 避雷线

避雷线一般用截面不小于 25mm^2 的镀锌钢绞线,架设在架空线路的上边,以保护架空线路免遭直接雷击。其功能与避雷针基本相同。

3. 避雷带和避雷网

避雷带和避雷网普遍用来保护高层建筑物免遭直击雷和感应雷。避雷带采用直径不小于 8mm 的圆钢或截面不小于 48mm^2、厚度不小于 4mm 的扁钢,沿屋顶周围装设,高出屋面 100～150mm,支持卡间距离 1～1.5m。避雷网则除沿屋顶周围装设外,屋顶上面还用圆钢或扁钢纵横连接成网。在房屋的沉降缝处应多留 100～200mm 避雷带、网必须经 1～2 根引下线与接地装置可靠地连接。

(二)避雷器

避雷器是用来防护雷电产生的过电压波沿线路侵入变配电所或其他建筑物内,以免危及被保护设备的绝缘。避雷器应与被保护设备并联,在被保护设备的电源侧(图15-10)。

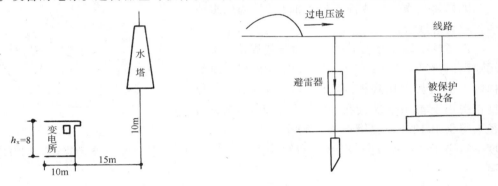

图 15-9   图 15-10

避雷器的形式,主要有阀式和排气式等。

1. 阀式避雷器

由火花间隙和阀片组成,装在密封的磁套管内。阀式避雷器在线路上出现过电压时,其火花间隙击穿,阀片能使雷电流顺畅地向大地泄放。当过电压一消失,线路上恢复工频电压时,阀片呈现很大的电阻,使火花间隙绝缘迅速恢复而切断工频续流,从而保证线路恢复正常运行。必须注意:雷电流流过阀电阻时要形成电压降,这就是残余的过电压,称为残压,这残压要加在被保护设备上。因此,残压不能超过设备绝缘允许的耐压值,否则设备绝缘仍要被击穿。

阀式避雷器还有一种磁吹型,即磁吹式避雷器,内部附有磁吹装置来加速火花间隙中电弧的熄灭,从而可进一步降低残压,专用来保护重要的或绝缘较为薄弱的设备如高压电动机等。

2. 排气式避雷器

通称管型避雷器,由产气管,内部间隙和外部间隙组成,排气式避雷器具有残压小的突出优点,且简单经济,但动作时有气体吹出,因此只用于室外线路,变配电所为一般采用阀式避雷器。

3. 保护间隙

又称角式避雷器,它简单经济,维护方便,但保护性能差,灭弧能力小,容易造成接地或短路故障,引起线路开关跳闸或熔断器熔断,造成停电。因此,对于装有保护间隙的线路上,一般要求装设 ARD 与之配合,以提高供电可靠性,保护间隙用于室外且负荷次要的线路上。

4. 金属氧化物避雷器

又称压敏避雷器,这是一种没有火花间隙只有压敏电阻片的新型避雷器。目前,金属氧化物避雷器已广泛用作低压设备的防雷保护。

三、防雷措施

1. 架空线路的防雷措施

(1)架设避雷线 63kV 及以上架空线路上沿全线装设,35kV 的架空线路上一般只在进出变电所的一段线路上装设,而 10kV 及以下线路上一般不装设避雷线。

(2)提高线路本身的绝缘水平,可采用木横担、瓷横担,或采用高一级的绝缘子,这是 10kV 及以下架空线路防雷的基本措施。

(3)利用三角形排列的顶线兼作保护线。

(4)装设自动重合闸装置。

(5)个别绝缘薄弱点装设避雷器。

2. 变配电所的防雷措施

(1)装设避雷针。

(2)高压侧装设阀式避雷器 主要用来保护变压器,以免雷电冲击波沿高压线路侵入变电所,避雷器应尽量靠近变压器安装,其接地线应与变压器低压侧接地中性点及金属外壳连在一起接地。

(3)低压侧装设阀式避雷器或保护间隙 这主要是在多雷区用来防止雷电波沿低压线路侵入而击穿变压器的绝缘。当变压器低压侧中性点不接地时,其中性点可装设阀式避雷器或保护间隙。

3. 高压电动机的防雷措施

高压电动机对雷电波侵入的防护,采用专用于保护旋转电机用的 FCD 型磁吹阀式避雷器或具有串联间隙的金属氧化物避雷器。

4. 建筑物的防雷措施

建筑物容易遭受雷击的部位与屋顶的坡度有关,应根据要求装设避雷针或避雷带(网)进行重点保护。

5. 消雷器

根据国内外很多雷击事故资料可知,有时安装了避雷针后,被保护设备遭受雷击的次数反而比未安装避雷针时显著增加。因此,近年来出现了以消雷器取代避雷针的动向。

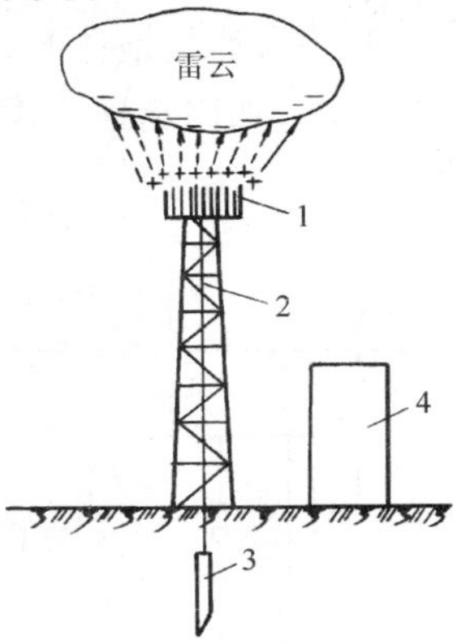

消雷器是利用金属针状电极的尖端放电原理,使雷云电荷被

图 15-11　消雷器
的防雷原理

1—离子化装置;2—连接线;
3—接地装置;4—被保护物

中和,从而不致发生雷击现象。如图 15-11 所示,当雷云出现在消雷器及其保护的设备(或建筑)上方时,消雷器及其附近大地都要感应出与雷云电荷极性相反的电荷。绝大多数靠近地面的雷云是带负电荷的,因此大地要感应出正电荷。由于消雷器浅埋地下的接地装置(称为"地电收集装置"),通过"连接线"(引下线)与高台上安有许多金属针状电极的"离子化装置"相连,使大地的大量正电荷在雷电场作用下(有时加上风力),由针状电极发射出去,向雷云方向运动,使雷云被中和,雷电场减弱,从而防止雷击的发生。

消雷器由离子化装置、连接线及地电收集装置等三部分组成。离子化装置一般要高出被保护物。地电收集装置规定埋深 300mm 左右,面积不小于 30m×20m。连接线路只需通过毫安级的电流,其截面只取决于机械强度。

第四节　接地的要求和装设

一、接地电阻及其要求

接地电阻是接地体的流散电阻与接地线电阻的总和。一般接地线的电阻很小,可以略去不计,因此可以认为接地体的流散电阻就是接地电阻。

我国有关规程规定的部分电力装置所要求的工作接地电阻值,列于附录 7 中,供参考。

二、接地装置的装设

1. 一般要求

在设计和装设接地装置时,首先应充分利用自然接地体,以节约投资,节约钢材。如果实地测量所利用的自然接地体电阻已能满足要求而且这些自然接地体又满足热稳定条件时,就不必再装设人工接地装置,否则应装设人工接地装置作为补充。

2. 自然接地体的利用

可作为自然接地体的有:建(构)筑物的钢结构和钢筋、行车的钢轨、埋地的金属管道(但可燃液体和可燃可爆气体的管道除外)以及敷设于地下而数量不少于两根的电缆金属外皮等。对于变配电所来说,可利用它的建筑物钢筋混凝土基础作为自然接地体。

利用自然接地体时,一定要保证良好的电气连接,在建(构)筑物钢结构的接合处,除已焊接者外,凡用螺栓连接或其他连接的,都要采用跨接焊接,而且跨接线尺寸不得小于规定值。

3. 人工接地体的装设

人工接地体有垂直埋设和水平埋设两种基本结构形式,如图 15-12 所示。

接地体通常采用长度为 2.5m,管壁厚 3.5mm 的钢管或直径为 10mm 的圆钢,离地面 0.8m 垂直埋设于地下,顶端用截面不小于 100mm² 的扁钢把各接地体连起来。垂直接地体间距离一般为 5m,距建筑物出入口及人行道不应小于 3m。

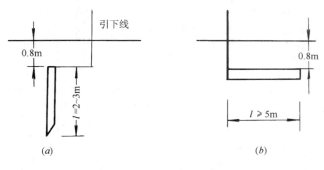

图 15-12　人工接地体
(a)垂直埋设的棒形接地体;(b)水平埋设的带形接地体

当小于 3m 时,应采取下列措施之一:

(1) 水平接地体局部埋深不小于 1m;

(2) 水平接地体局部包以绝缘体,例如涂厚 50~80mm 的沥青层;

(3) 采用沥青碎石路面,或在接地装置上面敷设厚 50~80mm 的沥青层,其宽度超过接地装置 2m。

按规定,钢接地体和接地线的最小尺寸规格如附录 8 所示。对于敷设在腐蚀性较强的场所的接地装置,应根据腐蚀的性质,采用热镀锡、热镀锌等防腐措施,或适当加大截面。

三、建筑工地的防雷

高大建筑物施工工地的防雷问题值得重视。由于高层建筑物施工工地四周的起重机、脚手架等突出很高,木材堆积很多,万一遭受雷击,不但对施工人员的生命有危险,而且很易引起火灾,造成事故。高层楼房施工期间应该采取如下的措施:

(1) 施工时应提前考虑防雷施工程序,为了节约钢材,应按照正式设计图纸的要求,首先做好全部接地装置。

(2) 在开始架设结构骨架时,应按图纸规定,随时将混凝土柱子内的主筋与接地装置连接起来,以备施工期间,柱顶遭到雷击时,使雷电流安全地流散入地。

(3) 沿建筑物的四角和四边竖起的杉木脚手架或金属脚手架上,应做数根避雷针,并直接接到接地装置上,保护全部施工面积。其保护角可按 60° 计算,针长最少应高出杉木 30cm,以免闪时燃烧木材,在雷雨季节施工时,应随杉木的接高,及时加高避雷针。

(4) 施工用的起重机最上端必须装设避雷针,并将起重机下面的钢架连接于接地装置上,接地装置应尽可能利用永久性接地系统。

(5) 应随时使施工现场正在绑扎钢筋的各层地面,构成一个等电位面,以避免遭受雷击时的跨步电压,由室外引来的各种金属管道及电缆外皮,都要在进入建筑物的进口处,就近接在接地装置上。

第五节 弱电系统接地

建筑弱电系统的接地对保证弱电系统的信息传播质量,系统的工作稳定性以及设备和人员的安全都具有重要的作用。目前,弱电系统普遍采用计算机控制,对接地和抗干扰的要求更高,同时由于接入地中的电流错综复杂,相互影响,给弱电系统的接地安装提出了较高的要求。

一、蓄电池的一个极接地

目前,弱电站房的蓄电池正极是直接接在充放电盘的正极馈电排螺栓上连接接地的,这是设备工作回路所需要的工作接地。

二、弱电站房机架、机壳接地

使安装在机架上的设备机壳等金属构件都全部接地,以保持在同一较稳定的电位上,各设备间、系统间、回路间相互感应而产生的干扰便可大大减少。如上所述,各种金属构件的接地与蓄电池正极用同一接地。

三、电话机房总配线架接地的作用

为简化保安器排(避雷器排)结构,一般把故障信号回路的接地和过电压保护装置的接地合并,并考虑总配线架与交换机外壳连在一起,因而,这一接地也就接到蓄电池正极的接地。严格地说,过电压保护装置的接地应接到保护接地装置上以免杂音干扰。

四、室内、外电缆桥架、金属保护管、电缆金属表皮接地的作用

这一接地是接到保护接地装置,它有屏蔽过电压的保护作用,防止电缆金属表皮腐蚀等作用。

五、交流电源设备(整流设备)的接地作用

弱电设备的直流电源,要依靠交流电整流充电或整流后直接供电。在弱电工程中常见以下几种情况:

(1)三相四线制变压器的中性线重复接地,其作用是当电力网的某部分发生故障而接地时,能使保护装置动作,切断事故地段或回路。

(2)交流电源设备金属外壳、框架、栅栏的接地,其作用是防止设备带电导线的绝缘损坏而漏电到外壳或框架上发生危害电压和防止可能由雷电或高压电的直击或感应而产生的过电压。

交流电源设备的接地,在弱电施工时均接到弱电系统的保护接地上。

六、辅助接地

辅助接地在一般情况下设立,因为,它仅仅是为了测量接地装置的电阻时用。在某些对接地要求比较高的弱电系统中才设辅助接地极。

第六节 电 气 安 全

一、电气安全的一般措施

在供用电工作中,必须特别注意电气安全。如果不注意电气安全,就可能造成严重的人身触电事故,或者引起失火和爆炸,给国家和人民带来极大的损失。

保证电气安全的措施如下:

(1)加强安全教育,树立安全生产的观点。

(2)建立和健全必要的规章制度。

(3)确保供电工程的设计安装质量。

(4)加强运行维护和检修试验工作。

(5)对于容易触电的场所和手提电器,应采用36V或更低的安全电压。在易燃、易爆场所,应采用密闭或防爆型电器。

(6)采用电气安全用具。

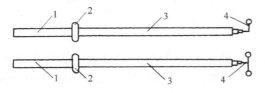

图 15-13 绝缘钩棒
1—手柄;2—护环;3—绝缘杆;4—金属钩

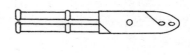

图 15-14 绝缘夹钳

1）基本安全用具　这类安全用具的绝缘足以承受电气设备的工作电压,操作人员必须使用它,才允许操作带电设备。例如操作隔离开关的绝缘钩棒(图15-13),用来装拆熔断器熔管的绝缘夹钳(图15-14)等就是。

2）辅助安全用具　这类安全用具的绝缘不足以完全承受电气设备的工作电压的作用,但是操作人员使用它,可使人身安全有进一步的保障。例如绝缘手套,绝缘靴、绝缘垫台、高压验电器(图15-15a)、低压试电笔(图15-15b)和临时接地极以及警告牌等。

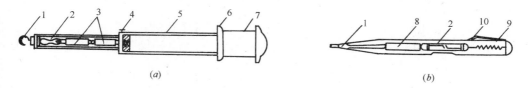

(a)　　　　　　　　　(b)

图 15-15
(a) 高压验电器;(b) 低压试电笔
1—触头;2—氖灯;3—电容器;4—接地螺钉;
5—绝缘杆;6—护环;7—手柄;8—碳质电阻;9—弹簧;10—金属挂钩(握柄)

(7）普及安全用电知识。

二、触电的急救处理

触电人员的现场急救,是抢救过程中的一个关键。如处理得及时和正确,就可能使因触电而呈假死的人获救;反之,必然带来不可弥补的后果。

1. 脱离电源

使触电人脱离电源,是救治触电人的第一步,也是最重要的一步。具体做法如下:

（1）如果开关距离救护人较近,应迅速拉开开关,切断电源。

（2）如果开关距离救护人较远,可用绝缘手钳或装有干燥木柄的刀、斧、铁锹等将电线切断;但要防止被切断的电源线触及人体。

（3）当导线搭在触电人身上或压在身下时,可用干燥木棒、竹竿或其他带有绝缘手柄的工具,迅速将电线挑开,但不能直接用手或用导电的物件去挑电线,以防触电。

（4）如果是人在高空触电,还必须采取安全措施,以防电源切断后,触电人从高空摔下致残或致死。

2. 急救处理

当触电人脱离电源后,应依据具体情况,迅速对症救治,同时赶快派人请医生前来抢救。

（1）如果触电人伤害并不严重,神智尚清醒,或者虽一度昏迷,但未失去知觉时,都要使之安静休息,不要走路,并密切观察其病变。

（2）如果触电人的伤害较严重,失去知觉,停止呼吸,但心脏微有跳动时,应采取口对口人工呼吸法。如果虽有呼吸,但心脏停跳时,则应采取人工胸外挤压心脏法。

（3）如果触电人伤害得相当严重,心跳和呼吸都已停止,人完全失去知觉时,则需采用口对口人工呼吸和人工胸外挤压心脏两种方法同时进行。

思 考 题 与 习 题

15-1　安全用电有哪些注意事项? 在施工现场有哪些电气设备要采取保护接地和保护接零?

15-2　电气设备有哪些保护措施？各在什么情况下采用？在采用这些保护时应注意哪些问题？

15-3　建筑物有哪些防雷措施和防雷装置？每根避雷针的保护范围怎样确定？

15-4　某厂有一座防雷建筑物，高 10m，其屋顶最远的一角距离高 50m 的烟囱 15m 远，烟囱上装有一根 2.5m 高的避雷针。试验算此避雷针能否保护这座建筑物。

15-5　人工接地体与自然接地体有什么不同？

15-6　保证电气安全的措施有哪些？如果有人触电该怎样急救？

第十六章　施工现场用电

第一节　施工现场的供电和要求

　　施工现场的电力供应是保证实现高速度、高质量施工作业的重要前提,施工现场的用电设施,有些是属于临时设施,即所谓"暂设"电气工程,但是它对整个施工的安全、质量乃至工程造价都构成直接影响。施工现场的用电设备主要是动力设备和照明设备,因此要采用 380/220V 两种电压供电,应采用三相四线制的供电方式。这种供电方式不但可以满足施工工地用电要求,还有利于用电设备保护性接零和重复接地,符合安全用电的要求。

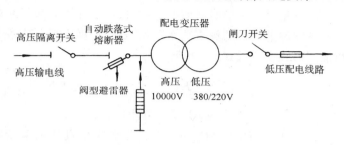

图 16-1　柱式变电所系统图

　　建筑工地供电特点是,用电设备移动性大,临时用电多,负荷经常变化,用电环境差,所以供电时要注意到这一特点。建筑工地供电线路一般均采用架空线路,而很少采用电缆线路。架空线路的导线一般采用绝缘线,移动电气设备应采用铜芯橡胶套电缆线。架空线路应按正式线路安装。

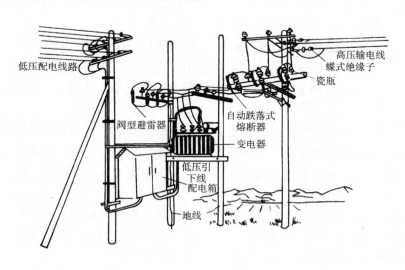

图 16-2　柱式变电所

　　一般建筑工地用电量很大,需要通过配电变电所获得电能。建筑工地常见的配电变电所是柱式变电所,其系统图如图 16-1。它主要是由柱上变压器、高压隔离开关、自动跌落式熔断器、阀式避雷器、低压配电箱组成。柱式变电所见图 16-2。

根据建筑施工现场用电需要，在施工供电工作中，要做好以下几方面的工作：

（1）估算施工工地总的用电量，并根据用电量的选择配电变压器。

（2）选择配电变电所最佳设置地点，布置施工现场供电线路。

（3）根据供电线路配置情况及各线路的用电负荷量，计算并选择配电导线的截面。

（4）根据施工现场的总平面图，绘制供电平面图。

第二节　施工用电量估算

施工现场用电量的大小是选择电源容量的重要依据。这里所说"用电量"大小是用视在功率的单位伏安（VA）或千伏安（kVA）来度量的。施工现场用电量是由动力设备用电量和照明设备用电量两大部分组成的。

用电量是一个随时间而变化的量，严格计算起来很麻烦。估算的方法和原则：将所有电气设备铭牌上提供的额定功率千瓦（kW）折算成视在功率千伏安（kVA），各经折算后再进行相加。形式表示如式（16-1）所示。

$$S = K_1 \frac{\Sigma P_1}{\eta \cos\varphi_1} + K_2 \Sigma S_2 + K_3 \frac{\Sigma P_3}{\cos\varphi_3} + K_4 \frac{\Sigma P_4}{\cos\varphi_4} \tag{16-1}$$

式中　　　　　　S——施工现场总用电量，kVA；

P_1、ΣP_1——P_1 表示动力设备上电动机的额定功率（铭牌上标注的功率）。ΣP_1 表示所有动力设备上的电动机额定功率之和，kW；

S_2、ΣS_2——S_2 表示电焊机的额定容量。ΣS_2 表示所有电焊机额定容量之和，kVA；

ΣP_3——室内照明总功率，kW；

ΣP_4——室外照明和电热设备总功率，kW；

$\cos\varphi_1$、$\cos\varphi_3$、$\cos\varphi_4$——分别为电动机、室内和室外照明负载的平均功率因数；其中 $\cos\varphi_1$ 与同时使用电动机的数量有关见表 16-1。$\cos\varphi_3$ 和 $\cos\varphi_4$ 与照明光源的种类有关，当气体放电灯较少，白炽灯占绝大多数时，可按 1.0 计算；

η——电动机的平均效率，一般为 0.75～0.93，计算可采用 0.86；

K_1、K_2、K_3、K_4——需要系数。考虑各用电设备不同时使用，有些动力设备和电焊设备也不同时满载。此系数的大小要视具体情况而定，表 16-1 中提供系数供参考。

使用公式（16-1）计算前两项时，可参考附录 9；计算后两项时，可分别参考表 16-2 和表 16-3。如果照明用电量所占的比重很小，也可不用计算后两项，而只要在动力用电量即式（16-1）中的前两项之和之外，再加上 10% 作为照明的用电量即可。

【例 16-1】　某建筑工程施工现场动力用电情况为：TQ60/80 塔式起重机一台总功率为 55.5kW（五台电动机），JJM-3 型卷扬机二台（7.5kW×2），J-400A 型混凝土搅拌机二台（7.5 kW×2），HW-20 型蛙式夯土机四台（1.5kW×4），钢筋调直、弯曲、切断机各一台（5.5＋3＋

5.5)kW,MJ 106 木工圆锯(5.5kW)一台,交、直流电焊机各一台,BX3-500-2(38.6kVA),AX5-500(26kW)试求此施工现场的总用电量。

土建施工用电量设备的 $\cos\varphi$ 及需要系数值

表 16-1

用电设备名称	数量	需要系数	功率因数	备注
电 动 机	10 台以下	0.7	0.68	
	11～30 台	0.6	0.65	
	30 台以上	0.5	0.60	
电 焊 机	10 台以下	0.6	交直流电焊机分别为 0.45、0.89	
	10 台以上	0.5	交直流电焊机分别为 0.40、0.87	
室内照明		0.8	1.0	
室外照明和电热设备		1.0	1.0	

【解】 (1)根据各施工机械设备的型号,查阅附录 9 找出各施工机械设备的总功率。如果表中没有,则要查阅其他有关资料或直接查看动力设备上的铭牌。

(2)计算所有施工机械设备的总功率和容量。

$\Sigma P_1 = 55.5 + 7.5 \times 2 + 7.5 \times 2 + 1.5 \times 4 + 5.5 + 3 + 5.5 + 5.5$

$\quad\quad = 111(\text{kW})$

共有电动机约 17 台,平均效率可按 0.86 计算,从表 16-1 中可见需要系数 $K_1 = 0.6$,功率因数 $\cos\varphi_1 = 0.65$。

所有施工机械设备的总用电量 S_1 为:

$$S_1 = \frac{K_1 \Sigma P_1}{\eta\cos\varphi_1} = 0.6 \times \frac{111}{0.86 \times 0.65} = 119(\text{kVA})$$

室内照明用电定额参考资料

表 16-2

序 号	用电定额	容量(W/m²)	序 号	用电定额	容量(W/m²)
1	混凝土及灰浆搅拌站	5	13	锅炉房	3
2	钢筋室外加工	10	14	仓库及棚仓库	2
3	钢筋室内加工	8	15	办公楼、试验室	6
4	木材加工锯木及细木作	5～7	16	浴室、盥洗室、厕所	3
5	木材加工模板	3	17	理发室	10
6	混凝土预制构件厂	6	18	食堂或俱乐部	5
7	金属结构及机电修配	12	19	诊疗所	6
8	空气压缩机及泵房	7	20	宿舍	3
9	卫生技术管道加工厂	8	21	托儿所	9
10	设备安装加工厂	8	22	招待所	5
11	发电站及变电所	10	23	学校	6
12	汽车库或机车库	5	24	其他文化福利	3

(3)计算电焊设备的总容量

由于直流电焊机所给的数据(26kW)是其中交流电动机的额定功率,所以要根据表 16-1查得的功率因数(0.89)计算出直流电焊机的视在功率 26/0.89(kVA),再与交流电焊机的

视在功率相加。电焊设备的需要系数 K_2 从表 16-1 中查得为 0.6，所以电焊设备的总容量为

$$K_2 \Sigma S_2 = 0.6 \times \left(38.6 + \frac{26}{0.89}\right) = 40.7 \text{kVA}$$

室外照明用电参考资料 表 16-3

序　号	用电名称	容量（W/m²）	序　号	用电名称	容量（W/m²）
1	人工挖土工程	0.8	7	卸车场	1.0
2	机械挖土工程	1.0	8	设备堆放，砂石、木材、钢筋、半成品堆放	0.8
3	混凝土浇灌工程	1.0	9	车辆行人主要干道	2000W/km
4	砖石工程	1.2	10	车辆行人非主要干道	1000W/km
5	打桩工程	0.6	11	夜间运料（夜间不运料）	0.8(0.5)
6	安装及铆焊工程	2.0	12	警卫照明	1000W/km

（4）计算室内、外照明设备和电热设备的总容量 S_h

由于题中没有给出照明的有关资料，也没有电热设备，所以可按前两项之和的 10% 进行估算。即

$$S_h = (119 + 40.7) \times 10\% = 16 \text{kVA}$$

（5）施工现场的总用电量 S 为

$$S = S_1 + K_2 \Sigma S_2 + S_h = 119 + 40.7 + 16 = 176 \text{kVA}$$

此数据 S 是选择变压器容量、选择有关供电线路和设备的重要依据。

第三节　施工现场的临时电源设施

为保证施工现场合理供电，既安全可靠，又能节约电能，首先要恰当的选择临时电源，并且，要按规范要求安装和维护电源设施。

一、施工现场临时电源的选择

1. 选择时须考虑的因素

（1）建筑工程及设备安装工程的工程量和施工进度及施工现场的规模大小；

（2）各个施工阶段的电力需要量及总用电量；

（3）用电设备在施工现场的分布情况；

（4）当地电源状况。

2. 临时供电电源的几种方案：

（1）利用永久性的供电设施。对于较大工程，临时电源的规划应尽量与永久性供电方案统一考虑。

（2）借用就近的供电设施。当施工现场的用电量较小或附近的供电设施容量较大并且有余量，能满足施工临时用电的要求时，施工现场可完全由附近的供电设施供电。

（3）当施工现场用电量大，附近的供电设施无力承担时，利用附近的高压电力网，向供

电部门申请安装临时变压器。

（4）施工现场位于边远地区,尤其是市政工程,如道路,桥梁工程或管线工程等,其施工地点随着工程进展而转移,取得电源较困难,应建立临时电站。

确定方案时,还应遵循下述原则:

（1）当低压供电能满足要求时,尽量不再另设供电变压器;

（2）当施工用电能进行负荷调度时,即能压缩峰值时,应尽量减少申报的需用电源容量;

（3）对于工期较长的工程,应作分期增设与拆除电源设施的规划方案,力求结合施工总进度合理配置。

二、临时配电变压器的选择

1. 变压器容量的选择

施工现场完全由临时配电变压器供电时,只要按施工现场总用电量(S)选择变压器容量(S_e)即可。常用电力变压器的技术数据如附录1所示。选择时只要按总用电量的数值去查阅附录1,选择两数值相近的即可。

如果施工工期较长,变压器的容量选择还要考虑变压器的损耗。变压器运行在额定容量的60%时,其效率最高,损耗相对比较小,因此变压器的容量 S_e 与施工现场总用电量 S 之间应满足式(16-2)的要求,

$$S_e = \frac{S}{\beta} \qquad (16-2)$$

式中　β——变压器的负荷率,取值范围为70%～80%。

一般情况下变电所中单台变压器(低压侧为0.4kV)的容量不宜大于1000kVA,而且要至少留有15%～25%的富裕容量。

2. 变压器电压等级的选择

建筑工地使用的电网配电高压一般为6kV或10kV,配电低压一般为380/220V,变压器高压侧的额定电压应与配电高压相符,低压侧额定电压为380/220V。因此,低压侧绕组接法必须为Y_0接,不能用其他接法(Y接或$\triangle$接)。

3. 变压器的系列选择

国产中小型电力变压器常用的有S6、S7、SL7、SG、SCL、SLZ等系列。应按下列原则选择:

（1）一般选用铝线变压器,只是在某些有特殊要求的项目才采用铜线变压器。

（2）SL7系列电力变压器是更新换代产品,具有低耗、体积小、重量轻等优点,应优先选用。

4. 变压器台数的选择

当符合下列条件之一时,宜安装两台及以上变压器:

（1）集中负荷较大;

（2）昼夜或季节性负荷波动较大。

【例16-2】　为例题16-1的施工现场选择变压器。

【解】　（1）容量 S_e 选择　根据施工现场总用电量 S 进行选择:$S_e \geqslant S = 176kVA$,查附录1可选 $S_e = 200kVA$。

（2）电压选择 根据此变压器容量，一般情况下，高压侧为 10kV，低压侧为 0.4kV。

（3）系列选择 宜选用 SL7 系列。

因此选用 SL7－200/10 型电力变压器一台供施工现场用电。

三、变压器的位置及放置形式

变压器位置的选择，应根据下列要求综合考虑确定：

（1）变压器应尽量靠近负荷中心或接近大容量用电设备；

（2）进出线方便，尽量靠近高压电源；

（3）变压器副边电压为 0.4kV 时，其供电半径以 500m 以内为宜，最大不超过 800m。

（4）运输方便，易于安装；

（5）要远离剧烈振动、多尘或有腐蚀性气体的场所；

（6）应符合爆炸和火灾危险场所电力装置的有关规定。

变压器一般采用露天放置，不但进出线方便，还应通风良好。

变压器容量在 180kVA 以下时，可安装在双电杆（柱）上，当容量较大时，则要安装在混凝土台墩上。

第四节 施工现场低压配电线路

按规定施工现场内一般不许架设高压电线，必要的时候，应按当地电业局的规定，使高压电线和它所经过的建筑物或者工作地点保持安全的距离，并且适当加大电线的安全系数，或者在它的下边增设电线保护网；在电线入口处，还应该设有带避雷器的油开关装置。

施工现场低压配电线路，绝大多数为三相四线制供电，它可提供 380V、220V 两种电压，供不同负荷选用，也便于变压器中性点的工作接地，用电设备的保护接零和重复接地，以利于安全用电。

一、施工现场的供电方式

（1）用电量在 200kVA 以下的小型施工现场，一般采用一路主干线供电，各支线由主干线上引接，即成为树干式供电系统。此主干线可根据道路情况而定。

（2）设有两台施工电源变压器的中型施工现场，一般采用两路主干线供电。其供电网络可构成环形闭合式，以提高供电的可靠性，也可构成不闭合式的。各支路可接自一个主干线或兼接自两个主干线。

（3）具有多台施工电源变压器的大型施工现场，则采用放射形多路主干线（电压等级要高于 0.4kV），送至各区域，在每个区域内再分块构成环形网络。

对不能长期停电的重要负荷，可设置备用电源或保安电源，例如生活与消防水泵等。

二、施工现场供电线路的敷设及其要求

施工现场的配电线路，其主干线一般都采用架空敷设方式，个别情况因架空有困难时亦可考虑采用电缆敷设。有条件的郊区或农村可采用地埋线。

架空线路的敷设一般是利用水泥杆或木杆用瓷瓶将导线架设在电线杆的横担上。两个电线杆相距 25～40m，导线与导线相距 40～60cm。架空线路尽量取直线，并保持水平。转变时要拉纤，防止电杆倾斜。分支线和进户线必须由电杆横担处接出，不能由两杆之间的线路上接出，终端杆及分支杆的零线要重复接地，以减小接地电阻，并防止由意外事故零线断

线时,造成触电事故或毁坏用电设备。

架空线路的电杆埋设深度要符合要求,电杆的埋深与电杆杆长关系见表16-4。

电杆埋深与电杆杆长的关系 表16-4

杆长(m)	7	8	9	10	11	12
埋深(m)	1.2	1.5	1.6	1.7	1.8	1.9

架空线路的敷设应按有关规范进行,其基本要求如下:

(1)电杆应完好无损;电杆不得有倾斜、下沉及杆基积水现象。

(2)施工现场内一般不得架设裸导线,如利用原有的架空线路为裸导线时,应根据施工情况采取防护措施。架空线路与施工建筑物的水平距离一般不得小于10m;与地面的垂直距离不得小于6m;跨越建筑物时与其顶部的垂直距离不得小于2.5m。

(3)塔式起重机附近的架空线路,应在臂杆回转半径及被吊物1.5m以外,达不到此要求时,应采取有效的防护措施。

(4)沟槽沿线的架空线路,其电杆根部与槽坑边沿应保持安全距离,必要时应采取有效的加固措施。

(5)各种绝缘导线均不得成束架空敷设。无条件做架空线路的工程地段,应采用护套缆线,缆线易受损伤的地段应采用防护措施。各种配电线路禁止敷设在树上。

所有固定设备的配电线路,均不得沿地面明敷设,地埋敷设必须穿管(直埋电缆除外)。

高层建筑施工用的动力及照明干线垂直敷设时,应采用护套缆线。当每层设有配电箱时,缆线的固定间距每层应不少于两处;直接引至最高层时,每层不应少于一处。

(6)遇大风,大雪及雷雨天气时,应立即进行配电线路的巡视检查工作,发现问题及时处理。

(7)暂时停用的线路应及时切断电源。工程竣工后,配电线路随即拆除。

电缆线路的敷设见第十四章第三节。

三、施工现场导线的选择

导线的选择主要是选择导线的型号(种类)和导线的截面。

导线型号的选择根据使用环境、敷设方法以及使用电压来确定导线的型号。

选择型号应注意以下几点:

(1)电缆和电线的额定电压应等于或大于所在回路中的额定电压。但是,电缆截面积相同而电压等级高者,允许载流量因绝缘增厚而下降。

(2)敷设在有剧烈振动场所的电线、电缆应为铜芯的;经常移动的导线应为橡套铜芯软电缆。

(3)选择型号时要注意施工现场的特点,例如,一般架空导线应选用LJ型裸铝绞线或LGJ型钢芯裸铝绞线。但是施工现场的架空线不允许使用裸导线,所以其架空线和进户线必须选用BXF或BLXF型氯丁橡皮绝缘导线。

(4)在有腐蚀作用或有外部冲击作用的场所敷设的电线和电缆应有保护。

导线截面的选择参见第十三章第五节。

四、绘制施工现场配电线路平面布置图

施工现场供电平面图是施工组织设计的一个重要组成部分,它应包括如下内容:变压器位置、配电线路走向,主要配电盘(箱)和主要电气设备的位置等。

【例 16-3】 为某学校的施工组织设计作出供电设计,已知条件如下:

(1)由生产部门提供施工平面图,如图 16-3 所示。

(2)施工动力用电情况:

1)国产混凝土搅拌机一台,总功率为 11kW。

2)国产塔吊一台,总功率 21.2kW。

3)电动打夯机四台,每台功率 1.7kW。

4)电动振捣器四台,每台功率 2.8kW。

5)水泵一台,电动机功率 2.8kW。

6)钢筋弯曲机一台,电动机功率 4.7kW。

7)砂轮机一台,电动机功率,kW。

【试作】 (1)估算施工用电总量,选择配电变压器。

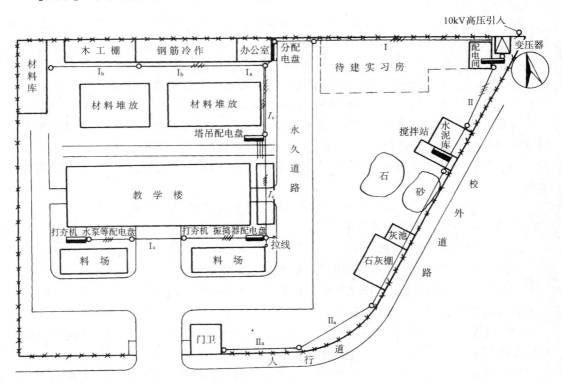

图 16-3 某学校施工平面图及施工现场电力供应平面图

依据 施工现场所用的全部动力设备,可知总功率为:

$$\Sigma P_{机} = 11 + 21.2 + 1.7 \times 4 + 2.8 \times 4 + 2.8 + 4.7 + 1 = 58.7 \text{kW}$$

此工地所用电动机台数虽已在 10 台以上,但其主要负荷是塔吊,所以需要系数 K_1 应该选得大一些。我们选 $K_1 = 0.7, \eta = 0.86, \cos\varphi = 0.68$,那么动力用电容量即为:

$$S_{动} = K_1 \frac{\Sigma P_{机}}{\eta \cos\varphi} = 0.7 \times \frac{58.7}{0.86 \times 0.68} = 70.3 \text{kVA}$$

再加上 10% 的照明用电,就可算出施工用电总容量为

$$S = 1.10 \times S_{动} = 1.1 \times 70.3 = 77.3 \text{kVA}$$

按工地总用电量 77.3kVA 查附录 1 选得型号为 SL7 - 100/10 型三相降压变压器,其主要技术数据为:额定容量 100kVA,高压额定线电压 10kV,低压额定线电压为 0.4kV,作丫/丫$_0$ 接法,可得 380/220V 两种电压。

(2)确定变压器的位置和线路布置

根据施工总平面图及高压电源线路情况,以及变压器装置地点应注意的一些原则,确定将变压器安装在东北角为宜。从电源变压器出来后,分 Ⅰ、Ⅱ 两大路供电。Ⅰ 路主要对塔吊供电并分三条支路,Ⅰ$_a$ 和 Ⅰ$_b$ 对塔吊和材料仓库及木工棚供电,Ⅰ$_c$ 对振捣器、水泵,打夯机供电。Ⅱ 路对混凝土搅拌机和门卫房供电。在变压器旁设总配电盘,分别控制 Ⅰ、Ⅱ 两大支线,Ⅰ 支线越过道路后,下引入分配电盘,控制 Ⅰ$_a$、Ⅰ$_b$、Ⅰ$_c$ 三条线路,Ⅱ 支线引至搅拌机处,设一配电盘予以控制,再引到门卫房。各分配电盘内,应按照电气安装要求,装保险熔丝、电源隔离开关(铁壳开关),并做到单机用单闸控制,并且将各配电盘上做好醒目标志,设置防雨措施。全部供电导线均架空敷设,电杆间距为 40m,在转弯和下引处均设电杆,并在转角处设两根拉线。

(3)配电导线截面的选择

Ⅰ 路:用电量大,路程短,只考虑允许电流。因此,先根据线路所供给的负载的功率求出其工作电流(K_1 取 0.7):

$$I = \frac{K_1 \Sigma P_{机}}{\sqrt{3} U_{线} \cos\varphi \cdot \eta} = \frac{0.7 \times 47.6 \times 1000}{\sqrt{3} \times 380 \times 0.68 \times 0.86} = 86.6 \text{A}$$

故采用截面积为 25mm^2 塑料铝芯绝缘导线,零线用 16mm^2。

Ⅱ 路:用电量大,路程短,只考虑允许电流。根据负荷的设备功率,加 10% 照明。则线路工作电流。($K_1 = 1$):

$$I = \frac{11 \times 1000}{\sqrt{3} \times 380 \times 0.68 \times 0.86} = 28.6 \text{A}$$

$$I_{总} = I \times 1.10 = 31.4 \text{A}$$

故采用 10mm^2 铝芯塑料绝缘线(架空绝缘导线不得小于 10mm^2)。

Ⅰ$_a$ 支路:供塔吊使用,先求其工作电流:

$$I = \frac{21.2 \times 1000}{\sqrt{3} \times 380 \times 0.68 \times 0.86} = 55.1 \text{A}$$

根据规定塔吊供电所用电缆,可以在塔吊使用说明书上直接查出应配套使用的电缆规格和型号。应使用三芯 16mm^2 的铜芯橡皮绝缘电缆或四根 16mm^2 铝芯塑料绝缘导线先引至塔吊配电盘,再用电缆接至塔吊。

Ⅰ$_b$ 支路:计算其工作电流:

$$I = \frac{0.7 \times 5.7 \times 1000}{\sqrt{3} \times 380 \times 0.68 \times 0.86} = 10.4 \text{A}$$

故从各方面考虑应采用 10mm^2 的铝芯塑料绝缘导线。

I_c 支路：设备台数多，故 K_1 可取 0.6，先算线路工作电流：

$$I = \frac{0.6 \times 20.8 \times 1000}{\sqrt{3} \times 380 \times 0.68 \times 0.86} = 32.4A$$

故采用 $10mm^2$ 的铝芯塑料绝缘导线。

II_a 支路：供电距离虽然较长，但负荷很小，所以选择时只考虑其机械强度，采用 $10mm^2$ 的铝芯塑料绝缘导线。

（4）绘制现场电力供应平面图

在施工平面布置图上将变压器、配电盘、低压配电线路的走向、导线规格、电杆的位置标注清楚。

第五节　施工现场电气设备安装及要求

施工现场的电气设备主要包括配电箱、照明及动力设备。本节主要介绍配电箱及动力用电设备。

一、配电箱

总配电箱应设在靠近电源的地方，箱内应装设总隔离开关、分路隔离开关和总熔断器、分路熔断器或总自动开关和分路自动开关，以及漏电保护器。总配电箱应装设有关仪表，如电压表，电度表等。

分配电箱应装设在用电设备相对集中的地方。动力、照明共用的配电箱内要装设四极漏电开关或防零线断线的安全保护装置。在总的开关和熔断器后面可按容量和用途的不同设置数条分支回路，并标以回路名称，每条支路也应设置容量合适的开关和熔断器。开关箱内应装漏电保护器，供控制单台用电设备使用。配电箱内必须装设零线端子板。

配电箱和开关箱应装设在干燥、通风、常温、无气体侵害、无振动的场所。金属箱体、金属电器安装板和箱内电器不应带电的金属底座，外壳等必须作保护接零。必须实行"一机一闸"制，严禁用同一个开关电器直接控制两台（含两台）以上的用电设备（含插座），要正确选用开关电器。手动开关电器只许用于直接控制照明电路和容量不大于 5.5kW 的动力电路。容量大于 5.5kW 的动力电路采用自动开关电器或降压启动装置来控制。低压配电的操作顺序如下，送电顺序：总配电箱——分配电箱——开关箱；停电顺序相反。紧急故障情况除外，检查，维修人员必须是专业电工、检查、维修时要使用安全工具，悬挂警告牌，严禁带电作业。

配电箱应坚固、完整、严密，并且具有防雨、水等功能，与地面，墙体接触的部位，均应刷防腐漆。箱体须用防水材料制成，应有接地线，并且箱上加锁。箱外喷红色漆或用红色"电"字作标记，配电箱内严禁堆放杂物。

配电箱内的接线要求：

（1）刀开关、熔断器等设备要上端接电源，下端接负荷；横装的熔断器要左侧（面对盘面）接电源，右侧接负荷；磁插式熔断器底座的中心明露螺孔应填充绝缘物，以防熔丝熔断时造成弧光短路事故。

（2）导线穿过木板时，应套以瓷管；穿过铁板时，需装橡皮护圈。

（3）配电箱的金属构架、铁皮、铁制盘面和箱体及电器的金属外壳均应做接零或接地保护;较大型的接零系统的配电箱还要重复接地。

(4) 配电箱盘面上的二次侧导线应使用截面不小于 $1.5mm^2$ 的铜芯绝缘线;配线时,须排列整齐,横平竖直,绑扎成束,并用长钉固定在盘板上。盘后引出或引入的导线应留出适当的余量,以利检修。

二 动力及其他电气设备的安装和使用要求

(1) 凡露天使用的电气设备,应有良好的防雨性能或有妥善的防雨措施;凡被雨淋、水淹的电气设备应进行必要的干燥处理,经摇测绝缘合格后,方可再行使用。

(2) 每台电动机均应装设控制和保护设备,不得用一个开关同时控制两台及以上的设备。

(3) 电焊机一次电源线宜采用橡套缆线,其长度一般不应大于 3m,当采用一般绝缘导线时应穿塑料管或胶皮管保护;露天使用的电焊机应有防潮措施,机下应使用干燥物体垫起,机上有防雨罩;位于沟槽附近的焊机应防止土埋;在电焊机集中使用的场合,当须拆除其中某台电焊机时,断电后应在其一次侧先验电,确认无电后方可进行拆除工作。

(4) 凡移动式设备及手持电动工具,必须装设漏电保护装置,而且应定期检查,使漏电保护设备始终保持动作灵敏、性能可靠;其电源线必须使用三芯(单相)或四芯(三相)橡套缆线;接线时,缆线护套应进设备的接线盒并加固定。

(5) 施工现场采用潜水泵排水时,应根据制造厂规定的安全注意事项操作。当潜水泵运行时,其半径 30m 水域内不得有人作业。

(6) 起重机械的所有电气保护装置,在安装前应逐项检查,证明其完好无损,方可安装。安装后需经试验无误后方可使用。起重机安装完毕后,应对地线进行严格检查,使起重机轨道和机身接地电阻值不得大于 4Ω。采用电缆供电的起重机,如轨道长度大于电缆长度,应设电缆放完的限位开关。

三、施工现场有关人员须知

为保证施工现场的用电安全,有关人员必须做到以下几点要求:

(1) 非专业电气工作人员,严禁乱动电气设备。

(2) 各操作人员使用各种电气设备时,必须认真执行安全操作规程,并服从电工的安全技术指导。

(3) 任何单位、个人不得指派无电工执照人员进行电气设备的安装、维修工作。

(4) 各级领导应重视电工提出的有关安全用电的合理意见,不得以任何理由强迫电工进行违章作业。

习　题

16-1　试为某工地选配一台配电变压器,供现场用电。施工现场用电情况如下:

混凝土搅拌机 3 台	每台 10kW
卷扬机 2 台	每台 28kW
塔式起重机 3 台	每台 20kW
振捣器 10 台	每台 1kW
施工照明	5750W
生活照明	9000W

动力设备平均功率因数为 0.75,平均功率 0.82,需要系数 0.5,照明设备需要系数 0.9,当地高压电源

三相 10kV,工地动力需三相 380V,照明需 220V。

16-2 某厂动力设备总容量为 25kW,其平均效率为 0.78,平均功率因数为 0.8,厂房内部照明设备容量为 2.5kW,室外照明为 300W(白炽灯)。今拟采用 380/220V 三相四线供电,由配电变压器至工厂的送电线路长度为 320m。试问:应选择何种截面的 BLX 型导线(全部动力设备的需要系数 $K=0.6$,照明设备的需要系数为 1,允许电压损失 $\varepsilon=5\%$)。

16-3 按你所在单位建筑群的平面布置,作一施工现场电力供应平面图,设外线电源电压为 10kV。

第十七章 文 明 施 工

随着我国生产技术的发展和人民生活水平的不断提高,广大人民对其生活及工作环境的要求也越来越高,许许多多的公用及民用建筑陆续拔地而起。但是工程的施工也给附近的企事业单位及居民带来了很大的影响,例如施工机械的噪声、现场施工对环境的污染等等。文明施工已成为建筑企业生存的重要条件,它已被作为企业招投标的必要因素,它也是正确评价一个建筑企业的资历的重要条件。

一、文明施工管理

(1)施工单位应当贯彻文明施工的要求,推行现代管理方法,科学组织施工,做好施工现场的各项管理工作。

(2)施工单位应当按照施工总平面图设置各项临时设施。堆放大宗材料、成品、半成品和机具设备,不得侵占场内道路及安全防护等设施。建设工程实行总包和分包的,分包单位确需进行改变施工总平面布置图活动的,应当先向总包单位提出申请,经总包单位同意后方可实施。

(3)施工现场必须设置明显的标牌,标明工程项目名称,建设单位、设计单位、施工单位、项目经理和施工现场总代表人的姓名、开竣工日期、施工许可证批准文号等。施工单位负责施工现场标牌的保护工作。施工现场的主要管理人员在施工现场应当佩戴证明其身份的证卡。

(4)施工现场的用电线路、用电设施的安装和使用必须符合安装规范和安全操作规程,并按照施工组织设计进行架设,严禁任意拉线接电。施工现场必须设有保证施工安全要求的夜间照明;危险潮湿场所的照明以及手持照明灯具,必须采用符合安全要求的电压。

(5)施工机械应当按照施工总平面布置图规定的位置和线路设置,不得任意侵占场内道路。施工机械进场必须经过安全检查,经检查合格的方能使用。施工机械操作人员必须建立机组责任制,并依照有关规定持证上岗,禁止无证人员操作。

(6)施工单位应该保证施工现场道路畅通。排水系统处于良好的使用状态。保持场容场貌的整洁,随时清理建筑垃圾。在车辆、行人通行的地方施工,应当设置沟井坎穴覆盖物和施工标志。

(7)施工单位必须执行国家有关安全生产和劳动保护的法规,建立安全生产责任制,加强规范化管理,进行安全交底,安全教育和安全宣传,严格执行安全技术方案,施工现场的各种安全设施和劳动保护器具,必须定期进行检查和维护,及时消除隐患,保证其安全有效。

(8)施工现场应当设置各类必要的职工生活设施,并符合卫生、通风、照明等要求。职工的膳食,饮水供应等应当符合卫生要求。

(9)建设单位或者施工单位应当做好施工现场安全保卫工作,采取必要的防盗措施,在现场周边设立围护设施,施工现场在市区的,周围应当设置遮挡围栏,临街的脚手架也应设置相应的围护设施。非施工人员不得擅自进入施工现场。

(10)非建设行政主管部门对建设工程施工现场实施监督检查时,应当通过或者会同当地人民政府建设行政主管部门进行。

（11）施工单位应当严格依照《中华人民共和国消防条例》的规定,在施工现场建立和执行防火管理制度,设置符合消防要求的消防设施,并保持完好的备用状态。在容易发生火灾的地区施工或者储存、使用易燃易爆器材时,施工单位应当采取特殊的消防安全措施。

（12）施工现场发生的工程建设重大事故的处理,依照《工程建设重大事故报告和调查程序规定》执行。

二、环境管理

施工单位应当遵守国家有关环境保护的法律规定。采取措施控制施工现场的各种粉尘、废气、废水、固体废弃物以及噪声、振动对环境的污染和危害。

施工单位应当采取下列防止环境污染的措施:

（1）妥善处理泥浆水,未经处理不得直接排入城市排水设施和河流;

（2）除设有符合规定的装置外,不得在施工现场熔融沥青或焚烧油毡、油漆以及其他会产生有毒有害烟尘和恶臭气体的物质;

（3）使用密封式的圈筒或者采取其他措施处理高空废弃物;

（4）采取有效措施控制施工过程中的扬尘;

（5）禁止将有毒有害废弃物用作土方回填;

（6）对产生噪声、振动的施工机械,应采取有效控制措施,减轻噪声扰民。

三、施工现场管理标准（简称三清六好）

（一）三清

下工活底清;料具底数清;工完场地清。

1．下工活底清

（1）施工机具下工前存放整齐,擦洗干净。

（2）保持场容场貌整洁,下工前建筑垃圾要清理干净,剩余材料及周转材料要堆放整齐。

2．料具底数清

（1）现场料具做到帐、物、卡相符,库内物资分品种、规格、型号存放整齐,有条件的应有标牌标明,领退手续齐全。

（2）材料进场有验收,水泥、钢材、油毡、沥青、混凝土构件的品种、规格、型号（标号）和出厂日期清楚,有材料合格证及材质证明,并做到分类存放。

3．工完场地清

（1）地净,玻璃无施工污染。

（2）成品保护无破损,无施工污染。

（3）建筑物周围 2m 以内场地工整,无杂物堆积。

（二）六好

施工准备好;设备管理好;工程质量好;安全生产好;完成速度好;生活管理好。

1．施工准备好

（1）施工前必须编制经上一级主管领导审批的建设工程施工组织设计或施工方案。施工时按照批准的施工组织设计进行施工。

（2）施工工地要设置一图（施工现场平面布置图）、七牌（管理人员名单牌;工程概况牌;安全日连续累计公布牌;安全管理制度牌;三清六好牌;安全六大纪律牌;安全生产十项措施牌）、一表（工程总进度计划表）。

（3）施工现场的主要管理人员进入施工现场应配戴证明其身份的证卡。

（4）施工现场道路平整，排水畅通，无长流水、长明灯。在车辆、行人通行的地方施工，应当设置沟井坝穴覆盖物和标志。

（5）施工现场按照施工总平面图设置各项临时设施和堆放料具、大宗材料成品、半成品整齐有序，有防护措施，并不得侵占场内道路及安全防护等设施。

2．设备管理好

（1）施工机械应当按照施工总平面布置图规定的位置和线路设置，机身平稳，作业棚位置合理。

（2）施工机械使用前必须经过全面检查，并有检查记录，各种安全装置齐全有效。

（3）施工机械操作人员必须建立机组责任制，并依照有关规定持证上岗，禁止无证人员操作。

（4）施工机械的工作环境、使用、维修保养应符合机械设备现场管理要求。

3．工程质量好

（1）工程质量岗位责任制健全，工地及班组有专、兼职质检员。

（2）混凝土、砂浆按重量比配合，计量准确。

（3）分部分项工程质量评定资料完整，并无不合格品。

（4）必须坚持人名、级别及班组自检结果三上墙。

（5）单位工程技术资料齐全，符合要求。

（6）大面积施工前有样板墙、样板间。

4．安全生产好

（1）现场施工、用电应符合《施工现场临时用电安全技术规范》。

（2）施工现场的各种安全设施和劳保用品，有定期检查和维修制度，及时消除隐患，保证安全有效。

（3）各种安全制度执行得好，坚持安全交底；安全教育和安全宣传，无违章作业、违章指挥、有严格奖惩办法。

（4）安全标牌明显、形象；脚手架的搭设及其他安全设施安全可靠，符合部颁标准。

（5）施工单位应做好施工现场的安全保卫工作，采取必要的防盗防火措施，并有相应的管理制度，在现场周边设立围护设施。非施工人员不得擅自进入施工现场。

（6）易燃、易爆和有毒物品应采取特殊安全措施，并设专人管理。

（7）安全报表及时，并有台帐。

5．完成进度好

（1）在工程总进度计划的控制下，编制月、旬形象进度计划及班组作业计划，经考核完成形象进度的85％以上。

（2）统计报表及时，数字准确并有实物量统计台帐。

6．生活管理好

（1）施工现场设置各种必要的职工生活设施，并符合卫生、通风、照明等要求。

（2）外地施工住工地人数100人以上的工地应设职工浴室。

（3）工地临建宿舍不漏雨，有夏防蚊蝇，冬防煤气中毒的措施。

（4）职工食堂卫生、膳食、饮水符合卫生要求。饭菜品种多样，无馊、无毒、无病毒，加班职工能吃上热饭菜。

（5）生活区应建立卫生责任制，并保持整洁，设有垃圾点，厕所有人管理，无蝇无蛆。

附录 1 变压器技术数据

SL7 系列 6、10kV 级铝线低损耗电力变压器技术数据

型号	额定容量 (kVA)	额定电压 (kV)		损耗 (W)		阻抗电压 (%)	空载电流 (%)	连接组	重量 (kg)			外形尺寸 (mm)	轨距 (mm)
		高压	低压	空载	负载				器身	油	总重	长×宽×高	
SL7-30/10	30			150	800	4	3.5		185	87	317	1010×620×1165	400
SL7-50/10	50			190	1150	4	2.8		275	125	480	1110×685×1285	400
SL7-63/10	63			220	1400	4	2.8		300	135	525	1150×690×1305	550
SL7-80/10	80			270	1650	4	2.7		335	150	590	1200×785×1485	550
SL7-100/10	100	6;6.3	0.4	320	2000	4	2.6	Y,yno	390	170	685	1280×795×1530	550
SL7-125/10	125			370	2450	4	2.5		420	205	790	1300×840×1540	550
SL7-160/10	160			460	2850	4	2.4		520	245	945	1340×860×1660	550
SL7-200/10	200			540	3400	4	2.4		595	270	1070	1380×870×1700	550
SL7-250/10	250			640	4000	4	2.3		690	305	1235	1420×880×1770	660
SL7-315/10	315	10		760	4800	4	2.3		830	360	1470	1470×900×1870	660
SL7-400/10	400			920	5800	4	2.1	(Y/Y0-12)	985	450	1790	1530×1230×2000	660
SL7-500/10	500			1080	6900	4	2.1		1140	495	2050	1610×1240×2040	660
SL7-630/10	630			1300	8100	4.5	2.0		1580	713	2760	1670×1520×2300	820
SL7-800/10	800			1540	9900	4.5	1.7		1830	815	3200	2005×1730×2640	820
SL7-1000/10	1000			1800	11600	4.5	1.4		2250	1048	3980	2160×1610×2900	820
SL7-1250/10	1250			2200	13800	4.5	1.4		2620	1147	4650	2180×1830×2945	1070
SL7-1600/10	1600			2650	26500	4.5	1.3		3120	1332	5620	2235×2050×3150	820

续表

型 号	额定容量 (kVA)	额定电压(kV) 高压	低压	损耗(W) 空载	负载	阻抗电压 (%)	空载电流 (%)	连接组	重量(kg) 器身	油	总重	外形尺寸(mm) 长×宽×高	轨距 (mm)
SL7-630/10	630			1300	8100	4.5	2.0		1580	713	2760	1670×1520×2300	820
SL7-800/10	800			1540	9900	5.5	1.7		1830	815	3200	2005×1730×2640	820
SL7-1000/10	1000			1800	11600	5.5	1.4		2250	1048	3980	2160×1610×2900	820
SL7-1250/10	1250		(3.15)	2200	13800	5.5	1.4		2620	1147	4650	2180×1830×2945	1070
SL7-1600/10	1600	6;6.3		2650	16500	5.5	1.3	Y,d₁₁	3120	1332	5620	2235×2050×3150	820
SL7-2000/10	2000		(3.15);	3100	19800	5.5	1.2(2.5)		3190	1220	5430	2590×1910×2710	1070
SL7-2500/10	2500			3650	23000	5.5	1.2(2.2)		3770	1450	6330	2670×2140×2860	1070
SL7-3150/10	3150	10		4400	27000	5.5	1.1(2.2)	(Y/△-11)	4200	1670	7560	2730×2150×3130	1070
SL7-4000/10	4000		6.3	5300	32000	5.5	1.1(2.2)		4840	1885	8775	2830×2370×3190	1070
SL7-5000/10	5000			6400	36700	5.5	1.0		5930	2120	10270	2710×2510×3330	1070
SL7-6300/10	6300			7500	41000	5.5	1.0		7220	2410	12130	2885×2540×3510	1070

注:1. 表为宁波变压器厂和福州变压器厂的产品技术数据。

2. 福州、宁波、辽阳、合肥变压器厂的产品技术数据相同,但 SL7-1000/10 型变压器的外形尺寸,各厂略有不同。合肥变压器厂无 SL7-30/10 容量等级。

3. 哈尔滨变压器厂的产品外形尺寸与上述各厂略有不同,但产品技术数据相同。

4. SL7 系列产品为全国统一设计,要求做到五统一,即:统一技术条件、统一标准组件、统一易损件、统一安装尺寸和连接尺寸统一计算单;各生产厂现正在进一步完善产品系列的试制工作;设计选用时请注意现阶段存在的产品不一致性。

5. 空载电流带括号者为福州变压器厂的产品数据。

329

S7 系列铜线低损耗电力变压器技术数据

型　号	额定容量 (kVA)	额定电压(kV) 高压	额定电压(kV) 低压	损耗 (W) 空载	损耗 (W) 负载	空载电流 (%)	阻抗电压 (%)	连接组	重量 (kg)
S7-50/6	50	6,6.3	0.4	175	875	2.2	4	Y/Y_0-12	450
S7-50/10		10							
S7-100/6	100	6,6.3	0.4	296	1450	2.1	4	Y/Y_0-12	755
S7-100/10		10							
S7-160/6	160	6,6.3	0.4	462	2080	1.8	4	Y/Y_0-12	1070
S7-160/10		10							
S7-200/6	200	6,6.3	0.4	505	2470	1.5	4	Y/Y_0-12	1180
S7-200/10		10							
S7-250/6	250	6,6.3	0.4	600	2920	1.5	4	Y/Y_0-12	1400
S7-250/10		10							
S7-315/6	315	6,6.3	0.4	720	3470	1.5	4	Y/Y_0-12	1550
S7-315/10		10							
S7-400/6	400	6,6.3	0.4	865	4160	1.5	4	Y/Y_0-12	1850
S7-400/10		10							
S7-500/6	500	6,6.3	0.4	1030	4920	1.45	4	Y/Y_0-12	2150
S7-500/10		10							
S7-630/6	630	6,6.3	0.4	1250	5800	0.82	5	Y/Y_0-12	2510
S7-630/10		10							
S7-800/6	800	6,6.3	0.4	1500	7200	0.8	5	Y/Y_0-12	3000
S7-800/10		10							
S7-1000/6	1000	6,6.3	0.4	1750	10000	0.75	5	Y/Y_0-12	3550
S7-1000/10		10							
S7-1250/6	1250	6,6.3	0.4	2050	11500	0.7	5	Y/Y_0-12	4200
S7-1250/10		10							
S7-1600/6	1600	6,6.3	0.4	2500	14000	0.65	5	Y/Y_0-12	5050
S7-1600/10		10							

注：1. S7 系列低损耗节能电力变压器为辽宁省统一设计产品。

　　2. 该系列产品的空载损耗、负载损耗低于部标 JB 1300—73，并且较铝线低损产品（SL7 系列）的损耗还低。

SLZ7 系列三相油浸自冷式铝线低损耗有载调压变压器技术数据

型　号	额定容量 (kVA)	电压组合(kV) 高压	电压组合(kV) 低压	损耗 (W) 空载	损耗 (W) 负载	阻抗电压 (%)	空载电流 (%)	联结组	总重 (kg)	外形尺寸(mm) 长×宽×高
SLZ7-200/6	200	6,6.3	0.4	540	3400	4	3.5	Y/Y_0-12	1285	1460×1180×1780
SLZ7-200/10		10								
SLZ7-250/6	250	6,6.3	0.4	640	4000	4	3.2	Y/Y_0-12	1445	
SLZ7-250/10		10								
SLZ7-315/6	315	6,6.3	0.4	760	4800	4	3.2	Y/Y_0-12	1690	1553×1215×1890
SLZ7-315/10		10								
SLZ7-400/6	400	6,6.3	0.4	920	5800	4	3.2	Y/Y_0-12	1950	1573×1260×1992
SLZ7-400/10		10								
SLZ7-500/6	500	6,6.3	0.4	1080	6900	4	3.2	Y/Y_0-12	2270	
SLZ7-500/10		10								
SLZ7-630/6	630	6,6.3	0.4	1400	8500	4.5	3	Y/Y_0-12	3140	
SLZ7-630/10		10								
SLZ7-800/6	800	6,6.3	0.4	1660	10400	4.5	2.5	Y/Y_0-12	3710	
SLZ7-800/10		10								

| 型 号 | 额定容量 (kVA) | 电压组合(kV) | | 损 耗 （W） | | 阻抗电压 （%） | 空载电流 （%） | 联结组 | 总重 (kg) | 外形尺寸(mm) |
		高 压	低 压	空 载	负 载					长×宽×高
SLZ7-1000/6	1000	6,6.3	0.4	1930	12180	4.5	2.5	Y/Y$_0$-12	4590	2560×1900×3110
SLZ7-1000/10		10								
SLZ7-1250/6	1250	6,6.3	0.4	2350	14490	4.5	2.5	Y/Y$_0$-12	5390	
SLZ7-1250/10		10								

附录2 按环境特征选择设备形式

| 周 围 环 境 特 征 | | 允 许 采 用 的 电 器 形 式 | | | | | | | | |
		开启式	保护式	防尘式	密闭式	隔爆型	防爆通风	防爆充油型	充气型	安全火花型
	干 燥	(1)	0	×	×	×	×	×	×	×
	潮 湿	(2)	0	×	×	×	×	×	×	×
	特别潮湿	×	(4)	×	0	×	×	×	×	×
有不导电灰尘的	易排除,并对绝缘无害的	(2)	0	0	×	×	×	×	×	×
	难排除,并对绝缘有害的	(3)	(4)	0	0	×	×	×	×	×
	有导电灰尘的	(3)	(4)	0	×	×	×	×	×	×
	有化学腐蚀的	×	(4)	×	0	×	×	×	×	×
	高 温	(1)	0	×	×	×	×	×	×	×
有火灾危险	H-1	×	(4)	0	0	×	×	×	×	×
	H-2	(3)	(5)	0	0	×	×	×	×	×
	H-3	(5)	×	×	×	×	×	×	×	×
有爆炸危险	Q-1	×	(4)	0	0	0	0	0	0	0
	Q-2	×	(4)	×	0	0	0	0	0	0
	Q-3	×	(4)	×	0	×	×	×	0	0
	G-1	×	(4)	×	×	0	0	0	0	0
	G-2	×	(4)	0	0	×	×	×	×	×
室 外	露 天	(6)	(6)	×	0	×	×	×	×	×
	在保护棚下	×	0	0	×	×	×	×	×	×

注:1. 0表示推荐采用的。

　2.（　）表示允许在一定条件下采用,括号内数字为规定条件,见以下说明:

　（1）装在保护箱内或有围栏的控制屏上,仅允许运行人员接触。

　（2）装在可以锁门的控制屏(箱)内,或装在特别隔开的房间内的控制屏上,该房间仅允许运行人员进入。

　（3）装在用不燃材料制成的防尘式控制屏(箱)内。

　（4）装在邻近适于安装该类设备的房间内,或单独的配电室内。

　（5）装在与可能堆积易燃品的地方保持适当的距离处,该距离应使易燃品不致因电气设备产生火花而引起燃烧。

　（6）装在适合于户外使用的控制屏(箱)内。

　3. ×表示不准或不推荐使用。

　4. 表中所列设备型号均按固定安装方式选择的。

　5. 有爆炸和火灾危险场所的等级划分见有关规范规定。

附录 3 常用线缆型号、名称、主要用途

类别	型号	名称	额定电压(kV)	主要用途	截面范围(mm²)	备注
裸导线	LJ	铝绞线		用于一般架空线路	10~600	
	LGJ	钢芯铝绞线		用于高压线路的档距较长杆位高差较大场所	10~400	只有单芯一种
塑料绝缘软导线	RV	铜芯聚氯乙烯绝缘软线	交流 0.25	供各种移动电器接线	0.012~6	只有单芯一种
	RVB	铜芯聚氯乙烯平型软线	交流 0.25	供各种移动电器接线	0.12~2.5	只有双芯一种
	RVS	铜芯聚氯乙烯绞型软线	交流 0.25	供各种移动电器接线	0.12~2.5	
塑料绝缘导线	BLV(BV)	铝(铜)芯聚氯乙烯绝缘线	交流 0.5kV 直流 1kV 及以下	固定明、暗敷设	0.75~185	共有 1 芯和 2 芯两种 其中 2 芯只有 1.5~10mm²
	BLVV(BVV)	铝铜 1 芯聚氯乙烯绝缘聚氯乙烯护套电线	交流 0.5kV 直流 1kV 及以下	固定明、暗敷设，还可以直埋敷设	0.75~10	共有 1,2,3 芯三种
	BVR	铜芯、聚氯乙烯软线	交流 0.5kV 直流 1kV 及以下	同 BV 型，安装要求柔软时用	0.75~50	
	BLV(BV)₋105	铝(铜)芯耐热 105℃、聚氯乙烯绝缘电线	交流 0.5kV 直流 1kV 及以下	同 BLV(BV)型，用于高温场所	0.75~185	只有单芯一种
橡皮绝缘导线	BLX(BX)	铝(铜)芯、橡皮绝缘线	交流 0.5kV 直流 1kV 及以下	固定敷设	2.5~500	2,3,4 芯的只有 2.5~95mm²
	BLXF(BXF)	铝(铜)芯丁苯橡皮绝缘线	交流 0.5kV 直流 1kV 及以下	固定敷设，尤其适用于户外	2.5~95	
	BXR	铜芯橡皮软线	交流 0.5kV 直流 1kV 及以下	室内安装要求较软时用	0.75~400	

类别	型号	名称	额定电压(kV)	主要用途	截面范围(mm²)	备注
塑料绝缘软导线	RVV	铜芯聚氯乙烯绝缘聚氯乙烯护套软线	交流 0.5	供各种移动电器接线	0.12～6 0.12～2.5 0.12～125	(2,3,4 芯) (5,6,7 芯) (10,12,14,16,19,24 芯)
	RV-105	铜芯聚氯乙烯耐热软线	交流 0.25	供各种移动电器接线用于高温场所	0.012～6	只有单芯一种
塑料绝缘塑料护套电力电缆	VLV 39(VV 39)	同 VLV(VV)型,内细钢丝铠装	6	敷设在水中,能承受相当的拉力	16～300	
	VLV 50(VV 50)	同 VLV(VV)型,裸粗钢丝铠装	6	同 VLV 30(VV 30)	16～300	
	VLV 59(VV 59)	同 VLV(VV)型,内粗钢丝铠装	6	同 VLV 39(VV 39)	16～300	
	VLV(VV)	铝(铜)聚氯乙烯绝缘聚氯乙烯护套电力电缆	6	敷设在室内,隧道内及管道中,不能承受机械外力作用	2.5～150	
	VLV 29(VV 29)	同 VLV(VV)型,内钢带铠装	6	敷设在地下,可承受机械外力,不能承受大的拉力	4～150	
	VLV 30(VV30)	同 VLV(VV)型,裸细钢带铠装	6	敷设在室内,矿井中,能承受机械外力及相当拉力	16～300	
通用橡套软电缆	YQ	轻型橡套电缆	0.25	连接轻型移动电气设备	0.3～0.75	有 2,3 芯二种
	YQW	轻型橡套电缆	0.25	连接轻型移动电气设备,还有一定耐油性能	0.3～0.75	有 2,3 芯二种

类 别	型 号	名 称	额定电压(kV)	主 要 用 途	截面范围(mm²)	备 注
通用橡套软电缆	YZ	中型橡套电缆	0.5	连接轻型移动电气设备,还具有耐气候和一定的耐油性能	0.5~6	有2、3芯和3+1芯共三种
	YZW	中型橡套电缆	0.5	连接轻型移动电气设备,还具有耐气候和一定的耐油性能	0.5~6	有2、3芯和3+1芯共三种
	YC	重型橡套电缆	0.5	连接重型移动电气设备,能承受较大的机械外力作用	2.5~120	有2、3芯和3+1芯共三种
	YCW	重型橡套电缆	0.5	同YC型,还具有耐气候和一定的耐油性能	2.5~120	有2、3芯和3+1芯共三种
控制电缆	KLVV(KVV)	铝(铜)芯聚氯乙烯绝缘聚氯乙烯护套控制电缆	交流0.5kV 直流1kV 及以下	敷设在室内电缆沟中管道内及地下	0.75~6	其中0.75~2.5mm²的有4、5、7、10、14、19、24、30、37芯的而4mm²的有4、5、7、10、14芯的,6mm²的只有4、5、7、10芯的
	KLVV29(KVV29)	同KLVV(KVV)型、钢带铠装	交流0.5kV 直流1kV 及以下	同KLW(KVV)型,能承受较大机外力作用	0.75~6	
	KLXV(KXV)	铝(铜)芯橡皮绝缘聚氯乙烯护套控制电缆	交流0.5kV 直流1kV 及以下	同KLVV(KVV)型	0.75~6	
农用地下直埋绝缘线	NLV	农用地埋铝芯聚氯乙烯绝缘电线	交流0.5kV 直流1kV 及以下		2.5~50	
	NLVV、NLVV-1	农用地埋铝芯聚氯乙烯绝缘聚氯乙烯护套电线	交流0.5kV 直流1kV 及以下		2.5~50	
	NLYV、NLYV-1	农用地埋铝芯聚氯乙烯绝缘聚氯乙烯护套电线	交流0.5kV 直流1kV 及以下		2.5~50	

附录4 绝缘导线长期连续负荷允许载流量表
500V铜芯绝缘导线

导线截面 (mm²)	线芯结构			导线明敷设				橡皮绝缘导线多根同穿在一根管内时允许负荷电流(A)					
	股数	单芯直径 (mm)	成品外径 (mm)	25℃		30℃		25℃					
				橡皮	塑料	橡皮	塑料	穿金属管			穿塑料管		
								2根	3根	4根	2根	3根	4根
2.5	1	1.76	5.0	27	25	25	23	21	19	16	19	17	15
4	1	2.24	5.5	35	32	33	30	28	25	23	25	23	20
6	1	2.73	6.2	45	42	42	39	37	34	30	33	29	26
10	7	1.33	7.8	65	59	61	55	52	46	40	44	40	35
16	7	1.68	8.8	85	80	79	75	66	59	52	58	52	46
25	7	2.11	10.6	110	105	103	98	86	76	68	77	68	60
35	7	2.49	11.8	138	130	129	121	106	94	83	95	84	74
50	19	1.81	13.8	175	165	163	154	133	118	105	120	108	95
70	19	2.14	16.0	220	205	206	192	165	150	133	153	135	120
95	19	2.49	18.3	265	250	248	234	200	180	160	184	165	150
120	37	2.01	20.0	310	285	290	266	230	210	190	210	190	170
150	37	2.24	22.0	360	325	336	303	260	240	220	250	227	205
185				420	380	392	355	295	270	250	282	255	232

导线截面 (mm²)	橡皮绝缘导线多根同穿在一根管内时允许负荷电流(A)						塑料绝缘导线多根同穿在一根管内时允许负荷电流(A)											
	30℃						25℃						30℃					
	穿金属管			穿塑料管			穿金属管			穿塑料管			穿金属管			穿塑料管		
	2根	3根	4根	2根	3根	4根	2根	3根	4根	2根	3根	4根	2根	3根	4根	2根	3根	4根
2.5	20	18	15	18	16	14	20	18	15	18	16	14	19	17	14	17	15	13
4	26	23	22	25	22	19	27	24	22	24	22	19	25	22	21	22	21	18
6	35	32	28	31	27	24	35	32	28	31	27	25	33	30	26	29	25	23
10	49	43	37	41	37	33	49	44	38	42	38	33	46	41	36	39	36	31
16	62	55	49	54	49	43	63	56	50	55	49	44	59	52	47	51	46	41
25	80	71	64	72	64	56	80	70	65	73	65	57	75	66	61	68	61	53
35	99	88	78	89	79	69	100	90	80	90	80	70	94	84	75	84	75	65
50	124	110	98	112	101	89	125	110	100	114	102	90	117	103	94	106	95	84
70	154	140	124	143	126	112	155	143	127	145	130	115	145	133	119	135	121	107
95	187	168	150	172	154	140	190	170	152	175	158	140	177	159	142	163	148	131
120	215	196	177	196	177	159	220	200	180	200	185	160	206	187	168	187	173	154
150	241	224	206	234	212	192	250	230	210	240	215	185	234	215	196	224	201	182
185	275	252	233	263	238	216	285	255	230	265	235	212	266	238	215	247	219	198

注:导电线芯最高允许工作温度+65℃。

500V 铝芯绝缘导线

导线截面(mm²)	线芯结构 股数	线芯结构 单芯直径(mm)	成品外径(mm)	明敷设 25℃ 橡皮	明敷设 25℃ 塑料	明敷设 30℃ 橡皮	明敷设 30℃ 塑料	橡皮25℃穿金属管2根	橡皮25℃穿金属管3根	橡皮25℃穿金属管4根	橡皮25℃穿塑料管2根	橡皮25℃穿塑料管3根	橡皮25℃穿塑料管4根	橡皮30℃穿金属管2根	橡皮30℃穿金属管3根	橡皮30℃穿金属管4根	橡皮30℃穿塑料管2根	橡皮30℃穿塑料管3根	橡皮30℃穿塑料管4根	塑料25℃穿金属管2根	塑料25℃穿金属管3根	塑料25℃穿金属管4根	塑料25℃穿塑料管2根	塑料25℃穿塑料管3根	塑料25℃穿塑料管4根	塑料30℃穿金属管2根	塑料30℃穿金属管3根	塑料30℃穿金属管4根	塑料30℃穿塑料管2根	塑料30℃穿塑料管3根	塑料30℃穿塑料管4根
1.0	1	1.13	4.4	21	19	20	18	15	14	12	13	12	11	14	13	11	12	11	10	14	13	11	12	11	10	13	12	10	11	10	9
1.5	1	1.37	4.6	27	24	25	22	20	18	17	17	16	14	19	17	16	16	15	13	19	17	16	16	15	13	18	16	15	15	14	12
2.5	1	1.76	5.0	35	32	33	30	28	25	23	25	22	20	26	23	22	23	21	19	26	24	22	24	21	19	24	22	21	22	20	18
4	1	2.24	5.5	45	42	42	39	37	33	30	33	30	26	35	31	28	31	28	24	35	31	28	31	28	25	33	29	26	29	26	23
6	1	2.73	6.2	58	55	54	51	49	43	39	43	38	34	46	40	36	40	36	32	47	41	37	41	36	32	44	38	35	38	34	30
10	7	1.33	7.8	85	75	79	70	68	60	53	59	52	46	64	56	50	55	49	43	65	57	50	56	49	44	61	53	47	52	46	41
16	7	1.68	8.8	110	105	103	98	86	77	69	76	68	60	80	72	65	71	64	56	82	73	65	72	65	57	77	68	61	67	61	53
25	19	1.28	10.6	145	138	135	128	113	100	90	100	90	80	106	94	84	94	84	75	107	95	85	95	85	75	100	89	80	89	80	70
35	19	1.51	11.8	180	170	168	159	140	122	110	125	110	98	131	114	103	117	103	92	133	115	105	120	105	93	124	107	98	112	98	87
50	19	1.81	13.8	230	215	215	201	175	154	137	160	140	123	163	144	128	150	131	115	165	146	130	150	132	117	154	136	121	140	123	109
70	49	1.33	17.3	285	265	266	248	215	193	173	195	175	155	201	180	162	182	163	145	205	183	165	185	167	148	192	171	154	173	156	138
95	84	1.20	20.8	345	320	322	304	260	235	210	240	215	195	241	220	197	224	201	182	250	225	200	230	205	185	234	210	187	215	192	173
120	133	1.08	21.7	400	375	374	350	300	270	245	278	250	227	280	252	229	260	234	212	285	266	230	265	240	215	266	248	215	248	224	201
150	37	2.24	22.0	470	430	440	402	340	310	280	320	290	265	318	290	262	299	271	248	320	295	270	305	280	250	299	276	252	285	262	231
185				540	490	504	458	385	355	320	360	330	300	359	331	299	336	308	280	380	340	300	355	375	280	355	317	280	331	289	261

橡皮绝缘导线多根同穿在一根管内时允许负荷电流(A)；塑料绝缘导线多根同穿一根管内时允许负荷电流(A)

注:导电线芯最高允许工作温度+65℃。

BV-105型耐热聚氯乙烯绝缘铜芯电线的载流量(A)

截面 (mm²)	明敷				二根穿管				管径 (mm)		三根穿管				管径 (mm)		四根穿管				管径 (mm)	
	50℃	55℃	60℃	65℃	50℃	55℃	60℃	65℃	G	DG	50℃	55℃	60℃	65℃	G	DG	50℃	55℃	60℃	65℃	G	DG
1.5	25	23	22	21	19	18	17	16	15	15	17	16	15	14	15	15	16	15	14	13	15	15
2.5	34	32	36	28	27	25	24	23	15	15	25	23	22	21	15	15	23	21	20	19	15	15
4	47	44	42	40	39	37	35	33	15	15	34	32	30	28	15	15	31	29	28	26	15	20
6	60	57	54	51	51	48	46	43	15	20	44	41	39	37	15	20	40	38	36	34	20	25
10	89	84	80	75	70	72	68	64	20	25	67	63	60	57	20	25	59	56	53	50	25	25
16	123	117	111	104	95	90	85	81	25	25	85	81	76	72	25	32	75	71	67	33	25	32
25	165	157	149	140	127	121	114	108	25	32	113	107	102	96	32	32	101	96	91	86	32	40
35	205	191	185	174	160	152	144	136	32	40	138	131	124	117	32	40	126	120	113	107	32	(50)
50	264	251	238	225	202	192	132	172	32	(50)	179	170	161	152	40	(50)	159	151	143	135	50	(50)
70	310	295	280	264	240	228	217	204	50	(50)	213	203	192	181	50	(50)	193	184	174	164	50	—
95	380	362	343	324	292	278	264	240	50	—	262	249	236	223	50	—	233	222	210	198	70	—
120	448	427	405	382	347	331	314	296	50	—	311	296	281	285	50	—	275	261	248	234	70	—
150	519	494	469	442	399	380	360	340	70	—	362	345	327	308	70	—	320	305	289	272	70	—

注:1. 本电线的聚氯乙烯绝缘中添加了耐热增塑剂,线芯允许工作度可达105℃,适用于高温场所,但要求电线接头用焊接或绞接处理。电线实际允许工作温度还取决于电线及电线与电器接头的允许工作温度。当接头允许温度为95℃时,表中数据应乘以0.92,85℃时应乘以0.84。

2. BLV-105型铝芯耐热导线的载流量可按本表中数据乘以0.78。

3. 本表中载流量数据系经计算得出,仅供使用参考,上海电缆研究所尚未提供试验数据。

337

附录5 电气图常用图形符号及文字符号

图 形 符 号

序　号	旧图形符号	新图形符号	说　　　明
一、电气线路			
	(1) ——————— (2) ——⊥—— (3) ——︵—— (4) ——○—— (5) ——·—— (6) ——○——		(1) 配电线路一般符号 (2) 地下线路 (3) 水下线路 (4) 架空线路,画电杆时 (5) 架空线路,不画电杆,需注明电压等级时,加注电压单位(kV) (6) 管道线路
		(1) ——•— (2) ——┬ (3) ——┬ (4) ——Ⅲ╱┬	(1) 中性线 (2) 保护线 (3) 保护和中性共用线 (4) 具有保护和中性线的三相配线
	—— — — ——		事故照明线路
	—— — — ——		旧:36V 及以下线路;新:50V 及以下电力、照明线路
	———————		控制及信号线路(新:电力及照明用)
	—+—·—+—·—		接地或接零线路(包括避雷接地网)
	(1) —○—·—+—·—○— (2) —+—·—+—·—		接地装置 (1) 有垂直接地体;(2) 无垂直接地体
			(1) 导线引上(向上配线),导线引下(向下配线) (2) 导线由上引来,导线由下引来 (3) 导线引上并引下(垂直通过配线) (4) 导线由上引来并引下,导线由下引来并引上
		(1) ○ (2) ◎	(1) 盒(箱)一般符号 (2) 连接盒或接线盒
		⏚	接地、重复接地
	(1)	(2) (3)	(1) 避雷器 (2) 阀形避雷器 (3) 管形避雷器

338

序　号	旧图形符号	新图形符号	说　明
二、电机、变电所			
	○	Ⓜ	电动机的一般符号或鼠笼式电动机
	○—◉		发电机的一般符号
	⊠	规划的　运行的	总降压变电站
	⊠	○　⦰	配电所
	▲	○ V/V　⦰ V/V	变电所
	▲	○̧　⦰̧	杆上变电所
	⊗⊗		变压器
三、配电箱(屏)			
		▭	屏、台、箱、柜一般符号
	⊞⊞	⊞	(1) 控制站;(2) 组合开关箱
		▬	电力或照明配电箱
	□	□	信号板、信号箱(屏)
	▬		旧:工作照明分配电箱(屏) 新:照明配电箱(屏),注:允许涂红
	⊠		事故照明分配电箱(屏)
	◨	◿	电源自动切换箱(屏)
	◣		多种电源配电箱(屏)
四、电气测量仪表及信号器件			
	○	(1) Ⓥ　(2) Ⓐ (3) var (4) cos φ　(5) Hz	旧:指示式测量仪表一般符号 新:(1) 电压表,(2) 电流表,(3) 无功功率表,(4) 功率因数表,(5) 频率表
	▭	(1) Wh　(2) varh	旧:积算仪表一般符号 新:(1) 电度表,(2) 无功电度表

序　号	旧图形符号	新图形符号	说　　明
		(1) (2)	旧:信号灯 新:(1) 灯的一般符号(包括信号灯),靠近符号处可标颜色或光源类型字母:RD-红,YE-黄,GN-绿,BU-蓝,WH-白,Ne-氖,Xe-氙,Na-钠,Hg-汞,I-碘;IN-白炽,EL-电发光,ARC-弧光,FL-荧光,IR-红外线,UV-紫外线,LED-发光二极管 (2) 闪光型信号灯
五、照明灯具、开关、插座及风扇			
			各种灯具的一般符号 旧符号圆内字母代表灯罩:J—水晶底罩灯;T—圆筒型罩灯;W—碗型罩灯;P—乳白玻璃平盘罩灯;S—搪瓷平盘型罩 新符号在靠近处按序号,方法标出字母
			深照型灯
	(1)	(2)	(1) 无磨砂玻璃罩的万能型灯;(2) 广照型灯(配照型灯)
		(1) (2)	(1) 瓷质半密闭式灯;(2) 花灯
			(1) 安全灯;新;(2) 在专用电路上的事故照明灯新;(3) 自带电源的事故照明灯(应急灯)
			隔爆灯
			球型灯
			天棚灯
			局部照明灯
			指示灯
		(1) (2)	(1) 信号灯;(2) 聚光灯
	$a \times b \times c \times d$		投光灯 a—灯泡瓦数;b—倾斜角度 c—安装高度;d—灯具型号
		(1) (2)	(1) 弯灯;(2) 泛光灯

序 号	旧图形符号	新图形符号	说　　明
		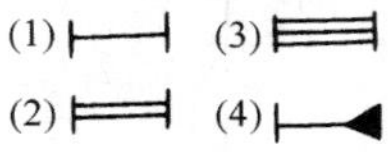 (1) ┝─┤ 　(3) ┝═┤ (2) ┝═┤ 　(4) ┝▶	(1) 荧光灯一般符号 (2) 三管荧光灯 (3) 五管荧光灯 (4) 防爆荧光灯
		⊗	防水防尘灯

六、换接装置

序 号	旧图形符号	新图形符号	说　　明
	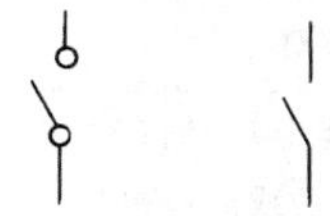	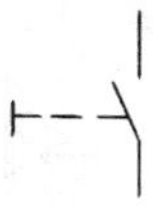	旧:单极开关,新:单极手动开关的一般符号
	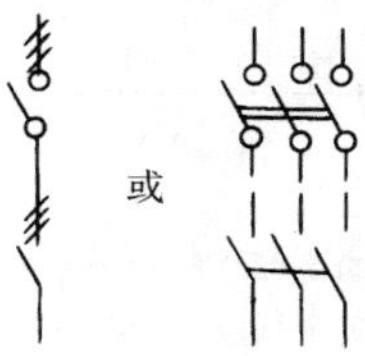 或	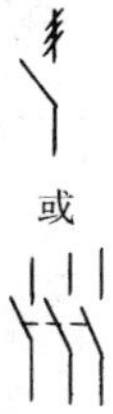 或	多极开关(如三极)
	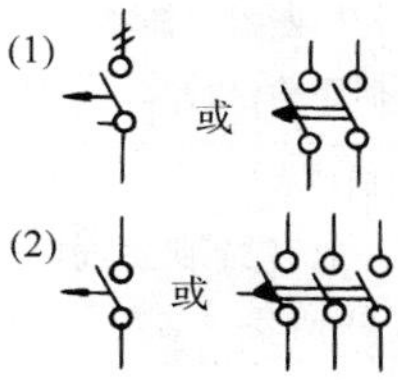 (1) 或 (2) 或	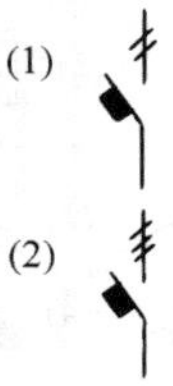 (1) (2)	(1) 二极自动开关(二极自动空气断路器) (2) 三极自动开关(三极自动空气断路器)
	 或		带灭弧罩三极开关
	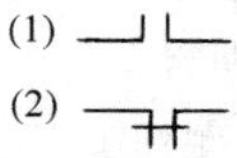 (1) (2)	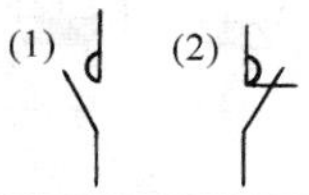 (1)　(2)	接触器、起动器、电力控制器的主触点 (1) 动合触点 (2) 动断触点
	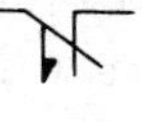	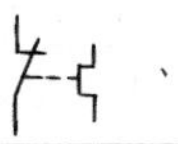	(1) 保持触点的动断触点 (2) 热继电器的触点
		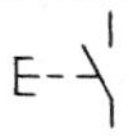 E─	能自动返回按钮,带动合触点
		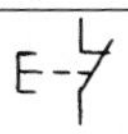 E─	能自动返回按钮,带动断触点

341

序　号	旧图形符号	新图形符号	说　　明
	(1) (2)	(1) (2)	单极转换开关 (1) 两个位置 (2) 三个位置
	(1)	(2)	(1) 矿山灯； (2) 壁灯
	(1)	(2)	(1) 墙上灯座；(2) 在墙上的照明引出线（示出两线向左边）
	(1)	(2)	(1) 天棚灯座；(2) 示出配线的照明引出线位置
		(1) ─┤ 或 ─┤ (2) ┤ 或 ╫	(1) 插座的一般符号 (2) 多个插座(示出 3 个)
		(1) (2)	(1) 带熔断器的插座 (2) 插座箱(板)
	(1) (2) (3) (4)	(1) (2) (3) (4)	单相插座 (1) 一般；(2) 保护或密闭(防火)；(3) 防爆；(4) 暗装
	(1) (2) (3) (4)	(1) (2) (3) (4)	单相插座带接地插孔 (1) 一般；(2) 保护或密闭(防水)；(3) 防爆；(4) 暗装
	(1) (2) (3) (4)	(1) (2) (3) (4)	三相插座带接地插孔 (1) 一般；(2) 保护或密闭(防水)；(3) 防爆；(4) 暗装
		(1) (2) (3) (4) (5)	开关的一般符号 (1) 单极开关；(2) 明装；(3) 暗装；(4)保护或防水(密闭)；(5) 防爆
		(1) (2) (3) (4)	双极开关 (1) 明装；(2) 暗装；(3) 保护或防水(密闭)；(4) 防爆
		(1) (2) (4) (3)	三极开关 (1) 明装；(2) 暗装；(3) 保护或防水(密闭)；(4) 防爆

序　号	旧 图 形 符 号	新 图 形 符 号	说　　明
	(1)　　(2)　　(3)	(4)	拉线开关 (1) 一般;(2) 瓷质;(3) 瓷质防水;(4) 单极拉线开关
	(1)　　　(2)	(3)　　(4)	双控开关(单极三线):(1) 明装;(2) 暗装;(3) 单极双控拉线开关;(4) 具有指示灯的开关
	(1)	(2)　　(3)	(1) 风扇调速开关 (2) 钥匙开关;(3) 多拉开关(如用于不同照度)
	(1)　　(2)　　(3)	(4)	(1) 吊式风扇;(2) 壁装台式风扇;(3) 轴流风扇;(4) 风扇一般符号(示出引线)。注:若不混淆,方框可省略
			定时开关
		δ_t	单极限时开关

七、标注的文字及符号

	$\dfrac{a}{b}$ 或 $\dfrac{a/c}{b/d}$		用电设备 a—设备编号;b—额定容量(kW);c—线路首端熔体或自动开关脱扣器的额定电流(A);d—标高(m)
	$a\dfrac{b}{c}a-b-c$		电力或照明配电设备 a—设备编号;b—型号;c—设备容量(kW)
	$a\dfrac{b}{c/d}$ 或 $a-b-c/I$		开关箱及熔断器 a—设备编号;I—熔体电流(A);b—型号;c—熔断器电流(A);d—导线型号
	$a/b-c$		照明变压器 a——次电压(V);b—二次电压(V);c—额定容量(VA)

序　号	旧图形符号	新图形符号	说　　明
	$a-b\dfrac{c\times d}{e}f$ 吸顶式 $a-b\dfrac{c\times d}{\_\_}$	$a-b\dfrac{c\times d\times L}{e}f$ $a-b\dfrac{c\times d\times L}{\_\_}$	照明灯具 a—灯数;b—型号或符号;c—每盏照明灯具的灯泡数(一个可以不标);d—灯泡容量(W);e—安装高度(m);f—安装方式;L—光源种类 注:1. 安装高度:壁灯是指灯具中心与地距离;吊灯是指灯具底部与地距离 2. 灯具符号内已标注编号者,不再注明型号 3.安装方式:X—线吊式;L—链吊式;G—管吊式;B—壁装式;R—嵌入式;D—吸顶式或直付式;DR—顶棚内安装;T—台上安装;BR—墙壁内安装;J—支架上安装;Z—柱上安装;ZH—座装上述符号 X、L、G 为国标符号,其余均非国标符号,仅供参考
	⑮		最低照度(如 15lx)
		▼ +0.000 ▽ ±0.000	安装或敷设标高(m) (1) 用于室内平面、剖面图上 (2) 用于总平面图上的室外地面
	$a-\dfrac{b-c/i}{a[d\times(e\times f)-gh]}$ 或 $an[d(e\times f)-gh]$ 或 $d(e\times f)-gh$		配电线路 a—线路编号;b—配电设备型号;c—保护线路熔断器电流(A);d—导线型号;e—导线或电缆芯根数;f—截面(mm²);g—线路敷设方式(管径);h—线路敷设部位;i—保护线路熔体电流(A);n—并列电缆或管线根数(一根可以不标) 注:本标注是推荐标注方法,工程设计图允许在表示清楚前提下,按规定格式适当简化标注
	(1) (2) (3) (4) (5) n	(1) (2) 或 $\frac{2}{}$ (3) 或 $\frac{3}{}$ (4) 或 $\frac{4}{}$ (5) n	导线根数 (1) 表示单根 (2) 表示 2 根 (3) 表示 3 根 (4) 表示 4 根 (5) 表示 n 根
	(1) (2) (3) A B C	(1) (2) (3) L_1 L_2 L_3	(1) A 相(第一相,黄色);(2) B 相(第二相,绿色);(3) C 相(第三相,红色)
	(1) N	(1) (2) (3) N PE PEN	(1) 中性线(零线,黑色);(2) 保护接零(地)线;(3) 保护和中性共用线

文 字 符 号

新文字符号	旧符号	中文名称	文字符号	旧符号	中文名称
A	—	装置	N	N	中性线
A	FD	放大器	PA	—	电流表
APD	BZT	备用电源自动投入装置	PE	—	保护线
ARD	ZCH	自动重合闸装置	PEN	N	保护中性线
C	C	电容、电容器	PJ	wh, varh	电度表
F	BL	避雷器	PV	V	电压表
FU	RD	熔断器	Q	K	电力开关
G	F	发电机、电源	QF	DL	断路器
GN	LD	绿色指示灯	QF	ZK	低压断路器（自动开关）
HDS	GBS	高压配电所	QK	DK	刀开关
HL	XD	指示灯、信号灯	QL	FK	负荷开关
HSS	ZBC	总降压变电所	QM	—	手力操动机构辅助触点
K	J	继电器	QS	GK	隔离开关
KA	LJ	电流继电器	R	R	电阻
KG	WSJ	气体继电器	RD	HD	红色指示灯
KH	RJ	热继电器	RP	W	电位器
KM	ZJ	中间继电器	S	XT	电力系统
KM	C. JC	接触器	S	S	启辉器
KO	HC	合闸接触器	SA	KK	控制开关
KS	XJ	信号继电器	SA	XK	选择开关
KT	SJ	时间继电器	SB	AN	按钮
KV	YJ	电压继电器	STS	CBS	车间变电所
M	D	电动机	T	B	变压器
TA	LH	电流互感器	U	BL	变流器
TAN	LLH	零序电流互感器	U	ZL	整流器
TV	YH	电压互感器	V	D	二极管
WB	M	母线	V	BG	晶体管
WL	L	线路	X	—	端子板
W	L	导线、母线	YA	DC	电磁铁

附录 6　绝缘导线允许穿管根数及相应最小管径表

最小管径（mm）

导线规格：500V　BV·BLV 聚氯乙烯绝缘导线

截面 (mm²)	2根单芯 T	SC	KRG	BYG	VG	G	3根单芯 T	SC	KRG	BYG	VG	G	4根单芯 T	SC	KRG	BYG	VG	G	5根单芯 T	SC	KRG	BYG	VG	G	6根单芯 T	SC	KRG	BYG	VG	G
1	15	15	15	15	15	15	15	15	15	15	15	15	15	15	15	15	15	15	15	15	15	15	15	15	15	15	15	15	15	15
1.5	15	15	15	15	15	15	15	15	15	15	15	15	20	15	15	15	15	15	20	15	20	20	15	15	20	15	20	20	15	15
2.5	15	15	15	15	15	15	20	15	15	15	15	15	20	15	20	20	15	15	20	20	20	20	15	15	20	20	25	25	20	20
4	15	15	15	15	15	15	20	15	20	15	15	15	25	15	25	25	20	15	25	20	25	25	20	20	32	25	32	32	25	25
6	20	15	15	15	15	15	20	20	20	20	20	15	25	20	25	25	20	20	32	25	32	32	25	25	32	25	32	32	32	25
10	25	20	20	25	20	20	25	25	32	32	25	25	32	25	32	32	25	25	40	32	40	40	32	32	50	40	50	40	40	40
16	32	25	32	32	32	25	32	32	40	40	32	32	40	32	40	40	40	40	50	40	50	50	40	50	50	50	50	50	50	50
25	40	32	40	40	40	32	40	40	50	50	40	40	50	40	50	50	50	50	50	50	50	50	50	50	70	50	70	50	50	70
35	50	32	40	40	50	50	50	50	50	50	50	50	50	50	50	50	70	70	70	50	—	—	80	80	70	—	—	—	70	100
50	50	50	50	50	70	50	70	50	—	—	70	70	80	50	—	—	80	80	80	—	—	—	80	100	80	—	—	—	80	100
70	50	50	—	—	70	70	70	70	—	—	80	80	80	50	—	—	100	100	—	—	—	—	100	100	—	—	—	—	—	100
95	—	50	—	—	70	70	—	70	—	—	80	80	—	80	—	—	100	100	—	—	—	—	100	100	—	—	—	—	—	—
120	—	—	—	—	—	70	—	70	—	—	—	80	—	80	—	—	—	100	—	—	—	—	—	100	—	—	—	—	—	—
150	—	—	—	—	—	70	—	80	—	—	—	—	—	100	—	—	—	—	—	—	—	—	—	—	—	—	—	—	—	—

导线规格：500　VBX, BLX 橡皮绝缘导线

截面 (mm²)	2根单芯 T	SC	KRG	BYG	VG	G	3根单芯 T	SC	KRG	BYG	VG	G	4根单芯 T	SC	KRG	BYG	VG	G	5根单芯 T	SC	KRG	BYG	VG	G	6根单芯 T	SC	KRG	BYG	VG	G
1	15	15	15	20	15	15	20	15	20	20	20	15	20	15	20	20	20	15	20	20	20	25	25	20	25	20	25	25	25	20
1.5	15	15	15	20	15	15	20	15	20	20	20	15	25	20	20	20	25	20	25	20	20	25	25	20	25	20	25	25	25	20
2.5	20	15	20	15	15	15	20	20	25	20	20	15	25	20	25	25	25	20	25	25	25	25	25	25	25	25	32	32	32	25
4	20	15	20	20	20	15	25	20	25	25	25	20	25	20	32	32	25	20	32	25	32	32	32	25	32	25	32	32	32	25
6	20	15	20	20	20	20	25	25	32	32	25	20	32	25	40	40	40	32	40	32	40	40	40	32	40	40	40	40	40	40
10	25	25	32	32	32	25	32	32	40	40	40	40	40	32	40	40	50	50	50	40	50	50	50	50	50	40	50	50	50	50
16	32	32	40	40	40	40	40	40	50	50	50	40	50	40	50	50	50	50	50	50	50	50	50	50	50	50	50	50	50	70
25	40	40	50	50	50	50	50	50	50	50	50	50	50	50	50	50	70	70	70	50	50	50	70	70	70	50	70	70	70	80
35	50	50	50	50	70	70	50	50	50	50	70	80	50	50	50	50	70	80	70	50	50	50	70	100	70	70	50	—	70	100
50	50	50	50	50	70	80	70	50	—	—	80	80	80	50	—	—	80	100	80	50	—	—	80	100	80	80	—	—	80	100
70	—	—	—	—	80	80	80	70	—	—	80	100	—	80	—	—	100	100	—	—	—	—	100	100	—	—	—	—	—	—
95	—	—	—	—	80	—	80	80	—	—	—	100	—	100	—	—	100	100	—	—	—	—	—	100	—	—	—	—	—	—
120	—	—	—	—	—	—	—	80	—	—	—	100	—	100	—	—	—	100	—	—	—	—	—	—	—	—	—	—	—	—
150	—	—	—	—	—	—	—	100	—	—	—	—	—	100	—	—	—	—	—	—	—	—	—	—	—	—	—	—	—	—

导线规格:500V BXF、BLXF 氯丁橡皮绝缘导线

最 小 管 径 (mm)

截面(mm²)	2根单芯						3根单芯						4根单芯						5根单芯						6根单芯					
	T	SC	G	KRG	BYG	VG	T	SC	G	KRG	BYG	VG	T	SC	G	KRG	BYG	VG	T	SC	G	KRG	BYG	VG	SC	G	KRG	BYG	VG	
1	15	15	15	15	15	20	15	15	15	20	20	20	15	15	15	15	15	15	15	15	15	20	20	20	15	15	20	20	20	
1.5	15	15	15	15	15	15	15	15	15	15	15	15	20	15	15	15	20	20	20	15	15	20	15	20	20	15	20	20	20	
2.5	15	15	20	20	15	15	15	15	15	20	15	20	20	15	20	20	20	20	20	15	20	20	20	25	20	20	25	25	25	
4	15	15	15	15	15	15	20	15	15	20	20	20	25	20	20	20	20	25	25	20	25	25	20	25	20	20	25	25	25	
6	20	15	15	20	20	20	25	20	20	32	25	20	25	25	20	25	25	25	25	25	32	25	25	25	25	25	32	32	32	
10	25	20	20	25	25	25	32	25	25	32	32	32	32	25	25	32	32	40	32	32	40	40	32	40	32	32	40	40	40	
16	32	25	25	32	32	32	40	32	32	40	40	32	40	32	32	40	50	50	50	40	50	50	40	50	40	40	50	50	50	
25	32	32	32	32	32	32	40	32	32	50	50	40	50	40	40	50	50	50	50	50	50	50	50	50	50	50	—	—	70	
35	40	32	32	40	40	40	50	40	40	50	50	50	50	50	50	50	50	50	50	50	50	—	50	50	50	70	—	—	70	
50	50	40	40	50	50	50	50	50	50	—	—	50	—	50	50	—	—	70	—	50	70	—	—	70	70	70	—	—	80	
70	50	50	50	—	—	70	—	50	70	—	—	70	—	—	70	—	—	70	—	—	80	—	—	70	70	100	—	—	—	
95	—	70	70	—	—	70	—	70	70	—	—	80	—	70	70	—	—	—	—	100	100	—	—	—	—	100	—	—	—	
120	—	—	—	—	—	—	—	—	—	—	—	—	—	80	80	—	—	—	—	—	—	—	—	—	—	—	—	—	—	
150	—	—	—	—	—	—	—	—	—	—	—	—	—	—	—	—	—	—	—	—	—	—	—	—	—	—	—	—	—	

注:1. 表中代号:T为电线管,SC为厚电线管,G为低压流体输送钢管;VG为硬聚氯乙烯管;KRG为氯乙烯型聚乙烯可挠管;BYG为难燃型聚氯乙烯半硬型塑料管,管材资料见JD50—602~JD50—603。

2. 线管超过下列长度时,其中间应装设分线盒或接线盒;

(1) 线管全长超过30m且无曲折时;

(2) 线管全长超过20m,有一个曲折时;

(3) 线管全长超过15m,有二个曲折时;

(4) 线管全长超过8m,有三个曲折时。

3. 管内容线面积为1~6mm²时,按不大于内孔总面积33%计算;10~50mm²时,按27.5%计算;70~250mm²时,按22%计算。

4. 敷设在自然地面上的素混凝土的管路,均应采用水煤气钢管(G)。

5. 当采用铜芯导线穿管,25mm²及以上的导线应按表中管径加大一级。利用电线管兼做接地线时应用厚电线管(SC);无前述情况,一般均用薄电线管(T)。

6. T按外径称呼,SC、HG、VG均按内径称呼,BYG按外径称呼。

附录7 部分电气装置要求的接地电阻值

序 号	电气装置名称	接地的电气装置特点	接地电阻(Ω)
1	1kV 以上大接地电流系统	仅用于该系统的接地装置	$R_{jd} \leqslant \dfrac{2000}{I_d^{(1)}}$ 当 $I_d^{(1)} > 4000A$ 时 $R_{jd} \leqslant 0.5$
2	1kV 以上小接地电流系统	仅用于该系统的接地装置	$R_{jd} \leqslant \dfrac{250}{I_{jd}}$ 且 $R_{jd} \leqslant 10$
3		与1kV 以下系统共用的接地装置	$R_{jd} \leqslant \dfrac{120}{I_{jd}}$ 且 $R_{jd} \leqslant 10$
4	1kV 以下系统	与总容量在100kVA 以上的发电机或变压器相联的接地装置	$R_{jd} \leqslant 4$
5		上述(序号4)装置的重复接地	$R_{jd} \leqslant 10$
6		与总容量在100kVA 及以下的发电机或变压器相联的接地装置	$R_{jd} \leqslant 10$
7		上述(序号6)装置的重复接地	$R_{jd} \leqslant 30$
8	引入线上装有 25A 以下的熔断器的小容量线路电气设备	任何供电系统	$R_{jd} \leqslant 10$
9		高低压电气设备联合接地	$R_{jd} \leqslant 4$
10		电流互感器、电压互感器二次侧接地	$R_{jd} \leqslant 10$
11		电弧炉的接地	$R_{jd} \leqslant 4$
12		工业电子设备的接地	$R_{jd} \leqslant 10$
13	建 筑 物	第一类防雷建筑物(防直击雷)	$R_{cj} \leqslant 10$
14		第一类防雷建筑物(防感应雷)	$R_{cj} \leqslant 10$
15		第二类防雷建筑物(防直击雷、感应雷共用)	$R_{cj} \leqslant 10$
16		第三类防雷建筑物(防直击雷)	$R_{cj} \leqslant 30$
17		其他建筑物防雷电波沿低压架空线侵入	$R_{cj} \leqslant 30$
18	防 雷 设 备	保护变电所的独立避雷针	$R_{jd} \leqslant 10$
19		杆上避雷器或保护间隙(在电气上与旋转电机无联系者)	$R_{jd} \leqslant 10$
20		杆上避雷器或保护间隙(但与旋转电机有电气联系者)	$R_{jd} \leqslant 15$

注:R_{jd}—工频接地电阻;R_{cj}—冲击接地电阻;$I_d^{(1)}$—流经接地装置的单相短路电流,A;I_{jd}—单相接地电容电流,A。

附录 8　钢接地体和接地线的最小尺寸规格

材　料	规格及单位	地　上		地　下
		室　内	室　外	
圆　钢	直　径　（mm）	5	6	8
扁　钢	截　面　（mm²）	24	48	48
	厚　度　（mm）	3	4	4
角　钢	厚　度　（mm）	2	2.5	4
钢　管	管壁厚度（mm）	2.5	2.5	3.5

附录 9　施工机械用电定额参考资料

机械名称	型　号	功率（kW）	机械名称	型　号	功率（kW）
蛙式夯土机	HW-20	1.5	卷扬机	JJ2K-1	7
	HW-60	2.8		JJ2K-3	28
振动夯土机	HZ-380A	4		JJ2K-5	40
振动沉桩机	北京 580 型	45		JJM-0.5	3
	北京 601 型	45		JJM-3	7.5
	广东 10t	28		JJM-5	11
	CH 20	55		JJM-10	22
	DZ-4000 型（拔桩）	90	自落式混凝土搅拌机	J1-250（移动式）	5.5
	CZ-8000 型（沉桩）	90		J2-250（移动式）	5.5
螺旋钻孔机	LZ 型长螺旋钻	30		J1-400（移动式）	7.5
	BZ-1 短螺旋钻	40		J-400A（移动式）	7.5
	ZK2250	22		J1-800（固定式）	17
螺旋式钻扩孔机	ZK120-1	13	强制式混凝土搅拌机	J4-375（移动式）	10
				J41500（固定式）	55
冲击式钻机	YKC-20C	20	混凝土搅拌站楼	HZ-15	38.5
	YKC-22M	20	混凝土输送泵	HB-15	32.2
	YKC-30M	40	混凝土喷射机（回转式）	HPH6	7.5
塔式起重机	红旗Ⅱ-16（整体拖运）		混凝土喷射机（罐式）	HPG4	3
	QT40（TQ2-6）		插入式振动器	HZ6X-30（行星式）	1.1
	TQ60/80	19.5		HZ6X-35（行星式）	1.1
	TQ90（自升式）	48		HZ6X-50（行星式）	1.1~1.5
	QT100（自升式）	55.5		HZ6X-60（行星式）	1.1
	法国 POTAIN 厂产 H5·56B5P（225t·m）	58		HZ6P-70A（偏心块式）	2.2
		63.37	平板式振动器	PZ-50	0.5
	法国 POTAIN 厂产 H5 56B（235t·m）	150		N-7	0.4
	法国 POTAIN 厂产 TO PKIT.FO/25（132t·m）	137	附着式振动器	HZ2-4	0.5
		60		HZ2-5	1.1
	法国 B.P.R 厂产 GTA 91-83（450t·m）	160		HZ2-7	1.5
	德国 PEINE 厂产 SK280-055（307,314t·m）	150		HZ2-10	1.0
				HZ2-20	2.2
	德国 PEINE 厂产 SK560-05（675t·m）	170	混凝土振动台	HZ9-1×2	7.5
				HZ9-1.5×6	30
	德国 PEINER Crane 厂产 TN112（155t·m）	90		HZ9-2.4×8.2	55
			真空吸水机	HZJ-40	4
				HZJ-60	4
卷扬机	JJK0.5	3		改型泵Ⅰ号	5.5
	JJK-0.5B	2.8		改型泵Ⅱ号	5.5
	JJK-1A	7	预应力拉伸机油泵	ZB4/500 型	3
	JJK-5	40		58M4 型卧式双缸	1.7
	JJZ-1	7.5			

机 械 名 称	型　　号	功率(kW)	机 械 名 称	型　　号	功率(kW)
预应力拉伸机油泵	LYB-44型立式	2.2	墙围水磨石机	YM200-1	0.55
	ZB10/500	10	地面磨光机	DM-60	0.4
钢筋调直机	GJ$_4$-14/4(TQ$_4$-14)	2×4.5	套丝切管机	TQ-3	1
	GJ$_6$-8/4(TQ$_4$-8)	5.5	电动液压弯管机	WYQ	1.1
	北京人民机器厂	5.5	电动弹涂机	DT120A	8
	数控钢筋调直切断机	2×2.2	液压升降台	YSF25-50	3
钢筋切断机	GJ$_5$-40(QJ40)	7	泥浆泵	红星-30	30
	QJ$_5$-40-1(QJ40-1)	5.5	泥浆泵	红星-75	60
	GJ$_{5Y}$-32(2-1)	3	液压控制台	YKT-36	7.5
钢筋弯曲机	GJ$_7$-45(WJ40-1)	2.8	自动控制自动调平	YZKT-56	11
	北京人民机器厂	2.21	液压控制台	ZTYY-2	
	四头弯筋机	3	静电触探车	BC-D1	10
交流电焊机	BX$_3$-120-1	9①	混凝土沥青地割机	G-1	5.5
	BX$_3$-300-2	23.4①	小型砌块成型机	JH5	6.7
交流电焊机	BX$_3$-500-2	38.6①	载货电梯	上海76-Ⅱ(单)	7.5
	BX$_2$-1000(BC-1000)	76①	建筑施工外用电梯	MIB$_2$-80-1	11
直流电焊机	AX$_1$-165(AB-165)	6	木工电刨	MB1043	0.7
	AX$_4$-300-1(AG-300)	10	木压刨板机	MJ104	3
	AX-320(AT-320)	14	木工圆锯	MJ106	3
	AX$_5$-500	26	木工圆锯	MJ114	5.5
	AX$_3$-500(AG-500)	26	木工圆锯	MJ217	3
纸筋麻刀搅拌机	ZMB-10	3	脚踏截锯机	MB103	7
灰浆泵	UB$_3$	4	单面木工压刨床	MB103A	3
挤压式灰浆泵	UBJ$_2$	2.2	单面木工压刨床	MB106	4
灰气联合泵	UB-76-1	5.5	单面木工压刨床	MB104A	7.5
粉碎淋灰机	FL-16	4	单面木工压刨床	MB206A	4
单盘水磨石机	HM$_4$	2.2	双面木工刨床	MB503A	4
双盘水磨石机	HM$_4$-1	3	木工平刨床	MB504A	3
侧式磨光机	CM$_2$-1	1	木工平刨床	MCD616B	3
立面水磨石机	MQ-1	1.65	普通木工车床	MX2112	3
			单头直榫开榫机	UJ325	9.8
			灰浆搅拌机	UJ100	3
			灰浆搅拌机		2.2

①为各持续率时功率其额定持续率,kVA。